高职高专通信技术专业系列教材

智能手机维修技术

侯海亭　王　平　高培金　编著

西安电子科技大学出版社

内 容 简 介

本书由维修一线的工程师编写，书中结合智能手机维修岗位的需求和职业院校的实际情况，以项目化教学法进行案例讲解和分析。本书的内容主要包括：智能手机原理基础，焊接设备使用及焊接工艺，智能手机刷机与系统维护，手机元器件识别与检测，智能手机电路识图，电源管理电路原理与维修，射频电路原理与维修，基带电路原理与维修，传感器及音频电路原理与维修，显示及触摸电路原理与维修，Wi-Fi、蓝牙、NFC、GPS 电路原理与维修等。

本书本着"强化能力，立足能用"的原则，以"必需、够用"为度，注重实用性，将手机技术与维修实践相结合，注重实训内容的操作性，将智能手机维修技能以实训的形式体现出来，从而增强学生的实践能力。

本书技术先进，注重实战，讲解通俗易懂，可以作为职业院校通信技术、应用电子等专业的教材或参考书，也可作为手机维修短期班培训用书以及企业岗位培训用书等。

图书在版编目(CIP)数据

智能手机维修技术/侯海亭，王平，高培金编著. 一西安：
西安电子科技大学出版社，2017.10(2022.4 重印)
ISBN 978 - 7 - 5606 - 4591 - 9

Ⅰ. ① 智… Ⅱ. ① 侯… ② 王… ③ 高… Ⅲ. ① 移动电话—维修 Ⅳ. ① TN929.53

中国版本图书馆 CIP 数据核字(2017)第 174782 号

策　　划　刘小莉
责任编辑　刘小莉　毛红兵
出版发行　西安电子科技大学出版社(西安市太白南路 2 号)
电　　话　(029)88202421　88201467　　邮　编　710071
网　　址　www.xduph.com　　　电子邮箱　xdupfxb001@163.com
经　　销　新华书店
印刷单位　陕西日报社
版　　次　2017 年 10 月第 1 版　2022 年 4 月第 3 次印刷
开　　本　787 毫米×1092 毫米　1/16　印张　19.5
字　　数　465 千字
印　　数　4001～5000 册
定　　价　43.00 元
ISBN 978 - 7 - 5606 - 4591 - 9/TN
XDUP　4883001 - 3

前 言

进入 21 世纪以来，智能手机已经不是简单的通信工具，智能手机变成随身的智能终端，消费、娱乐、社交等功能都可以由一部手机实现。截至 2015 年 3 月底，我国移动电话用户总数达到 12.9 亿户，智能手机已经融入到人们的日常生活中，成为寻常百姓的必备电子消费品，社会需要大批的智能手机维修人员。

本书以目前流行的 iPhone 手机为例，分别介绍了智能手机原理基础、焊接设备使用及焊接工艺、智能手机刷机与系统维护、手机元器件识别与检测、智能手机电路识图、智能手机各功能电路工作原理与故障维修等。

本书以智能手机检测与维修的岗位工作过程为依据编写教材内容，并以项目为载体，且项目选取符合智能手机维修工程师的工作逻辑，在完成项目的过程中可以逐步提高职业能力。

本书由山东电子商会消费电子专委会侯海亭、济南职业学院王平、泰山职业技术学院高培金共同编著。本书技术先进，注重实战，讲解通俗易懂，可以作为职业院校通信技术、应用电子等专业的教材或参考书，也可作为手机培训机构用书。

受专业水平与实践经验所限，书中难免有不妥之处，敬请专家和广大读者批评指正。

编 者

2017 年 7 月

目　录

项目一　智能手机原理基础

学习目标

知识目标：

1. 了解 GSM 移动台的构成，了解移动台的结构；掌握 GSM 移动台的原理框图，并了解各部分的功能。

2. 掌握 GSM 移动台的工作原理，了解移动台收发过程中信号的处理方式；掌握 GSM 移动台的基本通信过程。

3. 掌握 GSM 移动台的性能指标。

能力目标：

1. 掌握 4G 通信技术基础。

2. 掌握智能手机的机械结构和电路结构，以及操作系统的基础知识。

素质目标：

1. 让学生体验到团队合作的精神，从而培养学生的团队合作能力。

2. 使学生体验到收获劳动成果的快乐，从而培养学生热爱工作的精神，并在此基础上，掌握手机的基本工作原理。

工作任务

掌握移动通信原理、手机的基本工作原理，了解和掌握手机与基站是如何进行通信的，手机是如何拨通电话的，手机的通话内容是如何进行加密的等内容。

相关理论

一、移动台的构成

移动台包括两部分，即 MS(移动台)＝ME(移动台设备)＋SIM 卡。

1. 移动台设备

ME 是移动台设备，通常由键盘显示操作单元、数字处理逻辑控制单元、射频收发单元、天线及电源组成。手持式移动台的操作单元、控制单元、收发单元放在一起，称为主机。电源为可充电电池，天线直接安装在主机上。

1

移动台结构框图如图 1-1 所示。

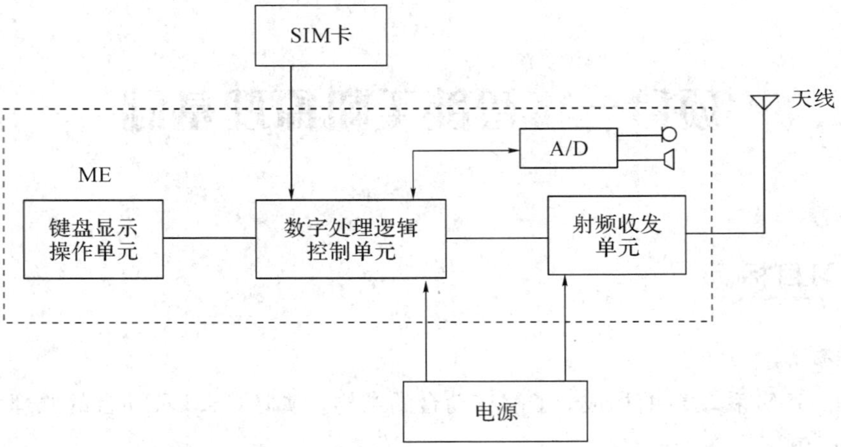

图 1-1　移动台结构框图

（1）键盘显示操作单元。该单元由一个输入电话号码的按键式键盘、液晶显示器、状态指示器、键盘印制板和微处理器组成。

（2）数字处理逻辑控制单元。该单元也是由微处理器组成的，它包含一块或多块大规模集成电路，其主要作用是对收发单元进行逻辑控制。在智能手机中，还要对音频、视频等多媒体信息进行处理。

（3）射频收发单元。该单元将基站发出的射频信号接收下来，通过接收电路将射频信号变为音频信号，反之把音频信号通过发射电路变为射频信号，发送给基站。

2. SIM 卡

SIM 卡是 Subscriber Identity Module（客户识别模块）的缩写，也称为智能卡、用户身份识别卡，GSM 数字移动电话机必须装上此卡方能使用。SIM 卡的芯片上存储了数字移动电话客户的信息、加密的密钥以及用户的电话簿等内容，可供 GSM 网络客户进行身份鉴别，并对客户通话时的语音信息进行加密。

SIM 卡是带有微处理器的芯片，内有 5 个模块，每个模块对应一个功能：CPU（8 位/16 位/32 位）、程序存储器 ROM、工作存储器 RAM、数据存储器 EEPROM 和串行通信单元，这 5 个模块被集成在一块集成电路中。

SIM 卡在与手机连接时，最少需要 5 个连接线：电源（Vcc）、时钟（Clk）、数据 I/O 口（Data）、复位（RST）、接地端（GND）。

二、移动台工作原理

下面以最常见的 GSM 移动台为例进行介绍。

GSM 移动台可以分为两部分，一部分是射频部分，主要负责信号的接收、发射和调制；另一部分是逻辑部分，主要负责语音处理、控制和信令处理。

GSM 移动台原理框图如图 1-2 所示。

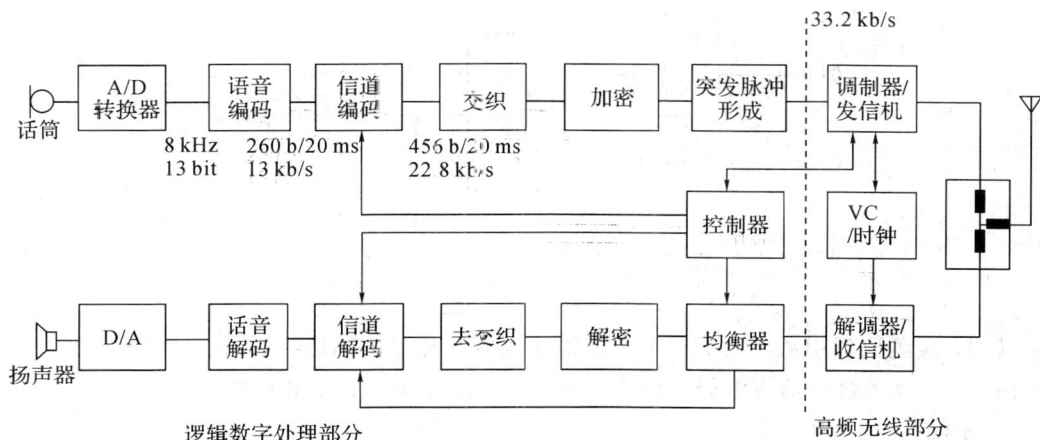

图 1-2 GSM 移动台原理框图

1. A/D 转换器

语音信号在 MS 中的处理过程，如图 1-3 所示。

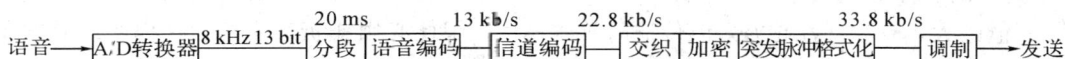

图 1-3 语音在 MS 中的处理过程

首先，语音通过一个模/数(A/D)转换器，实际上是经过 8 kHz 抽样、量化后变为每 125 ms 含有 13 bit 的码流，每 20 ms 为一段，再经语音编码后降低传码率为 13 kb/s，经信道编码变为 22.8 kb/s，再经码字交织、加密和突发脉冲格式化后变为 33.8 kb/s 的码流，经调制后发送出去。接收端的处理过程则相反。

2. 语音编码

语音编码方式称为规则脉冲激励-长期预测编码(RPE-LTP)，其处理过程是先进行 8 kHz 抽样，调整每 20 ms 为一帧，每帧长为 4 个子帧，每个子帧长 5 ms，纯比特率为 13 kb/s。

现代数字通信系统往往采用话音压缩编码技术，GSM 也不例外。该系统中所使用的语音编码器是对人类音域的数字建模，这些模型参数将通过 TCH(Traffic Channel，传输话音和数据的业务信道)进行传送。

3. 信道编码

为了检测和纠正传输期间引入的差错，在数据流中引入冗余——通过加入从信源数据计算得到的信息来提高其速率，信道编码的结果是一个码字流，对话音来说，这些码字长为 456 bit。

由语音编码器中输出的码流为 13 kb/s，被分为 20 ms 的连续段，每段中含有 260 bit，其又细分为：50 个非常重要的比特，132 个重要比特和 78 个一般比特。

对它们分别进行不同的冗余处理，如图 1-4 所示。

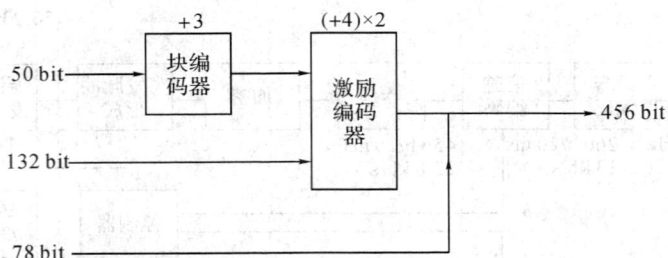

图 1-4 信道编码过程

其中，块编码器引入 3 位冗余码，激励编码器增加 4 个尾比特后再引入 2 倍冗余。

用于 GSM 系统的信道编码方法有三种，分别是卷积码、分组码和奇偶码。

4. 交织

在编码后，语音组成的是一系列有序的帧，而在传输时的比特错误通常是突发性的，这将影响连续帧的正确性。为了纠正随机错误及突发错误，最有效的组码就是用交织技术来分散这些误差。

交织的要点是把码字的 b 个比特分散到 n 个突发脉冲序列中，以改变比特间的邻近关系。n 值越大，传输特性越好，但传输时延也越大，因此必须作折衷考虑，这样交织就与信道的用途有关，所以在 GSM 系统中规定了几种交织方法。在 GSM 系统中，主要采用二次交织方法。

由信道编码后提取出的 456 比特被分为 8 组，进行第一次交织，如图 1-5 所示。

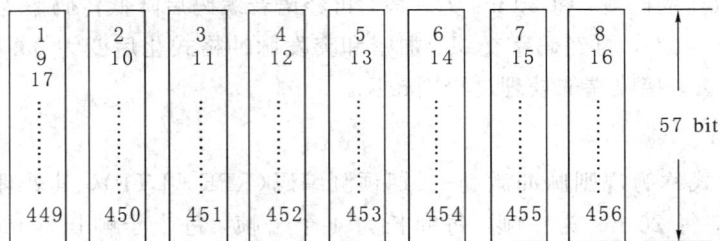

图 1-5 456 比特交织

由它们组成语音帧的一帧，现假设有三帧语音帧，如图 1-6 所示。而在一个突发脉冲中包括一个语音帧中的两组，如图 1-7 所示。

图 1-6 三个语音帧

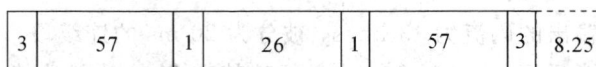

图 1-7 突发脉冲的结构

其中，前后 3 个尾比特用于消息定界，26 个训练比特的左右各 1 个比特作为挪用标志，而一个突发脉冲携带两段 57 比特的声音信息。在发送时，进行第二次交织，如表 1-1 所示。

表 1-1　语音码的二次交织

A	
A	
A	
A	
B	A
B	A
B	A
B	A
C	B
C	B
C	B
C	B
	C
	C
	C
	C

5. 加密

加密的目的在于保护信令与用户数据，防止窃听。加密算法实际上是一个异或算法，在接收部分，我们用相同的方法解密，以期待出现清晰的数据。

加密法则

未加密序列	0111001010001110011 01…
加密序列	00011010101 0001101110…
XORed	
加密后数据	01101000001 0110100011…
加密序列	00011010101 0001101110…
XORed	
恢复后数据	0111001010001110011 01…

图 1-8　加密算法

6. 突发脉冲形成

逻辑信道有两种，一种是业务信道，一种是控制信道。因此要把逻辑信道映射成物理信道，一个物理信道是由 TDMA 帧中的 8 个时隙中的一个来表示的，一个时隙按一定的信令格式编码，称为突发脉冲，如图 1-9 所示。

图 1-9　突发脉冲串

每个时隙长为 0.577 ms，相当于 156.25 bit，因此速率从 22.8 kb/s 提高到 33.8 kb/s。时隙脉冲的数字信息还需要转换成基带信号，再到发射部分的正交调制器。

7. 调制技术

GSM 的调制方式是 0.3GMSK，0.3 表示高斯滤波器的带宽和比特率之间的关系。GMSK 是一种特殊的数字调频方式，它通过在载波频率上增加或者减少 67.708 kHz 来表示 0 或 1。利用两个不同的频率来表示 0 和 1 的调制方法称为频移键控(FSK)。在 GSM 中，数据的比特率是频偏的 4 倍，这可以减小频谱的扩散，增加信道的有效性。比特率为频偏 4 倍的 FSK，称为 MSK——最小频移键控。通过高斯预调制滤波器可以进一步压缩调制频谱。高斯滤波器降低了频率变化的速度，防止信号能量扩散到邻近信道频谱。

8. 跳频

在语音信号经处理调制后发射时，还会采用跳频技术，即在不同时隙发射载频在不断地改变(当然，同时要符合频率规划原则)。

GSM 系统的无线接口采用了慢速跳频(SFH)技术。慢速跳频与快速跳频(FFH)之间的区别在于后者的频率变化快于调制频率。

GSM 系统的慢速跳频技术其要点是按固定间隔改变一个信道使用的频率。系统使用慢速跳频(SFH)，每秒跳频 217 次，传输频率在一个突发脉冲传输期间保持一定。

如图 1-10 所示，在给定时间内，频率依次从 f_0、f_2、f_1、f_4 跳变，但在一个突发脉冲期间，频率保持不变。

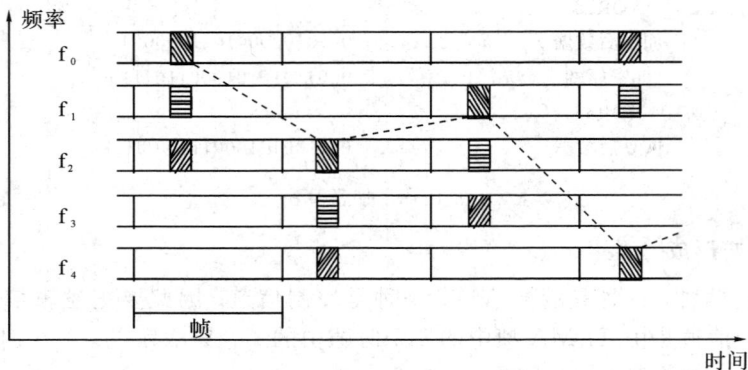

图 1-10　GSM 系统调频示意图

在上、下行线两个方向上，突发序列号在时间上相差 3BP（3BP 延时在 GSM 系统中是一个常数，也就是上行时隙号是其对应下行时隙号的 3BP 的偏移。GSM 无线路径上的传输单位是由大约 100 个调制 bit 组成的脉冲串，称为"Burst"。"Burst"是有限长度，占据有限频谱的信息，它在一个时间和频率窗口上发送，这个窗口称为"Slot"。"Slot"的中心频率位于系统频带上 200 kHz 的间隔上，并且以 15/26 ms（约 0.577 ms）的时间重复。这个由频域和时域构成的空间"Slot"就是 FDMA 和 TDMA 在 GSM 中的应用。在一个小区内，全部"Slot"的时间范围都是一样的，这个相同的时间间隔称为时隙（Time Slot），把它作为一个时间单位，恰好是一个"Burst"周期，记为 BP），跳频序列在频率上相差 45 MHz。

GSM 系统允许有 64 种不同的跳频序列，对它的描述主要有两个参数：移动分配指数偏置 MAIO 和跳频序列号 HSN。MAIO 的取值可以与一组频率的频率数一样多。HSN 可以取 64 个不同值。跳频序列选用伪随机序列。

9. 时序调整

由于 GSM 采用 TDMA，且它的小区半径最大可以达到 35 km，因此需要进行时序调整。因为从手机出来的信号需要经过一定时间才能到达基地站，所以必须采取一定的措施来保证信号在恰当的时候到达基地站。

如果没有时序调整，那么从小区边缘发射过来的信号就将因为传输的时延和从基站附近发射的信号相冲突（除非二者之间存在一个大于信号传输时延的保护时间）。通过时序调整，手机发出的信号就可以在正确的时间到达基站。当 MS 接近小区中心时，BTS 就会通知它减少发射前置的时间，而当它远离小区中心时，就会要求它加大发射前置时间。

当手机处于空闲模式时，它可以接收和解调基地站发射来的 BCH 信号。在 BCH 信号中有一个 SCH 的同步信号，可以用来调整手机内部的时序，当手机接收到一个 SCH 信号后，并不知道它离基站有多远。如果手机和基站相距 30 km，那么手机的时序将比基站慢 100 s。当手机发出它的第一个 RACH 信号时，就已经晚了 100 s，再经过 100 s 的传播时延，到达基站时就有了 200 s 的总时延，很可能和基站附近的相邻时隙的脉冲发生冲突，因此 RACH 和其他的一些信道接入脉冲将比其他脉冲短。只有在收到基站的时序调整信号后，手机才能发送正常长度的脉冲。在这个例子中，手机就需要提前 200 s 发送信号。

三、移动台基本通信过程

手机是如何开机？开机后是如何与基站进行联系？如何进行待机？呼叫的时候手机是如何工作？关机时手机又是如何与基站断开联络？在本节中，就以 GSM 手机为例，简要介绍手机的基本通信过程，了解手机在每个环节中的信号控制方式。

GSM 手机所有的工作过程都是在中央处理器（CPU）的控制下进行的，具体包括开机、上网、待机、呼叫、关机五个过程。这些流程都是以软件数据的形式存储于手机的 EEPROM 和 FLASH 中。

1. 开机过程

当手机的电源开关键被按下后，开机触发信号送到电源电路启动电源，供电到各部分电路，当时钟电路得到供电电压后产生振荡信号，并送入逻辑电路，CPU 在得到电压和时钟信号后会执行开机程序，首先从 ROM 中读出引导码，执行逻辑系统的自检，并且使所有的复位信号置高，如果自检通过，则 CPU 发送开机维持信号给各模块，然后电源模块在开机维持信号的作用下保持各路电源的输出，维持手机开机状态。

手机在开机后，手机的发射机会工作一次，向基站发送一个请求，这时手机的电流会上升到 300～400 mA 左右，然后很快回到 10～20 mA，进入守候状态。

GSM 手机开机工作流程如图 1-11 所示。

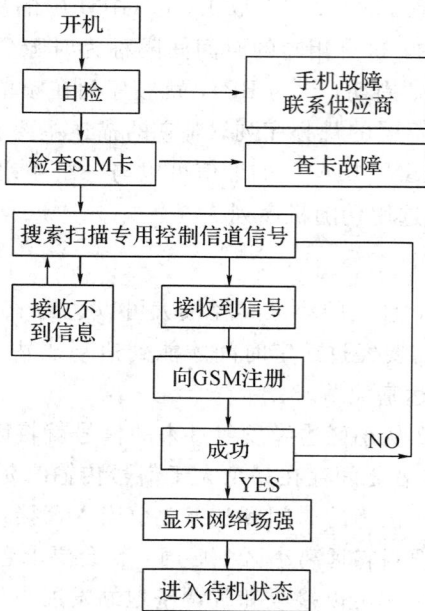

图 1-11　GSM 手机开机工作流程

2. 上网过程

手机开机后，内部的锁相环 PLL 电路开始工作，从频率低端到高端扫描信道，即搜索广播控制信道（BCCH）的载频。因为系统随时都在向小区中的各用户发送出用户广播控制信息，手机收集搜索到最强的 BCCH 的载频对应的载频频率后，读取频率校正信道（FCCH），使手机（MS）的频率与之同步，所以每一个用户的手机在不同上网位置（不同的小区）的载频是固定的，它是由 GSM 网络运营商组网时确定的，而不是由用户的 GSM 手机来决定的。手机内 PLL 锁相环在工作的时候，手机的电流会有小范围的波形，如果观察电流表，发现电流有轻微的规律性波动，说明手机的 PLL 电路工作正常。

手机读取同步信道（SCH）的信息后，找出基地站（BTS）的识别码，并同步到超高帧 TDMA 的帧号上。手机在处理呼叫前读取系统的信息。比如，邻近小区的情况，现在所处小区的使用频率及小区是否可以使用移动系统的国家号码和网络号码等，这些信息都可以在 BCCH 上得到，手机在请求接入信道（RACH）上发出接入请求信息，向系统发送 SIM 卡账号等信息。

系统在鉴权合格后，便对手机的 SIM 卡做出身份证实，是否欠费，是否是合法用户，然后登录入网，手机屏幕会显示"中国移动"或"中国联通"，这个过程也称为登记。此时手机的相关信息，如移动台识别 MIIN、串号 ESN（IMEI）便存入基站的访问位置寄存器 VLR 中，以备用户寻呼它。通过允许接入信道（AGCH）使 GSM 手机接入信道上并分配到一个独立专用控制信道(SDCCH),手机在 SDCCH 上完成登记。在慢速随路控制信道(SACCH)上发出控制指令,然后手机返回空闲状态,并监听 BCCH 和公共控制信道(CCCH)来控制信道上的信息。此时手机已经做好了寻呼的准备工作。

3. 待机过程

用户监测 BCCH 时,必须与相近的基站取得同步。通过接收 FCCH、SCH、BCCH 信息,用户将被锁定到系统及适应的 BCCH 上。

4. 呼叫过程

1) 手机作主叫

GSM 系统中由手机发出呼叫的情况,首先,用户在监测 BCCH 时,必须与相近的基站取得同步。通过接收 FCCH、SCH、BCCH 信息,用户将被锁定到系统及适当的 BCCH 上。

为了发出呼叫,用户首先要拨号,并按压 GSM 手机的发射键。手机用锁定它的基站系统的 ARFCN 来发射 RACH 数据突发序列,然后基站以 CCCH 上的 AGCH 信息来响应,CCCH 为手机指定一个新的信道进行 SDSSH 连接。正在监测 BCCH 中 T 的用户,将从 AGCH 中接收到它的 ARFCN 和 TS 安排,并立即转到新的 ARFCN 和 TS 上,这一新的 ARFCN 和 TS 分配的就是 SDCH(不是 TCH)。一旦转接到 SDCCH,用户首先会等待传给它的 SCCH(等待最大持续 26 ms 或 120 ms)。

这个信息告知手机要求的定时提前量和发射功率。基站根据手机以前的 RACH 传输数据能够决定出适合的定时提前量和功率级,并且通过 SACCH 发送适当的数据供手机处理。在接收和处理完 SACCH 中的定时提前量信息后,用户能够发送正常的、话音业务所要求的突发序列消息。当 PSTN 从拨号端连接到 MSC,且 MSC 将话音路径接入服务基站时,SDCCH 检查用户的合法及有效性,随后在手机和基站之间发送信息。几秒钟后,基站经由 SDSSH 告知手机重新转向一个为 TCH 安排的 ARFCN 和 TS。一旦再次接到 TCH,语音信号就在前向链路上传送,呼叫成功建立,SDCCH 被腾空。

2) 手机作被叫

当从 PSTN 发出呼叫时,其过程与上述过程类似。基站在 BCCH 适应内的 TSO 期间,广播一个 PCH 消息。锁定于相同 ARFCN 上的手机检测对它的寻呼,并回复一个 RACH 消息,以确认接收到寻呼。当网络和服务器基站连接后,基站采用 CCCH 上的 AGCH 将手机分配到一个新的物理信道,以便连接 SDCCH 和 SACCH。一旦用户在 SDCCH 上建立了定时提前量并获准确认后,基站就在 SDCCH 上面重新分配物理信道,同时也确立了 TCH 的分配。

5. 越区切换

移动中的手机,无论是处于待机状态还是通话状态,从当前小区进入另一个小区,使当前小区的无线信道切换到新小区的无线信道上,称为越区切换。越区切换分为以下两种情况。

1) 待机状态下的越区切换

处于待机状态下的手机,除收听本小区的 BCH 外,还监听周围六个小区的无线环境(场强、频率、网标)。根据测量结果,将六个基站的基本信息列表报送本基站。基站将此信息报送移动交换中心 MSC，MSC 进行分析，决定是否要切换，何时切换，切换到哪个基站。当分析结果显示新小区的无线环境比当前小区好时，就向当前小区发出分离请求，向新小区发出接入请求。接续到新小区的过程与前述开机入网的过程相同。

2）通话状态下的越区切换

通话期间，无论主呼叫还是被呼叫，手机用语音复帧中的空闲帧测量周边小区的无线环境，并对测量结果进行分析，在慢速随路控制信道 SACCH 上与基站交换信息。当需要越区切换时，手机转到快速随路控制信道 FACCH 上，这时不传语音，只传信令，语音信道 TCH 暂被 FACCH 代替。手机在 FACCH 上向基站发出越区切换的请求，基站将此请求上报移动交换中心 MSC。MSC 根据手机的请求信息，查找最佳的替补信道进行转接，在短时间内完成小区的频率锁定、时隙同步，并很快地接续到新小区的 TCH 上。如果无最佳替补频道，则转换次佳的信道；如果新小区的信道已经占满，越区切换失败，电话中断，就会出现平时我们见到的"掉线"问题。

6. 漫游过程

移动手机申请入网登记和结算的移动交换局称为归属局，也称为家区。当手机移动到另一个移动交换局通信时，称为客区，该用户也称为漫游用户。如果家区有两个重叠覆盖的移动通信网，从本网到协议网也是漫游用户。下面看一下自动漫游的过程。

设家区用户 A 携机到客区 B，若 B 区是 A 地的联网协议区，家区用户开机后就产生前面所述的搜台、入网过程，并向客区基站报告自身的电话号码及个人识别码。客区基站收悉后将此信息转到本区的 MSC，MSC 对此用户进行身份鉴别：是否有漫游登记手续，从而确定接收还是拒绝服务。当客区 MSC 证实漫游用户有效，即将其号码存入本区数据库，并分配给漫游用户一个漫游号码，相当于发给该用户一个"临时户口"，并通过网络链路将此信息通知家区的 MSC，这样家区的 MSC 便知道了漫游手机的新地址。

如果家区用户呼叫该漫游用户，经家区的 MSC 转到客区的 MSC，建立通信；如果客区的用户呼叫漫游用户，尽管两部手机都在客区，但呼叫信号仍然要先到家区的 MSC，经网络转到客区的 MSC，取得联系，然后两个用户就可以通过客区的 MSC 区域进行通信。

7. 关机过程

GSM 手机关机时，它将向系统发出最后一次信息，包括分离请求，因此测量关机电流时会发现电流从 20 mA（守候电流）上跳到 200 mA（发射电流），然后再回到 0 mA（关机电流）。

具体过程是：按下关机键，手机在随机接入信道 RACH 上发出网络分离请求，基站接收到分离请求信息，就在该用户对应的 IMSI 上做出网络分离标记（IMSI 为国际移动用户号码），系统中的访问位置寄存器会注销手机的相关信息。同时检测电路会向数字逻辑部分发出一个关机请求信号，逻辑电路会启动执行关机程序，一切准备妥当后，会有一个关机信号送入电源模块电路停止各部分的电源输出，手机各部分电路随即停止工作，从而完成关机。如果在开机状态下强制关机（取下电池），有可能会使手机内部软件运行错误或数据丢失，造成故障。

另外，手机还包含其他软件的工作过程，如充电过程、电池监测、键盘扫描、测试过程等。

四、GSM 手机主要技术指标

1. 手机的技术性能

（1）工作频率：发射频率为 880 MHz～915 MHz，接收频率为 935 MHz～960 MHz，收发间隔为 45 MHz。

（2）载波间隔：200 kHz。

（3）调制方式：高斯滤波最小频移键控（GMSK），BT＝0.3，调制速率为 270.833 kb/s。

（4）信道编码：循环冗余编码，1/2 卷积码以及交积编码。

2. 发射机的技术指标

GSM900 MHz 系统的移动台，规定了五个功率等级，分别用于手持机、便携台和车载台。对于手持机，使用第四功率等级。

GSM900 MHz 手机最大发射功率级别是 5（33 dBm），最小发射功率级别是 19（5 dBm），DCS1800 手机最大发射功率级别是 0（30 dBm），最小发射功率级别是 15（0 dBm）。GSM900 MHz 手机功率等级如表 1－2 所示。

表 1－2　GSM900 MHz 手机功率等级

功率控制级	峰值功率/dBm	正常测试条件下容限/±dB
5	33	2.0
6	31	2.0
7	29	2.0
8	27	2.0
9	25	2.0
10	23	2.0
11	21	2.0
12	19	2.0
13	17	2.0
14	15	2.0
15	13	2.0

3. 发射载频包络

发射载频包络是指发射载频功率相对于时间的关系。发射载频包络在一个时隙间要严格满足 GSM 规定的 TDMA 时隙幅度上升沿、下降沿及幅度平坦度要求。

常规突发的功率包络应该限定在框罩之内，特别是对在 147 比特其间的幅度平坦度要求在 ±1 dB 之内。

4. 发射机的输出射频频谱

在 TDMA 体制的数字蜂窝系统中，发射机射频功率输出采用突发(Burst)形式。一个突发对应于无线信道的一个时隙，手机的发射功率只有在所分配的时隙内才输出射频功率，因此突发的频谱形成受调制和射频功率电平切换两种因素的影响。

5. 频率误差和相位误差

在任何条件下，移动台载频的绝对误差应小于 0.1 ppm($1×10^{-7}$)，或相对于从基站接收的信号的频率误差小于 0.1 ppm。相位误差均方根值(RMS)对于每个突发应小于 5 度。每个突发的最大峰值相位误差应不超过 20 度。

6. 接收机的技术指标

作为数字无线系统，接收机的主要性能指标有：灵敏度、环帧指示、同频干扰抑制、邻道干扰抑制、互调干扰抑制、接收机杂散辐射等。

接收机灵敏度是指收信机在满足一定的误码率性能条件下收信机输入端输入的最小信号电平。测量接收机灵敏度是为了检验收信机模拟射频电路、中频电路、解调及解码电路的性能。

衡量接收机误码性能主要有以下三个参数：

（1）帧删除率(FER)。当接收机中的误码检测功能指示一个帧中有错位时，该帧就被定义为删除。帧删除率定义为被删除的帧数占接收帧总数之比。

（2）残余误比特率(RBER)。残余误比特率定义为"好"帧中错误比特的数目与"好"帧中传输的总比特之比。

（3）误比特率(BER)。误比特率定义为接收到的错误比特与所有发送的数据比特之比。

对于全速率话音信道(TCH/FS)，接收机输入电平为 -102 dBm 时，帧删除率(FER)小于 0.1%，Ⅰ类数据的 RBER 小于 0.4%，Ⅱ类数据的 RBER 小于 2%。

◣ **任务准备**

实施本任务教学所使用的实训设备及工具材料可参考表 1-3。

表 1-3　实训设备及工具材料

序号	分类	名称	型号规格	数量	单位	备注
1	工具	SIM 卡	无	1	个	
2	设备器材	智能手机	iPhone 手机、三星手机、华为手机	3	台	
3		拆装机工具	螺丝刀、镊子等	1	宗	
4	其他	原理图纸	iPhone 手机、三星手机、华为手机原理图纸	3	份	

任务实施

在掌握 GSM 手机通信原理的基础上，应掌握 4G 基础知识，了解 4G 手机的基本参数。

一、什么是 4G

到目前为止，人们还无法对 4G 通信进行精确地定义，有人说 4G 通信的概念来自其他无线服务的技术，从无线应用协定、全球无线服务到 4G；有人说 4G 通信是系统中的系统，可利用各种不同的无线技术。但不管人们对 4G 通信怎样定义，有一点能够肯定的是，4G 通信将是一个比 3G 通信更完美的新无线世界，它将创造出许多消费者难以想象的应用。

4G 手机可以提供高性能的汇流媒体内容，并通过 ID 应用程序成为个人身份鉴定的设备。它也可以接收高分辨率的电影和电视节目，从而成为合并广播和通信的新基础设施中的一个纽带。此外，4G 的无线即时连接等某些服务费用将比 3G 便宜。还有，4G 有望集成不同模式的无线通信——从无线局域网和蓝牙等室内网络、蜂窝信号、广播电视到卫星通信，移动用户可以自由地从一个标准漫游到另一个标准。

4G 通信技术并没有脱离以前的通信技术，而是以传统通信技术为基础，并利用一些新的通信技术来不断提高无线通信的网络效率和功能。如果说现在的 3G 能提供一个高速传输的无线通信环境，那么 4G 通信将是一种超高速无线网络，一种不需要电缆的信息超级高速公路，这种新网络可使电话用户以无线及三维空间虚拟实际连线。

与传统的通信技术相比，4G 通信技术最明显的优势在于通话质量及数据通信速度。然而，在通话品质方面，目前的移动电话消费者还是能接受的。随着技术的发展与应用，现有移动电话网中手机的通话质量还在进一步提高。数据通信速度高速化的确是一个很大的优点，它的最大数据传输速率达到了 100 Mb/s，这个速率是目前移动电话数据传输速率的 1 万倍，也是 3G 移动电话速率的 50 倍。另外，由于技术的先进性确保了成本投资的大大降低，未来的 4G 通信费用也要比目前的通信费用低。

1. 4G 技术标准

4G 网络是 3G 网络的演进，但却并非是基于 3G 网络简单升级形成的。从技术角度来说，4G 网络的核心与 3G 网络的核心是两种完全不同的技术。3G 网络主要以 CDMA(Code Division Multiple Access，码分多址)为核心技术的，而 4G 网络则是以 OFDM(Orchogonal Frequency Division Multiplexing，正交频分调制)和 MIMO(Multiply - Input Multiply - Output，多入多出)技术为核心的。按照国际电信联盟的定义，静态传输速率达到 1 Gb/s，用户在高速移动状态下可以达到 100 Mb/s，就可以作为 4G 的技术之一。

目前 4G 标准只有两个，分别为 LTE - Advanced 与 WiMAX - Advanced(全球互通微波存取升级版)。其中，LTE - Advanced 是 LTE 技术的升级版，LTE - Advanced 向后完全兼容 LTE，其原理类似 HSPA 升级至 WCDMA 这样的关系。

而 WiMAX - Advance，即 IEEE 802.16 m，是 WiMAX 的升级版，由美国 Intel 主导，接收下行与上行最高速率可达到 300 Mb/s，在静止定点接收可高达 1 Gb/s，也是电信联盟承认的 4G 标准。4G 标准的演进过程如图 1-12 所示。

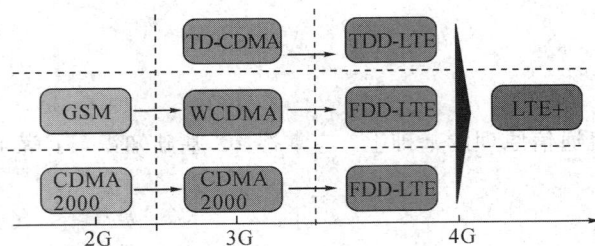

图 1-12 4G 标准的演进过程

实际上，目前接触的 LTE 并非真正的 4G 网络，虽然上百兆的速度远超 3G 网络，但与 ITU(Inlernationat Telecommunication Union，国际电信联盟)提出的 1 Gb/s 的 4G 技术要求还有很大距离，因此，目前的 LTE 也经常被称为 3.9 G。

LTE 根据其具体的实现细节、采用的技术手段和研发组织的差别形成了许多分支，其中主要的两大分支是 TDD-LTE 与 FDD-LTE 版本。中国移动采用的 TD-LTE 就是 TDD-LTE 版本，同时也是由中国主导研制推广的版本，而 FDD-LTE 则是由美国主导研制推广的版本。

2. 4G 的双工模式

目前 4G 有两种双工模式，分别是 TDD-LTE 和 FDD-LTE。

1) TDD-LTE 和 FDD-LTE 的工作原理

TDD-LTE(Time Division Long Term Evolution，分时长期演进)是由阿尔卡特-朗讯、诺基亚、西门子通信、大唐电信、华为技术、中兴通信、中国移动等共同开发的第四代(4G)移动通信技术与标准。

在 TDD 方式的移动通信系统中，接收和发送使用同一频率载波的不同时隙作为信道的承载，其单方向的资源在时间上是不连续的，时间资源在两个方向上进行了分配。某个时间段由基站发送信号给移动台，另外的时间由移动台发送信号给基站，基站和移动台之间必须协同一致才能顺利工作。

FDD 是在分离的两个对称频率信道上进行接收和发送，用保护频段来分离接收和发送信道。因此，FDD 必须采用成对的频率，依靠频率来区分上下行链路，其单方向的资源在时间上是连续的。在优势方面，FDD 在支持对称业务时，可以充分利用上下行的频谱，但在支持非对称业务时，频谱利用率将大大降低。FDD 及 TDD 双工方式如图 1-13 所示。

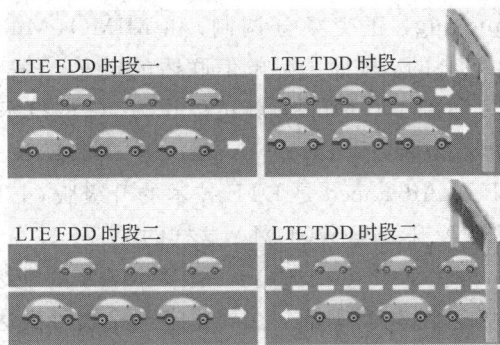

图 1-13 FDD 及 TDD 双工方式

2）FDD 和 TDD 的共用性

LTE FDD 和 TDD 拥有相同的核心网和相同的高层设计，只在"何时"处理任务方面有微小的差异，但是其工作的内容、方式和原理均相同，如图 1-14 所示。

图 1-14　TDD 和 FDD 的微小差异

LTE 是全球统一的标准，因此无线行业能够充分利用全球统一的庞大的 LTE 生态系统实现规模化效应，从而可低成本和高效率地打造相通的 FDD/TDD 基础设施产品和终端。庞大的 LTE 生态系统如图 1-15 所示。

图 1-15　庞大的 LTE 生态系统

LTE FDD 和 TDD 设备通用性如图 1-16 所示。

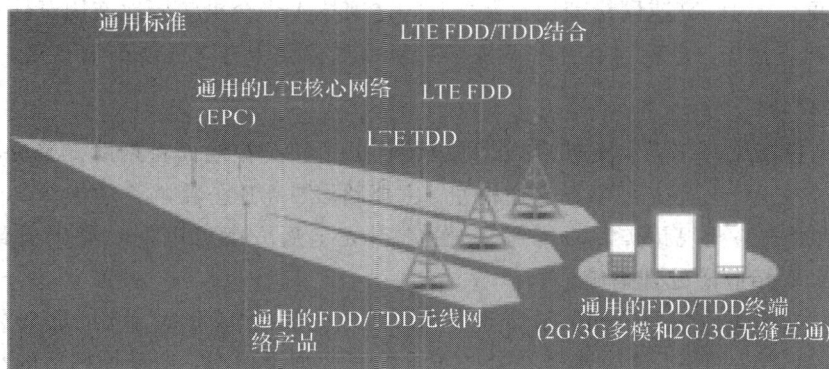

图 1-16　LTE FDD 和 TDD 设备通用性

LTE FDD 和 TDD 内在的紧密互通使运营商能够利用拥有的全部频谱资源，并通过相同的基础建设实施融合的 FDD/TDD 网络，如图 1-17 所示。

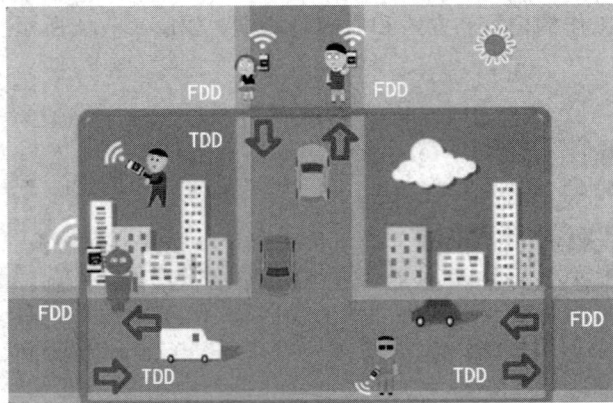

图 1-17　LTE FDD 和 TDD 基站的融合性

二、4G 的前景

在突破了网速这个瓶颈之后，视频类业务将成为最具推动力的 4G 应用，但适合 4G 网络的应用并不会局限在"高清视频播放"这个框框里。网速越快，越能催生新产品、新应用的爆发，更多的行业将被带入智能时代。

1. 新闻回传

对于广大新闻工作者，尤其是电视台的记者们来说，4G 高速网络将成为他们的得力助手。

在未来的电视现场直播过程中，记者无需再使用体型庞大的电视转播车，只要在肩扛摄像机的传输模块上插入 4G 上网卡，并连接到当地运营商的 4G 网络上，就可以在拍摄画面的同时，把高清影像传回到后方。

实际上，4G 网络的"即摄即传"技术已经在国内一些地方电视台得到使用。比如，深圳卫视的新闻直播节目，在 2013 年报道国庆长假出行状况时，就使用了当地移动公司的 4G 网络，从直播效果来看，直播画面与现场实况的时间误差不超过 1 秒。

可以预见，在 4G 高速网络商用普及之后，这项技术将会更频繁地应用于体育赛事、重大活动的电视直播中。电视台和互联网视频类节目都将逐步进入无线高清直播时代。

2. 智能交通

在 4G 高速网络环境下，实时拍摄、即时传送的道路监控画面将帮助交警更及时、更便捷地管理城市交通。比如，部署在交通枢纽、主要路段、高速公路的移动摄像头，可以通过 4G 网络把拍摄的路况视频实时回传到交通指挥中心，后方就可以及时作出道路交通状况的判断，并采取相应的处理措施。

在 4G 网络部署较快的广州、深圳等城市，当地的交通管理部门已经在部分区域尝试使用 TD-LTE 4G 网络，通过部署在警务车上的车载型摄像头，把现场拍摄的高清视屏实时回传到指挥中心。

这类应用可适用于警用摩托、巡逻警车等流动警备车，通过车载终端可以对定点视频之外的盲点实施监控管理。这种智能的监控手段，不仅可以帮助交管部门快速处理交通突发状况，也可以更好地缓解城市交通拥堵问题。

3．车联网

提到智能交通，就不可避免地要介绍一下跟交通有关的另一个热门名词——智能汽车。

众所周知，未来的汽车必定会向智能汽车的方向发展，而构成智能汽车的三大要素是互联化、自动化和电气化。其中排在首位的要素就是要"联网"，也就是业界经常提到的"车联网"。

简单来说，让汽车连接网络就是要实现对汽车动态信息的实时提取，并根据车主的需要，对车辆进行监控或提供服务。

2010 年，中国移动联合上海贝尔推出了全球第一款 TD－LTE 概念车，而这个概念车就是车联网概念的一个实体应用，它可解央"智能交通"、"安全救助"等一系列问题。不过，受限于当时国内 4G 网络并没有商用的情况，这项应用长期停留在概念阶段。

4．智能安防

利用 4G 网络的高速度、低时延等特性，未来的安防工作也可以变得更加智能。比如，在居民小区、大型展会或体育赛事现场，安防人员以往使用的各种定点监控设备可以变成可移动的高清视频监控设备。

在需要监控的区域，安防人员可以通过车载高清摄像头，利用 4G 网络实时回传现场拍摄的高清视频。

按照不同场合的实际需求，还可以在安防人员的工作服上配备一套小型摄像机和便携式的视频编码器。通过这样一套简易的装备，每个安防人员都可变成一个流动监控头，并通过 4G 高速网络把监控拍摄的画面实时回传到后方。

5．智能家居

使用移动高速网络的"智能家居"在很多年前就已经被提出来，国内运营商也曾在部分省市推出了类似的应用，但这一市场并没有被真正打开。

中国移动物联网基地在 2010 年曾推出了一款名为"宜居通"的产品，通过安装在家中的传感器，实时采集被监控物件的状态，并将采集到的信息通过移动网络传送到用户的手机上。同时，用户还可以通过手机向家中的传感器发出指令，调节家里各种物件的状态。

当时运营商的设想是：第一步实现用户可以随时了解家庭的安全状况；第二步实现手机对家用电器的远程操控，比如，用户可以在回家之前打开空调、热水器；第三步实现手机对家庭的全掌控。

不过，实现智能家居是一个庞杂的过程，不仅需要高速的移动网络，还需要全产业链的智能化改造。在 4G 商用普及、高速网络问题被解决了之后，实现智能家居应该为时不远了。

4G 商用给通信行业以及周边产业带来了无限商机，尤其是给移动互联网行业带来了巨大的想象空间。但 4G 商用只是为各类新应用、新产品的爆发铺平了一条超级高速公路，未来在这条超级高速公路上跑什么样的车，怎么跑，还需要业界的进一步探讨和尝试。

三、常见智能手机

1. iPhone 5S 手机

iPhone 5S 手机使用苹果公司的 iOS 7 操作系统，外形如图 1-18 所示。

图 1-18　iPhone 5S 手机

2. 三星 i9505(GALAXY S4 LTE 版)

三星 i9505 在网络上可同时支持 FDD-LTE、WCDMA、GSM 多种模式，外形如图 1-19所示。

图 1-19　三星 Galaxy S4 外形

3. 华为 Ascend P7(电信版)

华为 Ascend P7(电信版)正面搭载了一块 5.0 英寸 1080P 分辨率 IPS 屏幕，采用 in-cell 技术，正反面机身覆盖第三代康宁大猩猩玻璃。看上去不仅美观且相当大气。搭载主频为 1.8 GHz 的海思 Kirin 910T 四核处理器，搭配 2GB RAM+16GB ROM 组合。

华为 Ascend P7(电信版)设有 1300 万像素后置+800 万像素前置摄像头组合，主摄像头采用 F2.0 光圈，索尼 4 代堆栈式传感器以及 2500 mAh 容量电池。支持 TD-LTE、TD-SCDMA、GSM、FDD-LTE、WCDMA(后两者仅在国际漫游时支持)多种模式，其外观如图 1-20 所示。

图 1-20　华为 Ascend P7（电信版）

四、智能手机电路结构

1. 手机的机械部件结构

作为一名手机维修工程师，接触到的都是已经上市的量产手机，不需要像开发者那样去设计手机的电路结构，只要了解其机械部件结构和电路结构，然后能对手机进行维修就足够了。

拆开手机电池后壳以后，可以看到手机电池后盖上有 NFC 芯片，即天线部件，手机和主板连接的部分有电池、Micro TF 卡和标准 SIM 双卡槽，这些部件是用户能够直接接触到的，如图 1-21 所示。

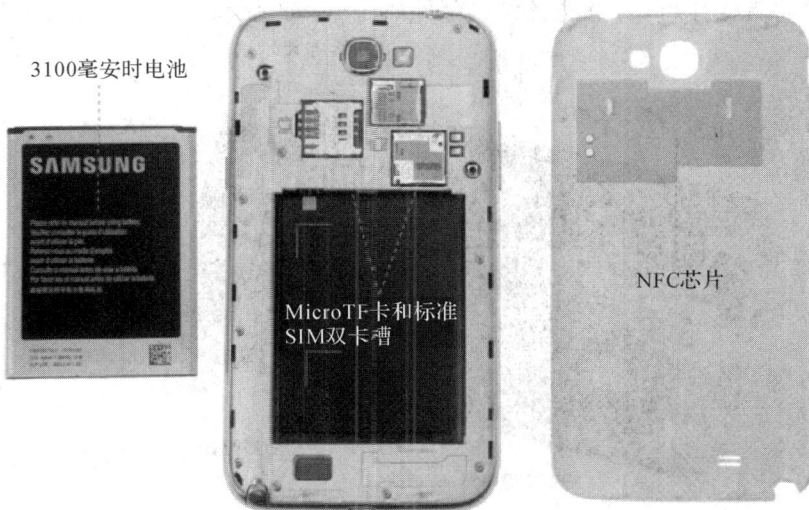

3100毫安时电池

MicroTF卡和标准
SIM双卡槽

NFC芯片

图 1-21　基本部件

拆开手机的后壳，可以看到手机的主板等整机结构部件，手机的后壳上除了固定螺丝外还有手机的天线。和前壳固定在一起的是显示屏、主板、音腔、麦克风等部件，这些部件的结构和工作原理将在后面的章节中进行讲解。另外三星 Note II 手机还有一个 S-pen 功能，可以代替手指在屏幕上输入信息。手机整机结构部件如图 1-22 所示。

图 1-22　整机结构部件

2. 智能电路结构

在手机中，连接主板和各个功能部件的有多个接口排线，例如：电源开关排线、屏幕排线、前置摄像头、主摄像头、耳机/听筒排线、触控排线、底部按键排线等，这些排线连接了各个传感器、控制部件等。

SIM 卡槽和 Micro TF 卡卡槽也是通过连接器与主板进行连接的，具体的工作原理在后面的章节中将具体介绍。手机电路结构部件如图 1-23 所示。

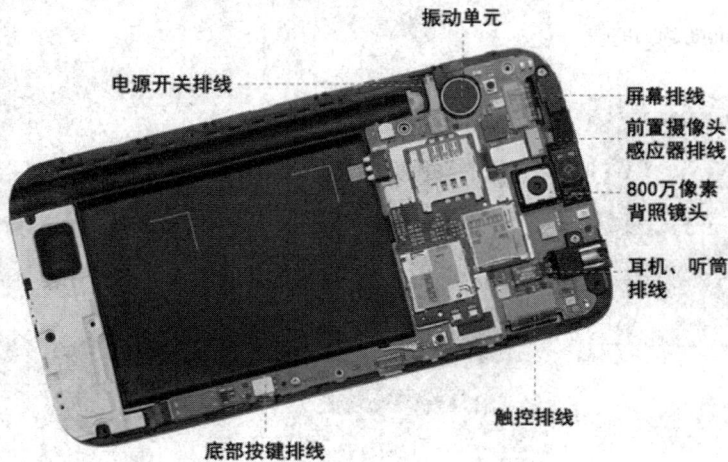

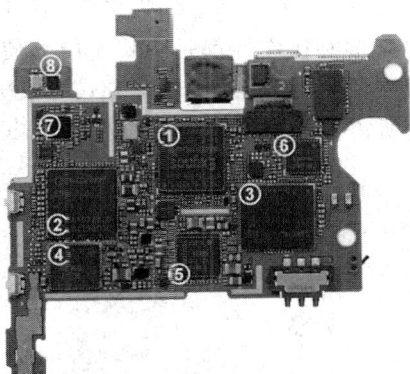

图 1-23　手机电路结构部件

3. 智能手机电路器件

手机的主板主要由 PCB 板、电阻、电容、电感、二极管、三极管、场效应管、接口器件、传感器、集成电路等元器件组成，用于实现内部和外部信号的处理及手机所有功能的控制，包括显示屏、充电、开关机等。

在一部手机中，起到主导作用的还是集成电路，每一个集成电路都有不同的功能，认识并了解每一个芯片的功能和外部电路结构是掌握和学习智能手机和 4G 手机的必经之路。手机的电路器件如图 1-24 所示。

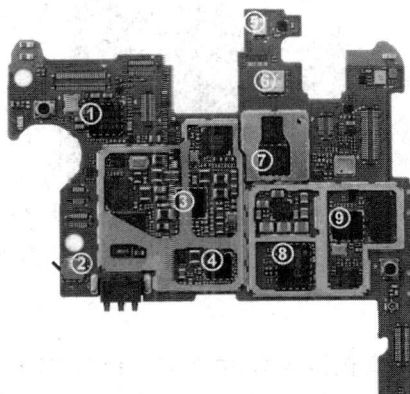

1:
1.6 GHz主频
三星Exynos 4412
四核处理器
内嵌2GB RAM

2:
高通ESC6270基带芯片

3:
三星KMVTU000LM
eMMC(16GB)

4:
20C17/D9LQQ镁光
芯片(具体作用未知)

1:
日本Wacom W9001
电磁书写方案芯片
S Pen手写笔应用

2:
S Pen触碰开关

3:
电源管理芯片

4:
MAX7693电源管理芯片

5:
降噪麦克风

5:
英特尔XG626
Modem基带芯片

6:
CML0801图像信号
处理器

7:
Wolfson(欧胜)
WM1811音频解码
芯片

8:
博通GPS芯片

6:
闪光灯单元

7:
Triquint TQM7M5022
Wi-Fi 蓝牙芯片

8:
RFMD 62618电源管理
芯片

9:
英飞凌PMB5712射频接
收器

图 1-24　手机的电路器件

五、智能手机操作系统

手机作为便携的移动通信工具，经历数年的发展与演变已经成为人们生活中不可缺少的一部分。现在的手机在功能上可谓"麻雀虽小，五脏俱全"，不仅具备最基本的通话和短信功能，还具备音乐、视频播放、上网、拍照、游戏、导航等功能，可以实现人们的一切办公和生活所需，而这一切却不得不感谢智能手机的面世。智能手机采用独立的操作系统，可以由用户自行安装满足自己个性化需求的第三方软件及游戏，同时经过近几年的发展和普及，价格已平民化，成为人们选购的主流。

几乎市面上所有的3G、4G手机都是智能手机，在后面的章节中，无论是4G手机还是3G手机，都是指智能手机，没有操作系统的手机称其为功能手机。

1. 苹果的 iOS 系统

iOS 是由苹果公司为 iPhone 开发的操作系统，它主要是供 iPhone、iPod Touch、iPad 及 Apple TV 使用的，就像其基于的 Mac OS X 操作系统一样，它也是以 Darwin 为基础的。原本这个系统名为 iPhone OS，直到 2010 年 6 月 7 日 WWDC 大会上宣布改名为 iOS。iOS 系统 Logo 如图 1-25 所示。

图 1-25　iOS 系统 Logo

iPhone OS 由两部分组成，即操作系统和能在 iPhone 等设备上运行原生程序的技术。由于 iPhone 是为移动终端而开发的，所以要解决的用户需求就与 Mac OS X 有些不同，尽管在底层的实现上 iPhone 与 Mac OS X 共享了一些技术，系统操作占用大概 240 MB 的存储器空间。而其最主要的用户体验和操作性都是依赖于能够使用多点触控直接操作的。用户通过与系统交互，包括滑动、轻按、挤压及旋转等方式完成所有操作，这些设计的核心都来源于乔布斯的一句话，"我所需要的手机只有一个按键"。iOS 操作系统界面如图 1-26 所示。

图 1-26　iOS 操作系统界面

2. 谷歌的 Android 系统

Android 一词的原意是"仿真机器人"，中文有时译为"安卓"或"安致"。Android 是谷歌旗下风头正盛的智能平台。Android 系统 Logo 如图 1-27 所示。

图 1-27 Android 系统 Logo

很多玩家用户可能会奇怪，为什么 Android 会用甜点作为系统版本的代号？这个命名方法开始于 Android 1.5 发布的时候。作为每个版本代表的甜点，其尺寸越变越大，按照大写字母排序：纸杯蛋糕（Cupcake）、甜甜圈（Donut）、松饼（Eclair）、冻酸奶（Froyo）、姜饼（Ginger bread）、蜂巢（Honeycomb）、冰激凌三明治（Ice Cream Sandwith）及果冻豆（Jelly Bean）。

在操作与整体界面的感觉上真很像 iPhone 和 BlackBerry 的混合体。它绝大部分功能依靠触摸屏即可轻松搞定，但依旧保留了轨迹球和菜单，此外还沿袭了手机惯用的 Home 及 Back 按钮。当然更为重要的是 Android 秉承了谷歌的一贯作风选择开源模式，这也是其如此受欢迎的最主要的原因，同时其也与 Google 的相关服务进行了紧密的集成，如 Gmail 和 Google Calendar。Android 操作系统界面如图 1-28 所示。

图 1-28 Android 操作系统界面

3. 微软的 Windows Phone 8 系统

Windows Phone 8 是微软公司 2012 年 6 月 21 日发布的一款手机操作系统，是 Windows Phone 系统的最新版本，也是 Windows Phone 的第三个大型版本，该系统旗舰手机为 Nokia Lumia 1520。Windows Phone 8 采用和 Windows 8 相同的针对移动平台精简优化 NT 内核并内置诺基亚地图。Windows Phone 8 系统 Logo 如图 1-29 所示。

图 1-29　Windows Phone 8 系统 Logo

2011 年 2 月，诺基亚、微软达成全球战略同盟并将此系统作为其主要智能手机系统，并与微软深度合作共同研发。

目前国内手机市场上，iOS 或 Android 操作系统是使用量最多的，Windows Phone 主要在微软的手机上使用，其他手机使用的很少。

操作提示

（1）拆装智能手机时，一定要做好防静电措施，避免静电原因造成手机出现故障。

（2）拆装过程中，一定要把所有螺丝钉放在指定位置，以免装错螺丝钉损坏手机外壳及主板。

（3）在识别电路结构时，手机主板一定要轻拿轻放。

检查评议

对任务的完成情况进行检查，并将结果填入任务测评表 1-4 中。

表 1-4　任务测评表

序号	主要内容	考核要求	评分标准	配分	扣分	得分
1	智能手机拆装	1. 掌握手机常见拆机工具的使用 2. 熟练拆装智能手机显示屏、主板、电池等主要结构件	1. 选择合适的拆装机工具，螺丝钉放置合适位置，每处错误扣 5 分 2. 拆装智能手机，并熟练进行装配，每处错误扣 5 分	40		
2	智能手机机械及电路结构识别	1. 能够识别智能手机机械结构 2. 能够识别智能手机电路结构	1. 描述智能手机机械结构组成，每处错误扣 5 分 2. 描述智能手机电路结构组成，每处错误扣 5 分	40		
3	安全注意事项	1. 严格执行操作规程 2. 保持实习场地整洁，秩序井然	1. 发生安全事故扣总分 20 分 2. 违反文明生产要求视情况扣总分 5～20 分	20		
工时	60 min		合计			
开始时间			结束时间		成绩	

问题及防治

问题：识别智能手机主板电路结构时，很容易把主板芯片位置搞混。

原因：初学者开始学习时，无法掌握智能手机电路原理，容易出现将主板芯片位置搞混的情况。

预防措施：在掌握了一定经验和技巧后就不会再出现类似情况。

知识拓展

通信的发展一直伴随着人类发展史，从烽火狼烟、飞鸽传信到最新的 4G 通信技术，回顾移动通信史，快速的发展主要在近几十年，而且发展的速度越来越快，蓝牙、WAP 和 GPRS 已经不再是移动通信技术的亮点。视频通话、GPS、WLAN、高速上网等功能的应用已经进入寻常百姓家。

手机不再仅仅是个人通信工具，也成为了可靠的工作助手，如上网、记事、制定工作计划、照相、录音等功能。手机也是我们生活中有趣的娱乐伙伴，如 3D 游戏、听歌、收音机、在线看电影等功能。

1902 年，一个叫"内森·斯塔布菲尔德"的美国人在肯塔基州默里的乡下住宅内制成了第一个无线电话装置。1938 年，美国贝尔实验室为美国军方制成了世界上第一部"移动电话"手机。1973 年 4 月，美国著名的摩托罗拉公司工程技术员"马丁·库帕"发明了世界上第一部推向民用的手机。

手机的发展史是非常短暂的，自手机真正商用至今四十多年的时间里，手机已经从最古老的样子发展到今天时尚的外形，已不再拘泥当初单纯的通话，设计师们已经赋予了手机更多的功能。

中国手机的发展历程大致可以分为模拟手机时代、GSM 时代、2.5G 时代、3G 时代、4G 时代，很快就要进入 4.5G 和 5G 时代了。

中国的模拟手机时代，大概是从 1987 年中国移动通信集团开始运营 900 MHz 模拟移动电话业务算起，截止到 2001 年 6 月 30 日，中国移动通信集团完全停止模拟移动电话网国际、国内漫游业务。自此，中国不再有模拟移动电话系统。

目前我国现有的移动通信系统有 2G 的 GSM，3G 的 TD‐SCDMA、WCDMA，4G 的 TD‐LTE、LTE‐FDD 五个。

项目二 焊接设备使用及焊接工艺

任务1 焊台使用及焊接工艺

学习目标

焊台使用是维修智能手机的基础，越来越多的智能手机使用了无铅焊接工艺，对维修人员来讲，焊接工艺要求也越来越高。

知识目标：

1. 了解防静电相关知识，掌握静电防护的基础理论。

2. 了解有铅焊锡丝、无铅焊锡丝的材料特性及焊接温度。

能力目标：

1. 掌握焊台的基本使用方法。

2. 熟练使用焊台拆装手机贴片元件。

素质目标：

1. 让学生体验到工作的乐趣，培养学生掌握焊台的使用及焊接工艺。

2. 使学生体验到收获劳动成果的快乐，从而培养学生热爱工作的精神。

工作任务

焊台是一种常用于电子焊接工艺的手动工具，通过给焊料（通常是指锡丝）供热使其熔化，从而使两个工件焊接起来。

相关理论

一、防静电系统

有人问，智能手机维修和静电有什么关系吗？当然有，而且关系大着呢，下面介绍这方面的理论知识。

1. 静电的产生

说起静电，估计都不陌生，在干燥和多风的秋天，人们常常会碰到这些现象：晚上脱衣服睡觉时，黑暗中常听到"噼啪"的声响，而且伴有蓝光；见面握手时，手指刚一接触到对方，会突然感到指尖针刺般痛；早上梳头时，头发会经常飘起来，越理越乱；拉门把手、开水龙头时都会"触电"，时常发出"啪、啪"的声响，这就是人体产生的静电现象。

　　静电不是静止的电，是宏观上暂时停留在某处的电，是一种处于相对静止状态的电荷。从原理上讲，静电的产生主要有以下三种方式：摩擦带电、接触带电、感应带电。后两种带电方式比较容易预防与控制。在实际生产中最难控制的是第一种带电方式——摩擦带电，它是由人体的动作或设备的运动而产生的。接触十万伏静电时人的头发会竖起来，现象如图 2-1 所示。

图 2-1　接触十万伏静电时的现象

2. 静电的危害

　　ESD(Electro - Static Discharge)的意思是静电释放。ESD 是 20 世纪中期以来形成的以研究静电的产生、危害及静电防护等的学科。因此，国际上习惯将用于静电防护的器材统称为 ESD，中文名称为静电阻抗器。

　　ESD(静电放电)对电子产品造成的破坏和损伤有突发性损伤和潜在性损伤两种。

　　所谓突发性损伤指的是器件被严重损坏，功能丧失。这种损伤通常能够在生产过程中的质量检测中发现，因此给工厂带来的主要是返工维修的损失。而潜在性损伤指的是器件部分被损，功能尚未丧失，且在生产过程的检测中不能发现，但在使用当中会使产品变得不稳定，时好时坏，因而对产品质量构成更大的危害。这两种损伤中，潜在性损伤占据了90%，突发性损伤只占 10%。也就是说90%的静电损伤是没办法检测到，只有到了用户手里使用时才会发现。

　　手机出现的经常死机、自动关机、话音质量差、杂音大、信号时好时差、按键出错等问题绝大多数与静电损伤相关。也因为这一点，静电放电被认为是电子产品质量最大的潜在杀手，静电防护也成为电子产品质量控制的一项重要内容。而国内外品牌手机使用时稳定性的差异也基本上反映了他们在静电防护及产品的防静电设计上的差异。

3. 防静电措施

　　对于静电的防护，主要采取三种方式，一种是防，一种是放，还有一种是控。"防"是指防止静电荷的积聚；"放"是指建立安全的泄放通路；"控"是指对所有防静电措施的有效性进行实时监控。

　　下面介绍几种常见的 ESD 防护方法。

1）接地

接地对于减少在导体上产生的静电荷是非常重要的。人体是导体，并且是静电的主要发源地，因此，必须减少在接触敏感防静电元件或组件的人身上产生的静电荷。减少人体产生的静电最好的办法是通过人体接地。

在手机维修中，手腕带是最常用的接地装置。手腕带将安全且有效地排走个体上的静电荷，只有接触皮肤才能很好地发挥手腕带的作用。一个脏的或松的手腕带可能保留着漏走的静电荷，使防静电控制失效。防静电腕带如图 2-2 所示。防静电鞋或脚接地也可以作为防静电腕带的辅助措施，防静电鞋如图 2-3 所示。

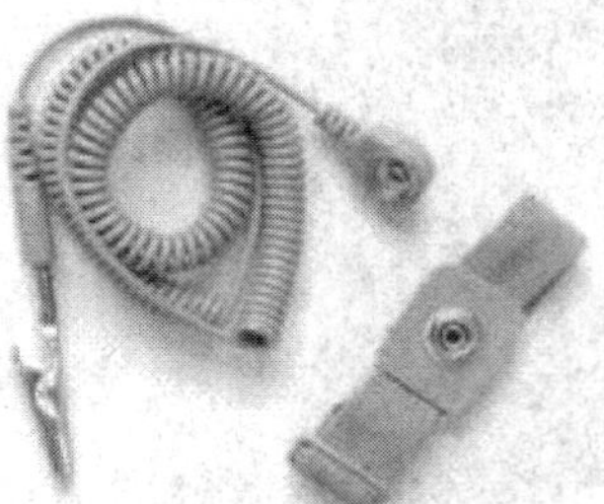

图 2-2　防静电腕带

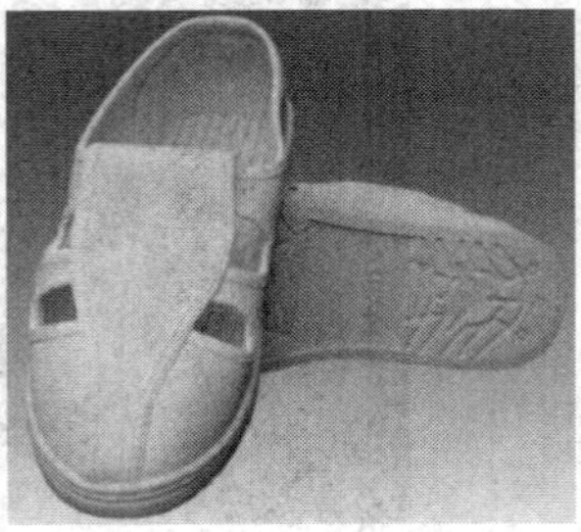

图 2-3　防静电鞋

2）中和

静电消除设备的主要部件为离子发生器。由于接地和隔离不能从绝缘体（如人工合成的布或常规塑胶）中释放电荷，所以中和就显得重要了。从绝缘体中中和或移走工作中自然产生的电荷，称为电离。离子是存在于空气中的简单带电物质，离子是由自然能源物质产生的，它包括太阳光、照明、露天火焰和辐射。

我们可以通过离子发生器造成上万亿的离子，离子发生器使用高电压产生一个平衡的混合带电离子，并且用风扇帮助离子漂移到物体上或区域里中和。离子化中和可以在 8s 内中和绝缘体上的静电荷，因此可以减少它们引起的潜在伤害。离子化中和不是接地或隔离的替代品，离子化仅减少静电释放事故发生的可能性或风险。离子发生器如图 2-4 所示。

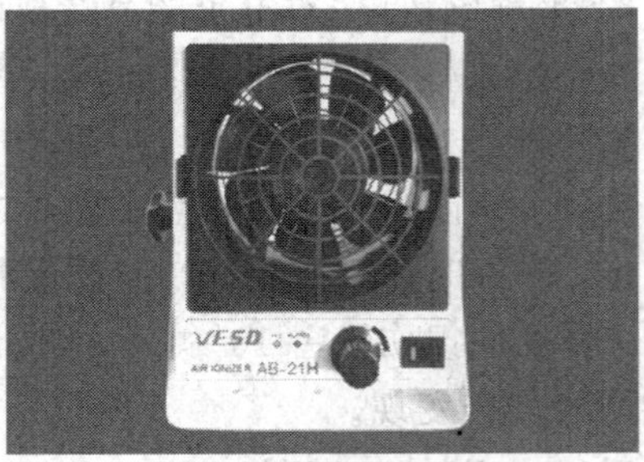

图 2-4　离子发生器

3）屏蔽

可以使用屏蔽容器在储存或运输过程中隔离元器件和组件，使元器件和组件从带电物体或带电静电场中隔离出来。在储存或运输过程中，绝缘体是阻止静电释放损伤发生的最好方式。

静电荷不能进入由导体材料或导体层做成的容器中，这个效应称为法拉第杯效应。在存储和运输电子元器件或装载线路板时，使用有近似法拉第杯特性的容器可将元器件和组件从静电释放击伤当中隔离出来。防静电屏蔽袋如图 2-5 所示。

在手机生产维修车间，为了防止衣服静电积聚，一般工作人员都要穿防静电服。防静电服一般由防静电织物缝制而成的，在纺织时，防静电服内均匀地混入全部或部分由金属或有机物的导电材料制成的防静电纤维或防静电合成纤维，或者由两者混合交织而成。防静电服的静电屏蔽性能良好，不起尘。常见防静电服如图2-6所示。

图2-5　防静电屏蔽袋

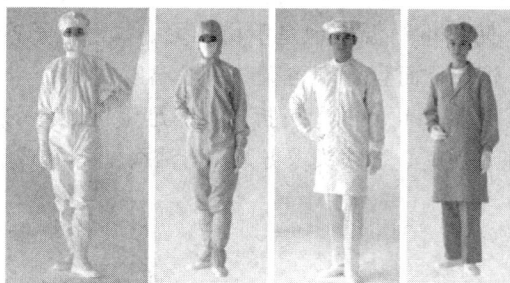

图2-6　常见防静电服

在一个完善的手机生产维修车间内，要铺设防静电地板，所有的维修设备具有防静电功能，所有的桌子、椅子等都是防静电材料，工作人员从头到脚都要全副武装防静电帽、防静电服、防静电鞋、防静电腕带等。

4．防静电标志

防静电标志是防静电控制体系中不可缺少的一环，这些标志鲜明又形象地指示出与静电有关的产品、区域或包装等，提醒工作人员时刻不忘静电的危害性，做好防范工作。

防静电标志一般粘贴在车间所用的器材、产品的外包装、设备外壳或需防静电的场所中。在手机厂家提供的维修手册中也有该警示，提示接触某些敏感元件时需要采取适当的预防措施。

防静电标志图案一般为手形三角或圆形箭头，主要采用黄底黑字。防静电标志的中文内容：注意（静电防护区域或防静电保护区等接触静电敏感元件时请采取适当的预防措施）。英文内容：ATTENTION（ESD PROTECTED AREA，OBSERVE PRECAUTIONS FOR HANDLING ELECTROSTATIC SENSITIVE DEVICES）。防静电标志图案如图2-7所示。

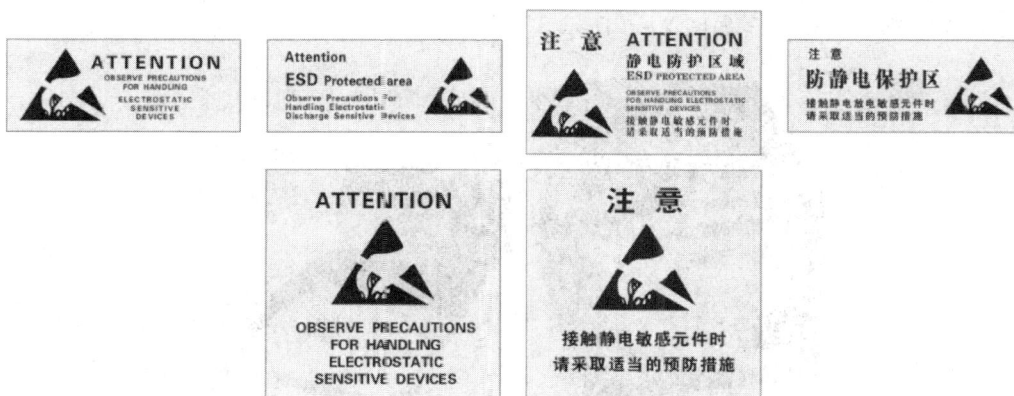

图2-7　防静电标志图案

由此可见，在手机生产、运输、维修中静电防护的重要性。

二、焊台基本介绍

1. 防静电恒温焊台

防静电恒温焊台是手机维修、精密电子产品维修的专用设备，这种焊台的特点是防静电、恒温，而且温度可调，一般温度在200～480℃之间可调。

烙铁头可更换，可拆卸，满足手机维修的需要。图2-8是一款防静电恒温焊台，由焊台座、手柄、烙铁头、支架、清洁海绵等组成。

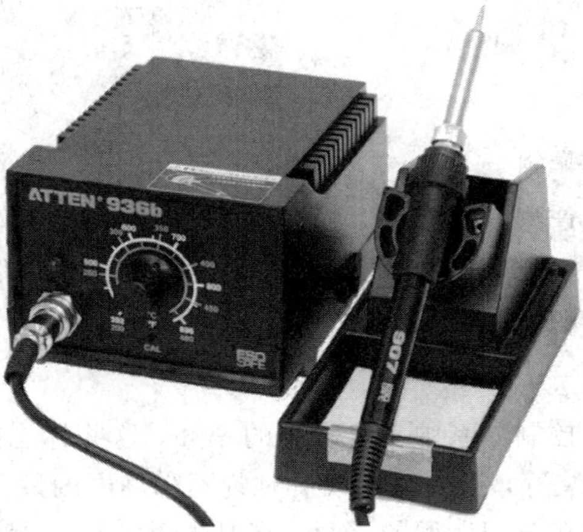

图 2-8　防静电恒温焊台

2. 高频无铅焊台

无铅焊料的熔点比锡铅合金高出许多，在不影响元器件受热冲击的情况下，可适当把焊台功率加大，以加快熔锡与上锡的速度。为了防止与铅锡合金焊料共用电烙铁出现污染，建议使用防静电恒温无铅电烙铁。

高频无铅焊台与防静电恒温焊台的外形和功能基本差不多，和恒温焊台相比，高频无铅焊台一般采用高频涡流加热，升温及回温速度快，实现无铅焊接，功率一般高达90～200 W。高频无铅焊台如图2-9所示。

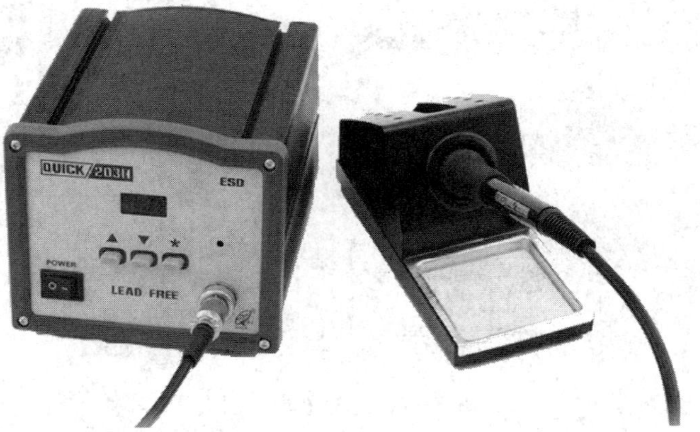

图 2-9　高频无铅焊台

任务准备

实施本任务教学所使用的实训设备及工具材料可参考表 2-1。

表 2-1　实训设备及工具材料

序号	分类	名称	型号规格	数量	单位	备注
1	主板	手机主板	任意型号	1	块	
2	设备器材	焊台	白光 936	1	台	
3		焊锡丝	Sn63Pb37 焊锡丝	1	卷	
4		焊锡膏	无	1	盒	
5	工具	镊子、主板夹具	无	1	套	

任务实施

一、拆装贴片电阻

1. 贴片电阻拆除

（1）选用尖嘴式的烙铁头，电烙铁温度调至 330±30℃之间。

（2）烙铁头上锡，锡量为包裹住烙铁嘴为宜。

（3）使用烙铁头直接接触待拆器件两端。

（4）待器件焊点融化，利用锡的张力吸气并移除坏件，烙铁在焊盘上停留的时间不要超过 3 s。

2. 贴片电阻的安装

（1）将焊台的温度调至 330±30℃之间，如图 2-10 所示。

（2）放置元件在对应的位置上，如图 2-11 所示。

图 2-10　焊台温度调节　　　　　图 2-11　元件对齐位置

（3）左手用镊子夹持元件定位在焊盘上，右手用焊台将已上锡焊盘的锡熔化，将元件固定焊在焊盘上，如图 2-12 所示。

（4）用烙铁头加焊锡到焊盘，将两端分别进行固定焊接，如图 2-13 所示。

（5）焊好的元件，如图 2-14 所示。

图 2-12　固定焊盘一端　　　图 2-13　对元件进行焊接　　　图 2-14　焊好的元件

二、焊接 SOP/QFP 封装集成电路

SOP 封装是一种很常见的元器件形式，是表面贴装型封装之一，引脚从封装两侧引出，呈海鸥翼状（L 字形）。QFP（Quad Flat Package）为四侧引脚扁平封装，是表面贴装型封装之一，引脚从四个侧面引出，呈海鸥翼（L）型。

使用电烙铁拆装 SOP/QFP 封装集成电路是在掌握拆装贴片电阻的基础上进行的，必须在掌握基本焊接工艺以后，才能焊接 SOP/QFP 封装集成电路。

1. SOP/QFP 封装集成电路安装

（1）选择适用的烙铁头（凿型或刀片型），焊台的温度调至 330℃±30℃之间。左手用镊子夹取器件从托盘中取出，平贴在元件焊盘对应的位置（方向正确，引脚正对），如图 2-15 所示。

（2）右手执焊台粘少量的锡，将元件定焊在 PCB 对应的焊盘上（定焊元件对面的对角 1～3 个脚），如图 2-16 所示。

（3）清洗烙铁头，将烙铁头上锡，在焊盘加适量的助焊剂。右手拿焊台从未定焊的引脚一端从头至尾拖焊，拖焊完一边再焊另一边。焊好未定焊的两边再焊定焊边，直至焊接完成，如图 2-17 所示。

图 2-15　对准元件引脚　　　图 2-16　固定元件焊盘　　　图 2-17　焊接元件

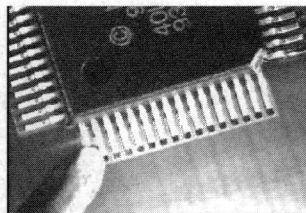

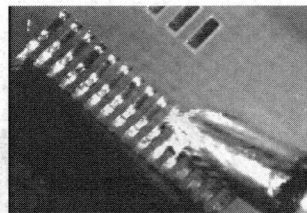

（4）用防静电刷粘少量清洗剂将元件引脚的焊油（助焊剂）及氧化物清洗干净。

2. SOP/QFP 封装集成电路焊接要点

（1）拖焊过程中从头至尾拖下来，不允许来回拖。拖至一边的尾部时将烙铁头朝外倾斜 45°并往外拉，避免连锡的发生，每边焊接时间不超过 5 s。

（2）拖焊时烙铁头要同时接触引脚和焊盘，不能直接接触元器件本身。

（3）清洗时不允许将清洗剂粘到周边元件（含容易造成氧化、短路等的元件）。

（4）确保引脚前端、后端形成弧度锡面，焊点外观符合标准。

操作提示

1. 焊台使用安全提示

（1）使用时一定要注意安全，避免焊台烫坏电源线引起漏电。

（2）焊台温度要定期检测，避免温度出现误差。

（3）焊台的烙铁头应经常保持清洁，使用时应在海绵上擦几下，以去除氧化层或污物，海绵应保持湿润。

2. 焊接操作提示

（1）常见有铅锡成分为 63/37 的熔点是 180℃～185℃，无铅的锡熔点为 225℃～235℃，烙铁的温度一般都是调到 300℃左右为最佳作业温度。

（2）焊接过程中不要晃动元件，否则容易造成虚焊。焊锡量要合适，使用的焊剂不要过量。每个焊点的焊接过程以 2～3 秒为宜。

检查评议

对任务的完成情况进行检查，并将结果填入任务测评表 2 - 2 中。

表 2 - 2　任务测评表

序号	主要内容	考核要求	评分标准	配分	扣分	得分
1	焊接贴片电阻	1. 正确掌握焊接温度调节　2. 能够按照操作步骤进行焊接操作	1. 操作不熟练，温度调节不正常，每处扣 5 分　2. 元件虚焊、焊盘脱落、连锡等，每次扣 5 分	40		
2	焊接 SOP/QFP 封装集成电路	1. 正确掌握焊接温度调节　2. 能够按照操作步骤进行焊接操作	1. 操作不熟练，温度调节不正常，每处扣 5 分　2. 元件虚焊、焊盘脱落、芯片引脚连锡等，每次扣 5 分	40		
3	安全注意事项	1. 严格执行操作规程　2. 保持实习场地整洁，秩序井然	1. 发生安全事故扣总分 20 分　2. 违反文明生产要求视情况扣总分 5～20 分	20		
工时	60 min		合计			
开始时间			结束时间		成绩	

问题及防治

学生在使用焊台焊接操作中，时常会遇到如下问题：

问题：使用焊台焊接时，元件经常出现虚焊、脱焊等问题。

原因：元件出现虚焊、脱焊等问题，是初学者经常碰到的问题，主要原因是未能很好地掌握焊台使用操作技巧。

预防措施：加热时要靠增加接触面积加快传热，不要用烙铁头对焊件加力，因为这样不但加速了烙铁头的损耗，还会对元器件造成损坏或产生不易察觉的隐患。所以要让烙铁头与焊件形成面接触而不是点或线接触，还应让焊件上需要焊锡浸润的部分受热均匀。加热时还应根据操作要求选择合适的加热时间，整个过程以 2～3 s 为宜。加热时间太长，温度太高容易使元器件损坏，焊点发白，甚至造成印刷线路板上铜箔脱落；而加热时间太短，则焊锡流动性差，很容易凝固，使焊点成"豆腐渣"状。

知识拓展

一、手工焊接 5 步法

（1）焊前准备。准备好焊台、镊子、剪刀、斜口钳、尖嘴钳、焊料、焊剂等工具及辅助材料，将焊台烙铁头及焊件挂锡，左手握焊料，右手握焊台手柄，保持随时可焊状态。

（2）用焊台烙铁头加热备焊件。

（3）送入焊料，熔化适量焊料。

（4）移开焊料。

（5）当焊料流动覆盖焊接点，迅速移开焊台手柄。

掌握好焊接的温度和时间，在焊接时，要有足够的热量和温度。若温度过低，则焊锡流动性差，很容易凝固，形成虚焊；若温度过高，则使焊锡流淌，焊点不易存锡，焊剂分解速度加快，使金属表面加速氧化，并导致印制电路板上的焊盘脱落。尤其在使用天然松香作助焊剂时，锡焊温度过高，很易氧化脱皮而产生炭化，造成虚焊。

二、焊接辅料

焊接使用什么样的辅料是决定焊接结果的重要因素，下面对手机维修中使用的焊接辅料进行介绍。

1. 焊料

焊料是一种易熔金属，它能使元器件引线与印制电路板的连接点连接在一起。锡（Sn）是一种质地柔软、延展性大的银白色金属，熔点为 232℃，在常温下化学性能稳定，不易氧化，不失金属光泽，抗大气腐蚀能力强。

铅（Pb）是一种较软的浅青白色金属，熔点为 327℃，高纯度的铅耐大气腐蚀能强，化学稳定性好，但对人体有害。锡中加入一定比例的铅和少量其他金属可制成熔点低、流动性好、对元件和导线的附着力强、机械强度高、导电性好、不易氧化、抗腐蚀性好、焊点光亮美观的焊料，一般称焊锡。焊锡按含锡量的多少可分为 15 种，按含锡量和杂质的化学成分分为 S、A、B 三个等级。手工焊接常用丝状焊锡。

在手机维修中一般选用 Sn63Pb37（锡 63％，铅 37％）、直径 0.5 mm 的焊锡丝，这种焊锡丝的熔点为 183℃，焊锡内含有助焊剂，使其在焊接之后的残留物极少且具有相当高的绝缘阻抗，即使免洗也能拥有极高的可靠性。

2. 焊剂

1）助焊剂

助焊剂在焊接工艺中能帮助和促进焊接，同时具有保护作用，阻止氧化反应，可降低熔融焊锡的表面张力，有利于焊锡的湿润。助焊剂可分为固体、液体和气体。

在手机维修中，使用最多的是助焊膏，这是一种黄色固态的膏体，根据焊接环境的不同分为有铅焊膏和无铅焊膏。

2）阻焊剂

阻焊剂限制焊料只在需要的焊点上进行焊接，把不需要焊接的印制电路板的板面部分覆盖起来，保护面板使其在焊接时受到的热冲击小，不易起泡，同时还起到防止桥接、拉尖、短路、虚焊等情况。

使用焊剂时，必须根据被焊件的面积大小和表面状态适量使用，用量过小则影响焊接质量，用量过多，焊剂残渣将会腐蚀元件或使电路板绝缘性能变差。

任务 2　热风枪使用及焊接工艺

学习目标

知识目标：

1. 了解维修车间 5S 相关知识。

2. 了解热风枪面板各功能旋钮的作用，以及焊接温度、风量的调节。

能力目标：

1. 掌握热风枪的基本使用方法。

2. 熟练使用热风枪拆装手机贴片元件、BGA 封装芯片等。

素质目标：

1. 使学生掌握基本的使用方法和焊接工艺，体验到收获劳动成果的快乐，从而培养学生热爱工作的精神。

2. 培养学生良好的职业素养，严格按照规范工艺要求进行操作，不违规操作。

工作任务

热风枪主要是利用发热电阻丝的枪芯吹出的热风来对元件进行焊接与摘取元件的。根据热风枪的工作原理,热风枪控制电路的主体部分包括温度信号放大电路、比较电路、可控硅控制电路、传感器、风控电路等。

本章学习热风枪的使用方法以及 BGA 封装芯片焊接操作工艺。

相关理论

一、热风枪的工作原理

热风枪的工作原理比较简单,它的内部似一个电热炉,用一把小风扇将电热丝产生的热量以风的形式送出。在风枪口有一个传感器,对吹出的热风温度进行取样,再将热能转换成电信号来实现热风的恒温控制和温度显示。热风枪还有大小不等的风枪口的喷头,可以根据使用的具体情况来选择喷头的大小。

现在市场上有些热风枪,未加过零电路,虽然可以正常工作,但是从技术上讲不是很安全。在热风枪中加入过零电路的目的就是使电路中的可控硅在交流电过零处导通,以避免可控硅在正半周或负半周高电平处导通产生过高的冲击脉冲波,对电源产生污染,并且对并联在电路中的其他用电设备产生影响。

二、热风枪面板功能

热风枪的面板功能如图 2 - 18 所示。

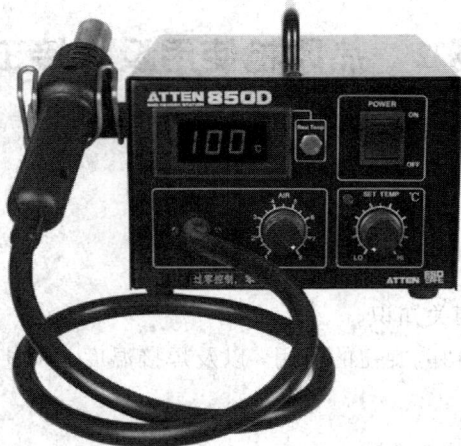

图 2 - 18 热风枪面板结构

面板下侧有一个风量调节钮,顺时针旋转可以使风枪口输出的风量变大,逆时针则减小。风量的调节范围共有 1～8 个挡,在同一温度(指显示温度)下,风量越小,风枪口送出的实际温度就越高,反之越低。

面板右侧下方是设定温度调节钮,可调范围在 100～480℃之间,顺时针旋动温度调节钮,可以提高热风枪输出的温度。面板右侧上方有一个显示屏,显示的是当前风枪口送出的实际温度,按下显示屏右侧的按钮后可显示设定的温度。

◈ 任务准备

实施本任务教学所使用的实训设备及工具材料可参考表 2-3。

表 2-3　实训设备及工具材料

序号	分类	名称	型号规格	数量	单位	备注
1	工具	镊子	无	1	个	
		焊接夹具	无	1	个	
		毛刷	无	1	个	
		手术刀	无	1	把	
2	设备器材	热风枪	安泰信 852D	1	台	
3		焊台	白光 936	1	台	
4		植锡板、刮板	无	1	套	
		带灯放大镜	无	1	台	
5	耗材	锡浆、焊锡丝	无	1	套	
		助焊膏	无	1	套	
		无水酒精	无	1	瓶	

◈ 任务实施

使用热风枪拆卸手机元件是一项比较精密的工作，熟练掌握热风枪拆卸手机元件的基本工艺是手机维修中最关键的环节。

一、小元件的拆卸和焊接

1. 技术指导

手机电路中的小元件主要包括电阻、电容、电感、晶体管等。由于手机体积小、功能强大，电路比较复杂，这些元件一般采用贴片式安装（SMD），贴片式元件与传统的通孔元器件相比，贴片元件安装密度高，减小了引线分布的影响，增强了抗电磁干扰和射频干扰能力。

对这些小元件，一般使用热风枪进行拆卸和焊接（焊接时也可使用焊台），在拆卸和焊接时一定要掌握好风量、风速和风速的方向，操作不当，不但会将小元件吹跑，而且还会将周围的小元件也吹跑或移动位置。

2. 焊接操作

1）小元件的拆卸

（1）在用热风枪拆卸小元件之前，一定要将手机线路板上的备用电池拆下，特别是当备用电池离所拆元件较近时。

提示：手机内的备用电池很容易受热爆炸，对人身体构成威胁，一定要引起重视。

（2）将线路板固定在焊接夹具上，打开带灯放大镜，仔细观察要拆卸的小元件的位置。

（3）用小刷子将小元件周围的杂质清理干净，往小元件上加注少许助焊膏。安装好热风枪的细嘴喷头，打开热风枪电源开关，调节热风枪温度开关在 2～3 挡（280～300℃，对于无铅芯片，风枪温度 310～320℃），风速开关在 1～2 挡。

（4）一只手用镊子夹住小元件，另一只手拿稳热风枪手柄，使喷头离要拆卸的小元件保持垂直，距离为 2 cm 左右，沿小元件上均匀加热，喷头不可接触小元件。待小元件周围焊锡熔化后用手指钳将小元件取下，如图 2-19 所示。

图 2-19　小元件的拆卸

2）小元件的焊接

（1）用镊子夹住要焊接的小元件放置到焊接的位置，注意要放正，不可偏离焊点。若焊点上焊锡不足，可用焊台在焊点上加注少许焊锡。

（2）打开热风枪电源开关，调节热风枪温度开关在 2～3 挡（280～300℃，对于无铅芯片，风枪温度 310～320℃），风量调节钮在 1～2 挡。使热风枪的喷头离要焊接的小元件保持垂直，距离为 2 cm 左右，沿小元件上均匀加热。待小元件周围焊锡熔化后移走热风枪喷头。焊锡冷却后移走镊子。最后用无水酒精将小元件周围的助焊膏清理干净，如图 2-20 所示。

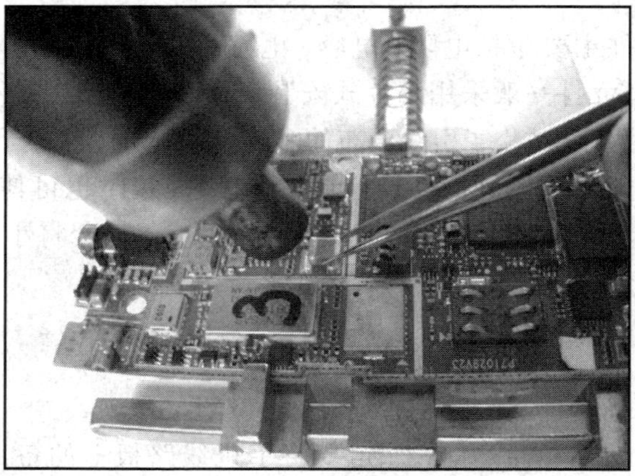

图 2-20　小元件焊接

二、SOP/QFP 封装集成电路的拆卸和焊接

1. 技术指导

小外型封装（SOP 封装）和四侧引脚扁平封装（QFP 封装）集成电路是手机常用的封装集成电路，随着手机集成度的提高，其在智能手机中的使用有所减少。

这些贴片集成电路的拆卸和安装都必须采用热风枪才能将其拆下或焊接。和手机中的一些小元件相比，这些贴片集成电路由于相对较大，拆卸和焊接时可将热风枪的风速和温度调高一些。

2. 焊接操作

1）贴片集成电路的拆卸

（1）在用热风枪拆卸贴片集成电路之前，一定要将手机线路板上的备用电池拆下，特别是当备用电池离所拆集成电路较近时。

（2）将线路板固定在焊接夹具上，打开带灯放大镜，仔细观察要拆卸集成电路的位置和方位，并做好记录，以便焊接时恢复。

（3）用小刷子将贴片集成电路周围的杂质清理干净，往贴片集成电路管脚周围加少许助焊膏。调好热风枪的温度和风速。温度调节钮一般调至 3～5 挡（一般在 300℃，对于无铅芯片，风枪温度 310～320℃），风量调节钮调至 2～3 挡。

（4）用单喷头拆卸时，应注意使喷头和所拆集成电路保持垂直，并沿集成电路周围引脚慢速旋转，均匀加热，喷头不可触及集成电路及周围的外围元件，吹焊的位置要准确，且不可吹跑集成电路周围的外围小件。

（5）待集成电路的引脚焊锡全部熔化后，用镊子将集成电路取走，且不可用力，否则极易损坏集成电路的铜箔，如图 2-21 所示。

图 2-21　QFP 封装元件的拆卸

（6）在用镊子取走集成电路之前，可用镊子轻轻碰一下集成电路，如果集成电路会轻微晃动，说明集成电路的引脚焊锡已经全部融化，这是取下集成电路的最佳时机。

2）贴片集成电路的焊接

（1）将焊接点用平头烙铁整理平整，必要时，对焊锡较少焊点应进行补锡，然后用酒精

清洁干净焊点周围的杂质。

（2）将更换的集成电路和电路板上的焊接位置对好，用带灯放大镜进行反复调整，使之完全对正。先用焊台焊好集成电路的四脚，将集成电路固定，然后再用热风枪吹焊四周。焊接完毕后应注意冷却，不可立即触碰集成电路，以免其发生位移，如图 2-22 所示。

图 2-22　QFP 封装元件的安装

（3）冷却后，用带灯放大镜检查集成电路的引脚有无虚焊，若有，应用尖头烙铁进行补焊，直至全部正常为止。用无水酒精将集成电路周围的助焊膏清理干净。

三、BGA 封装集成电路的拆卸和焊接

1. 技术指导

BGA(Ball Grid Arrays，球栅阵列封装)是目前常见的一种封装技术，现在手机中央处理器、系统版本、数据缓冲器、电源等均不同形式地采用了 BGA 封装。

要成功地更换一块 BGA 封装芯片，除具备熟练的焊接工艺之外，还必须掌握一定的技巧和正确的拆焊方法，掌握热风枪和焊台的使用操作方法是熟练更换 BGA 封装芯片的基础。

2. 焊接操作

1) BGA 封装芯片的定位

在拆卸 BGA 封装芯片之前，一定要搞清 BGA 封装芯片的具体位置，以方便焊接安装。在一些手机的线路板上，印有 BGA 封装芯片的定位框，这种封装芯片的焊接定位一般不成问题。下面主要介绍线路板上在没有定位框的情况下封装芯片的定位方法。

（1）画线定位法。拆下 BGA 封装芯片之前用笔或针头在 BGA 封装芯片的周围画好线，记住方向，作好记号，为重焊作准备。这种方法的优点是准确方便，缺点是用笔画的线容易被清洗掉，用针头画线如果力度掌握不好，容易伤及线路板。

（2）贴纸定位法。拆下 BGA 封装芯片之前，先沿着 BGA 封装芯片的四边用标签纸在线路板上贴好，纸的边缘与 BGA 封装芯片的边缘对齐，用镊子压实粘牢。这样，拆下 BGA 封装芯片后，线路板上就留有标签纸贴好的定位框。重装 BGA 封装芯片时，只要对着几张标签纸中的空位将 BGA 封装芯片放回即可，要注意选用质量较好粘性较强的标签纸来贴，这样在吹焊的过程中不易脱落。如果觉得一层标签纸太薄的话，可用几层标签纸重叠成较

厚的一张,用剪刀将边缘剪平,贴到线路板上,这样装回 BGA 封装芯片时手感就会好一点。

(3) 目测法。拆卸 BGA 封装芯片前,先将 BGA 封装芯片竖起来,这时就可以同时看见 BGA 封装芯片和线路板上的引脚,先横向比较一下焊接位置,再纵向比较一下焊接位置。记住 BGA 封装芯片的边缘在纵横方向上与线路板上的哪条线路重合或与哪个元件平行,然后根据目测的结果按照参照物来定位 BGA 封装芯片。

掌握好 BGA 封装芯片的原始位置是 BGA 封装芯片重新装配能够成功的关键因素,以上三种方法建议初学者必须掌握,虽不是"终南捷径",但却是能够快速掌握 BGA 封装芯片焊接的技巧。

2) BGA 封装芯片拆卸

认清 BGA 封装芯片放置之后,应在芯片上面放适量助焊剂,既可防止干吹,又可帮助芯片底下的焊点均匀熔化,而不会伤害旁边的元器件。

去掉热风枪前面的喷嘴,将温度调节钮调至 2~4 挡(280~300℃,对于无铅芯片,风枪温度 310~320℃),风量调节钮调至 2~3 挡,在芯片上方约 2.5cm 处作螺旋状吹,直到芯片底下的锡珠完全熔解,用镊子轻轻托起整个芯片,如图 2-23 所示。

BGA 封装芯片取下后,芯片的焊盘上和手机板上都有余锡,此时,在线路板上加上足量的助焊膏,用电烙铁将板上多余的焊锡去除,并且可适当上锡使线路板的每个焊脚都光滑圆润(不能用吸锡线将焊点吸平)。然后再用无水酒精将芯片和手机主板上的助焊剂洗干净。吸锡的时候应特别小心,否则会刮掉焊盘上面的绿漆,造成焊盘脱落,如图 2-24 所示。

图 2-23 BGA 封装芯片

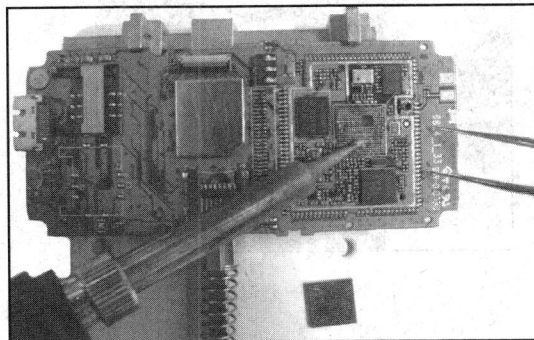

图 2-24 清理 BGA 焊盘

3) 植锡操作

(1) 做好准备工作。对于拆下的 BGA 封装芯片,建议不要将 BGA 封装芯片表面上的焊锡清除,只要不是过大,且不影响与植锡板配合即可。如果某处焊锡较大,可在 BGA 封装芯片表面加上适量的助焊膏,用焊台将 BGA 封装芯片上的过大焊锡去除,然后用无水酒精洗净。

(2) BGA 封装芯片的固定。将 BGA 封装芯片对准植锡板的孔后,用标签贴纸将 BGA 封装芯片与植锡板贴牢,BGA 封装芯片对准后,把植锡板用手或镊子按牢不动,然后用另一只手刮浆上锡。如果使用的是那种一边孔大一边孔小的植锡板,大孔一边应该与 BGA 封装芯片紧贴,这样植锡后,植锡板更容易取下来。

（3）上锡浆。如果锡浆太稀，吹焊时就容易沸腾导致成球困难，因此锡浆越干越好，只要不是干得发硬成块即可。如果太稀，可用餐巾纸压一压吸干一点。平时可挑一些锡浆放在锡浆瓶的内盖上，让它自然晾干一点。用平口刀挑适量锡浆到植锡板上，用力往下刮，边刮边压，使锡浆均匀地填充于植锡板的小孔中。

注意特别"关照"一下 BGA 封装芯片四角的小孔。上锡浆时的关键在于要压紧植锡板，如果不压紧的话，则会使植锡板与 BGA 封装芯片之间存在空隙，空隙中的锡浆将会影响锡球的生成，如图 2-25 所示。

（4）吹焊成球。将热风枪的风嘴去掉，将风量调至最小，将温度调至 280～300℃（对于无铅芯片，风枪温度 310～320℃），也就是 2～4 挡位。晃风枪喷嘴对着植锡板缓缓均匀加热，使锡浆慢慢熔化。当看见植锡板的个别小孔中已有锡球生成时，说明温度已经到位，这时应当抬高热风枪的风嘴，避免温度继续上升。过高的温度会使锡浆剧烈沸腾，造成植锡失败，严重的还会使 BGA 封装芯片过热损坏。

如果吹焊成球后，发现有些锡球大小不均匀，甚至有个别脚没植上锡，可先用裁纸刀沿着植锡板的表面将过大锡球的露出部分削平，再用刮刀将锡球过小和缺脚的小孔中上满锡浆，然后用热风枪再吹一次即可。如果锡球大小还不均匀的话，可重复上述操作直至理想状态。重植时，必须将置锡板清洗干净、擦干，如图 2-26 所示。

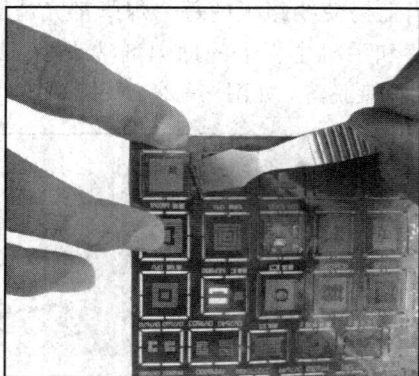

图 2-25　上锡浆

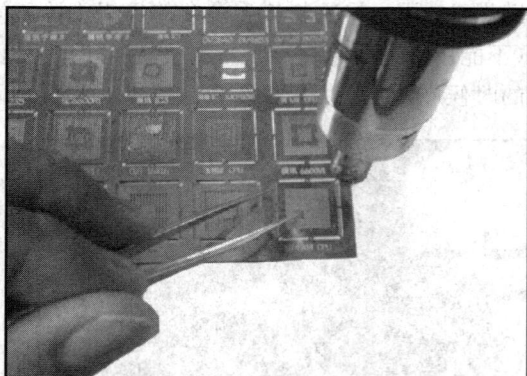

图 2-26　吹焊成球

4）BGA 封装芯片的安装

先将 BGA 封装芯片有焊脚的那一面涂上适量助焊膏，用热风枪轻轻吹，使助焊膏均匀分布于 BGA 封装芯片的表面，为焊接作准备。再将植好锡球的 BGA 封装芯片按拆卸前的定位位置放到线路板上，同时，用手或镊子将 BGA 封装芯片前后左右移动并轻轻加压，这时可以感觉到两边焊脚的接触情况。因为两边的焊脚都是圆的，所以来回移动时如果对准了，BGA 封装芯片有一种"爬到了坡顶"的感觉，因为事先在 BGA 封装芯片的脚上涂了一点助焊膏，有一定粘性，BGA 封装芯片不会移动。如果 BGA 封装芯片对偏了，要重新定位。

BGA 封装芯片定好位后，就可以焊接了。和植锡球时一样，把热风枪的喷嘴去掉，调节至合适的风量和温度，让风枪口的中央对准 BGA 封装芯片的中央位置，缓慢加热。当看到 BGA 封装芯片往下一沉且四周有助焊膏溢出时，说明锡球已和线路板上的焊点熔合在一起。这时可以轻轻晃动热风枪使加热均匀充分，由于表面张力的作用，BGA 封装芯片与线路板的焊点之间会自动对准定位，注意在加热过程中切勿用力按住 BGA 封装芯片，否则会使焊锡外溢，极易造成脱脚和短路。焊接完成后用无水酒精将板洗干净即可。安装后的芯片如图 2-27 所示。

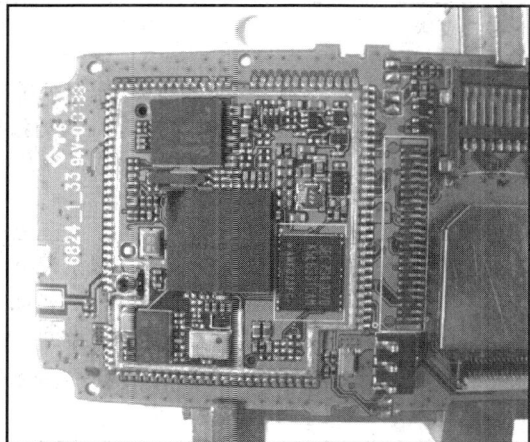

图 2-27　BGA 封装芯片安装

在吹焊 BGA 封装芯片时，高温常常会影响旁边一些封了胶的 BGA 封装芯片，往往造成不开机等故障。用手机上拆下来的屏蔽盖盖住都不管用，因为屏蔽盖挡得住你的眼睛，却挡不住热风。此时，可在旁边的 BGA 封装芯片上面滴上几滴水，水受热蒸发会吸去大量的热，只要水不干，旁边 BGA 封装芯片的温度就保持在 100℃ 左右的安全温度，这样就不会出事了。当然，也可以用耐高温的胶带将周围元件或集成电路粘贴起来。

初学者在焊接前固定 BGA 封装芯片的时候，可能会因为手的抖动引起焊接失败，这时候可以用双面胶辅助，用十字架的粘贴方式固定在主板上，这样就可以将拿镊子的手解放了，在焊接过程中，当粘贴的双面胶纸糊了的时候，焊锡也几乎融化了。

操作提示

1. 热风枪风量与温度控制

（1）初学者不容易掌握热风枪的风量和温度，可以使用一个简单的方法：找一个纸条，用热风枪对着纸条吹，调节热风枪的风量，观察纸条的晃动情况；调节热风枪的温度，观察纸条的颜色变化。反复试验。

（2）使用热风枪加热元件的时候，仔细观察焊锡的颜色变化，当焊锡颜色变亮时，一般是焊锡融化了，这时候用镊子轻轻碰一下元件，如果晃动，就可以用镊子将其取下来。

2. BGA 封装芯片植锡技巧

（1）尽量让锡浆干一点，这样植锡的成功率更高，锡浆太稀，加热的时候锡浆容易沸腾，造成植锡失败。

（2）植锡板涂抹锡浆后，使用热风枪加热时，开始风量要小，温度要低，然后再逐步增加，最简单的办法是先抬高风枪喷嘴，然后慢慢下压。

检查评议

对任务的完成情况进行检查，并将结果填入任务测评表 2-4 中。

表 2-4　任务测评表

序号	主要内容	考核要求	评分标准	配分	扣分	得分
1	拆装小元件	1. 正确使用热风枪 2. 按照操作步骤拆装元件	1. 操作不熟练，风量调节不正常，温度调节不正常，每处扣 5 分 2. 拆装过程中造成虚焊、连锡、元件丢失等，每次扣 5 分	30		
2	拆装 SOP/QFP 封装集成电路	1. 正确使用热风枪 2. 按照操作步骤拆装 SOP/QFP 封装集成电路	1. 操作不熟练，风量调节不正常，温度调节不正常，每处扣 5 分 2. 拆装过程中造成虚焊、连锡、芯片错位、焊盘脱落等，每次扣 5 分	30		
3	拆装 BGA 封装集成电路	1. 正确使用热风枪 2. 按照操作步骤拆装 BGA 封装集成电路	1. 操作不熟练，风量调节不正常，温度调节不正常，每处扣 5 分 2. 焊盘脱落、植锡掉点、连锡、错位等，每次扣 5 分	30		
4	安全注意事项	1. 严格执行操作规程 2. 保持实习场地整洁，秩序井然	1. 发生安全事故扣总分 10 分 2. 违反文明生产要求视情况扣总分 5~10 分	10		
工时	60 min		合计			
开始时间			结束时间		成绩	

问题及防治

学生在 BGA 封装芯片的拆卸和焊接过程中，时常会遇到如下问题：

问题：大部分初学者在焊接 BGA 封装芯片的时候，重装 BGA 封装芯片的成功率很低。

原因：造成 BGA 封装芯片重装成功率很低的原因有很多，排除使用热风枪不熟练的因素之外，还有以下原因：锡浆太稀，无法植锡成球；植锡时热风枪温度太高，造成锡浆沸腾。

预防措施：针对以上问题，主要有以下几个预防措施：

1. 锡浆的简单处理

尽量不要让锡浆太稀，可以使用餐巾纸吸一下锡浆中的水分，只要锡浆不干结成块就可以使用。

2. 植锡时热风枪温度控制

在植锡成球时，控制热风枪温度和风量的方法是上下垂直移动风枪喷嘴，以免温度过高和风量过大造成锡浆沸腾。

知识拓展

一、线路板脱漆的处理方法

在更换 BGA 封装芯片时，拆下 BGA 封装芯片后很可能会发现线路板上的绿色阻焊层有脱漆现象，重装 BGA 封装芯片后手机发生大电流、不开机等故障，用手触摸芯片有发烫迹象。这一般是芯片下面阻焊层被破坏的原因，重焊 BGA 封装芯片时发生了短路现象。这种现象是在拆焊 BGA 封装芯片时发生了"脱漆"现象，针对这种问题，可以使用专用的阻焊剂（俗称"绿油"）涂抹在"脱漆"的地方，待其稍干后，便可焊上新的 BGA 封装芯片。

二、焊点断脚的处理方法

许多手机由于摔跌或拆卸时不注意，很容易造成 BGA 封装芯片下的线路板的焊点断脚。此时，应首先将线路板放到显微镜下观察，确定哪些是空脚，哪些确实断了。如果只是看到一个底部光滑的"小窝"，旁边并没有线路延伸，这就是空脚，可不做理会；如果断脚的旁边有线路延伸或底部有扯开的毛刺，则说明该点不是空脚，可按以下方法进行补救。

1. 连线法

对于旁边有线路延伸的断点，可以用小刀将旁边的线路轻轻刮开一点，用上足锡的漆包线（漆包线不宜太细或太粗，如太细的话，重装 BGA 封装芯片时漆包线容易移位），一端焊在断点旁的线路上，一端延伸到断点的位置；对于往线路板夹层去的断点，可以在显微镜下用针头轻轻地到断点中掏挖，挖到断线的根部亮点后，仔细地焊一小段线连出。将所有断点连好线后，小心地把 BGA 封装芯片焊接到位。

2. 飞线法

对于采用上述连线法有困难的断点，首先可以通过查阅资料和比较正常板的办法来确定该点是通往线路板上的何处，然后用一根极细的漆包线焊接到 BGA 封装芯片的对应锡球上。

焊接的方法是将 BGA 封装芯片有锡球的一面朝上，用热风枪吹热后，将漆包线的一端插入锡球。接好线后，把线沿锡球的空隙引出，翻到 BGA 封装芯片的反面，用耐热的贴纸固定好准备焊接。小心地焊好，待 BGA 封装芯片冷却后，再将引出的线焊接到预先找好的位置。

3. 植球法

对于那种周围没有线路延伸的断点，在显微镜下用手术刀轻轻掏挖，看到亮点后，用针尖掏少许植锡时用的锡浆放在上面，用热风枪小风轻吹成球后，用小刷子轻轻刷一下，如果锡球掉不下来，说明焊点已经牢固。

注意板上的锡球要做得稍大一点，如果做得太小，在焊上 BGA 封装芯片时，板上的锡球会被 BGA 封装芯片上的锡球吸引过去而前功尽弃。

项目三　智能手机刷机与系统维护

任务 1　iOS 系统手机刷机与系统维护

学习目标

知识目标：

1. 了解 iOS 系统手机软件及系统特点，掌握基本概念。

2. 掌握和了解苹果手机的使用操作方法。

能力目标：

1. 掌握 iOS 系统手机恢复出厂设置的方法和步骤。

2. 能够使用简单方法对 iOS 系统手机进行刷机和越狱。

素质目标：

1. 让学生体验到团队合作的精神，从而培养学生的团队合作能力。严格按流程操作，刷机前备份客户资料，不查看客户手机内容，保持良好的职业道德。

2. 深入了解智能手机操作系统的特点和维护方法，提高自身业务能力和技能水平。

工作任务

　　智能手机操作系统是一种运算能力及功能比传统功能手机系统更强的手机系统。使用最多的操作系统有：Android、iOS，其他操作系统市场份额已经非常小了，例如 Symbian、Windows Phone 和 BlackBerry OS 等。他们之间的应用软件互不兼容。

　　因为可以像个人电脑一样安装第三方软件，所以智能手机有丰富的功能。智能手机能够显示与个人电脑所显示出来一致的正常网页，它具有独立的操作系统以及良好的用户界面，它拥有很强的应用扩展性，能方便随意地安装和删除应用程序。

　　近年来，随着 Android 系统、iOS 系统智能手机的普及，用户在使用中极易出现系统和软件问题。智能手机虽然性能强大，但随着使用时间的增长，安装软件和资料存储的增多，系统运行速度会越来越慢。

　　另一方面，有些消费者喜欢自己到一些软件分享平台下载软件，安装一些非正规渠道的软件、应用程序等，造成手机开不了机、白屏、功能不正常等问题。

　　iOS 系统是由苹果公司开发的移动操作系统，目前只有 iPhone 手机使用，iOS 系统界面如图 3-1 所示。

图 3-1　iOS 系统界面

iOS 系统手机维护重点围绕在软件刷机、越狱等方面，这是正常维修使用智能手机，顺利解决软件故障至关重要的环节。在学习中只要紧密结合具体操作方法，按照详细步骤操作，就可以快速掌握智能手机系统维护。

相关理论

一、App Store

Apple Store 是苹果网络商店，其中包括音乐、视频、游戏和软件工具。注册一个免费的 App Store 账户之后，便可从 iTunes Store 购买音乐或从 App Store 购买应用软件。当然，也有部分是免费的。要想免费试用付费软件，就要"越狱"了。

二、有锁版和无锁版

有锁版就是加了网络锁，也就是绑定了运营商，比如美版的 AT&T、英国的 O2。这样的手机只能插入相应运营商的 SIM 卡才能使用，插入其他的卡则无法使用，大家通常管这种机器叫做小白。

通常情况下，购买这种类型的 iPhone 是通过和某运营商签订一份为期 1～2 年的入网协议，绑定信用账户，并承诺月消费达到一定额度来获得折价购机或免费送机的优惠。这种方式已将购买 iPhone 的费用折算到相应运营商的话费中了。如果想使用别的卡，那么 iPhone 就需要先越狱，再解锁。只有通过这两个过程，一部有锁版的 iPhone 才可以使用别家运营商的卡。

无锁版也叫官方解锁版，比如港行或是阿联酋的无锁版（香港另有"和记"的"3"定制版 iPhone）。这种手机一般价格都比较高，但好处就在于任何一家运营商的 SIM 卡都可以顺利地帮助 iPhone 激活，并能够正常使用。它们只需要越狱，不需要解锁。

三、DFU 模式（恢复模式）

DFU 模式即 iPhone 固件的强制升降级模式，也就是通常理解的恢复模式。处于此模式下的 iPhone 在屏幕上会显示一个 USB 与 iTunes 的图标，正常情况下的固件刷新在此模式下进行，恢复模式除了加载了通信模块外，还加载了基本的显示系统，使得在刷机过程中可以看到全部过程。

四、砖头

砖头的意思是指将有锁版机器误刷成无法软解的固件的机器，此类机器要么借助卡贴实现电话功能，要么只能当 iTouch 使用。虽然机器的硬件没有任何损害，但电话功能成了摆设。只能等爱好者开发并上传相应的软解工具了。

五、安装软件

安装软件可以采用 iPhone 破解后桌面的 Cydia 来安装，好处是可以直接安装，不用电脑，而且可以自由删除和更新，只需要添加源即可。

六、iTunes 同步

iPhone 与 iTunes 的同步范围很广，包括音乐、视频、通讯录、日程、邮件、书签、铃声、照片等。当把 iPhone 通过 USB 连接到 PC 时，PC 可以把照片部分识别为与移动硬盘类似的功能，可以直接把手机的照片拷贝下来，比较方便，不需要 iTunes 来导出照片。从功能上看，同步音乐是最方便的，可以建立不同的列表，然后有倾向性地选取同步列表皆可。同步照片的功能相对比较糟糕，远远不如音乐那么灵活，毕竟 iTunes 前身是音乐管理器而不是图像管理器。同步铃声很简单，但制作铃声有点复杂，有兴趣的话，可以在网络上搜索到相关教程。

另外，需要注意的是，同步通讯录使用的是 Microsoft Office Outlook，而不是 Outlook Express。

七、iOS 及 iPhone 固件

iOS 在硬件上部署了一套 iPhone OS 操作系统，这个操作系统如同 Windows CE 和 Windows Mobile 一样。iPhone 固件就是指 iPhone 手机中运行的操作系统。

八、基带

Baseband 即为俗称的 BB(基带)，Baseband 可以理解为通信模块。它包含了一个通信系统，用来控制 ihone 通信程序，如控制电话通信、Wi-Fi 无线通信、蓝牙通信。

iPhone 的信号是和基带直接相关联的，在"设置"里单击"通用"选项，再单击"关于本机"选项，可以查看基带版本，在关于本机界面中的调制解调器固件的内容即为基带版本号。

九、越狱(jailbreak)

jailbreak 是 iPhone 破解的第一步，只有越狱过的有锁版 iPhone 才能实现后续的激活、解锁操作。越狱使得 iPhone 第三方管理工具可以完全访问 iPhone 的所有目录，并可安装经过破解的免费 iPhone 软件。以上后两项，包括无锁版也要越狱才可以实现。

更详细地说，越狱是指利用 iCS 系统的某些漏洞，通过指令得到 iOS 的 root 权限，然后改变一些程序使得 iPhone 的功能得到加强，突破 iPhone 的封闭式环境。iPhone 在刚刚买来的时候是封闭式的，作为普通用户是无法取得 iPhone OS 的 root 权限的，更无法将一些软件自己安装到手机中，只能通过 iTunes 里的 iTunes Store 购买一些软件(当然也有免费的)，然后通过 Apple 认可的方式(iTunes 连接 iPhone 并同步)，将合法得到的软件复制到手机上。但这种方式把用户牢牢地捆绑在苹果的管辖范围内，一些好用的软件，并不一定符合 Apple 利益，它们就无法进入 iTunes Store。比如无法在 iOS 上安装 SSH，无法复制 iOS 中的文件，无法安装更适合的输入法(iSO8 或更新的系统可以装部分第三方输入法)。这些软件都需要用到更高级别的权限，苹果是不允许的。

十、白苹果

"白苹果"实际是开机时出现的那个带条裂缝的白色苹果，但是通过意义延伸后，是指机子出问题了，一直就卡在白色苹果这个画面进不到菜单，简单地说就是机器出了故障。

十一、恢复

很多人会弄混恢复和刷机，恢复这个词取自 iTunes 里对机器进行固件恢复的过程，恢复其实是指在 iPhone 的系统出了问题后或者版本较旧，将 iPhone 的系统升级或者重新刷机的过程，并不等同于破解和越狱(刷机)。恢复需要用到的软件：iTunes 和某一个版本的官方固件。

此处有一个问题：通过正常的 iTunes 恢复固件一般只能是根据 Apple 自己的服务器所用的固件进行恢复，也就是说，恢复前固件可能是 6.13 版本，但若现在正常恢复的话，肯定是最新的系统，如 iSO8.3，这就再一次体现了 Apple 的霸道。

任务准备

实施本任务教学所使用的实训设备及工具材料可参考表 3-1。

表 3 - 1　实训设备及工具材料

序号	分类	名称	型号规格	数量	单位	备注
1	工具	数据线	iPhone 专用	2	条	
2	设备器材	手机	iPhone 6	1	台	
3		手机	iPhone 5S	1	台	
4		计算机	无	1	台	
5	软件程序	升级固件、iTunes、PP盘古越狱助手	iPhone 专用	1	套	

任务实施

一、iOS 系统手机升级

1. 需要准备的软件

在正式刷机之前，首先要准备两个软件，一个是 iTunes，要升级到最新版本；一个是 iOS 7.1.1 软件包（要下载最新软件包才行，本文案例是以该软件包为实例），如图 3 - 2 所示。

iTunes 11.1.12　　　　　　　iOS 7.1.1

图 3 - 2　需要准备的软件

其次要准备需要升级的 iPhone 手机，一定要查看手机信息，如果是有锁版的机器，使用卡贴的机器，不要使用本节介绍的方法进行刷机。

2. 开始备份

连接 iPhone 手机并打开 iTunes，在 iTunes 顶部选择设备。检查信息（Info）标签页是否选中"地址簿通讯录"、"iCalendar 日历"、"邮件账户"等。检查应用程序（Apps）标签页是否选中"同步应用程序"，这将保存应用设置和游戏存档。分别检查音乐（Music）、影片（Movies）和电视节目（TV Shows）标签页，同步这些数据至计算机内防止丢失。

如果 iPhone 手机中有大量照片，别忘了在照片（Photos）标签页将它们备份至电脑上。另外，别忘了备份 SHSH，以备升级刷机失败后重刷。

3. 软件更新

准备工作做好后就可以更新了，按住键盘上的【Shift】键＋更新（为了避免不必要的麻烦，这里推荐先进入 DFU 模式再更新）。

1）进入 DFU 模式

这是最常用的恢复 iPhone 固件的方法，步骤如下：

将 iPhone 连上电脑，然后将 iPhone 关机；同时按住开关机键和 Home 键；当看见白色的苹果 Logo 时，请松开开关机键，并继续保持按住 Home 键；开启 iTunes，等待其提示进行恢复模式后，即可按住键盘上的【Shift】键，单击"恢复"，选择相应的固件进行恢复。

2）软件更新

这个时候 iTunes 会自动启动，并提示可进入恢复模式（iPhone 会一直保持黑屏状态）。进入 DFU 模式，连接 iTunes 会出现如图 3-3 所示的提示（直接点击【Shift】键＋更新的请忽略这一步）。

图 3-3　DFU 模式连接提示

出现如图 3-4 所示的提示后，请单击"确定"。

图 3-4　iTunes 检测到手机的提示

DFU 恢复的请按【Shift】键＋恢复，其余的请按【Shift】键＋更新，选择刚才下载的官方固件，如图 3-5 所示。

图 3-5　选择下载固件

出现以下提示后，单击"恢复"按钮，如图 3-6 所示。

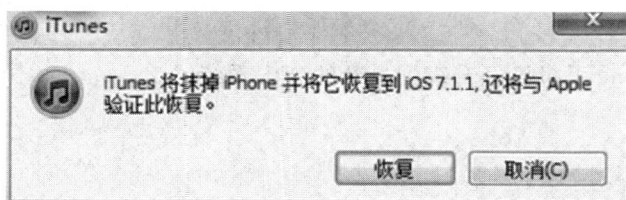

图 3-6　iTunes 的提示

然后进入漫长的等待，如图 3-7 所示。

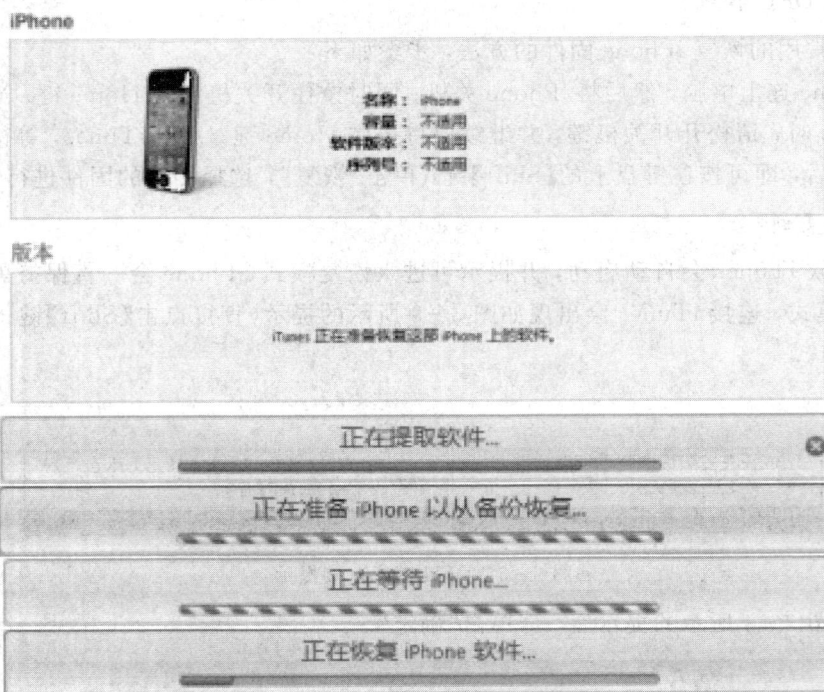

图 3-7　升级过程提示

等待差不多 5 分钟左右，出现如图 3-8 所示的提示后，请单击"确定"按钮。

图 3-8　恢复出厂设置的提示

恢复刚才备份的资料，如图 3-9 所示。

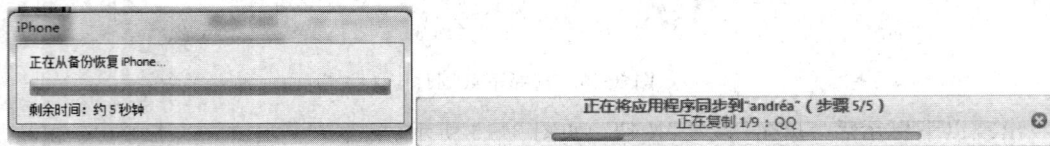

图 3-9　恢复刚才备份的资料

到此为止，iPhone 手机已经升级到最新的 iOS 系统了。

二、iOS 系统越狱

iPhone 手机越狱的工具常见的有绿毒（greenpois0n）、红雪（redsn0w）、绿雨（limera1n）、盘古越狱等，下面以 PP 盘古越狱工具为例进行介绍。

1. 注意事项

在使用 iOS 系统 PP 盘古越狱工具越狱之前,请遵守官方的建议进行操作,以免造成损失和错误。

首先,关闭杀毒软件,最好把设备接到机箱后面的 USB 插口上。将 iOS 设备连接到电脑上,利用 iTunes 官方客户端执行备份操作,以免在越狱过程中失败等意外情况造成数据损失。

其次,越狱前,请取消 iOS 设备的锁屏密码。使用锁屏密码,可能导致越狱失败或意外中断,iPhone 5S、iPhone 6 等要取消 Touch ID 和密码。

另外,越狱过程中,关闭一切 iTunes、Xcode 等苹果 iOS 设备管理、连接软件。最好不执行其他操作,以免出现错误。

需特别注意,在越狱过程中,为了保持越狱电脑的电量供应,最好使用充满电的笔记本,以免电力中断等意外情况中断越狱。

2. 越狱步骤

将 iOS 设备连接到电脑上,打开 PP 盘古越狱助手软件(Windows 7 用户请以管理员的身份登录),连接手机后,PP 越狱助手会显示手机相关信息,如图 3-10 所示。

图 3-10 显示手机相关信息

PP 盘古越狱工具软件识别 iOS 设备后,单击"一键越狱"按钮。在安装过程中,请保持手机不锁屏,如图 3-11 所示。

PP 盘古越狱工具会自动在手机上安装越狱工具,安装完成后,如图 3-12 所示。

图 3-11 安装过程

图 3-12 越狱工具安装成功

越狱工具完成后，点击"下一步"，软件界面会提示：请在设备上打开【PP守护】，按照APP上的指引进行越狱，如图3-13所示。

当系统提示："PP盘古越狱"想给您推送通知时，点击"好"来允许推送，如图3-14所示。

图3-13　根据指引进行越狱

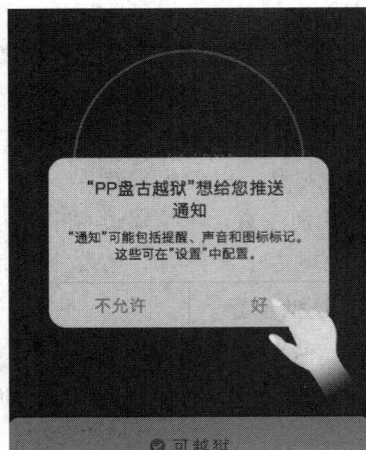

图3-14　推送通知设置

点击"一键越狱"，手动锁屏进入越狱流程，越狱工具会自动开始越狱流程，如图3-15所示。

图3-15　开始越狱

收到越狱成功后的消息后，等待1分钟，PP盘古越狱App将安装Cydia，期间不要对手机做任何操作，如图 3-16 所示。

设备自动重启后，再次打开 PP 盘古越狱 App，查看越狱成功状态，如图 3-17 所示。

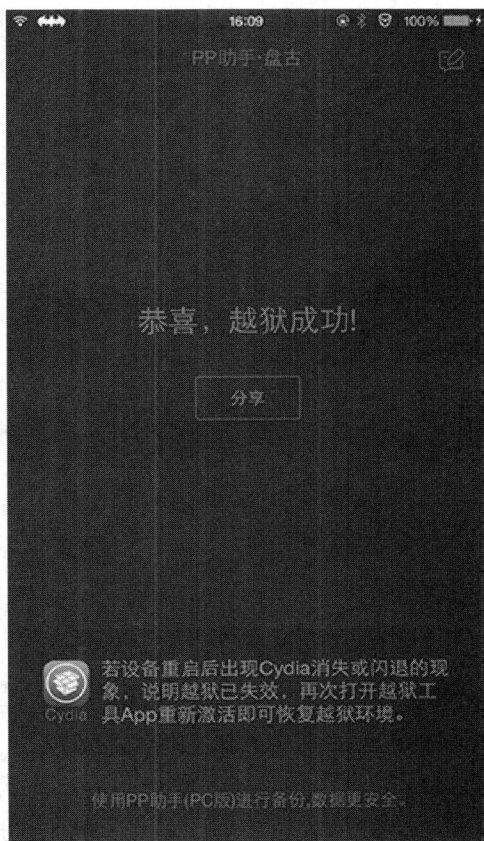

图 3-16　收到越狱成功消息

图 3-17　越狱进度条

到此为止越狱结束，整个越狱过程完成。如果在越狱过程中出现白苹果，那就按照前面介绍的步骤进行刷机，刷机以后再进行越狱。

操作提示

1. iPhone 手机升级操作提示

（1）iPhone 手机升级必须从官方网站下载最新版本固件，低版本固件升级时会出现错误提示。

（2）特别注意，如果是有锁版的 iPhone，不要按照本文步骤升级。使用卡贴的 iPhone 手机，升级后需要更换新版本卡贴。

（3）本部分的刷机方法适用于无锁版、中国联通、中国移动、中国电信签约的手机。其他 iPhone 机型需根据实际情况决定。

（4）升级时，一定要备份相关手机内的资料。

2．iPhone 手机越狱操作提示

（1）手机越狱前，一定要保持电量充足，尽量保持电池电量在 50％ 以上。

（2）手机越狱前，取消 iOS 设备的锁屏密码。使用锁屏密码，可能导致越狱失败或意外中断，iPhone 5S、iPhone 6 等要取消 Touch ID 和密码。

检查评议

对任务的完成情况进行检查，并将结果填入任务测评表 3-2 中。

表 3-2　任务测评表

序号	主要内容	考核要求	评分标准	配分	扣分	得分
1	手机升级	1．正确下载固件及升级程序 2．能够按照操作步骤进行升级操作	1．操作不熟练，固件下载错误，手机连接 PC 操作错误，每处扣 10 分 2．升级步骤操作错误，DFU 操作问题，升级中断等，每次扣 10 分	40		
2	手机越狱	1．正确下载软件程序 2．能够按照操作步骤完成越狱	1．程序下载错误，手机连接 PC 错误，每次扣 10 分 2．越狱操作错误，操作失败，每次扣 10 分	40		
3	安全注意事项	1．严格执行操作规程 2．保持实习场地整洁，秩序井然	1．发生安全事故扣总分 20 分 2．违反文明生产要求视情况扣总分 5～20 分	20		
工时	60 min		合计			
开始时间			结束时间		成绩	

问题及防治

学生在 iPhone 手机升级操作中，时常会遇到下面的问题。

问题：使用 iTunes 恢复 iPhone 固件发生"未知错误 3194"提示。

原因：由于苹果官方在发布新版系统之后，会很快关闭老系统的认证，所以以用户在降级系统时，无法通过苹果官方的认证，导致提示 3194 错误。如果用户曾经利用第三方软件备份过手机的 SHSH，可以利用第三方工具来实现绕过苹果官方的认证，如果你没有备份过，则无法解决 3194 错误。

预防措施：下载最新版 iTunes 程序，下载最新版本升级固件即可解决。很多时候，3194 都是在尝试降级系统时出现，如果你想要对 iPhone/iPad 等设备进行越狱，请不要轻易升级系统，在 iTunes 弹出升级系统提示时，请点击取消。

知识拓展

一、DFU 模式的概念

DFU 的全称是 Development Firmware Upgrade，实际意思就是 iPhone 固件的强制升降级模式。iPhone 有两种特殊的模式：一种是官方恢复模式，屏幕上显示 iTunes 标志和 USB 数据线。另外一种是在越狱时用到的 DFU 模式，也叫强制恢复模式，这一模式在 iPhone 屏幕上没有任何显示，是黑屏状态。所以一直是越狱操作的难点。

二、进入 DFU 模式的原因

iPhone 很好玩，这一点毋庸置疑，但是使用不当也容易出现问题，比如白苹果、无限白菊花，这时候很多人会选择重新刷机，但又苦于 iPhone 出现白苹果状态，没有办法进行任何操作。那么在这种情况下如何进行刷机呢？这时候就需要将 iPhone 进入 DFU 模式，接着选择固件，再进行刷机。

另外，有的用户是因为将固件升级到最新版本，但是发现新固件用起来并没有想象中的那么好，并且有的还不能完美越狱，于是就想恢复到之前的固件版本。如果有备份之前版本固件的 SHSH 文件，就可以恢复到以前的固件。在固件恢复过程中，有的也需要进入 DFU 模式进行刷机。

三、iPhone 进入 DFU 模式的三种方法

1. 正常恢复

（1）将 iPhone 关闭。

（2）同时按住开关机键和 Home 键。

（3）当看见白色的苹果 Logo 时，松开开关机键，并继续保持按住 Home 键。

（4）开启 iTunes，等待其提示进入恢复模式后，即可按住键盘上的【Shift】键，点击"恢复"，选择相应的固件进行恢复。

有的用户在时间点上把控不好，导致进入 DFU 模式失败，这些用户可以参考下面这个方法。

（1）按住顶部的 Power 键 3 秒。

（2）不要松开 Power 键，同时按住 Home 键 10 秒。

（3）松开 Power 键，继续按住 Home 键 30 秒，直到 iTunes 自动检测到处于恢复模式的 iPhone 后再松开。

2. 黑屏恢复

（1）用 USB 线将 iPhone 连接在电脑上，然后会听见电脑已连接成功的提示声音。

（2）再将 iPhone 关机，然后会听见电脑未连接成功的提示声音。

（3）同时按住开关机键和 Home 键，持续到第 10 秒时，立即松开开关机键，并继续保持按住 Home 键。

（4）这时 iTunes 会自动启动，并提示进行恢复模式（iPhone 会一直保持黑屏状态），此时就可以按住键盘上的【Shift】键，点击"恢复"，选择相应的固件进行恢复。

3. 利用软件进入 DFU 模式

一些用户在刷自定义固件的时候，通过上述两种方法进入 DFU 模式会出现错误，无法刷自定义固件，这时候就需要用到一些软件引导进入 DFU 模式。常见的软件有 ireb、ifaith、红雪、sn0wbreeze 等（其实 ifaith 和 sn0wbreeze 等都是内置了 ireb 进行引导的）。

任务 2 Android 系统手机刷机与系统维护

学习目标

知识目标：

1. 了解 Android 操作系统、专业术语等基础知识。

2. 了解 Android 系统手机刷机的操作步骤。

能力目标：

1. 掌握 Android 操作系统的特点，了解各专业术语的含义。

2. 掌握三星 i9500 手机的卡刷、线刷的操作步骤。

素质目标：

1. 让学生体验到团队合作的精神，从而培养学生的团队合作能力；严格按流程操作，刷机前备份客户资料，不查看客户手机内容，保持良好的职业道德。

2. 深入了解智能手机操作系统的特点和维护方法，提高自身业务能力和技能水平。

工作任务

Android 是一种基于 Linux 的自由及开放源代码的操作系统，主要应用于移动设备，如智能手机和平板电脑，由 Google 公司和开放手机联盟领导及开发。目前，该系统尚未有统一的中文名称，中国大陆地区较多人使用"安卓"或"安致"这两个词。Android 操作系统最初由 Andy Rubin 开发，主要支持手机。2005 年 8 月由 Google 收购注资。2007 年 11 月，Google 与 84 家硬件制造商、软件开发商及电信营运商组建开放手机联盟共同研发改良 Android 系统。随后 Google 以 Apache 开源许可证的授权方式，发布了 Android 的源代码。第一部 Android 智能手机发布于 2008 年 10 月。

Android 系统手机刷机是下面要实施的任务。刷机就是给手机重装系统，其实就和电脑重装系统一样，而整个过程，就像用 Ghost 一键还原一样，非常简单、快捷。不仅需要掌握 Android 系统手机刷机，而且能够解决在刷机过程中出现的各种意外情况。

相关理论

Android 系统有一些专属的名称，对于初学者来讲，这都是入门需要的知识，下面分别进行介绍。

一、APK

APK 是 Android Package 的缩写，是一种文件格式，类似于 Windows 系统里的 EXE 可执行文件。在 Android 上，各种程序软件都是通过打包成 APK 形式来发布的。它其实就是 zip 格式的文件包，可以用 WinRAR 之类的压缩软件来打开。

通过将 APK 文件直接传到 Android 模拟器或 Android 手机中运行即可安装相应软件。从网上还有电子市场下载的 Android 系统的程序文件，都是 APK 格式。

二、OTA

Over The Air，意思是空中升级，当手机系统有更新出现的时候，通常会收到官方发送的一条信息，告诉用户手机系统有更新了，是否需要下载。其优点是点对面，属于广播的形式，有需求的时候可以自由下载。

三、Recovery

Recovery 的意思就是恢复，手机上的一个功能分区，有点类似于笔记本电脑上的恢复分区。一般大厂制造的笔记本，都会自带一个特殊分区，里面保存着系统的镜像文件，当系统出问题的时候，可以通过它来一键恢复系统，这里的 Recovery 功能与其有些类似。

其实，它更像是电脑上的小型 WinPE 系统，可以允许通过启动到 WinPE 系统上，去做一些备份、恢复的工作。当然，系统自带的 Recovery 基本没用，所以通常会刷入一个第三方的 Recovery，以便实现更多的功能，如备份系统、恢复系统、刷新系统等。但官方自带的 Recovery 也不是一无是处，在使用 OTA 方式升级系统时，会检查此分区的内容，如果不是原厂自带的，OTA 升级就会失败。

四、Root

Root 权限跟在 Windows 系统下的 Administrator 权限一样，可以理解成一个概念。Root 是 Android 系统中的超级管理员用户账户，该账户拥有整个系统至高无上的权利，所有对象它都可以操作。只有拥有了这个权限才可以将原版系统刷新为改版的各种系统，比如简体中文系统。

五、ROM

ROM 是英文 Read Only Memory 简写，通俗地来讲，ROM 就是 Android 手机的操作系统，类似于电脑的操作系统 Windows 7/8 等。平时说给电脑重装系统，使用系统光盘或镜像文件重新安装一下就好了。而在 Android 手机上刷机也是这个道理，将 ROM 包通过刷机重新写入到手机中，ROM 就是 Android 手机上的系统包。

ROM 一般分为两大类，一种是出自手机制造商官方的原版 ROM，其特点是稳定，功能上随厂商定制而各有不同；另一种是开发爱好者利用官方发布的源代码自主编译的原生 ROM，其特点是根据用户具体需求进行调整，使 ROM 更符合不同地区用户的使用习惯。

六、Wipe

Wipe 的意思就是抹去、擦除等，在 Recovery 模式下有 Wipe 选项，它的功能就是清除手机中的各种数据，这和恢复出厂值差不多。最常用到 Wipe 是在刷机之前，会出现 Wipe 的提示，这是指刷机前清空数据，但需要在 Wipe 前备份手机中重要的东西。

任务准备

实施本任务教学所使用的实训设备及工具材料可参考表 3 - 3。

表 3 - 3　实训设备及工具材料

序号	分类	名称	型号规格	数量	单位	备注
1	工具	数据线	三星专用	1	条	
2	设备器材	手机	三星 i9500	1	台	
3		存储卡	8G	1	个	
4		计算机	任意型号	1	台	
5	软件程序	升级程序	Odin	1	套	

任务实施

下面将以三星 i9500 手机为例介绍三星手机的刷机操作步骤。

一、三星手机刷机操作

三星手机刷机操作主要分为两种：一种是线刷法，一种是卡刷法。

1. 线刷法

三星手机上主流的刷机方法是通过手机连接电脑，在电脑上进行操作完成刷机，ROM 包通常为 TAR 格式。这种方法因为简单可靠，所以广受欢迎。

2. 卡刷法

卡刷法是直接通过手机进行刷机的，可以刷入 ROM、美化包、基带、内核。通常的 ROM 包格式为 zip。

二、三星手机刷机准备

1. 选择线刷法的准备工作

① 三星手机驱动。为了使电脑可以识别手机，可以通过三星官网下载适合手机型号的驱动，下载后解压缩到电脑中安装即可。

② 刷机软件。三星手机线刷的刷机软件为 Odin，通过这个软件可以方便地进行自动化刷机。

③ ROM 包。ROM 包即为"只读型存储器",通俗地说就是已经由 ROM 开发者做好写入的手机硬盘,用户可以进行刷入读取,好多的手机网站都提供大量的 ROM 下载。

2. 选择卡刷法的准备工作

① CWM Recovery。三星手机通常使用的是 CWM Recovery。

② 刷机软件。这里准备 Odin 刷机软件,主要是为了通过刷机软件将 CWM Recovery 刷入手机。

3. 刷机工具 Odin

Odin 是专业的三星刷机工具。在手机关机的状态下通过组合键(不同机型组合键不同)使手机进入刷机模式,然后用 Odin 软件选择对应机型的 ops 文件,再选择固件包即可开始刷机,如图 3-18 所示。

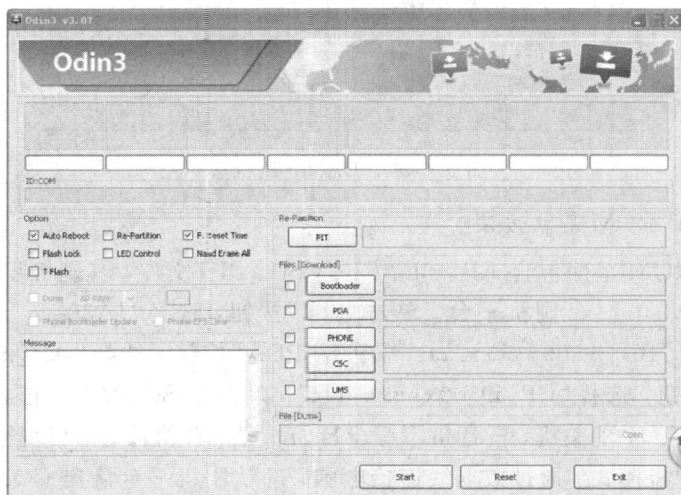

图 3-18 Odin 刷机工具

- Odin3:电脑端刷 ROM 工具。
- PIT 文件:刷 ROM 的时候需要的一个分区文件,目前只有一个 JA3G_F.pit。
- PDA:系统核心部分。
- CSC:Country Specific Code 简称,电信运营商的相关信息。

三、刷机操作步骤

1. 线刷法

以上准备工作完成后,就可以开始刷机了。

1) ROM 包里只有单一 PDA.tar 文件的刷机方法

运行 Odin3_v3.07.exe 刷机平台,Re-Partition 前不选中,不选 PIT。单击"PDA",并选择"AP_i9500XXXXX.tar"文件。除默认的" Auto Reboot"和"F. Reset Time"选中外,其他地方均不选中。手机关机,按音量下键+Home 键+开机按键(无 Home 键可直接按音量下键+开机键),出现第一界面后,再按音量上键进入刷机模式。通过数据线连接电脑,确认刷机平台认出 COM 口，COM 口处会变为黄色。按下"Start"键开始刷机，刷机过程中平台上方会有进度条。刷机平台出现绿色"PASS"字样后，刷机完成，手机会自动重启，如图3-19 所示。

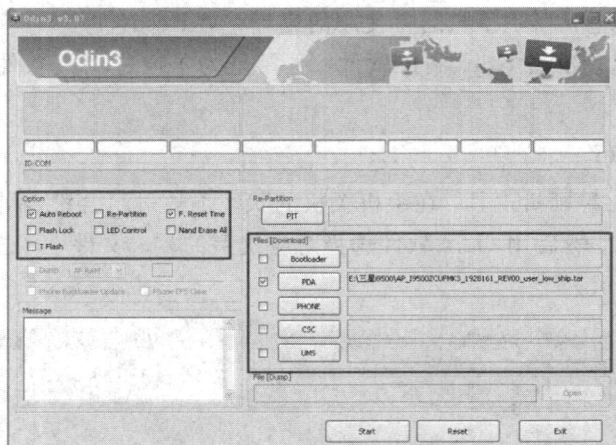

图 3-19　PDA.tar 刷机法

2) 官方发布的 ROM 刷机方法

官方发布的 ROM 里面包含 AP、BL、CP、CSC、PIT 文件，其刷机步骤如下：

运行 Odin3_v3.07.exe 刷机平台。单击"PIT"按钮，选择"JA3G_F.pit"。单击"Bootloader"按钮，选择"BL_i9500xxxxx.tar"。单击"PDA"按钮，选择"AP_i9500xxxxx.tar"。单击"PHONE"按钮，选择"CP_i9500xxxxx.tar"。单击"CSC"按钮，选择"CSC-CHN-i9500-xxxxx.tar"。手机关机，按音量下键+Home 键+开机按键，出现第一界面后，再按下音量上键进入刷机模式。通过数据线连接电脑，确认刷机平台认出 COM 口，COM 口处会变为黄色。按下"Start"键开始刷机，刷机过程中平台上方会有进度条。刷机平台出现绿色"PASS"字样后，刷机完成，手机会自动重启，如图 3-20 所示。

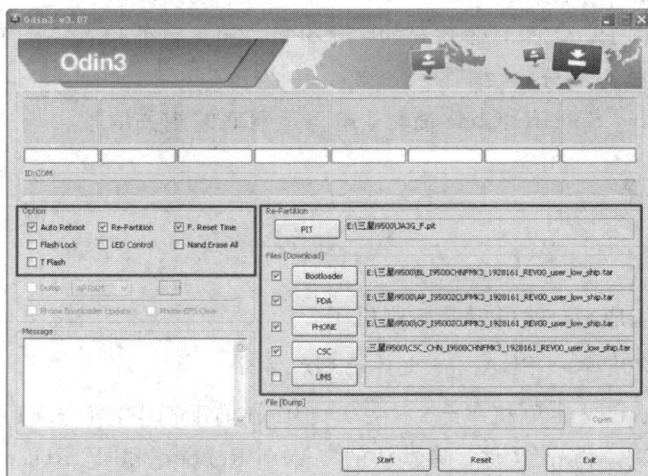

图 3-20　ROM 刷机方法

3) 内核刷入方法

内核文件一般是一个单独的文件，可以单独刷入，其步骤如下：

运行 Odin3_v3.07.exe 刷机平台。单击"PDA"按键，选择"i9500xxxxx.tar"。手机关机，按音量下键＋Home 键＋开机按键，出现第一界面后，再按音量上键进入刷机模式。通过数据线连接电脑，确认刷机平台认出 COM 口，COM 口处会变为黄色。按下"Start"键开始刷机，刷机过程中平台上方会有进度条。刷机平台出现绿色"PASS"字样后，刷机完成，手机会自动重启，如图 3-21 所示。

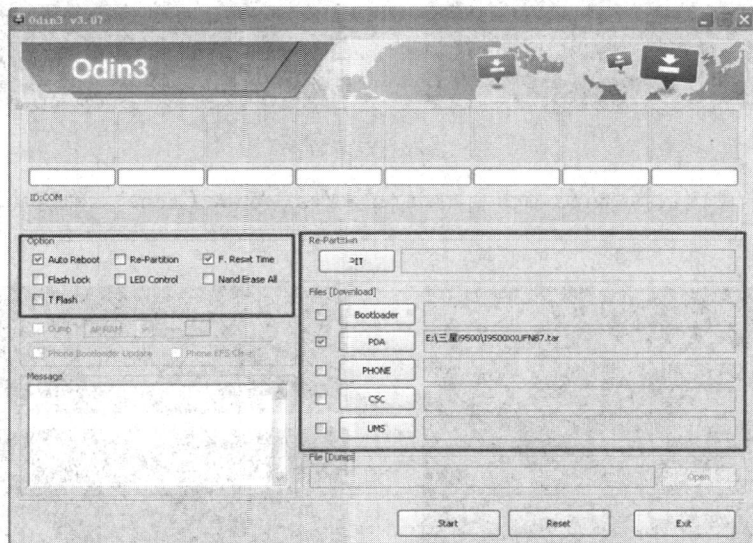

图 3-21　内核刷机方法

2. 卡刷法

手机需要进入 CWM 恢复模式（功能强大的第三方恢复模式）刷机，一般用于刷美化包或非官方 ROM。

1) 准备工作

下载 ROM 刷机包，各个论坛都会有相应的 ROM 刷机包提供下载。确保手机能用 USB 数据线正常地连接电脑，手机连接电脑主要是为了把 ROM 包复制到手机里去。因为是卡刷，所以手机里必须先要刷入第三方的 Recovery，如果手机还没有刷入第三方的 Recovery 的话，一定要先刷入 Recovery。

2) 卡刷操作步骤

手机用 USB 数据线连接上电脑之后，把从电脑上面下载下来的 zip 格式的 ROM 刷机包复制到手机的 SD 卡的根目录下以方便找到。然后先安全关闭手机，同时按住音量上键＋Home 键＋开机键进入 Recovery 界面（蓝色英文界面，也就是第三方的 Recovery）。进入 Recovery 界面之后先进行双清，（按音量键表示选择，按开机键表示确认），依次执行。按手机的音量键选择"wipe data/factory reset→Yes - delete all user data"，如图 3-22 所示。

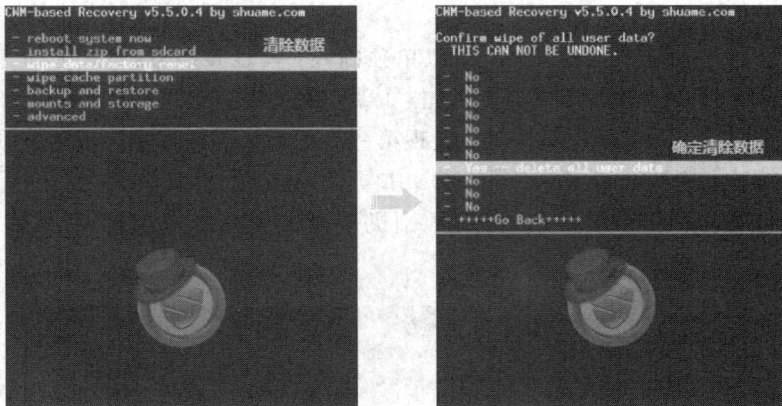

图 3-22　双清数据

按手机的音量键选择"wipe cache partition→Yes - Wipe Cache",确定清除缓存,如图 3-23 所示。

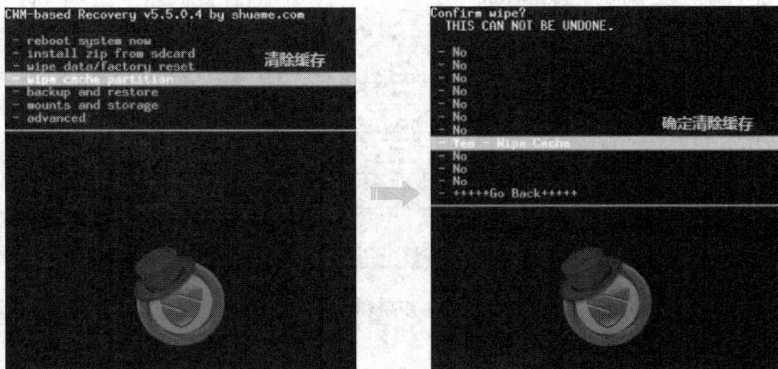

图 3-23　清除缓存

双清之后按音量键选择"install zip from sdcard",然后再选择"choose zip from sdcard",如图 3-24 所示。

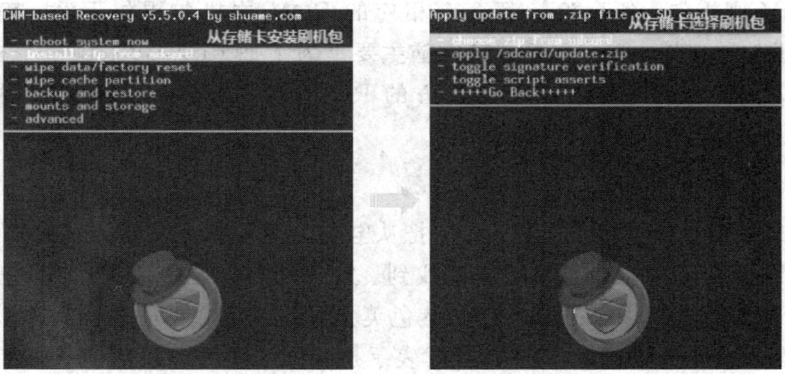

图 3-24　选择安装包

然后找到刚才放到手机 SD 卡里 zip 格式的 ROM 刷机包 XXXX.zip,然后按音量键选中，再按 Home 键或开机键确认，接着选中"Yes－install XXXXX. zip"并确认开始刷机，如图 3－25 所示。

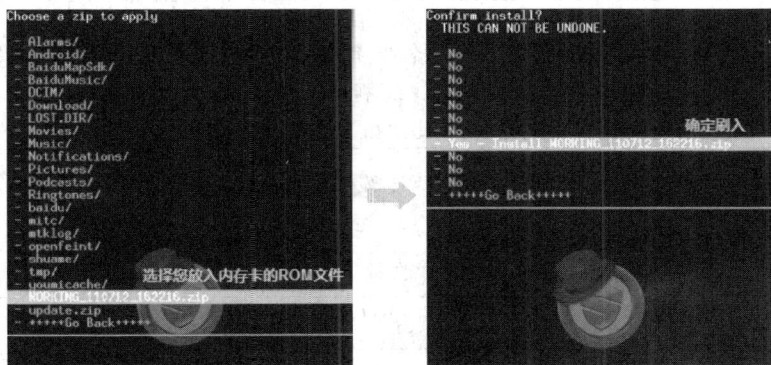

图 3－25 开始进行刷机

等待刷机完成后，返回到 Recovery 主界面，再选择"reboot system now"重启手机就可以了。至此刷机完成。

操作提示

1. 刷机设备使用提示

（1）Android 系统手机数据线是通用的，尽量要选择原装数据线使用，不要选择价格低廉的组装数据线。

（2）刷机时，数据线尽量插在计算机机箱后面的 USB 接口。

（3）卡刷时使用的 TF 卡，尽量使用正品 TF 卡，不要使用来路不正的 TF 卡，避免出现刷机失败。

2. 刷机操作提示

（1）尽量使用官方 ROM，不要使用来路不明的 ROM，避免感染病毒或者造成手机不开机的现象。

（2）刷机前尽量提醒用户备份手机所有数据。

检查评议

对任务的完成情况进行检查，并将结果填入任务测评表 3－4 中。

表 3－4 任务测评表

序号	主要内容	考核要求	评分标准	配分	扣分	得分
1	刷机准备	1. 正确下载固件及升级程序 2. 能够按照操作步骤进行升级操作	1. 操作不熟练，固件下载错误，每处扣 10 分 2. 升级步骤操作错误，操作问题，升级中断等，每次扣 10 分	40		

续表

序号	主要内容	考核要求	评分标准	配分	扣分	得分
2	刷机过程	1. 正确下载软件程序 2. 能够按照操作步骤完成卡刷、线刷	1. 程序下载错误，手机连接PC错误，每次扣10分 2. 刷机操作错误，操作失败，每次扣10分	40		
3	安全注意事项	1. 严格执行操作规程 2. 保持实习场地整洁，秩序井然	1. 发生安全事故扣总分20分 2. 违反文明生产要求视情况扣总分5～20分	20		
工时	60 min		合计			
开始时间			结束时间		成绩	

问题及防治

学生在三星 i9500 手机升级操作中，时常会遇到如下问题：

问题：三星有些机型无法进入刷机模式，造成使用 Odin 软件线刷操作无法进行。

原因：Odin 软件是一款用于三星手机刷机的软件。在手机关机的状态下通过组合键（不同机型组合键不同）使手机进入刷机模式，然后用 odin 软件选择对应机型的文件，再选择固件包即可开始刷机，三星手机每个机型进入刷机模式的方式不同。

预防措施：进入刷机模式，刷机模式的操作步骤详解请参考下面的介绍。

1. 挖煤模式

挖煤模式只是个名字，其实应该叫刷机模式，或者 Download 模式。挖煤模式是给三星专用的 Odin 工具使用的，其他品牌的手机也有类似的模式，但叫法都不一样，HTC 有 HBOOT 模式，摩托罗拉有 RSD 模式。

i9500 手机挖煤模式操作步骤：同时按住音量下键＋Home 键＋开机按键就能进入挖煤模式，如图 3-26 所示。

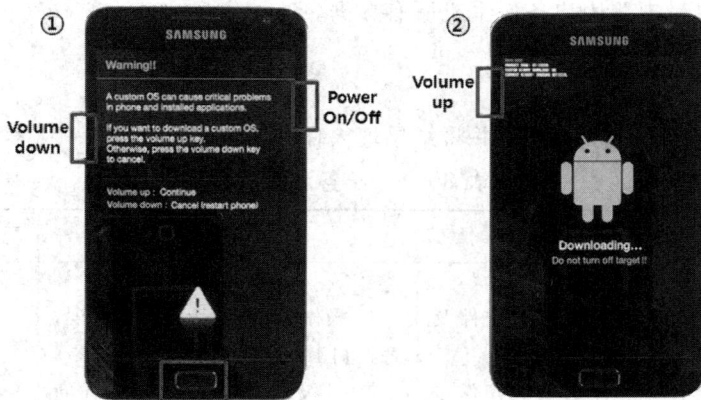

图 3-26 挖煤模式

2. 挖煤神器

挖煤神器顾名思义就是挖煤的神器，是用于三星（其他品牌手机不适用）Android 手机刷机的一种工具。其本质是一个 301k 的电阻，它可以使手机进入挖煤模式（Download），在该模式下可以使用 Odin 进行刷机操作。它适用于刷机失败，开机不能进系统，不能进入挖煤模式的手机。用此工具插入尾插，即可进入挖煤状态，然后再连接 USB 线进行刷机即可。

在挖煤状态下，同时按音量上键＋下键＋电源键，大约 6 s 手机就会自动退出挖煤状态，重启进入正常状态。

知识拓展

一、三星 i9500 手机 Recovery

1. 准备工作

确认手机和电脑能正常连接，这个是必须的。电脑上一定要安装三星 9500 的驱动，如果手机还没有安装驱动的话，可以到网站下载。下载 Recovery 包，直接放到电脑上，不要解压，是 tar 格式的就可以，下载刷机工具包 Odin，下载后放到电脑上解压。

2. 刷入 Recovery

手机先完全关机，然后同时按住音量下键 ＋ Home 键 ＋ 电源键，等待 3 秒，出现英文界面，如图 3 - 27 所示。

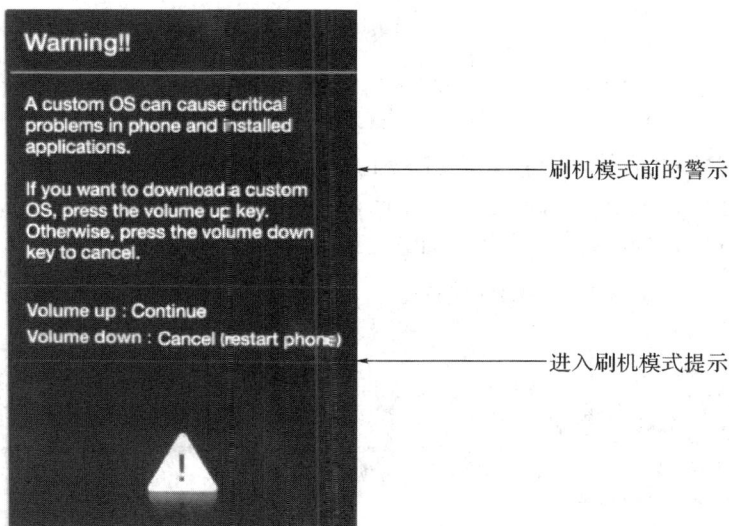

图 3 - 27　进入刷机模式

然后再按音量上键，进入界面为绿色机器人，此为刷机模式，也就是大家常说的挖煤模式，如图 3 - 28 所示。

手机相关信息

刷机模式

图 3 - 28　刷机模式界面

　　把上面下载下来的 Odin 工具包解压出来，解压出来之后有一个文件夹，选择 Odin 工具，双击打开即可，如图 3 - 29 所示。

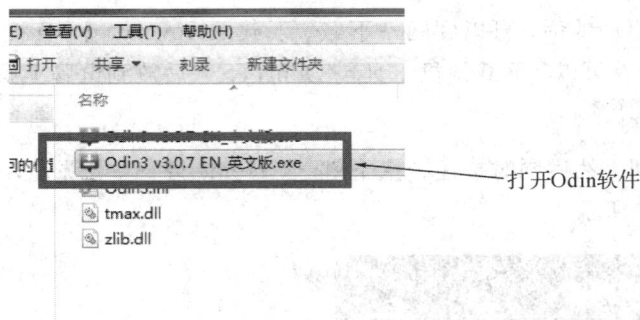

打开 Odin 软件

图 3 - 29　打开 Odin 工具

　　打开 Odin 软件之后软件会自动识别手机，识别成功后会在"ID：COM"处显示蓝色（表示手机连接成功了，如果没有显示蓝色，说明没有连接好），然后选中"PDA"命令，选择刚才下载下来的 tar 格式的 Recovery 包，如图 3 - 30 所示。

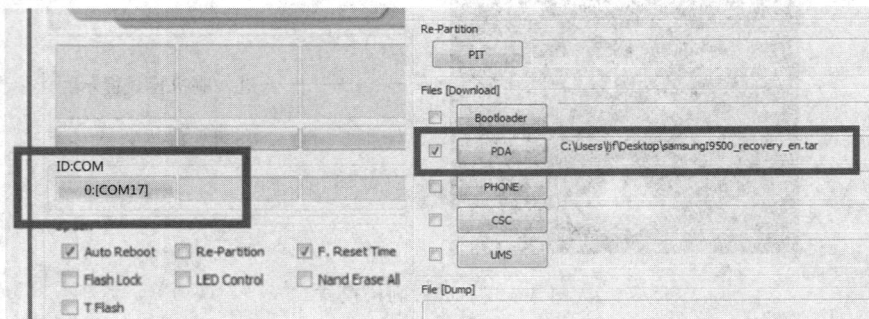

图 3 - 30　选择对应文件

一切都选好之后，单击"Start"按钮开始刷机，如图 3-31 所示。

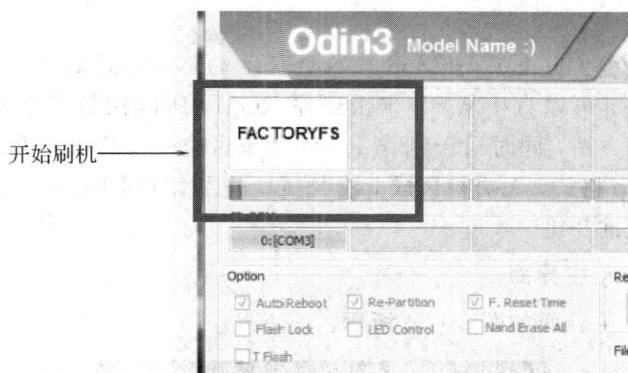

图 3-31　开始刷机

刷完之后，上面会显示"PASS"字样就表示刷入成功了，如图 3-32 所示。

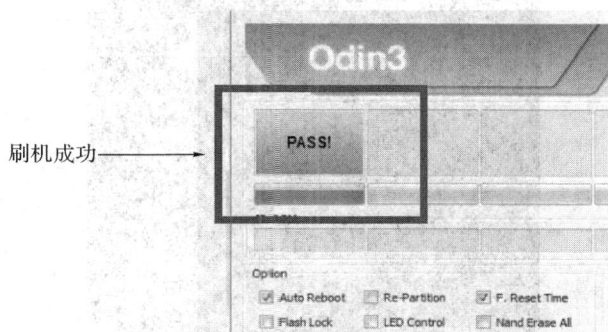

图 3-32　刷机成功

接下来就是测试一下手机的 Recovery 有没有刷入成功的方法，手机在关机的状态下，按音量上键 ＋ 电源键＋Home 键 进入 Recovery 界面，如图 3-33 所示。

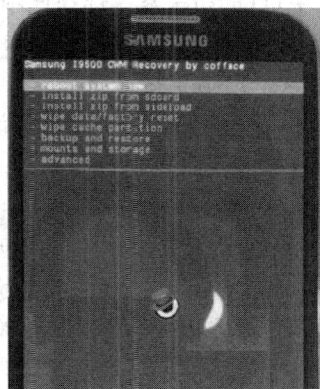

图 3-33　验证 Recovery

如果显示上面的效果图，说明 Recovery 刷入成功了。

二、CWM Recovery

CWM Recovery 是 Clock WorkMod Recovery 的简称，它提供了一种非常方便的备份和还原 ROM 的方法，可以直接从 SD 卡上还原 ROM，所以在很多原生 Android 手机上，它是刷 ROM 的重要方法，同时对于制作 ROM 者来说也更加方便，可以直接在 Windows 下把 ROM 打包成 zip 格式，无需打包成 img 格式。进入 CWM Recovery 的方式：按音量上键＋Home 键＋电源键开机。

1. CWM Recovery 主界面

CWM Recovery 主界面如图 3-34 所示。

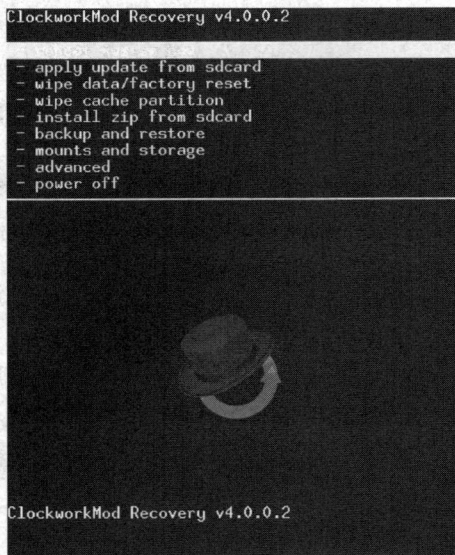

图 3-34　CWM Recovery 主界面

* reboot system now：重启手机（刷机完毕，选择此项就能重新启动系统）。
* apply update from sdcard：update from 安装存储卡中的 update. zip 升级包（可以把刷机包命名为 update. zip，然后用这个选项直接升级）。
* wipe data/factory reset：清除用户数据并恢复出厂设置（刷机前必须执行的选项）。
* wipe cache partition：清除系统缓存（刷机前执行。系统出问题也可尝试此选项，一般能够解决）。
* install zip from sdcard：从 sdcard 上安装 zip 升级包（可以执行任意名称的 zip 升级包，不限制升级包名称）。
* backup and restore：备份和还原系统（作用和原理如同电脑上的 Ghost 一键备份和还原）。
* mounts and storage：挂载和存储选项。
* advanced：高级设置。

2. Backup And Restore 功能详解

* Backup：备份当前系统。

- Restore：还原上一个系统。
- Advanced Restore：高级还原选项（用户可以自选之前备份的系统，然后进行恢复）。

3. Mounts And Storage 功能详解

- Mount/system：挂载 system 文件夹（基本用不到）。
- Mount/data：挂载 data 文件夹（基本用不到）。
- Unmount/cache：取消 cache 文件夹挂载（基本用不到）。
- Unmount/sdcard：取消内存卡挂载（基本用不到）。
- Mount/sd-ext：挂载内存卡 Ext 分区（基本用不到）。
- Format boot：格式化 boot（刷机前最好执行一下。ROM 中没有含 boot.img 的，不能格式化）。
- Format system：格式化 system（刷机前最好执行此项）。
- Format data：格式化 data（刷机前最好执行此项。要想保住原来的软件，这个就不要格式化，不过可能会有一些软件在格式化后无法使用）。
- Format cache：格式化 cache（刷机前最好执行此项）。
- Format sdcard：格式化内储卡（慎重执行此项操作）。
- Format sd-ext：格式化内存卡 Ext 分区（慎重执行此项操作）。
- Mount USB storage：开启 Recovery 模式下的 USB 大容量存储功能（也就是说可以在 Recovery 下对内存卡进行读写操作）。

4. Advance 功能详解

- Reboot Recovery：重启 Recovery（重启手机并再次进入 Recovery）。
- Wipe Dalvik Cache：清空虚拟机缓存（可以解决一些程序 FC 的问题）。
- Wipe Battery Stats：清空电池调试记录数据（刷机前执行这个操作会比较好，感觉自己手机电量有问题的也可以试试）。
- Report Error：错误报告（配合固件管家用的，不是开发者请不要轻意尝试）。
- Key Test：按键测试（基本没用的功能）。
- Partition SD Card：对内存卡分区。
- Fix Permissions：修复 Root 权限（如果手机 Root 权限出问题了，可以使用这个功能）。

5. 备份还原

- Android 系统备份步骤如下：

进入 Recovery。单击"Backup and Restore"备份与还原。单击"Backup"备份，Recovery 自动开始备份系统至 SD 卡。备份完成后，选择"Reboot"重新启动手机。查看手机 SD 卡上 "Recovery/backup/"目录里面的备份文件，可以把它重命名，方便以后读取。

- Android 系统还原步骤如下：

进入 Recovery。单击"Backup and Restore"备份与恢复。单击"Restore"还原，系统会自动恢复最新的备份文件。还原完成后会提示"Restore complete"。

用以上方法备份还原系统速度也非常快，一般不会超过 3 分钟，而且恢复得非常完整，系统设置、软件设置等内容都可以完美还原。

项目四　手机元器件识别与检测

任务 1　手机基本元器件识别与检测

学习目标

手机的基本元器件主要包括电阻、电容、电感、二极管、三极管、场效应管等。掌握基本元器件的工作原理、电路符号、检测方法是维修手机的基础。

知识目标：

1. 了解手机基本元器件的工作原理与电路符号。
2. 能够识别手机基本元件组成的电路。

能力目标：

1. 掌握手机基本元器件的识别与检测方法。
2. 掌握手机基本元器件的单位及标注方法。

素质目标：

1. 培养学生的团队合作能力，培养学生良好的道德修养。
2. 使学生体验到收获劳动成果的快乐，从而培养学生热爱工作的精神。

工作任务

手机是由主板、显示屏、电池、外壳等组成的，其中主板上的元器件主要包括电阻、电容、电感、二极管、三极管、场效应管等基本元器件，还有集成电路、滤波器、晶振、传感器、各种连接器等。

手机维修工作的本质就是通过综合判断找出故障元器件并进行更换，本次工作任务具体要求如下：

（1）通过外观识别智能手机主板上常见的基本元器件，掌握其工作原理及电路符号的识别。

（2）能够使用万用表对手机中常见的基本元器件进行检测并判断其好坏。

（3）掌握手机基本元器件的单位及标注方法，能够识别手机基本元器件组成的电路原理图。

相关理论

一、电阻、电容、电感

在手机中，电阻、电容、电感的数量占主板元器件数量的80％以上，掌握电阻、电容、电感的工作原理与电路符号是维修手机的基础，下面分别进行介绍。

1. 电阻工作原理与电路符号

在日常生活中电阻器（Resistcr）一般直接称为电阻，电阻器的阻值是固定的，一般有两个引脚。

电阻是一个限流元件，将电阻接在电路中后，它可限制通过它所连支路的电流大小。理想的电阻器是线性的，即通过电阻器的瞬时电流与外加瞬时电压成正比。

电阻用字母 R 来表示，单位为Ω（欧姆）。常用的还有 kΩ（千欧）、MΩ（兆欧），其换算关系是：1 MΩ＝1000 kΩ，1 kΩ＝1000 Ω。

电阻元件的电阻值大小一般与温度、材料、长度，还有横截面积有关，衡量电阻受温度影响大小的物理量是温度系数，其定义为温度每升高1℃时电阻值发生变化的百分数。

电阻的主要物理特征是变电能为热能，也可以说它是一个耗能元件，电流经过它就产生内能。电阻在电路中通常起分压、分流的作用。对信号来说，交流与直流信号都可以通过电阻。

电阻的图形符号通常如图4-1所示。左边的电阻图形符号一般用在欧美手机原理图中，右边的电阻图形符号一般用在国产手机原理图中。

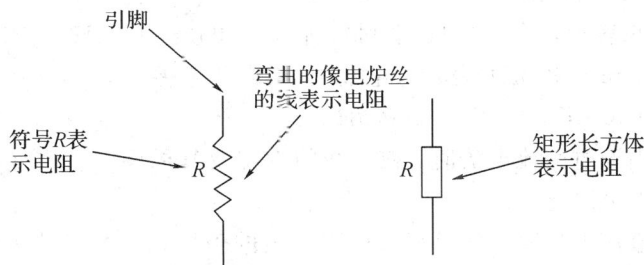

图4-1　电阻的图形符号

注意，左边的电阻图形符号不要与电感的图形符号相混淆。

2. 电容工作原理与电路符号

电容器（Capacitor），顾名思义，是"装电的容器"，是一种容纳电荷的器件。电容器是电子设备中大量使用的电子元件之一，广泛应用于电路中的隔直通交、耦合、旁路、滤波、调谐回路、能量转换、控制等方面。任何两个彼此绝缘且相隔很近的导体（包括导线）间都构成一个电容器。

电容用字母 C 来表示，单位为F（法拉）。常用的电容单位有 mF（毫法）、μF（微法）、nF（纳法）和 pF（皮法）（皮法又称微微法）等，其换算关系是：1 F＝1000 mF＝1000000 μF，1 μF＝1000 nF＝1000000 pF。

在直流电路中，电容器相当于断路，通电后，极板带电，形成电压（电势差），但是由于中间的绝缘物质，所以整个电容器是不导电的。

但是，这样的情况是在没有超过电容器的临界电压（击穿电压）的前提条件下存在的。众所周知，任何物质都是相对绝缘的，当物质两端的电压加大到一定程度后，物质是可以导电的，我们称这个电压叫击穿电压。

在交流电路中，因为电流的方向是随时间成一定的函数关系变化的。而电容器充放电的过程是有时间的，这个时候，在极板间形成变化的电场，而这个电场也是随时间变化的函数。实际上，电流是通过电场的形式在电容器间通过的。

在电路原理图中，无极性电容符号一般是两条平行线，然后在这两条平行线上引出两条引线来。无极性电容符号如图 4-2 所示，无极性电容没有极性区分。

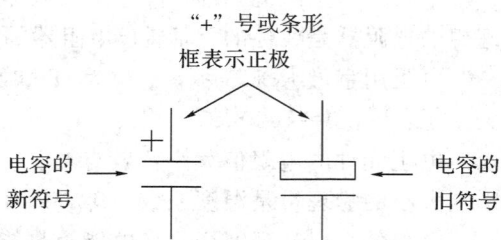

在有极性的电容中，"＋"号或条形框的一端为电容的正极，如图 4-3 所示。

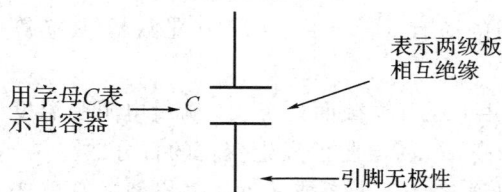

图 4-2　无极性电容　　　　　　　　图 4-3　有极性电容

3. 电感工作原理与电路符号

电感器（Inductor）是能够把电能转化为磁能而存储起来的元件。电感器的结构类似于变压器，但只有一个绕阻。

电感用字母 L 来表示，单位为 H（亨利）。常用的单位还有 mH（毫亨）和 μH（微亨），由于 H 太大，通常用 mH 和 μH 表示。电感的换算关系是：1 H ＝ 1000 mH，1 mH ＝ 1000 μH，1 μH ＝ 1000 nH，1 nH ＝ 1000 pH。

电感是指导线内通过交流电流时，在导线的内部及其周围产生交变磁通，导线的磁通量与产生此磁通的电流之比。

当电感中通过直流电流时，其周围只呈现固定的磁力线，不随时间而变化。可是当在电感中通过交流电流时，其周围将呈现出随时间而变化的磁力线。根据法拉弟电磁感应定律——磁生电来分析，变化的磁力线在线圈两端会产生感应电势，此感应电势相当于一个"新电源"。当形成闭合回路时，此感应电势就要产生感应电流。由楞次定律可知，感应电流所产生的磁力线总是要力图阻止原来磁力线的变化。由于原来磁力线变化来源于外加交变电源的变化，故从客观效果来看，电感线圈有阻止交流电路中电流变化的特性。电感线圈有与力学中的惯性相类似的特性，在电学上取名为自感应，通常在拉开闸刀开关或接通闸刀开关的瞬间，会发生火花，这是由自感现象产生很高的感应电势造成的。

总之，当电感线圈接到交流电源上时，线圈内部的磁力线将随电流的交变而时刻变化着，致使线圈不断产生电磁感应。这种因线圈本身电流的变化而产生的电动势，称为自感电动势。

由此可见，电感量只是一个与线圈的圈数、大小形状和介质有关的参量，它是电感线圈惯性的量度，与外加电流无关。

在电路原理图中，电感符号是一个用导线绕成的线圈，注意与电阻的符号的区别。图 4-4 是手机电路图中常见的电感图形符号。

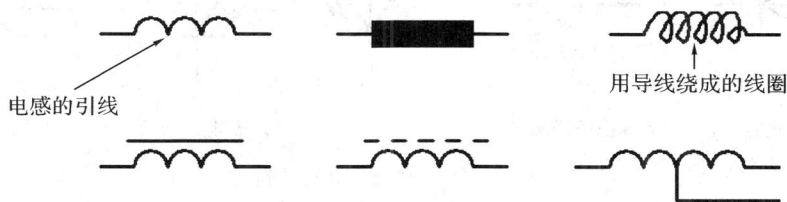

图 4-4　电感图形符号

二、手机半导体器件

1. 二极管工作原理与电路符号

二极管是把一个 N 型半导体和一个 F 型半导体接合而成的，在其界面两侧形成一个结合区，这个结合区叫 PN 结，如图 4-5 所示。

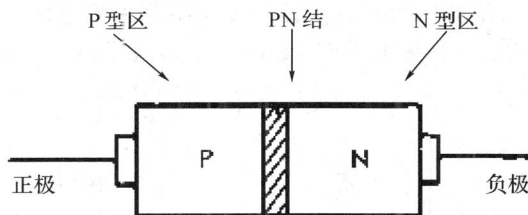

图 4-5　二极管的结构

P 型半导体的空穴被电池负极吸引而移动，聚集在电池负极的附近；N 型半导体的电子被电池正极吸引而移动，聚集在电池正极的附近。结果中间导电的电子和空穴越来越少，最后没有了，这时电流也无法流动。

P 型半导体的空穴被电池正极排斥，向 P 型与 N 型半导体的结合面方向移动，因为 N 型半导体是和电池负极相连的，所以空穴穿过结合面继续向电池的负极移动。同样的道理，N 型半导体的电子向电池的正极移动，这样就形成了电流，如图 4-6 所示。

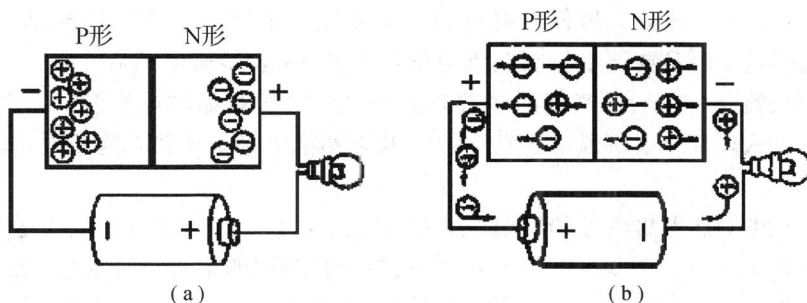

（a）　　　　　　　　　　　　（b）

图 4-6　二极管的工作原理

二极管按照功能划分又分为普通二极管、稳压二极管、发光二极管、光电二极管、变容二极管等。图 4-7 所示是常见发光二极管的符号。

普通二极管　　　稳压二极管　　　发光二极管　　　光电二极管　　　变容二极管

图 4 - 7　常见发光二极管的符号

2. 三极管工作原理与电路符号

三极管按材料分为两种：锗管和硅管。而每一种又有 NPN 和 PNP 两种结构形式，但使用最多的是硅 NPN 和锗 PNP 两种三极管（其中，N 表示在高纯度硅中加入磷，是指取代一些硅原子，在电压刺激下产生自由电子导电，而 P 是加入硼取代硅，产生大量空穴，有利于导电）。两者除了电源极性不同外，其工作原理都是相同的，下面仅介绍 NPN 硅管的电流放大原理。

NPN 管是由 2 块 N 型半导体中间夹着一块 P 型半导体组成的，发射区与基区之间形成的 PN 结称为发射结，而集电区与基区形成的 PN 结称为集电结，三条引线分别称为发射极 E（Emitter）、基极 B（Base）和集电极 C（Collector），如图 4 - 8 所示。

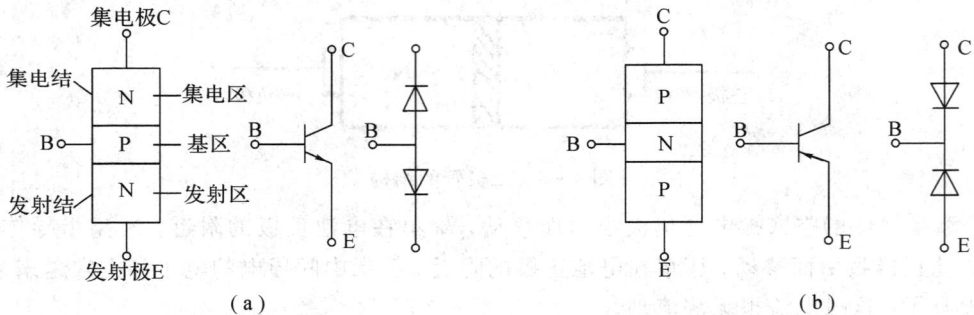

图 4 - 8　三极管

当 B 点电位高于 E 点电位零点几伏时，发射结处于正偏状态，而 C 点电位高于 B 点电位几伏时，集电结处于反偏状态，集电极电源 E_c 要高于基极电源 E_b。

在制造三极管时，有意识地使发射区的多数载流子浓度大于基区的多数载流子浓度，同时基区做得很薄，而且要严格控制杂质含量，这样，一旦接通电源后，由于发射结正偏，发射区的多数载流子（电子）及基区的多数载流子（空穴）很容易越过发射结而向对方扩散，但因前者的浓度大于后者，所以通过发射结的电流基本上是电子流，这股电子流称为发射极电流。

由于基区很薄，加上集电结的反偏，注入基区的电子大部分越过集电结进入集电区而形成集电极电流 I_c，只剩下很少（1% ～10%）的电子在基区的空穴进行复合，被复合掉的基区空穴由基极电源 E_B 重新补给，从而形成了基极电流 I_B。

根据电流连续性原理，可得：

$$I_E = I_B + I_C$$

这就是说，在基极补充一个很小的 I_B，就可以在集电极上得到一个较大的 I_C，这就是

所谓电流放大作用，I_C 与 I_B 维持一定的比例关系，即

$$\beta_1 = \frac{I_C}{I_B}$$

式中：β_1 为直流放大倍数。

集电极电流的变化量 ΔI_C 与基极电流的变化量 ΔI_B 之比为

$$\beta = \frac{\Delta I_C}{\Delta I_B}$$

式中：β 为交流电流放大倍数。

由于低频时 β_1 和 β 的数值相差不大，所以有时为了方便起见，对两者不作严格区分，β 值约为几十至一百多。

三极管是一种电流放大器件，但在实际使用中常常利用三极管的电流放大作用，通过电阻转变为电压放大作用。三极管的电流放大作用实际上是利用基极电流的微小变化去控制集电极电流的巨大变化。

在电路中，三极管一般用 V 表示，在三极管的符号中，位于竖线垂直方向的是基极 B，有箭头的是发射极 E，在发射极对面没有箭头的是集电极 C，如图 4-9 所示是三极管图形符号。

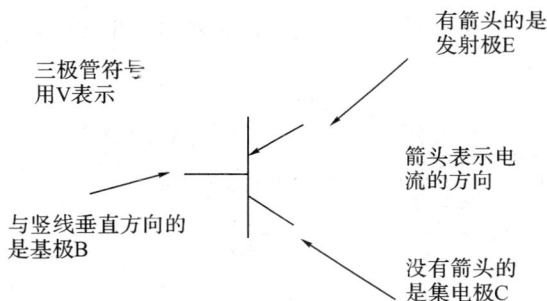

图 4-9 三极管图形符号

3. 场效应管工作原理与电路符号

场效应管是电压型控制元件，而三极管是电流型控制元件，相对三极管来讲，场效应管更省电。随着制造工艺的发展，场效应管在智能手机中的应用越来越多。

1）结型场效应管的工作原理

N 型沟道结型场效应管的结构及符号如图 4-10 所示。在 N 型硅棒两端引出漏极 D 和源极 S 两个电极，又在硅棒的两侧各做一个 P 区，形成两个 PN 结。在 P 区引出电极并连接起来，称为栅极 G，这样就构成了 N 型沟道的场效应管。

由于 PN 结中的载流子已经耗尽，故 PN 结基本上是不导电的，形成了耗尽区。从图 4-10 中可见，当漏极电源电压 E_D 一定时，如果栅极负电压越小，PN 结交界面所形成的耗尽区就越厚，则漏极、源极之间导电的沟道越窄，漏极电流 I_D 就愈小；反之，栅极负电压越大，则沟道就越宽，造成 I_D 增大，所以用栅极电压 E_G 可以控制漏极电流 I_D 的变化，也就是说，场效应管是电压控制元件。

图 4-10 结型场效应管结构及符号

2) 绝缘栅型场效应管的工作原理

以 N 沟道耗尽型绝缘栅场效应管为例,绝缘栅型场效应管是由金属、氧化物和半导体组成的,所以又称为金属-氧化物-半导体场效应管,简称 MOS 场效应管。它的结构、电极及符号如图 4-11 所示,以一块 P 型薄硅片作为衬底,在它上面扩散两个高杂质的 N 型区,作为源极 S 和漏极 D。在硅片表面覆盖一层绝缘物,然后再用金属铝引出一个电极 G(栅极),由于栅极与其他电极绝缘,所以称为绝缘栅型场效应管。

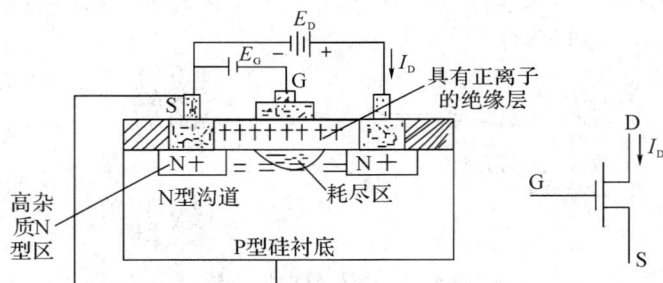

图 4-11 N 沟道耗尽型绝缘栅型场效应管结构及符号

在制作管子时,通过工艺使绝缘层中出现大量正离子,故在交界面的另一侧能感应出较多的负电荷,这些负电荷把高渗杂质的 N 区接通,形成了导电沟道,即使在 $U_{GS}=0$ 时也有较大的漏极电流 I_D。当栅极电压改变时,沟道内被感应的电荷量随之改变,导电沟道的宽窄也随之而变,因而漏极电流 I_D 随着栅极电压的变化而变化。

场效应管的工作方式有两种:当栅压为零时有较大漏极电流的称为耗尽型;当栅压为零,漏极电流也为零,必须再加一定的栅压之后才有漏极电流的称为增强型。

在智能手机中,场效应管主要应用在控制电路中,一般控制负载的工作或信号的输出,由于是电压控制型器件,所有要比三极管省电。

3) 场效应管电路符号

场效应管分为绝缘栅型场效应管(MOS 管)和结型场效应管。按照沟道材料又分为 N 沟道场效应管和 P 沟道场效应管。结型场效应管均为耗尽型,绝缘栅型场效应管既有耗尽型的,也有增强型的。而绝缘栅型场效应管又分为 N 沟耗尽型和增强型、P 沟耗尽型和增强型四大类。如图 4-12 所示是每一种场效应管的归类和图形符号。

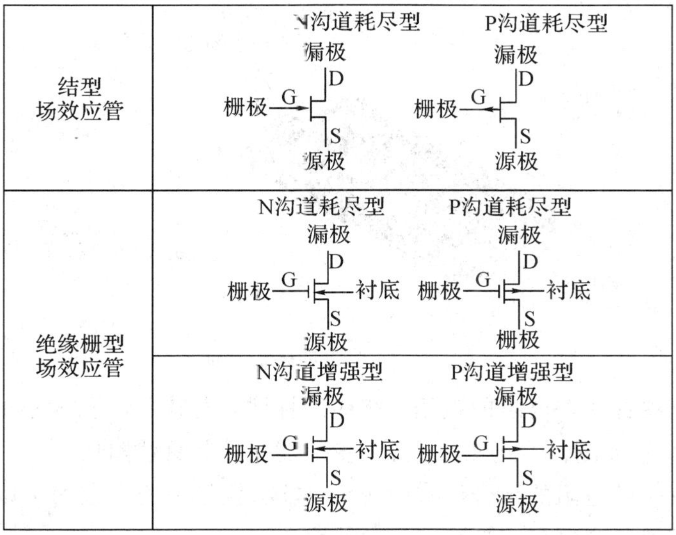

结型 场效应管	N沟道耗尽型 漏极 栅极 G →┤D S 源极　　　　P沟道耗尽型 漏极 栅极 G →┤D S 源极
绝缘栅型 场效应管	N沟道耗尽型 漏极 栅极 G ┤D 衬底 S 源极　　　　P沟道耗尽型 漏极 栅极 G ┤D 衬底 S 栅极 N沟道增强型 漏极 栅极 G ┤D 衬底 S 源极　　　　P沟道增强型 漏极 栅极 G ┤D 衬底 S 源极

图 4 - 12 场效应管图形符号

任务准备

实施本任务教学所使用的实训设备及工具材料可参考表 4 - 1。

表 4 - 1 实训设备及工具材料

序号	分类	名　称	型号规格	数量	单位	备注
1	工具	数字万用表	VC890D	1	台	
		带灯的放大镜	无	1	台	
		镊子	无	1	个	
2	设备器材	功能手机主板	无	5	块	
3		智能手机主板	无	5	块	
4	其他	手机原理图纸	无	1	份	

任务实施

一、手机基本元器件识别与检测

1. 电阻的识别与检测

1) 电阻的识别

（1）通过外形识别。贴片电阻的外形是扁平状，表面是黑色（特殊电阻为其他颜色），底部为白色，贴片电阻无引线，其两端即为焊点。贴片电阻的外形特征如图 4 - 13 所示。

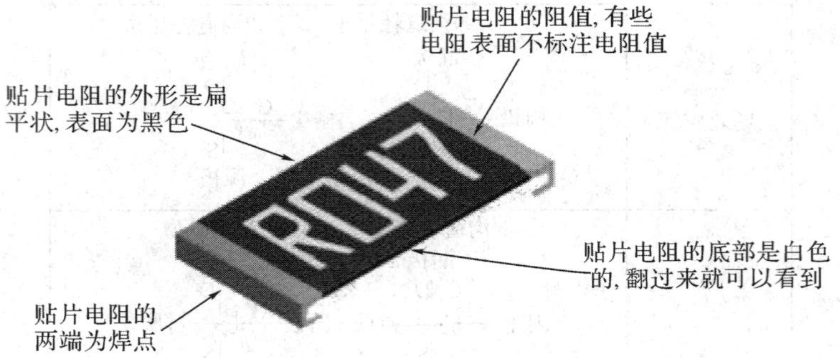

图 4-13 电阻的外形特征

电阻的阻值有些标注在电阻的表面，有些不标注，尤其是体积太小的电阻。未标注阻值的电阻需要查阅手机电路原理图或通过测量才能获得其具体阻值。

在手机中还有一种电阻的组合形式叫排阻，排阻就是把两个或两个以上具有相同阻值的电阻组合在一起的复合电阻，如图 4-14 所示。

图 4-14 贴片排阻

（2）通过电阻阻值标注识别。贴片电阻常用的标注方法有两种，分别是数字索位标称法和 E96 标称法。

① 数字索位标称法。一般贴片电阻采用这种标称法，数字索位标称法就是在电阻体上用三位数字来标明其阻值。它的第一位和第二位为有效数字，第三位表示在有效数字后面所加"0"的个数，这一位不会出现字母。例如："472"表示"4700 Ω"；"151"表示"150 Ω"。如果是小数，则用"R"表示"小数点"；用"m"代表单位为毫欧姆（m）的电阻。例如："2R4"表示"2.4 Ω"；"R15"表示"0.15 Ω"；"1R00"表示"1.00 Ω"；"R200"表示"0.200 Ω"；"R005"表示"5.00 mΩ"；"6m80"表示"6.80 mΩ"。

电阻的数字索位标称法如图 4-15 所示。

R047表示阻值为0.047 Ω

8R20表示阻值为8.200 Ω

图 4-15 数字索位标称法

② E96 标称法。E96 标称法也是采用三位标明电阻阻值，即"两位数字加一位字母"，其中两位数字表示的是 E96 系列电阻代码，它的第三位是用字母代码表示的倍率。E96 电

阻代码表如图 4-16 所示。

代码	数字	代码	数字	代码	数字	代码	数字	代码	数字	倍	率
01	100	21	162	41	261	61	422	81	681	A	0
02	102	22	165	42	267	62	432	82	698	B	1
03	105	23	169	43	274	63	442	83	715	C	2
04	107	24	174	44	280	64	453	84	732	D	3
05	110	25	178	45	287	65	464	85	750	E	4
06	113	26	182	46	294	66	475	86	768	F	5
07	115	27	187	47	301	67	487	87	787	G	6
08	118	28	191	48	309	68	499	88	806	H	7
09	121	29	196	49	316	69	511	89	825	X	-1
10	124	30	200	50	324	70	523	90	845	Y	-2
11	127	31	205	51	332	71	536	91	866	Z	-3
12	130	32	210	52	340	72	549	92	887		
13	133	33	215	53	348	73	562	93	909		
14	137	34	221	54	357	74	576	94	931		
15	140	35	226	55	365	75	590	95	953		
16	143	36	232	56	374	76	604	96	976		
17	147	37	237	57	383	77	619				
18	150	38	243	58	392	78	634				
19	154	39	249	59	402	79	649				
20	158	40	255	60	412	80	665				

图 4-16　E96 索位标称法

例如："51D"表示"332×10^3，332 kΩ"；"249Y"表示"249×10^{-2}，2.49 Ω"。

2) 电阻的检测

（1）将数字万用表的黑表笔插入"COM"插座，红表笔插入"V/Ω"插座。

（2）首先选择测量挡位及量程。一般 200 Ω 以下的电阻选择"200"量程，200 Ω～2 kΩ 的电阻选择"2 k"量程，2 kΩ～200 kΩ 的电阻选择"200 k"量程，大于 200 kΩ 的电阻选择"2 M"量程，大于 2 MΩ 的电阻器选择"20 M"量程。如果不确定阻值大小，先从最高量程开始测量。

（3）将万用表的表笔分别稳定接触电阻的两端，在显示屏上会显示一个数字，该数字即为电阻的阻值。若所测结果与该电阻的标称阻值相近，则说明该电阻是好的，若相差太大，则说明有问题。

（4）在测量时，若显示"1"（表示"溢出"），则表明量程选低了，可选一个高量程挡重测。若无论用哪个量程测量，显示屏都显示"1"，则表明该电阻已开路。若显示"0.00"，则可能是量程选得太大了，可选一个更低的量程重测。

（5）当所测量电阻值超过 1 MΩ 以上时，读数需几秒后才能稳定，这在测量高电阻时是正常的。测量在线电阻时，要确认被测电路所有电源已关闭及所有电容都已完全放电后，方可进行。

2. 电容的识别与检测

1）电容的识别

（1）通过外形识别。

① 贴片多层陶瓷电容。贴片多层陶瓷电容是手机中最常见的一种贴片电容，是一种无极性电容。它表面的颜色从黄色到浅灰色都有，且上下两个面的颜色一致。贴片多层陶瓷电容一般没有黑色的，而且看起来比电阻更厚一点。在手机中还使用一种排容，排容是一排容量相同的电容做在一起的复合电容。贴片多层陶瓷电容如图 4-17 所示。

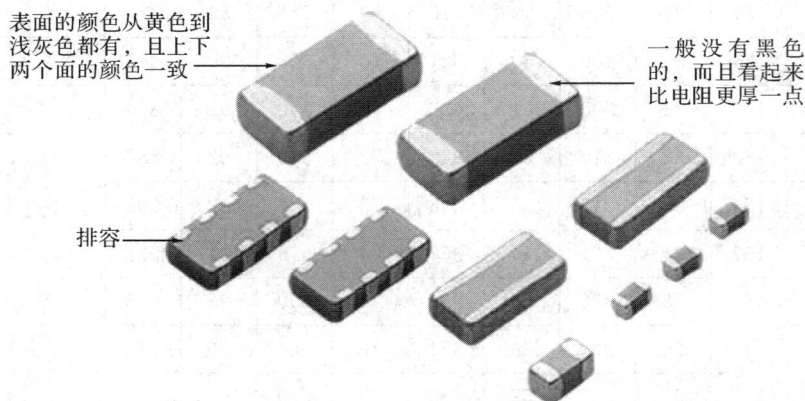

图 4-17　贴片多层陶瓷电容

② 贴片钽电解电容。贴片钽电解电容表面颜色一般为黑色或黄色，也有其他颜色，但是不常见。它的表面标注了电容容量和电容耐压值。

贴片钽电解电容是极性电容，在贴片钽电解电容表面，一般用标志线或明显凸起表示正极，如图 4-18 所示。

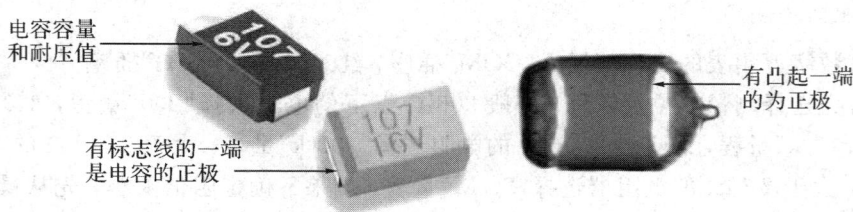

图 4-18　钽电解电容的外形特征

（2）通过电容容值标注识别。

① 直标法。直标法是指用数字和单位符号直接标出。如 10 表示 10 μF，22 表示 22 μF，有些电容用"R"表示小数点，如 R47 表示 0.47 μF。直标法如图 4-19 所示。

② 文字符号法。文字符号法是指用数字和文字符号有规律的组合来表示容量。如 p10

表示 0.1 μF，1p0 表示 1 pF，6p8 表示 6.8 pF，2 μ2 表示 2.2 μF。

③ 数学计数法。这种方式一般用在贴片钽电解电容上，例如电容表面标注 107，容量为 10×10000000 pF＝100 uF；如果标值 473，即为 47×1000 pF＝0.047 μF。后面的 7 和 3，都表示 10 的 7 次方和 10 的 3 次方。数学计数法如图 4-20 所示。

表示10*10000000 pF，107=100 μF

图 4-19　直标法　　　　　　　　　图 4-20　数学计数法

2）电容的检测

（1）电容容量的检测。

将数字万用表的红表笔插入"COM"插座，黑表笔插入"mA"插座，注意，这时黑表笔不能继续插在"V/Ω"插座上。

将量程开关转至相应电容量程上，表笔对应极性（注意红表笔极性为"＋"极）接入被测电容。

在测试电容前，屏幕显示值可能尚未回到零，残留读数会逐渐减小，但可以不予理会，它不会影响测量的准确度。用大电容挡测量严重漏电或击穿电容时，将显示一些数值且不稳定。请在测试电容容量之前，必须对电容充分放电，以防损坏仪表。

（2）电容好坏的检测。

在手机中，由于大部分贴片电容容量较小，一般维修中也很少具体测量电容实际容量大小。

在实际维修工作中，只要不是关键电路的电容，一般只测量其是否存在击穿，别的就很少关注了。测量方法很简单：使用数字万用表的蜂鸣挡，测量电容的两端，如果发出蜂鸣音或者显示阻值很小，则该电容击穿。

3. 电感的识别与检测

1）电感的识别

在手机中，不同用途的电感的外形特征不同，差别也较大，贴片电感没有正负极性之分，可以互换使用。

（1）通过外观识别。

① 绕线电感。绕线电感根据使用用途分为小功率贴片电感和大功率贴片电感。绕线电感是用漆包线绕在骨架上做成的，骨架材料、匝数不同其电感量及 Q 值也不同。它有三种外形，如图 4-21 所示。

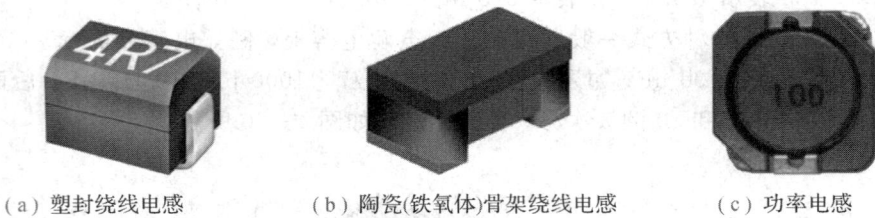

（a）塑封绕线电感　　　（b）陶瓷(铁氧体)骨架绕线电感　　　（c）功率电感

图 4-21　绕线电感的外形

塑封绕线电感内部有骨架绕线，外部有磁性材料屏蔽。经塑料模压封装的电感，主要应用在手机的低频电路中。塑封绕线电感的主要外形特征是：外部有塑封的黑色材料，内部用线圈绕制而成，两端有引线。

陶瓷(铁氧体)骨架绕线电感是用长方形骨架绕线制成（骨架有陶瓷骨架或铁氧体骨架）的，两端头供焊接用，其主要外形特征是：外部或侧面能看到绕制的线圈，两端无引线。

功率电感都是绕线型的，主要用于电源、DC/DC 电路中，用做储能器件或大电流 LC 滤波器件（降低噪声电压输出）。它由方形或圆形工字形铁氧体为骨架，采用不同直径的漆包线绕制而成。功率电感的主要外形特征是：线圈绕在一个圆形的或方形的磁芯上，屏蔽式电感的颜色一般为黑色，是铁氧体磁芯的颜色，从外部看不到线圈。有些大功率贴片电感是非屏蔽式的，从侧面可以看到线圈。

② 叠层电感。顾名思义，叠层电感就是说有很多层叠在一起，这些"层"一般是铁氧体层或者陶瓷层。叠层电感是用磁性材料采用多层生产技术制成的无绕线电感。它采用铁氧体膏浆（或陶瓷层）及导电膏浆交替层叠并采用烧结工艺形成整体单片结构，有封闭的磁回路，所以有磁屏蔽作用。叠层电感的可靠性高，由于有良好的磁屏蔽，无电感器之间的交叉耦合可实现高密度安装，主要应用于电源管理电路中。常见的叠层电感如图 4-22 所示。

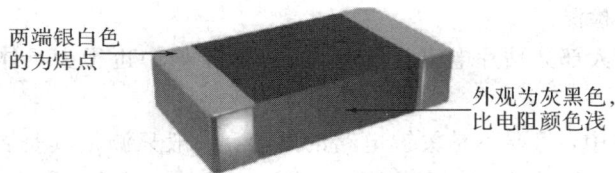

两端银白色的为焊点

外观为灰黑色，比电阻颜色浅

图 4-22　叠层电感

③ 薄膜电感。薄膜电感是在陶瓷基片上采用精密薄膜多层工艺技术制成的，具有高精度、寄生电容极小等特点，如图 4-23 所示。

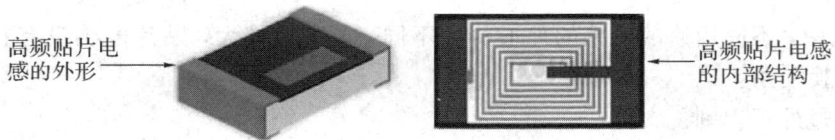

高频贴片电感的外形

高频贴片电感的内部结构

图 4-23　薄膜电感

薄膜电感主要应用在手机射频电路中，其主要外形特征是：两端银白色是焊点，中间白色，有一端有一个色点，有的中间部分是绿色，有的中间是蓝色，它们的外形类似电阻和电容，但仔细观察还是有明显的区别。

④ 印刷电感（微带线）。手机中的印刷电感（微带线）不是一个独立的元件。它在制作电路板时，利用高频信号的特性，在弯曲的导线（铜箔）之间形成一个电感或互感耦合器，起到滤波、耦合的作用。

图 4-24　印刷电感

印刷电感（微带线）一般有两方面的作用：一是它能把高频信号进行有效的传输；二是与其他固体器件，如电感、电容等构成一个匹配网络，使信号输出端与负载很好的匹配。印刷电感如图4-24所示。

（2）通过电感量标注识别。

① 直接标注法。电感器一般都采用直标法，就是将标称电感量用数字直接标注在电感器的外壳上，同时还用字母表示电感器的额定电流和允许误差。手机中的功率电感一般采用这种方式。

例：电感器外壳上标有 C、Ⅱ、470 μH，表示电感器的电感量为 470 μH，最大工作电流为 300 mA，允许误差为±10%。在手机中，有些电感外壳直接标注 220，标示 220 μH。

部分 nH（纳亨）级的电感一般直接注明，用 N 或 R 表示小数点，如 10N、47N 分别表示 10 nH、47 nH，4N7 或 4R7 均表示 4.7 nH。

② 色标法。在电感器的外壳上标注，方法同色环电阻的标注方法一样，第一个色环表示第一位有效数字，第二个色环表示第二位有效数字，第三个色环表示倍乘数，第四个色环表示允许误差。

例：某电感器的色环依次为蓝、绿、红、银，表明此电感器的电感量为 6500 μH，允许误差为±10%。

该标注方法很少在手机中使用，不再赘述。

2）电感的检测

在手机中，电感主要用在射频电路、DC/DC 电路和电源管理电路中。电感损坏的主要表现为开路，很少出现匝间短路、电感量不正常等。

将数字万用表的黑表笔插入"COM"插座，红表笔插入"V/Ω"插座。挡位调节到"二极管|蜂鸣器"挡位，用表笔分别接被测电感两端，如果蜂鸣器发出声音，说明电感没有开路。

二、手机半导体器件识别与检测

1. 二极管的识别与检测

1）二极管的识别

在手机中，贴片二极管分为有引脚封装和无引脚封装两种。有引脚封装的贴片二极管有三种结构，第一种是引脚向外延伸，第二种是引脚向下凹在底部，第三种是轴向型引脚。二极管外形如图4-25所示。

内凹形引脚的贴片二极管一定要与贴片钽电容的外形区分开，它们的外形和颜色非常接近。无引脚封装的贴片二极管两端无引脚，外形类似贴片电阻，一端有一个明显的色点。

二极管是有极性的，一般有标识的一端为负极。在手机中，为了缩小主板面积，采取了将多个二极管封装在一起的办法，一般最常见的是双二极管封装。双二极管封装的芯片，一般会引出三个引脚，常见的结构如图 4-26 所示。

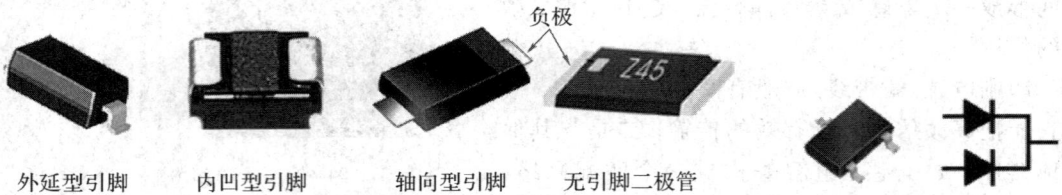

图 4-25　二极管外形

外延型引脚　　内凹型引脚　　轴向型引脚　　无引脚二极管

图 4-26　双二极管封装及电路符号

在手机中还有一种特殊的二极管，是发光二极管。发光二极管简称为 LED，它是由镓（Ga）与砷（As）和磷（P）的化合物制成的二极管，当电子与空穴复合时能辐射出可见光，因而可以用来制成发光二极管。常见的发光二极管如图 4-27 所示。

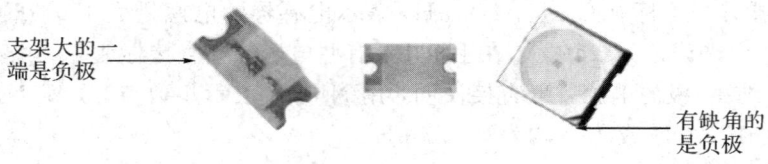

支架大的一端是负极

有缺角的是负极

图 4-27　发光二极管

在发光二极管中，负极一般会有明显的标识，支架大的一端为负极，因为负极托着发光二极管的芯片，在闪光灯二极管中，有缺角的是负极。

2）二极管的检测

首先将数字万用表挡位调到二极管挡，红表笔和黑表笔分别接二极管的两个电极，测量出结果后，再交换表笔测量一次，如果两次数值都无穷大，说明二极管开路；如果两次数值都接近零，说明二极管击穿；如果一次数值很大，一次读数为 600～700，说明二极管是正常的。

用数字万用表测量二极管时，首先将万用表挡位调到二极管挡，红表笔和黑表笔分别接二极管的两个电极，将会显示两次（一个很大和一个较小）数值，其中数值为 600～700 的那次测量，红表笔接的是二极管的正极。

2. 三极管的识别与检测

1）三极管识别

普通三极管的外观是黑色的，很少有其他颜色的三极管出现。三极管一般有 3 个引脚，分别是基极（B）、集电极（C）、发射极（E）。

将三极管平放在桌面上，焊盘向下，单独引脚的一边在上方，摆放方式如图 4-28 所示，上边只有一个引脚的是集电极 C，下边左侧的引脚是基极 B，右侧的引脚是发射极 E。

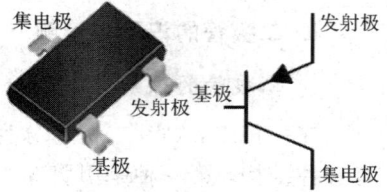

集电极　　发射极

发射极　基极

基极　　集电极

图 4-28　三极管外形及电路符号

三极管的外形一定要与双二极管的外形区分开,如果在印制板上难以区分,则可借助原理图纸进行识别,或使用万用表测量区分。

在手机中,为了缩小主板面积,经常采用贴片复合三极管,在这些复合三极管中,有 6 个引脚的,也有 5 个引脚的,封装在一起的三极管有些是单纯地封装在一起,有些是两个三极管之间有一定的逻辑关系,如构成电子开关等,如图 4-29 所示。

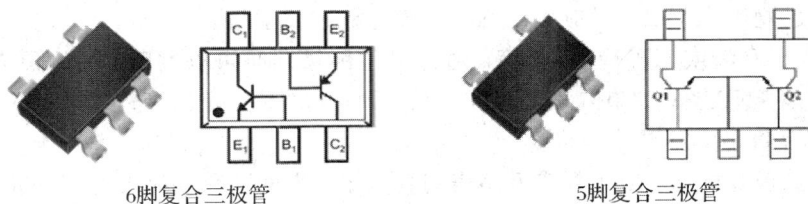

6脚复合三极管　　　　　　　　　　　　　5脚复合三极管

图 4-29　复合三极管

在手机中还经常使用一种贴片功率三极管,它一般有 4 个引脚,如图 4-30 所示,上面最宽的那一个引脚是集电极,下面引脚从左到右依次是:基极(B)、集电极(C)、发射板(E)。两个集电极是连在一起的,上面的集电极其实是散热片。

图 4-30　贴片功率三极管

2）三极管检测

（1）判断基极。三极管有两个 PN 结,发射结(BE)和集电结(BC),按测量二极管的方法测量即可,三极管等效结构图如图 4-31 所示。

NPN型三极管　　　　　　　　　　　　　PNP型三极管

（a）　　　　　　　　　　　　　　（b）

图 4-31　三极管等效结构图

在实际测量时,每两个管脚间都要测正反向压降,共要测 6 次,其中有 4 次显示开路,只有两次显示压降值,否则三极管是坏的或是特殊三极管(如带阻三极管、达林顿三极管等,可通过型号与普通三极管区分开)。在两次有数值的测量中,如果黑表笔或红表笔接同一极,则该极是基极。

(2)判断集电极和发射极。在上述 6 次测量中,只有两次显示压降值,在两次有数值的测量中,如果黑表笔或红表笔接同一极,则该极是基极。测量值较小的是集电结,较大的是发射结,因为已判断出基极,对应可以判断出集电极和发射极。

(3)判断 PNP 型或 NPN 型三极管。通过上述测量同时可以判断:如果黑表笔接同一极,则三极管是 PNP 型;如果红表笔接同一极,则三极管是 NPN 型;压降为 0.6V 左右的是硅管,压降为 0.2 V 左右的是锗管。

(4)判断三极管好坏。使用数字万用表测量基极、集电极和发射极之间的正反向电阻,如果其中一个阻值接近 0 欧姆或无穷大,说明三极管已经损坏。

3. 场效应管的识别与检测

1)场效应管识别

场效应管和三极管一样也有三个电极,分别叫做栅极(G)、漏极(D)和源极(S),相当于三极管的基极(B)、集电极(C)和发射极(E)。

在手机主板上,场效应管颜色一般为黑色,引脚一般为三个引脚,有些场效应管有 3~6 个引脚。场效应管的外形及电路符号如图 4-32 所示。

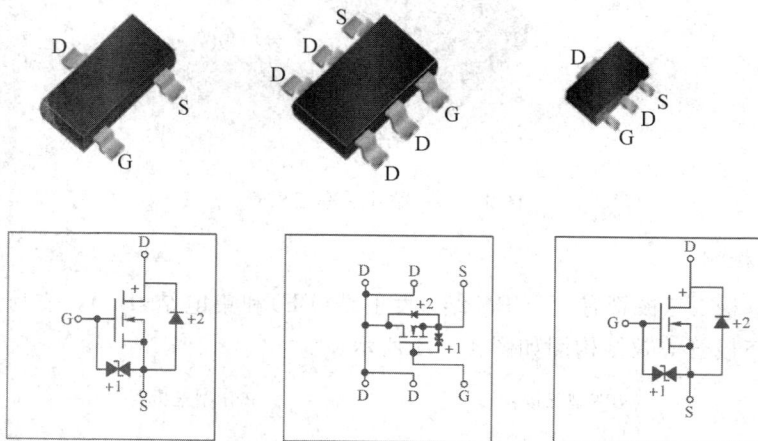

图 4-32 场效应管

场效应管的外形与三极管外形基本一致,很难从外形上进行区分,而且在手机贴片元件上很少标注型号,所以给初学者带来很大困难,但可以通过测量或者对比原理图符号进行区分。

2)场效应管检测

使用数字万用表的二极管挡对场效应管进行测量,首先要短接三只引脚对管子进行放电,然后用红表笔接 S 极,黑表笔接 D 极。如果测得的数值为 500 多,说明此管为 N 沟道。

黑笔不动,用红表笔接触 G 极,测得的数值为 1,红表笔移回到 S 极,此时管子应该为导通的，然后用红表笔测 D 极，黑表笔测 S 极，测得的数值为 1。测量这一步时要注意，因为之前测量时给了 G 极 2.5V 的电压（数字万用表内部电压），所以 D 极与 S 极之间还是导通的，大概 10 几秒后才恢复正常，建议进行这一步时再次短接三只引脚给管子放电。然后红表笔不动，用黑表笔测 G 极，数值应该为 1，至此可以判定此 N 沟道场管为正常。当然，对 P 沟道的测量步骤也一样，只不过第一步为黑表笔测 S 极，红表笔测 D 极。

操作提示

（1）在手机中，电阻、电容、电感是使用量最多的元件，也是本任务的重点之一，如果从外观无法判断，可以使用万用表做辅助判断。

（2）在手机中，复合二极管、三极管、场效应管的封装有相似之处，通过外观很难区分，使用万用表测量可区分，最简单的办法是查看手机原理图纸，通过图形符号进行区分。

检查评议

对任务的完成情况进行检查，并将结果填入任务测评表 4-2 中。

表 4-2　任务测评表

序号	主要内容	考核要求	评分标准	配分	扣分	得分
1	电阻、电容、电感的识别与检测	1. 能够识别电阻、电容、电感 2. 能够使用数字万用表检测电阻、电容、电感 3. 掌握电阻、电容、电感的电路符号和工作原理	1. 电阻、电容、电感识别，每处错误扣 5 分 2. 电阻、电容、电感测量，每处错误扣 5 分 3. 画出电阻、电容、电感的电路符号，每处错误扣 5 分	40		
2	二极管、三极管、场效应管的识别与检测	1. 能够识别二极管、三极管、场效应管 2. 能够使用数字万用表检测二极管、三极管、场效应管 3. 掌握二极管、三极管、场效应管的电路符号和工作原理	1. 识别二极管、三极管、场效应管，每处错误扣 5 分 2. 检测二极管、三极管、场效应管好坏与极性，每处错误扣 5 分 3. 画出二极管、三极管、场效应管的电路符号，每处错误扣 5 分	40		
3	安全注意事项	1. 严格执行操作规程 2. 保持实习场地整洁，秩序井然	1. 发生安全事故扣总分 20 分 2. 违反文明生产要求视情况扣总分 5～20 分	20		
工时	60 min		合　计			
开始时间			结束时间		成绩	

问题及防治

问题：通过外观识别手机中的电感时经常出现误判现象。

原因：在手机中，电感使用在射频电路、电源电路及其他电路中，在不同的电路中使用的电感外观区别非常大。

预防措施：第一，通过用途进行区分：绕线电感、叠层电感一般使用在电源供电等功率电路中，薄膜电感、印刷电感一般使用在射频电路等高频电路中；第二，通过万用表测量进行区分，用万用表很容易判断是否为电感。

两种方法要结合使用，才能更快、更有效地识别手机中的电感。

知识拓展

在手机维修工作中，数字万用表是最常用的维修仪器之一，下面介绍数字万用表的操作方法。

1. 面板功能介绍

数字万用表的面板功能如图 4-33 所示，面板各组成部分说明如下。

（1）型号栏：数字万用表的型号，图 4-33 所示的万用表的型号为深圳胜利高 VC890C+。

（2）液晶显示器：显示仪表测量的数值。

（3）发光二极管：通断检测时报警用。

（4）旋钮开关：用来改变测量功能、量程以及控制开关机。

（5）20 A 电流测试插座。

（6）电容、温度、测试附件、"—"极以及小于 200 mA 电流测试插座。

（7）电容、温度、测试附件、"+"极插座以及公共地。

（8）电压、电阻、二极管、"+"极插座。

（9）三极管测试插座：测试三极管输入口。

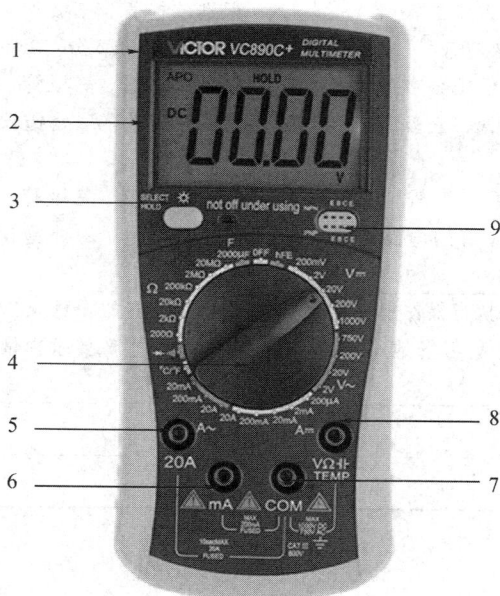

图 4-33　数字式万用表

2. 使用操作方法

1）直流电压测量

（1）将黑表笔插入"COM"插座，红表笔插入"V/Ω"插座。

（2）将量程开关转至相应的 DCV 量程上，然后将测试表笔跨接在被测电路上，红表笔所接的该点电压与极性显示在屏幕上。

2）交流电压测量

（1）将黑表笔插入"COM"插座，红表笔插入"V/Ω"插座。

（2）将量程开关转至相应的 ACV 量程上，然后将测试表笔跨接在被测电路上。

3）直流电流测量

（1）将黑表笔插入"COM"插座，红表笔插入"mA"插座中（最大 200 mA），或红表笔指入"20A"插座中（最大为 20 A）。

（2）将量程开关转至相应的 DCA 挡位上，然后将仪表的表笔串接在被测电路中，被测电流值及红色表笔点的电流极性将同时显示在屏幕上。

4）交流电流测量

（1）将黑表笔插入"COM"插座，红表笔插入"mA"插座中（最大 200 mA），或红表笔插入"20A"插座中（最大为 20 A）。

（2）将量程开关转至相应的 ACA 挡位上，然后将仪表的表笔串接在被测电路中。

在测量 20A 时要注意，该挡位没有保险丝，连续测量大电流将会使电路发热，影响测量精度甚至会损坏仪表。

5）自动断电

当仪表停止使用约 20 分钟后，仪表便自动断电进入休眠状态，若要重新启动电源，须先将量程开关转至"OFF"挡，然后再转至用户需要使用的挡位上，就可以重新接通电源。

如果事先对被测直流电压、交流电压范围没有概念，应将量程开关转到最高的挡位，然后根据显示值转至相应的挡位上；如果屏幕显示"1"，表明已超出量程范围，须将量程开关转至较高挡。

任务 2 手机专用元器件识别与检测

学习目标

手机中的专用元器件主要包括集成电路、晶体振荡器、人机接口器件、ESD 及 EMI 元件等。

知识目标：

1. 了解手机中的专用元器件的工作原理。

2. 掌握手机中的专用元器件的电路符号。

能力目标：

1. 掌握手机中的专用元器件识别方法。

2. 掌握手机中的专用元器件的用途。

素质目标：

1. 让学生体验到团队合作的精神，从而培养学生的团队合作能力。

2. 使学生体验到收获劳动成果的快乐，从而培养学生热爱工作的精神。

工作任务

手机的专用元器件主要包括集成电路、晶振、滤波器、人机接口器件、ESD 及 EMI 元件等。

手机维修工作的本质就是通过综合判断，找出故障元器件并进行更换，本次工作任务具体要求如下：

（1）通过外观识别智能手机主板上常见的专用元器件，掌握其工作原理及对电路符号的识别。

（2）能够使用万用表对手机常见的专用元器件进行简单检测。

（3）掌握手机专用元器件的识别方法，能够识别手机专用元器件组成的电路原理图。

相关理论

一、集成电路的封装

在手机中，使用的集成电路多种多样，外形和封装也有多种样式，快速有效地识别手机的集成电路封装和区分引脚是初学者的难点，下面分别进行介绍。

1. SOP 封装

SOP(Small Outline Package)封装又称小外形封装，是一种比较常见的封装形式，这种封装的集成电路引脚均分布在两边，其引脚数目大多在 28 个以下。SOP 封装集成电路如图 4-34 所示。

SOP 封装集成电路引脚的区分方法是在集成电路的表面都会有一个圆点，靠近圆点最近的引脚就是 1 脚，然后按照逆时针循环依次是 2 脚、3 脚、4 脚等。

2. QFP 封装

QFP(Quad Flat Pockage)为四侧引脚扁平封装，又称为方形扁平封装，是表面贴装型封装之一，引脚从四个侧面引出，呈海鸥翼(L)型。QFP 封装集成电路如图 4-35 所示。

图 4-34 SOP 封装集成电路

图 4-35 QFP 封装集成电路

QFP 封装集成电路引脚的区分方法是，在集成电路的表面都会有一个圆点，如果在四个角上都有圆点，就以最小的一个为准(或者将集成电路摆正，一般左下角的为 1 脚)，靠近圆点最近的引脚就是 1 脚，然后按照逆时针循环依次是 2 脚、3 脚、4 脚等。

3. QFN 封装

QFN(Quad Flat No-lead Package，方形扁平无引脚封装)是一种焊盘尺寸小、体积小、以塑料作为密封材料的新兴的表面贴装芯片封装技术，现在称为 LCC。QFN 封装集成电路如图 4-36 所示。

图 4-36 QFN 封装集成电路

QFN 封装集成电路引脚的区分方法与 QFP 封装集成电路引脚区分方法完全相同，不再赘述。

4. BGA 封装

BGA(Ball Grid Array Package)为球栅阵列封装。1993 年，摩托罗拉率先将 BGA 应用于移动电话。BGA 封装集成电路如图 4-37 所示。

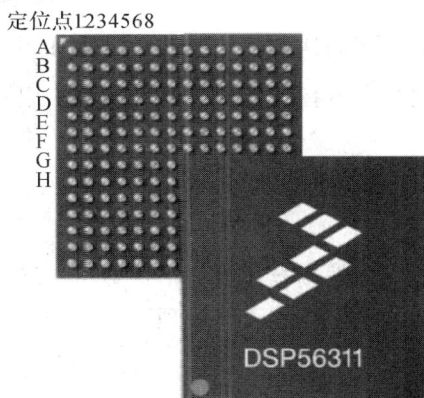

图 4-37 BGA 封装集成电路

BGA 封装集成电路引脚的区分方法如下：

(1) 将 BGA 芯片平放在桌面上，先找出 BGA 芯片的定位点，在 BGA 芯片的一角一般会有一个圆点，或者在 BGA 内侧焊点面会有一个角与其他三个角不同，这个就是 BGA 的定位点。

(2) 以定位点为基准点，从左到右的引脚按数字 1、2、3…排列，从上到下按 A、B、C、D…排行，例如 A1 引脚指以定位点从上到下第 A 行，从左到右第一列的交叉点；B6 引脚指从上往下第 B 行，从左到右第 6 列的交叉点。

5. CSP 封装

CSP(Chip Scale Package)封装是芯片级封装的意思。这种封装形式是由日本三菱公司在 1994 年提出来的,这是目前世界上最先进的封装形式。CSP 封装集成电路如图 4-38 所示。

CSP 封装技术和引脚的方式没有直接关系,在定义中主要指内核芯片面积和封装面积的比例。由 CSP 封装延伸出来的还有 UCSP 封装、WCSP 封装和 WLCSP 封装。

6. LGA 封装

LGA(Land Grid Array)是栅格阵列封装。它采用金属触点式封装,其芯片与主板的连接是通过弹性触点接触的,而不是像 BGA 封装芯片一样通过锡珠进行连接的,BGA 中的"B(Ball)"——锡珠,芯片与主板电路间就是靠锡珠接触的,这就是 BGA 封装和 LGA 封装的区别。但在智能手机中,LGA 封装的芯片仍然通过锡珠和主板进行连接。LGA 封装集成电路如图 4-39 所示。

图 4-38　CSP 封装集成电路　　　　　　图 4-39　LGA 封装集成电路

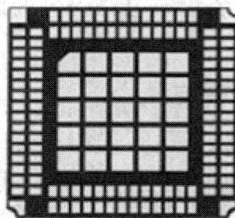

除了以上集成电路封装之外,还有其他多种封装形式,因在手机中使用较少,不再赘述。

二、晶体振荡器

在手机中一般会使用多个晶体振荡器电路,下面以 32.768 kHz 时钟晶体和系统基准时钟为例简要说明手机中晶体振荡电路的工作原理。

1. 实时时钟晶体振荡电路

32.768 kHz 实时时钟电路是为手机提供实时时钟的电路,为什么实时时钟电路一定要用 32.768 kHz 的晶体呢? 32.768 kHz 的晶振产生的振荡信号经过石英钟内部分频器进行 15 次分频后得到 1 Hz 秒信号,即秒针每走一下,石英钟内部分频器只能进行 15 次分频,要是换成别的频率的晶振,15 次分频后就不是 1 Hz 的秒信号,时间就不准了。

32.768 kHz 实时时钟电路一般由 32.768 kHz 时钟晶体和电源块内部或与 CPU 内部共同产生振荡信号,也有一部分由 32.768 kHz 晶体和专用的集成电路构成振荡信号。如图 4-40 所示是实时时钟电路的结构图。

实时时钟电路在手机中最常见的作用就是计时,32.768 kHz 时钟信号都要送到 CPU,以保障实时时钟的正常运行,手机显示的时间日期就是由实时时钟电路提供的。另外,实时时钟电路还提供睡眠时钟、逻辑启动时钟等。

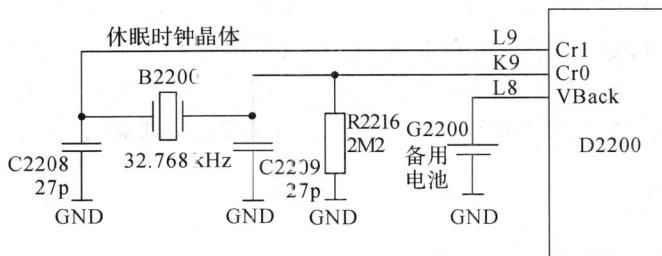

图 4-40 实时时钟电路的结构图

2. 系统基准时钟振荡电路

手机中的系统基准时钟晶体是手机中一个非常重要的器件，它产生的系统时钟信号一方面作为逻辑电路提供时钟信号，另一方面为频率合成器电路提供基准信号。

1）系统基准时钟工作原理

手机中的系统基准时钟晶体振荡电路受逻辑电路提供的 AFC（自动频率控制）信号控制。由于 GSM 手机采用时分多址（TDMA）技术，以不同的时间段（时隙，Slot）来区分用户，故手机与系统保持时间同步就显得非常重要。若手机时钟与系统时钟不同步，则会导致手机不能与系统进行正常的通信。

在 GSM 系统中，有一个公共的广播控制信道（BCCH），它包含频率校正信息与同步信息等。手机一开机，就会在逻辑电路的控制下扫描这个信道，并从中获取同步与频率校正信息，若手机系统检测到手机的时钟与系统的时钟不同步，手机逻辑电路就会输出 AFC 信号。AFC 信号改变手机中的系统基准时钟晶体电路中 VCO 两端的反偏压，从而使该 VCO 电路的输出频率发生变化，进而保证手机与系统的时钟同步。

GSM 手机的系统基准时钟一般为 13 MHz，现在一些手机使用的是 26 MHz 晶振，三星部分手机使用的是 19.5 MHz 晶振。

单独的一个石英晶振是不能产生振荡信号的，它必须在有关电路的配合下才能产生振荡，如图 4-41 所示。

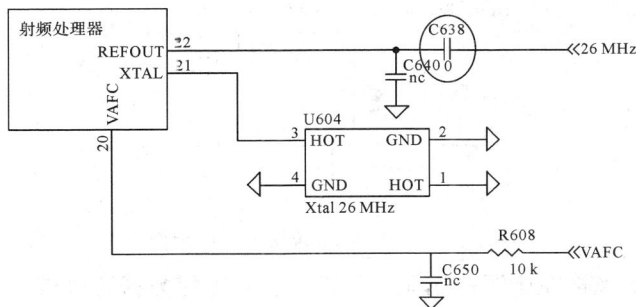

图 4-41 系统基准时钟电路

2）手机中系统基准时钟的作用

以 13 MHz 系统基准时钟为例进行介绍，13 MHz 作为逻辑电路的主时钟，是逻辑电路工作的必要条件，开机时需要有足够的幅度（9~15 MHz 范围内均可开机）。开机后，13 MHz作为射频电路的基准频率时钟，完成射频系统共用收发本振频率合成、PLL 锁相以及倍频作为基准副载波用于 I/Q 调制解调。因此，信号对 13 MHz 的频率要求精度较高（应在 12.9999 MHz~13.0000 MHz 之间，误差不超过±150 Hz），只有 13 MHz 基准频率精确，才能保证收发本振的频率准确，使手机与基站保持正常的通信，完成基本的收发功能。

三、人机接口器件

1. 声电、振动器件

1）送话器

送话器是将声音转换为电信号的一种声电转换器件，它将话音信号转化为模拟的话音电信号。送话器又称为麦克风、咪头、微音器、拾音器等。

在手机电路中用得较多的是驻极体送话器。驻极体送话器实际上是利用一个驻有永久电荷的薄膜（驻极体）和一个金属片构成的一个电容器。当薄膜感受到声音而振动时，这个电容器的容量会随着声音的震动而改变。驻极体话筒的内部结构如图 4-42 所示。

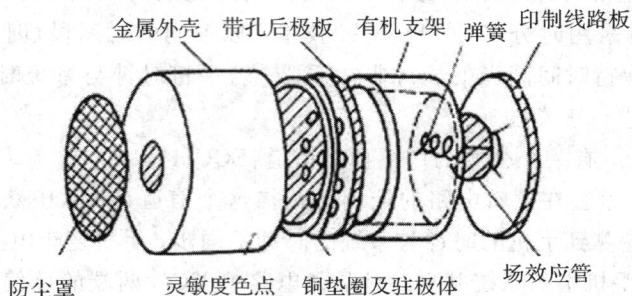

图 4-42　驻极体话筒的内部结构

由于实际电容器的电容量很小，输出的电信号极为微弱，输出阻抗极高，可达数百兆欧以上，因此，它不能直接与放大电路相连接，必须连接阻抗变换器。通常用一个专用的场效应管和一个二极管复合组成阻抗变换器。驻极体话筒内部原理图如图 4-43 所示。

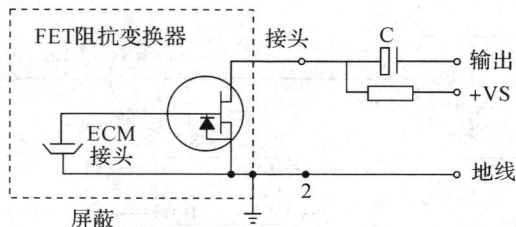

图 4-43　驻极体话筒内部原理图

电容器的两个电极接在栅源极之间，电容两端电压即为栅源极偏置电压 U_{GS}，U_{GS} 变化时，引起场效应管的源漏极之间 I_{dc} 的电流变化，实现了阻抗变换。一般话筒经变换后输出电阻小于 2 kΩ。

2）受话器和扬声器

手机中的受话器和扬声器的作用是将模拟的电信号转化为声音信号。受话器和扬声器是一个电声转换器件，受话器又称为听筒，扬声器又称为喇叭等。

受话器是把电能转换为声能并与人耳直接耦合的电声换能器，又称为通信用的耳机。受话器主要用于语言通信，频带窄（300～3400 Hz），强调语言的清晰度与可懂度，其主要应用于电话系统和军、民用无线电通信机中的送话器，受话器及头戴送，受话器组合部件。受话器的阻抗为 32 Ω。

扬声器是把电能变换为声能，并将声能辐射到室内或开阔空间的电声换能器。扬声器的特点是频率范围宽（20 Hz～20 kHz）、动态范围大、高音质、高保真、失真小等。它主要应用于广播、电影、电视、剧院等方面声音重放和录音的各种扬声器系统、耳机、传声器、拾音器（唱头）。扬声器的阻抗为 8 Ω。

3）振动器

手机中的振动器俗称马达、振子、振动器等，主要用于手机来电振动提示。手机振动器是由一个微型的普通电动机加上一个凸轮（也叫偏心轮、离心轮、振动端子、平衡轮）组成的，而凸轮的重心并不在电动机的转轴上，在转动时，凸轮做圆周运动，产生离心力，由于离心力的方向随凸轮的转动而不断变化，连续转动会使手机产生左右方向较大幅度的摆动，实际上是上下方向的振动，但是由于阻力过大使这个方向的振动不是很明显，于是就感觉手机是振动了。

偏心轮的电动机跟手机的电路结合起来，当有信息收到并需要以振动方式提醒的时候，手机的控制电路就会发出信号，从而会有适当大小的电流输入电动机，电动机转子转动带动凸轮转动，于是产生了振动。

2．开关、连接器

1）按键开关

手机中的按键开关可以分为两类：一类是单独的单个按键的微动开关，如手机的侧面按键；一类是将多个按键做在一起的薄膜开关，如功能手机的键盘按键。随着智能手机技术发展及触摸屏在手机中的使用，薄膜开关在手机中的使用越来越少了。

微动开关是一种常开触点的电子开关，使用时轻轻点按开关按钮就可使开关接通，当松开手时开关断开，其内部结构是靠金属弹片受力弹动来实现通断的。微动开关由于体积小、重量轻，在智能手机中得到了广泛的应用，如手机音量按键等。但微动开关也有它不足的地方，频繁地按动会使金属弹片疲劳，失去弹性而失效。

2）电池连接器

手机连接器的触点数量一般有 3～4 个，每个触点有不同的功能，下面分别进行介绍。

（1）电池正极连接点。电池正极连接点是连接手机电池正极与电路正极供电的，所有的手机都有电池正极连接点，有些手机会有两个电池正极连接点，这样做是为了减小接触电阻。

（2）电池负极连接点。电池负极连接点是连接手机电池负极与电路负极的，所有的手机都有电池负极连接点，有些手机会有两个电池负极连接点。

（3）热敏电阻连接点。热敏电阻是手机电池上最常用的电阻，充电过程中温度会迅速升高，因此可以用来判断电池是否充满，以及在温度过高时停止对电池充电。

（4）识别电阻连接点。一些手机为了识别电池类型，会接有一个识别电阻。

3) FPC 连接器及板对板连接器

FPC 连接器用于 LCD 显示屏到驱动电路(PCB)的连接，以及各功能电路的连接等。板对板连接器主要是指手机中的子板和主板之间的连接，键盘板和主板之间的连接，以及 FPC 和主板之间的连接等。

3. 显示屏和触摸屏

1) 显示屏

LCD(Liquid Crystal Display 的简称，液晶显示器)是目前手机和计算机常用的一种显示器。LCD 的构造是在两片平行的玻璃当中放置液态的晶体，两片玻璃中间有许多垂直和水平的细小电极，通过通电与否来控制杆状水晶分子改变方向，将光线折射出来产生画面。

目前最常用的是 TFT(Thin Film Transistor，薄膜场效应晶体管)显示屏。TFT 显示屏是指液晶显示器上的每一液晶像素点都是由集成在其后的薄膜晶体管来驱动的，从而可以高速度、高亮度、高对比度显示屏幕信息。TFT 显示屏采用主动矩阵式 LCD。TFT - LCD 液晶显示屏的切面结构图如图 4 - 44 所示。

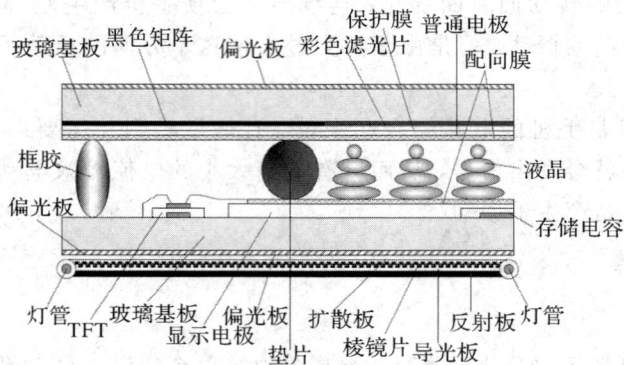

图 4 - 44 TFT - LCD 液晶显示屏切面结构图

TFT 的显示采用"背透式"照射方式，光源路径是从下向上。这样的做法是在液晶的背部设置特殊发光管，光源照射时通过下偏光板向上透出。由于上下夹层的电极改成 FET 电极和共通电极，在 FET 电极导通时，液晶分子的表现也会发生改变，可以通过遮光和透光来达到显示的目的，响应时间大大提高到 80 ms 左右。因其具有更高的对比度和更丰富的色彩，显示屏更新频率也更快，故 TFT 俗称"真彩"。

TFT - LCD 的主要特点是为每个像素配置一个半导体开关器件。由于每个像素都可以通过点脉冲直接控制，因而每个节点都相对独立，并可以进行连续控制。这样的设计方法不仅提高了显示屏的反应速度，同时也可以精确控制显示灰度，这就是 TFT 色彩更为逼真的原因。

由于成本低、环保、色彩艳丽等诸多优点，TFT - LCD 是目前手机中应用最多的显示器件之一。

2) 触摸屏

触摸屏又叫触控屏(Touch panel)，也称为触控面板，是个可接收触摸输入信号的感应式液晶显示装置，当接触了屏幕上的图形按钮时，屏幕上的触觉反馈系统可根据预先编写的程序驱动各种连结装置，可用以取代机械式的按钮面板，并借由液晶显示画面制造出生动的影音效果。目前在智能手机中使用的触摸屏都是电容式触摸屏。

电容式触摸屏的构造主要是在玻璃屏幕上镀一层透明的薄膜体层，再在导体层外加上一块保护玻璃，双玻璃设计能彻底保护导体层及感应器。

电容式触摸屏在触摸屏四边均镀有狭长的电极，在导电体内形成一个低电压交流电场。在触摸屏幕时，由于人体电场，手指与导体层间会形成一个耦合电容，四边电极发出的电流会流向触点，而电流强弱与手指到电极的距离成正比，位于触摸屏幕后的控制器便会计算电流的比例及强弱，准确算出触摸点的位置。电容触摸屏的双玻璃不但能保护导体及感应器，更能有效地防止外在环境因素对触摸屏造成的影响，就算屏幕沾有污秽、尘埃或油渍，电容式触摸屏依然能准确算出触摸位置。电容式触摸屏如图 4-45 所示。

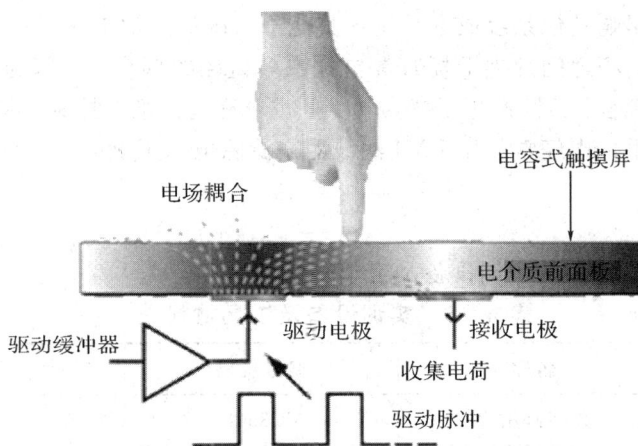

图 4-45　电容式触摸屏

四、ESD 及 EMI 元件

1. ESD 元件

ESD(Electro-Static Discharge)的意思是静电释放。国际上习惯将用于静电防护的器材统称为 ESD，中文名称为静电阻抗器。

1）压敏电阻

压敏电阻(Voltage Dependent Resistor，VDR)即电压敏感电阻，是指在一定电流电压范围内电阻值随电压而变的电阻器，或者是说电阻值对电压敏感的电阻器。压敏电阻器的电阻体材料是半导体，所以它是半导体电阻器的一个品种。

压敏电阻又称为突波吸收器，有时也称为电冲击(浪涌)抑制器(吸收器)。压敏电阻主要应用于瞬态过电压保护，但是它类似于半导体稳压管的伏安特性，从而具有多种电路元件的功能。压敏电阻器是兼有过压保护和 ESD 防护的元件。

2）TVS 管

TVS(Transient Voltage Suppressor)管是瞬态电压抑制器的简称，它的特点是：响应速度快，通过电流量大，极间电容小，浪涌冲击后能自行恢复。由于是多路组合的芯片，体积小，便于 PCB 板的有效接地，利于电路板设计，是理想的防护器件。

TVS 管是兼有过压保护和 ESD 防护的元件。TVS 管有单向与双向之分，单向 TVS 管的特性与稳压二极管相似，双向 TVS 管的特性相当于两个稳压二极管反向串联。

2. EMI 器件

EMI(Electromagnetic Interference，电磁干扰)是指电磁波与电子元件作用后产生的干扰现象，有传导干扰和辐射干扰两种。

传导干扰是指通过导电介质把一个电网络上的信号耦合(干扰)到另一个电网络上。辐射干扰是指干扰源通过空间把其信号耦合(干扰)到另一个电网络上，在高速 PCB 及系统设计中，高频信号线、集成电路的引脚、各类接插件等都可能成为具有天线特性的辐射干扰源，能发射电磁波并影响其他系统或本系统内其他子系统的正常工作。

在智能手机中，高频之间发生干扰通常包含许多途径的耦合。正因为多种途径的耦合同时存在，反复交叉耦合，共同产生干扰，才使电磁干扰变得难以控制，因此在手机中要进行电磁干扰抑制。在手机中经常使用 EMI 滤波器来滤除电磁干扰。

任务准备

实施本任务教学所使用的实训设备及工具材料可参考表 4-3。

表 4-3　实训设备及工具材料

序号	分类	名称	型号规格	数量	单位	备注
1	工具	数字万用表	VC890D	1	台	
		带灯的放大镜	无	1	台	
		镊子	无	1	个	
2	设备器材	功能手机主板	无	5	块	
3		智能手机主板	无	5	块	
4	其他	手机原理图纸	无	1	份	

任务实施

一、集成电路识别与检测

1. 常见集成电路识别

在智能手机中，集成电路的发展主要有几个方向，一是向高度集成化方向发展，随着智能手机越来越轻薄，功能越来越多，集成电路外围的元件也越来越少；二是向 4G 方向发展，目前国内已经开通 TD-LTE 制式的 4G 网络，将来几乎所有的智能手机都支持 4G 网络；三是处理器主频越来越高，目前手机运行主频已达到 1.5GHz 以上，使用的是双核、四核甚至是八核的处理器。

1）识别射频处理器

在智能手机中，射频处理器主要完成除射频前端以外的所有信号的处理，包括射频接收信号的解调、射频发射信号的调制、VCO 电路等，外围除了少数的阻容元件外，很少有其他元件。

智能手机的射频处理器大部分采用零中频接收技术。零中频接收技术，即 RF 信号不需要变换到中频，而是一次直接变换到模拟基带 I/Q 信号，然后再解调，如图 4-46 所示。

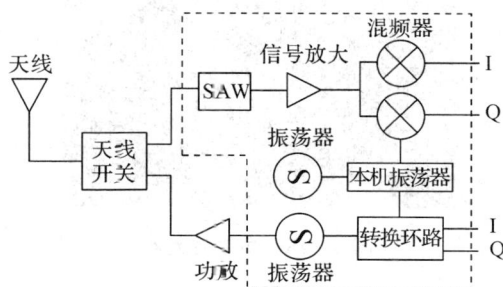

图 4-46　射频处理器电路结构

（1）通过生产厂家识别。在智能手机中，英飞凌、TI、Skyworks、高通、ADI、展讯公司的射频处理器占主流。

（2）通过主板位置识别。在智能手机中，射频处理器芯片一般靠近天线、功率放大器等器件，且周围一般有晶体振荡器。

2）识别功率放大器

智能手机中的功率放大器都是高频宽带功率放大器，主要用于放大高频信号并获得足够大的输出功率。功率放大器是手机中耗电量最大的器件。

一个完整的功率放大器内部集成了滤波器、放大器、匹配电路、功率检测、偏压控制等电路，大部分智能手机的功率放大器都是四频甚至多频段功放，很少有单频功放，如图 4-47所示。

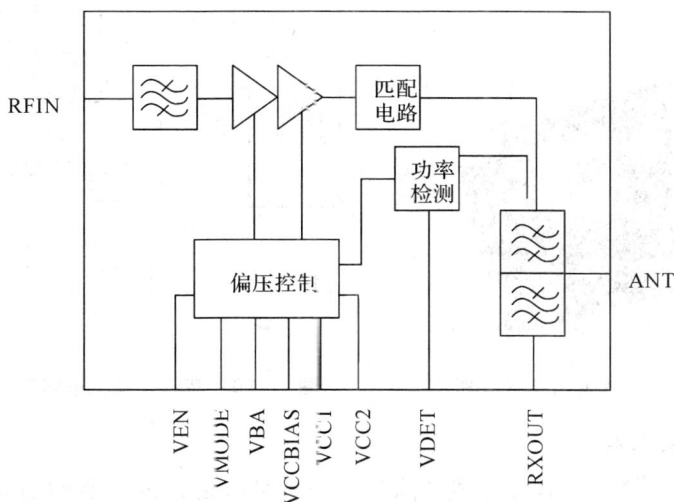

图 4-47　功率放大器的电路结构

（1）通过生产厂家识别。在智能手机中，常见的功率放大器厂家有 RFMD、RDA、Renesas 和 skyworks 等，可通过功率放大器上面的 LOGO 进行识别。

（2）通过外观及位置识别。在智能手机中，功率放大器的封装很少有 BGA 封装，多采用 QFN 和 LGA 的封装方式，这两种封装有利于功率放大器在工作时散热。

功率放大器一般靠近天线和射频处理器。功率放大器的外形既有长条形的，也有正方形的，一般长条形居多。外形类似字库，但又有区别。功率放大器外形如图 4-48 所示。

图 4-48　功率放大器

3）识别基带处理器

智能手机的基带处理器内部集成了 CPU（中央处理器单元）和 DSP 功能，CPU 运行协议栈和控制逻辑，DSP 进行数字信号处理，这个数字信号处理应该包括编解码、交织/解交织、扩频/解扩等。

（1）通过生产厂家进行识别智能手机基带处理器的生产厂家有德州仪器、爱立信、高通、联发科、NXP、飞思卡尔、英飞凌（已经被英特尔收购）、海思等，可通过基带处理器上面的 LOGO 进行识别。常见的基带处理器如图 4-49 所示。

（2）通过主板位置及外观进行识别。在智能手机中，基带处理器主要采用 BGA 封装，在手机中个头最大的集成块就是基带处理器或应用处理器了。位置一般靠近射频处理器或基带电源管理芯片，基带处理器电路结构如图 4-50 所示。

图 4-49　常见的基带处理器　　　　图 4-50　基带处理器电路结构

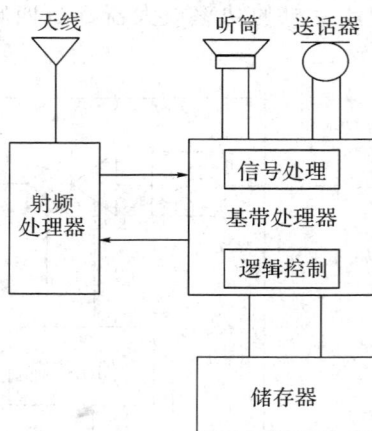

4）识别应用处理器

在智能手机中，应用处理器完成了除信号处理部分之外的所有的功能处理，它是伴随智能手机应运而生的。应用处理器是在低功耗 CPU 的基础上扩展音视频功能和专用接口的超大规模集成电路。应用处理器是智能手机的灵魂和核心。

（1）通过生产厂家识别。在智能手机中，主流的应用处理器由高通、英特尔、Motorola、TI、AMD 等公司生产，可通过应用处理器上的 LOGO 进行识别。常见的应用处理器如图 4-51 所示。

图 4-51 常见的应用处理器

（2）通过外形及主板位置识别。应用处理器在手机主板上体积是最大的，比较容易识别。应用处理器一般靠近硬盘或在硬盘的背面。应用处理器电路结构如图 4-52 所示。

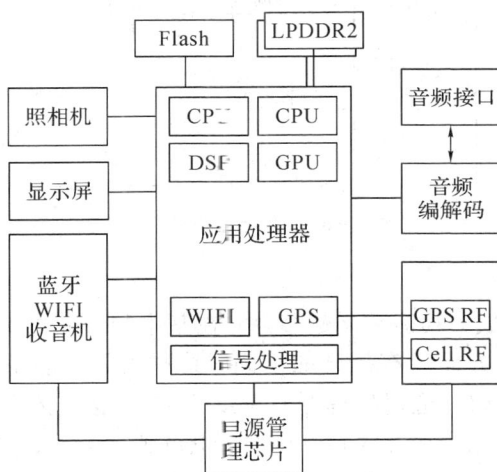

图 4-52 应用处理器电路结构

5）存储器

功能丰富的智能手机对存储器需求很大，因为它们提供了更高级的功能，包括互联网浏览、收发更先进的文本消息、玩游戏、下载和播放音乐以及用相对较低的成本实现数字摄像应用。高端功能手机除了支持游戏、多媒体消息、MP3 下载、收发静态图像等功能外，额外增加了视频和音频流，特别是网络站点浏览和移动商务，这些种类各异的功能对存储器的要求更严格。

（1）通过生产厂家识别。在智能手机中，主流的存储器由闪迪、三星、金士顿、海力士、东芝等公司生产，可通过存储器上的 LOGO 进行识别。常见的存储器如图 4-53 所示。

图 4-53　存储器

（2）通过外形主板位置识别。在智能手机中，存储器主要采用 BGA 封装、双芯片叠层封装等，智能手机的存储器主要是长方形，基带处理器和应用处理器旁边都有存储器。

存储器内主要存储智能手机的系统程序、用户程序、用户数据等，主要通过地址线、数据线、控制线与应用处理器进行通信，如图 4-54 所示。

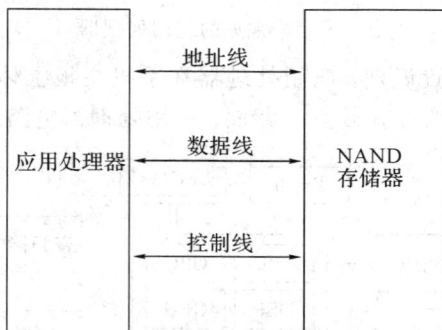

图 4-54　存储器电路结构

6）识别音频编解码器

近年来，智能手机集成的功能越来越多，但在基本的音频放大应用方面，在继续优化性能表现及用户音频体验方面仍有提升的空间，其原因是智能手机存在着特殊的音频要求，例如：智能手机存在基带/应用处理器、调频（FM）广播、蓝牙（耳机）等多种音频输入源；编解码器（CODEC）可以集成在模拟基带中，也可独立存在；多数情况下最少是扬声器放大器保持单独存在（不集成），从而提供足够的输出功率；耳机放大器外置，配合高保真（Hi-Fi）音乐播放。

常见的音频编解码器如图 4-55 所示。

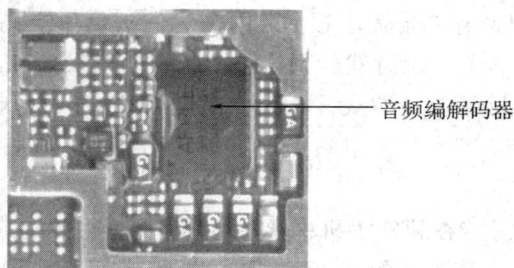

音频编解码器

图 4-55　常见的音频编解码芯片

音频编解码器电路结构如图 4 - 56 所示。

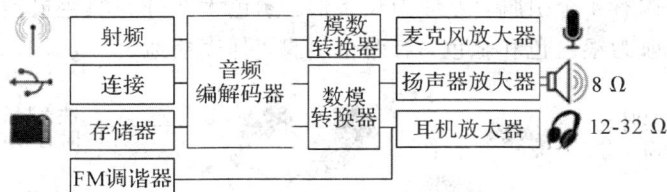

图 4 - 56　音频编解码器电路结构

2. 集成电路检测

手机中的集成电路，确切地说没有具体办法检测其好坏，但我们可以用一些简单的思路和方法大概判断集成电路的好坏。

1）黑箱子法

手机主板的集成块有些能认识，有些拿不准，有些不认识，把不认识的手机的集成块当成一个个"黑箱"，认识的集成块可以当成"白箱"，拿不准的当成"灰箱"。根据掌握的电子知识和手机结构框架来推理这个集成块的功能，要系统地了解这个黑箱子输入、输出信号，推理出黑箱内部的情况，寻找、发现其内部规律，实现对黑箱的控制。至此，黑箱内完成了什么功能，和周围集成块的从属关系，谁来控制这个集成块，了解到这些信息就足够了。

最后，就可以开始故障判断和维修，例如：手机没有信号，根据手机维修基本方法和手机结构框架分析，信号的处理是由射频处理器来完成的。首先应该找到射频处理器在主板的位置，利用黑箱理论判断哪一个集成块是射频处理器，找到射频处理器后，根据黑箱理论找出这个黑箱的输入信号、输出信号、控制信号。使用仪器测量输入信号是否正常。如果输入信号不正常，说明故障和射频处理器没有关系。如果输入信号、控制信号都正常，没有输出信号，可能就是射频处理器坏了，这样就用黑箱理论判断出射频处理器损坏了。

2）对地阻值法

在判断集成电路故障的时候，对地阻值法是经常使用的方法，使用万用表测量故障机的对地阻值，并与正常手机进行对比，从而判断出故障范围。

在使用对地阻值法判断集成电路故障时，一般分两步进行：先使用万用表测量集成电路外围测试点的对地阻值，粗略判断故障部分；拆下集成电路后，测量焊盘对地阻值，并进一步判断问题是由集成电路引起的还是由外围元器件引起的。

二、识别晶体振荡器

在手机中一般至少有两个晶振，一个是 32.768 kHz 的实时时钟（Real - Time Clock，RTC）晶振（Crystal），一个是 13 MHz/26 MHz 基准时钟晶振（Oscillator）。

智能手机中会有多个晶振，例如 GPS 电路、蓝牙电路、多媒体电路、Wi-Fi 电路、应用处理器电路等，都需要晶振才能正常工作。

1. 识别实时时钟晶体

手机中的实时时钟晶体外形如图 4 - 57 所示，大多在外壳上标注有时钟频率，有的厂家用字母来标示型号和频率。

塑封的时钟晶体有 4 个引脚，外形为长条形，颜色大部分为黑色或浅黄色、浅紫色等。铁壳的时钟晶体一般为银白色和金色，有两个引脚，外壳接地。

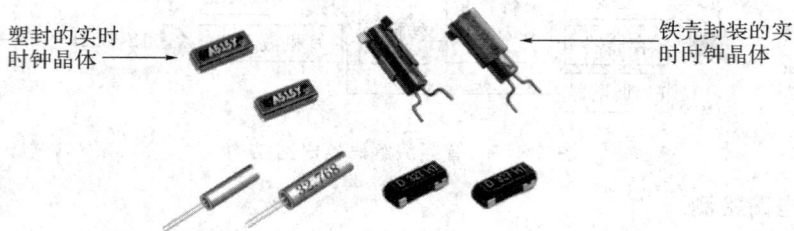

图 4-57　实时时钟晶体

2. 识别基准时钟

基准时钟主要应用于系统基准振荡电路、多媒体电路、蓝牙电路、GPS 电路、应用处理器电路、Wi-Fi 电路等，这里主要以系统基准时钟为例进行介绍。手机中的基准时钟晶体如图 4-58 所示。GSM 手机中的系统基准时钟一般为 13 MHz、26 MHz，CDMA 手机中的系统基准时钟一般为 19.68 MHz。

图 4-58　基准时钟晶体

手机中的基准时钟分为无源晶振和有源晶振，无源晶振外观为长方体，顶部为白色，顶部四周为金黄色，底部为陶瓷基片，有 4 个引脚。有源晶振外观为长方体，一般有一个金属屏蔽罩，拆开屏蔽罩后，里面是晶振电路的元件。

三、识别人机接口器件

1. 识别声电、振动器件

1）送话器

手机中的送话器比较容易找，一般为圆形，在手机主板的底部，外观为黄色或银白色，送话器上都会有一个黑色的胶圈，这个胶圈的目的是固定送话器和屏蔽部分噪音干扰。有些送话器为长条形，外壳是一个银色的金属屏蔽罩，直接焊接在主板上。常见送话器的外形如图 4-59 所示。

图 4-59　常见送话器的外形

送话器在电路中用字母 MIC 或 Microphone 表示。送话器电路符号如图 4-60 所示。

图 4-60　送话器电路符号

判断送话器是否损坏的技巧：将数字万用表调到 2 K 挡，红表笔接在送话器的正极，黑表笔接在送话器的负极（如用指针式万用表则相反），对着送话器吹气，可以看到万用表的读数发生变化。

2）受话器和扬声器

手机中的受话器和扬声器从外形来看可分为三种，圆形、椭圆形和矩形，从连接方式来看可分为引线式、弹片式和触点式。手机中的受话器和扬声器如图 4-61 所示。

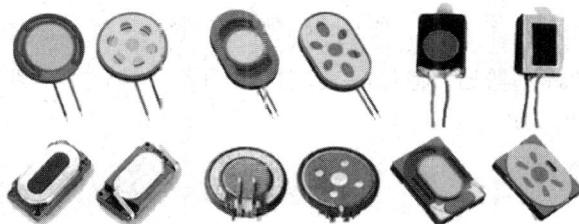

图 4-61　受话器和扬声器

受话器一般用 Receiver、Ear 或 Earphone 表示，扬声器通常用字母 SPK 或 SPEAKER 表示。受话器和扬声器的电路符号如图 4-62 所示。

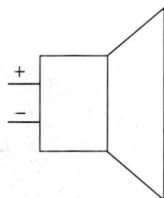

图 4-62　受话器和扬声器的电路符号

利用数字万用表的蜂鸣器挡，将任一表笔接受话器或扬声器一端，另一表笔点触另一端，正常时会发出清脆响亮的"哒"声。如果不响，则表明线圈断了；如果响声小而尖，则是擦圈有问题，也不能用。

受话器的直流电阻为 32 Ω，扬声器的直流电阻为 8 Ω，可以使用万用表测量电阻来判断其是受话器还是扬声器。

3）振动器

手机中的振动器从外观来看主要分为两类：一类是柱形的振动器，一类是扁平型的振动器。柱形振动器在手机中比较容易被认出来，一般装在手机后壳上的比较多，这是为了减小振动器振动时对主板元件的影响。扁平型振动器看起来有点像手机的扬声器，但是它两面都是密封的，扁平型振动器一般装在翻盖部分或直板手机的顶部，离扬声器较近。手机振动器与主板的连接一般采用引线式和弹片式两种。手机振动器的外观如图 4-63 所示。

图 4-63　振动器

利用数字万用表的蜂鸣器挡，将任一表笔接振动器一端，另一表笔点触另一端，直流电阻值在 30～40 Ω 以内为正常。

2. 识别开关、连接器

1）按键开关

手机中微动开关的外形如图 4-64 所示。

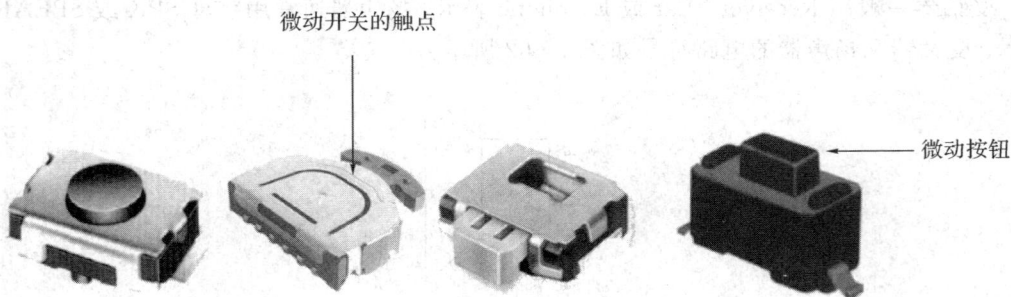

图 4-64　微动开关

薄膜开关在手机中应用已经很少了，不再赘述。

在手机电路中，开关通常用字母 SW 表示，电源开关又经常使用 ON/OFF、PWRON、KEYON 等字母来表示。手机开关的电路符号如图 4-65 所示。

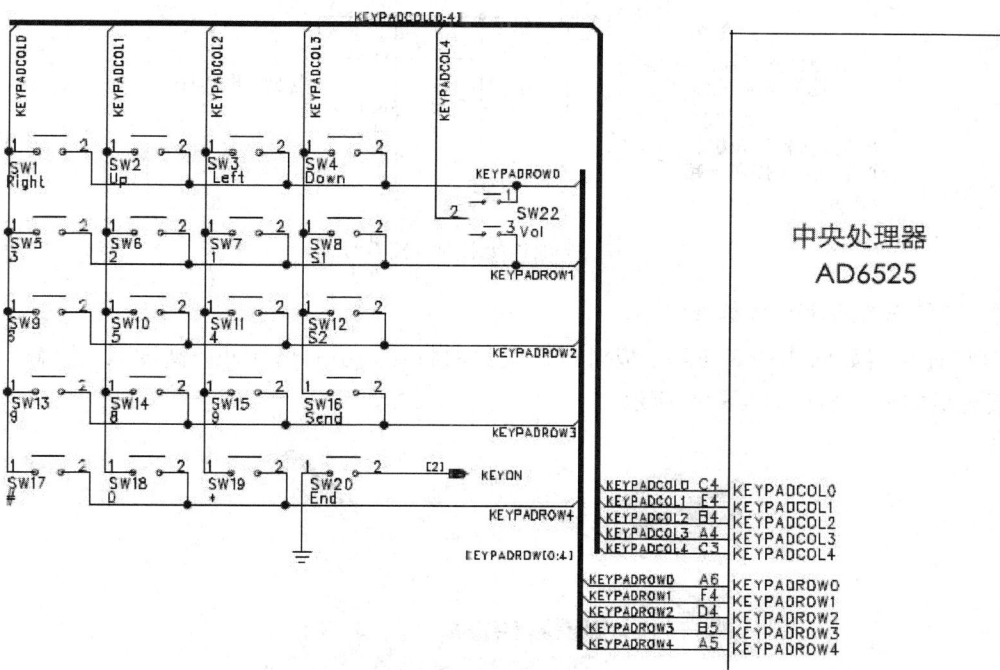

图 4-65 开关的电路符号

2）电池连接器

电池连接器可分为弹片式、闸刀式、顶针式。电池连接器的技术趋势主要为小型化、低接触阻抗和高连接可靠性。电池连接器如图 4-66 所示。

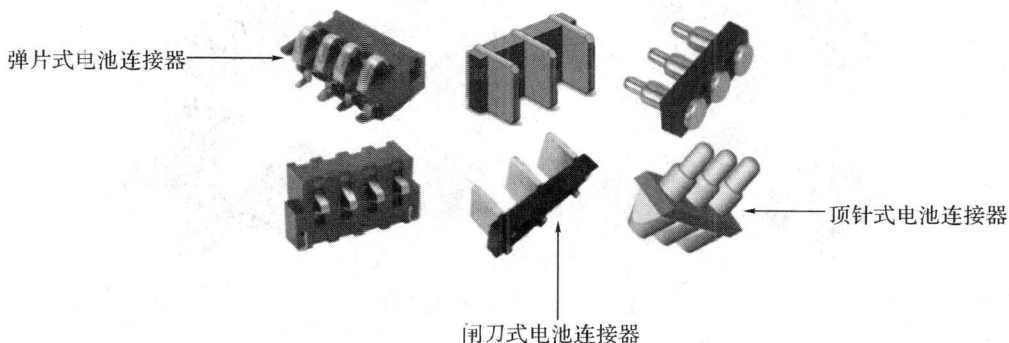

图 4-66 电池连接器

电池连接器的电路符号如图 4-67 所示。在电路中，J6 是电池触点，有 6 个连接点，其中 1 脚、2 脚接电路的正极，4 脚、5 脚接电路的负极，3 脚是电池类型检测，接电源管理 IC。

电池连接器的正极，两个连接点连接在一起

VBAT [1,2,3]

电池连接器，5个连接点

J6

电池连接器的电池类型检测点

C98 2.7p

C144 4.7μF

电源管理芯片

电池连接器的负极，两个连接点连接在一起

图 4-67　电池连接器的电路符号

3）FPC 连接器及板对板连接器

FPC 连接器如图 4-68 所示。板对板连接器的特点是引脚间距小、高度低、接触严密等。板对板的连接器如图 4-69 所示。

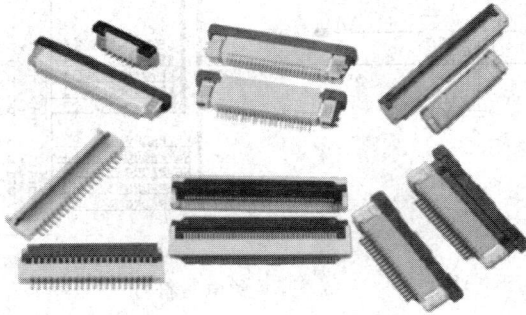

图 4-68　FPC 连接器

图 4-69　板对板连接器

3. 识别显示屏和触摸屏

1）显示屏

LCM(LCD Module)即 LCD 显示模组、液晶模块，是指将液晶显示器件、连接件、控制与驱动等外围电路、PCB 电路板、背光源、结构件等装配在一起的组件。手机中 LCM 模块如图 4-70 所示。

图 4 - 70 LCM 模块

手机中的 LCD 接收 CPU 发过来的显示指令和数据，经分析判断、存储，按一定的时钟速度将显示的点阵信息输出至行和列驱动器进行扫描，以大于 75 Hz 每帧的速率更新并送至 LCD，则人眼在外界光的反射下，就看到液晶的屏幕上出现显示的内容。手机 LCD 电路主要由背光电路和显示电路两部分组成。

（1）背光电路。手机 LCD 大都采用白光 LED 作为背光源，一般由三个串联或并联的白光 LED 组成，串联型的背光电路驱动电压大约为 10 V 左右，并联型的背光电路驱动电压大约为 3 V 左右，是一个耗电量很大的部件。大都采用升压型 DC/DC 器件进行驱动，许多手机一般采用专门的背光驱动芯片。

（2）显示电路。显示电路一般由时序控制器（Timing Controller）、源代码驱动（Source Driver）、门驱动器（Gate Driver）组成。有的集成块把时序控制器和源代码驱动集成在一起，也有的集成块把三个部分都集成在一起。这三部分电路一般都集成在 LCD 模组里面。

2）触摸屏

电容式触摸屏的构造主要是在玻璃屏幕上镀一层透明的薄膜导体层，再在导体层外加上一块保护玻璃，双玻璃设计能彻底保护导体层及感应器。

智能手机使用电容式触摸屏，屏幕面板和触摸屏合二为一，透光率高，使用寿命长，适合手机的超薄化设计，加上可以多点触功能，深受用户的喜爱。电容式触摸屏如图 4 - 71 所示。

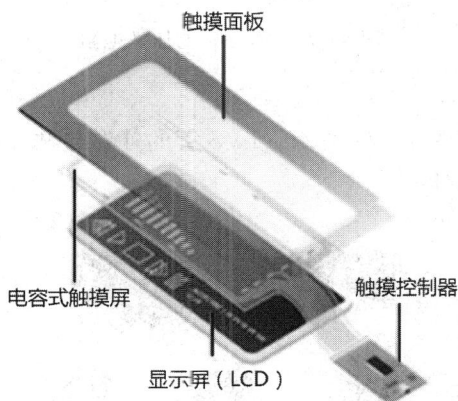

图 4 - 71 电容式触摸屏

四、识别 ESD 及 EMI 元件

1. 识别 ESD 元件

1) 压敏电阻

手机中的压敏电阻的外形有点像电容，但颜色是灰褐色，从颜色来看更像电阻，手机中压敏电阻的外形如图 4-72 所示。

颜色为灰褐色，比电阻颜色浅

图 4-72　压敏电阻的外形

在正常电压条件下，压敏电阻相当于一只小电容器，而当电路出现过电压时，它的内阻急剧下降并迅速导通，其工作电流会增加几个数量级，从而有效地保护了电路中的其他元器件不致过压而损坏。

如图 4-73 所示是某手机音频功率放大器电路，在电路中，R2106、R2107 是压敏电阻，它的击穿范围是 14 V～50 V，在正常情况下，R2106、R2107 两个压敏电阻不会对电路产生影响，当有浪涌电压、浪涌电流、尖峰脉冲窜入电路的时候，如果电压超过 14 V，R2106、R2107 两个压敏电阻动作，可保护音频功率放大器免受浪涌脉冲的损害。

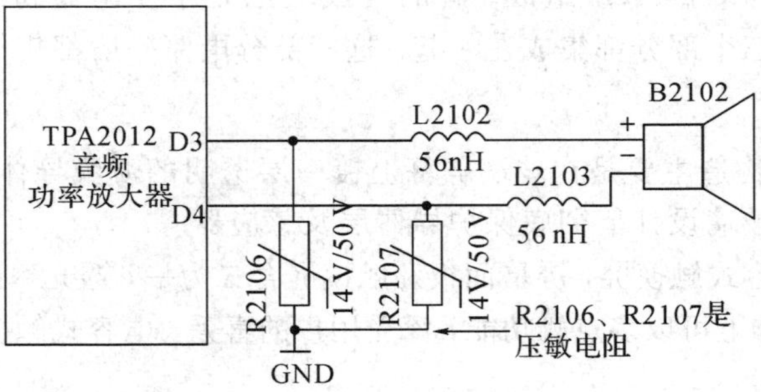

图 4-73　电路中的压敏电阻

2) TVS 管

常见 TVS 管的外形如图 4-74 所示。TVS 管的外形与贴片二极管、晶体管有点类似，但是特性和内电路有明显的区别。

图 4-74　常见 TVS 管的外形

TVS管的电路符号如图4-75所示。

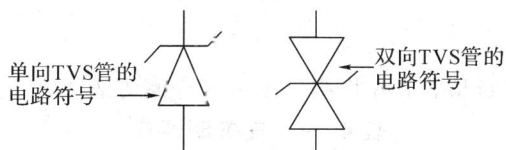

图4-75　TVS管的电路符号

2. 识别EMI元件

手机中的EMI滤波器根据使用的位置有多种外形，有些看起来像BGA芯片，有些看起来像排容。手机中的EMI滤波器常见外形如图4-76所示。

图4-76　EMI滤波器

下面以手机LCD电路为例讲解手机EMI滤波器的电路原理。手机LCD驱动的数据通信线数据传输速率很高，容易被各种电磁干扰，造成图像质量下降，为此需要在数据通信线上采用有EMI抑制能力的滤波器件和ESD防护，以保障彩色图像的高质量。LCD驱动电路原理框图如图4-77所示。

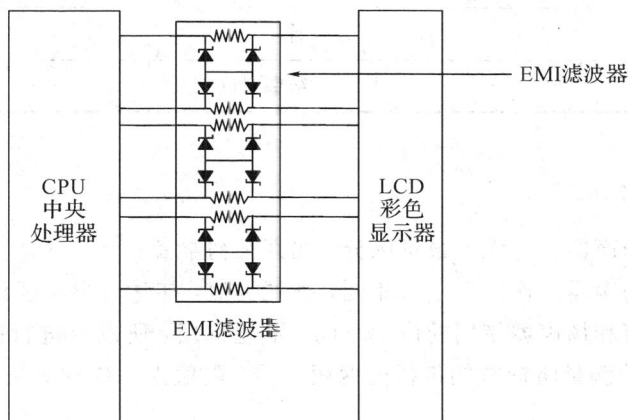

图4-77　LCD驱动电路原理框图

操作提示

在智能手机中，集成电路的布局及功能是初学者面临的难题，下面总结一下共同特点。

(1)在手机中，CPU的体积最大，CPU的旁边一般为FLASH或硬盘。

(2)在手机中，FLASH和功放为长条形，其余的集成电路大部分为正方形。

(3)电源管理芯片周围的电容体积都比较大，而且比较多。

（4）天线开关和功率放大器一般靠近天线。

检查评议

对任务的完成情况进行检查，并将结果填入任务测评表 4-4 中。

表 4-4　任务测评表

序号	主要内容	考核要求	评分标准	配分	扣分	得分
1	集成电路、晶体振荡器的识别与检测	1. 能够识别集成电路的封装 2. 能够掌握晶体振荡器的工作原理	1. 集成电路封装识别，每处错误扣 10 分 2. 晶体振荡器识别，每处错误扣 10 分 3. 画出射频处理器、基带处理器、应用处理器、音频编解码、功率放大器的框图，每处错误扣 10 分	40		
2	人机接口器件、ESD 及 EMI 元件的识别与检测	1. 能够识别手机中的人机接口器件 2. 能够识别手机中的 ESD 及 EMI 元件	1. 识别手机中的人机接口器件，每处错误扣 10 分 2. 识别手机中的 ESD 及 EMI 元件，每处错误扣 10 分	40		
3	安全注意事项	1. 严格执行操作规程 2. 保持实习场地整洁，秩序井然	1. 发生安全事故扣总分 20 分 2. 违反文明生产要求视情况扣总分 5～20 分	20		
工时	60 min		合　计			
开始时间		结束时间		成　绩		

问题及防治

问题：听筒和扬声器从外观上很难区分，尤其是初学者。

原因：听筒和扬声器工作原理基本相同，外观类似，初学者很难区分。

预防措施：听筒和扬声器使用的位置不同，不能混用，所以要进行区分。方法很简单，使用万用表的蜂鸣挡测量听筒或扬声器的两根引线，阻值为 8 Ω 的为扬声器，阻值为 32 Ω 的为听筒。

知识拓展

如今的智能手机已经逐渐演变成不可思议的移动终端，它能够实现几十年前不可能实现的功能。下面以传感器为例，来见证一下当前智能手机的奇妙之处。

1. 加速度计

加速度计，顾名思义，加速度计用于测量手机处于相对自由落体时的加速度。当用户以任何方向移动智能手机的时候，加速度计中的传感器数据将会上涨。而当智能手机处于平稳状态时,这个传感器中的数据将会走平。加速度计还可以用来确定设备沿三个轴的方向,使用加速度计数据的应用程序可以用来判断手机是处于纵向还是横向的状态,屏幕是处于朝上还是朝下的状态。

2. 陀螺仪

陀螺仪也是一种能够提供定位信息的传感器,但是它所提供的信息精度更高。得益于这种特殊的传感器,Android 手机的"照片球"相机功能能够指出手机旋转的度数以及方向。与此同时,谷歌旗下的星云图(Sky Map)还可以利用陀螺仪的定位功能让用户了解自己头上的星系。

3. 磁强计

当前,大多数智能手机还配有的一种传感器就是磁强计,它能够检测磁域。磁强计是一种能够判断星系北极的传感器。另外,这种传感器也可以被检测金属的应用程序利用。

4. 近距离传感器

近距离传感器(Proximity Sensor)是由一个红外 LED 和红外光探测器组成的,它一般被放置于手机的听筒附近。当将手机放在耳边的时候,传感器就会让系统知道用户正在进行通话,并且自动将屏幕关闭以节约电源。

5. 光传感器

手机的光传感器一般用来检测环境光的强度,手机软件会利用光传感器的数据来自动调整显示屏的亮度。当环境光线充足的时候,手机显示屏的亮度就会加强,当环境光线暗淡的时候,手机显示屏的亮度也会暗下来。三星 Galaxy 智能手机使用的是一种非常先进的光传感器,它能够分别检测到白色、红色、绿色和蓝色的光线,并且能够使用这一数据来调整图像的显示效果。智能手机的光和近物体传感器通常被放置在靠近听筒的地方。

6. 晴雨表传感器

如今,高端智能手机中还拥有一个内置的晴雨表传感器,它能够测量大气压力。晴雨表传感器所测得的数据将被用来确定设备的海拔高度,从而提升 GPS 的精确度。

7. 温度计

几乎所有的智能手机中都配有一个温度计,有些手机中甚至还不止配有一个温度计。不同的是,这个温度计是用来监测设备和其电池的温度。当手机中有组件被检测到过热时,系统就会自动关闭以免造成损坏。

8. 空气湿度传感器

三星 Galaxy S4 手机开创了在智能手机中使用空气湿度传感器的先河,它所检测到的数据可以被"S Health"应用程序利用,用以确认用户对周围的环境(空气的温度和湿度)是否感到舒适。

9. 计步器

计步器是一个不得不说的传感器,它被用来计算用户的行走步数。当前,内置计步器的手机非常多。

10. 心率传感器

三星在 Galaxy S5 中内置了心率传感器,它位于背部相机的下面,用户将手指放置在上面 5 到 10 秒就可以监测到自己的脉搏。当用户在锻炼的时候，还可以将心率传感器与内置的"S Health"应用程序配合使用，以监测自己的心率以及卡路里消耗情况。

11. 指纹传感器

如今，有多个智能手机都集成了指纹传感器，如 iPhone 5S、Galaxy S5 和 HTC One Max 等。其中，iPhone 5S 中的指纹传感器使用起来最为方便，用户只需将手指放置到 Home 键上即可解锁手机。当前，指纹扫描已经被视为最为常用的安全功能，它足以替代锁屏密码。

12. 辐射传感器

值得一提的是，有的智能手机中还集成了能够检测有害辐射的传感器，如来自夏普的 Pantone 5。目前，夏普 Pantone 5 仅限在日本地区发售，它具备一个专门的应用程序启动按钮，用以检测用户当前所处地区的辐射水平。此外，手机的麦克风和照相机也属于传感器的一种。综上所述，当前被应用到智能手机中的传感器至少已经有 14 种。

项目五　智能手机电路识图

学习目标

看懂智能手机电路图是分析电路原理和维修手机硬件故障的基础，为了更好地分析和阅读电路图，需要达成以下目标。

知识目标：

1．了解智能手机基本电路基础。

2．掌握智能手机识图基本方法。

能力目标：

1．掌握常见电路图的识图技巧。

2．能够根据电路图分析电路基本工作原理。

素质目标：

1．让学生体验到团队合作的精神，从而培养学生的团队合作能力。

2．使学生体验到收获劳动成果的快乐，从而培养学生热爱工作的精神。

工作任务

随着芯片集成度的提高，分离元件电路越来越少，但这并不代表这些电路已经过时，在智能手机维修中，只有掌握了基本电子电路基础，看懂电路图，才能更好、更快地读图和理解电路原理。

本次工作任务具体要求如下：

（1）掌握智能手机基本电路的工作原理。

（2）认识电路符号，掌握基本电路的识图方法。

（3）能够根据原理图分析电路故障。

相关理论

在手机基础电路中，常见的有三极管电路、场效应管电路、晶体振荡器电路、基本门电路。

一、三极管电路

三极管是电流放大器件，有三个极，分别叫做集电极 C、基极 B、发射极 E。它分成

117

NPN 和 PNP 两种,如图 5-1 所示。

图 5-1　NPN 型和 PNP 型三极管

下面以 NPN 型三极管的共发射极放大电路为例来说明三极管放大电路的基本原理。

1. 三极管的电流放大

下面以 NPN 型硅三极管为例,简要说明三极管的电流放大作用,如图 5-2 所示。

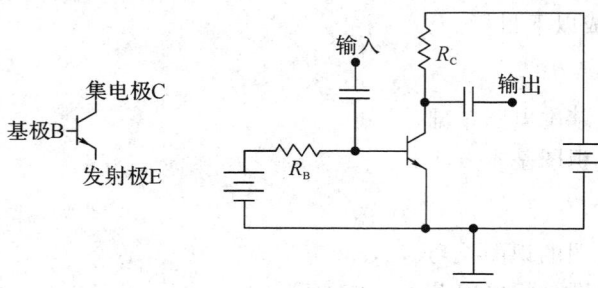

图 5-2　三极管电路

把从基极 B 流至发射极 E 的电流叫做基极电流 I_B,把从集电极 C 流至发射极 E 的电流叫做集电极电流 I_C。这两个电流的方向都是流出发射极的,所以发射极 E 上就用了一个箭头来表示电流的方向。

三极管的放大作用是集电极电流受基极电流的控制(假设电源能够提供给集电极足够大的电流的话),并且基极电流很小的变化会引起集电极电流很大的变化,且变化满足一定的比例关系:集电极电流的变化量是基极电流变化量的 β 倍,即电流变化被放大了 β 倍,所以把 β 叫做三极管的放大倍数(β 一般远大于 1,例如几十、几百)。

如果将一个变化的小信号加到基极跟发射极之间,这就会引起基极电流 I_B 的变化,I_B 的变化被放大后,导致了 I_C 很大的变化。如果集电极电流 I_C 是流过一个电阻 R 的,那么根据电压计算公式 $U=R\times I$ 可以算得,这个电阻上的电压就会发生很大的变化。将这个电阻上的电压取出来,就得到了放大后的电压信号。

2. 三极管偏置电路

三极管在实际的放大电路中使用时,还需要加合适的偏置电路,这里有几个原因。首先是由于三极管 BE 结的非线性(相当于一个二极管),基极电流必须在输入电压大到一定程度后才能产生(对于硅管,常取 0.7 V)。当基极与发射极之间的电压小于 0.7 V 时,基极电流就可以认为是 0。但实际中要放大的信号往往远比 0.7 V 要小,如果不加偏置的话,这么小的信号就不足以引起基极电流的改变(因为小于 0.7 V 时,基极电流都是 0)。如果事先在三极管的基极上加上一个合适的电流(叫做偏置电流,图 5-2 中电阻 R_B 就是用来提供这个电流的,所以它被叫做基极偏置电阻),那么当一个小信号跟这个偏置电流叠加在一起时,小信号就会导致基极电流的变化,而基极电流的变化就会被放大并在集电极上输出。

另一个原因就是输出信号范围的要求。如果没有加偏置，那么只有对那些增加的信号放大，而对减小的信号无效（因为没有偏置时集电极电流为0，不能再减小了）。而加上偏置，事先让集电极有一定的电流，当输入的基极电流变小时，集电极电流就可以减小；当输入的基极电流增大时，集电极电流就增大，这样减小的信号和增大的信号都可以被放大了。

3. 三极管的开关作用

下面介绍三极管的饱和情况。如图5-2所示，因为受到电阻R_C的限制（R_C是固定值，那么最大电流为U/R_C，其中U为电源电压），集电极电流是不能无限增加下去的。当基极电流的增大不能使集电极电流继续增大时，三极管就进入了饱和状态。

一般判断三极管是否饱和的准则是：$I_E \times \beta > I_C$。进入饱和状态之后，三极管的集电极跟发射极之间的电压将很小，可以理解为一个开关闭合了。这样就可以将三极管当作开关使用：当基极电流为0时，三极管集电极电流为0（这叫做三极管截止），相当于开关断开；当基极电流很大，以至于三极管饱和时，相当于开关闭合。如果三极管主要工作在截止和饱和状态，那么这样的三极管一般把它叫做开关管。

如果在图5-2中，将电阻R_C换成一个灯泡，那么当基极电流为0时，集电极电流为0，灯泡灭。如果基极电流比较大时（大于流过灯泡的电流除以三极管的放大倍数β），三极管就饱和，相当于开关闭合，灯泡就亮了。由于控制电流只需要比灯泡电流的$1/\beta$大一点就行，所以可以用一个小电流来控制一个大电流的通断。如果基极电流从0慢慢增加，那么灯泡的亮度也会随着增加（在三极管未饱和之前）。

对于PNP型三极管，分析方法类似，区别就是电流方向跟NPN的刚好相反，因此发射极上面那个箭头方向也相反。

二、场效应管电路

场效应管与三极管一样，也具有放大作用，但与普通三极管是电流控制型器件相反，场效应管是电压控制型器件。它具有输入阻抗高、噪声低的特点。

场效应管的三个电极，即栅极、源极和漏极，它们分别相当于晶体管的基极、发射极和集电极。图5-3所示是场效应管的三种组态电路，即共源极、共漏极和共栅极放大器。

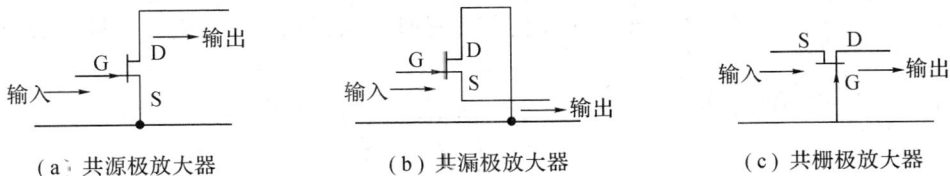

（a）共源极放大器　　　（b）共漏极放大器　　　（c）共栅极放大器

图5-3　场效应管的三种组态电路

图5-3(a)所示是共源极放大器，它相当于晶体管共发射极放大器，是一种最常用的电路。图5-3(b)所示是共漏极放大器，相当于晶体管共集电极放大器，输入信号从漏极与栅极之间输入，输出信号从源极与漏极之间输出，这种电路又称为源极输出器或源极跟随器。图5-3(c)所示是共栅极放大器，它相当于晶体管共基极放大器，输入信号从栅极与源极之间输入，输出信号从漏极与栅极之间输出，这种放大器的高频特性比较好。

1. 场效应管放大电路的偏置方法

1）固定式偏置电路

在场效应管放大器中，有时需要外加栅极直流偏置电源，这种方式被称为固定式偏置电路，如图 5-4 所示。

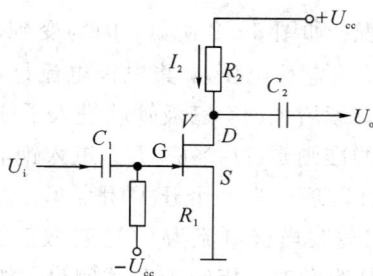

图 5-4　固定式偏置电路

C_1 和 C_2 分别是输入端耦合电容和输出端耦合电容。$+U_{cc}$ 是通过漏极负载电阻 R_2 加到 V 的漏极，V 的源极接地。$-U_{cc}$ 是栅极专用偏置直流电源，为负极性电源，它通过栅极偏置电阻 R_1 加到 V 的栅极，使栅极电压低于源极电压，这样就建立了 V 的正常偏置电压。

在电路中，输入信号 U_i 经 C_1 耦合至场效应管 V 的栅极，与原来的栅极负偏压叠加。场效应管受到栅极的作用，其漏极电流 I_2 相应变化，并在负载电阻 R_2 上产生压降，经 C_2 隔离直流后输出，在输出端得到放大了的信号电压 U_o。I_2 与 U_i 同相，U_o 与 U_i 反相。

这种偏置电路的优点是 V 的工作点可以任意选择，不受其他因素的制约，也充分利用了漏极直流电源 $+U_{cc}$，所以可以用于低压供电放大器，其缺点是需要两个直流电源。

2）自给偏压共源级放大电路

图 5-5 所示是典型的自给偏压共源极放大电路。图中 C_1 和 C_2 分别是输入、输出耦合电容，起通交流、隔直流的作用；$+U_{cc}$ 为漏极直流电压源，为放大电路提供能源；R_D 是漏极电阻，它能把漏极电流的变化转变为电压的变化，以便输出信号电压；R_S 是源极电阻，其作用是产生一个源极到地的电压降，以提供源极偏压，建立静态偏置，同时具有电流负反馈的作用；C_S 是源极旁路电容，给源极交流信号提供一条通路，以免交流信号在 R_S 上产生负反馈。

图 5-5　自给偏压共源极放大电路

由于场效应管在漏极电流较大时，具有温度上升，漏极电流就减小的特点，因而热稳定性好，故源极仅需设置自偏压电路就十分稳定了。

　　自给偏压指的是由场效应管自身的电流产生偏置电压。N沟道结型场效应管正常工作时，栅极、源极之间需要加一个负偏置电压，这一点与晶体管的发射结需要正偏置电压是相反的。为了使栅极、源极之间获得所需负偏压，设置了自生偏压电阻R_S。当源极电流流过R_S时，将会在R_S两端产生上正下负的电压降U_S。由于栅极通过R_G接地，所以栅极为零电位。这样，R_S产生的U_S就能使栅极、源极之间获得所需的负偏压U_{GS}，这就是自给偏压共源极放大电路的工作原理。

　　3）分压式自偏压电路

　　图5-6所示为分压式自偏压电路，又称栅极接正电位偏置电路。它是在自给偏压共源极放大电路的基础上，加上分压电阻R_{f1}和R_{f2}构成的。

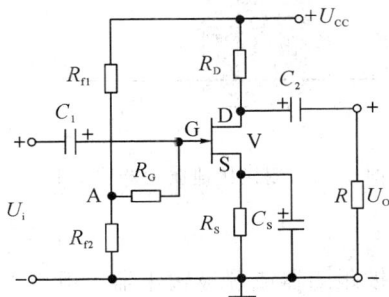

图5-6　分压式自偏压电路

　　图5-6中，电源$+U_{cc}$、输入耦合电容C_1、输出耦合电容C_2、漏极电阻R_D、源极电阻R_S、源极旁路电容C_S的作用均与自给偏压共源极放大电路相同。R_{f1}和R_{f2}是分压偏置电阻，R_{f1}与R_{f2}的接点通过大电阻R_G与场效应管的栅极相连。由于栅极绝缘无电流，所以R_{f1}与R_{f2}的分压点A与场效应管的栅极同电位。由于该电路既有"分压偏置"又有"自给偏置"，所以又称为组合偏置电路。这种偏置电路既可用于耗尽型场效应管，也可用于增强型场效应管。

2. 场效应管放大电路的工作原理

1）源极接地放大器

源极接地放大器是场效应管放大器最重要的电路形式，其工作原理如图5-7所示。

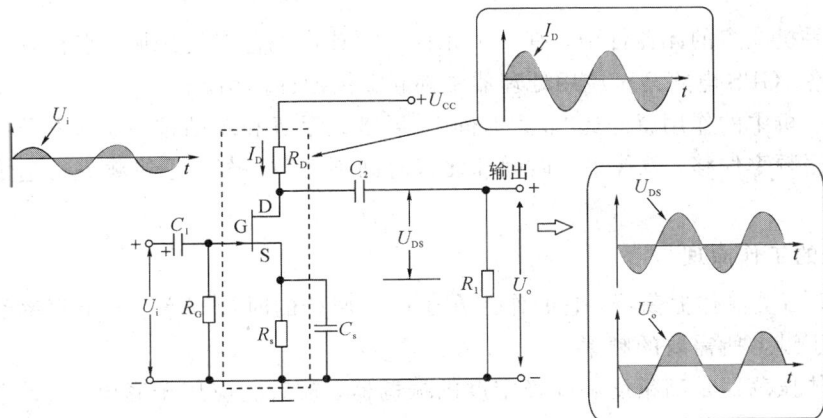

图5-7　源极接地放大器的工作原理

图 5-7 中，交流输入电压 U_i 在 1/4 周期内处于增大的趋势，因此在这段时间内漏极电流 I_D 增大。I_D 的增大使负载上的压降增大，U_{DS} 就下降；当 U_i 在 2/4 周期内时，处于减小状态，U_{GS} 增大，I_D 则减小，而 I_D 的减小使负载上的压降减小，U_{DS} 就上升。以此类推，其输入与输出信号的波形如图 5-7 中所示。U_i 和 I_D 的相位相同，与输出信号电压 U_{DS} 的相位相反。

2）栅极接地放大器

栅极接地放大器适用于高频宽带放大器，其基本连接方式如图 5-8 所示。

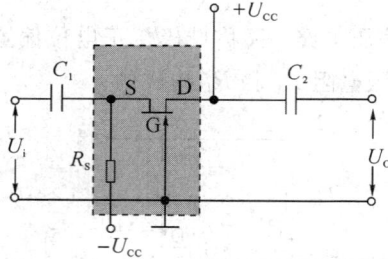

图 5-8　栅极接地放大器连接形式

3）漏极接地放大器

漏极接地放大器也称为源极跟随器或源极输出器，相当于双极型晶体管的集电极接地电路。图 5-9 为其基本连接图。源极跟随器最主要的特点是输出阻抗低。

图 5-9　漏极接地放大器连接形式

三、晶体振荡器电路

在智能手机众多的元器件中，有一个元件不可或缺，它就是晶振，它在频率合成器电路、蓝牙电路、GPS 电路乃至应用处理器中都起着关键性作用。

晶振在手机中的作用就好比"北京时间"，可以让手机和基站按一个节拍同步工作，如果手机的晶振频率偏移，就像手表时间和北京时间不一致一样，手机频偏会造成没有信号的故障。

1. 晶振的工作原理

晶振，即石英晶体振荡器，它的作用在于产生原始的时钟频率，这个频率经过倍频或分频后就成了设备所需要的频率。

石英晶体振荡器是高精度和高稳定度的振荡器，被广泛应用于彩电、计算机、遥控器等各类振荡电路中。它在通信系统中可用于频率发生器，为数据处理设备产生时钟信号以及为特定系统提供基准信号。

1）压电效应

若在石英晶体的两个电极上加一电场，晶片就会产生机械变形。反之，若在晶片的两侧施加机械压力，则在晶片相应的方向上将产生电场，这种物理现象称为压电效应。如果在晶片的两极上加交变电压，晶片就会产生机械振动，同时晶片的机械振动又会产生交变电场。在一般情况下，晶片机械振动的振幅和交变电场的振幅非常微小，但当外加交变电压的频率为某一特定值时，振幅明显加大，比其他频率下的振幅大得多，这种现象称为压电谐振，它与 LC 回路的谐振现象十分相似。它的谐振频率与晶片的切割方式、几何形状、尺寸等有关。

2）符号和等效电路

石英晶体谐振器的符号和等效电路如图 5-10 所示。当晶体不振动时，可把它看成一个平板电容器（称为静电电容 C），它的大小与晶片的几何尺寸、电极面积有关，一般约几皮法到几十皮法。当晶体振荡时，机械振动的惯性可用电感 L 来等效，一般 L 的值为几十微亨到几百微亨。晶片的弹性可用电容 C 来等效，C 的值很小，一般只有 $0.0002\sim0.1\mathrm{pF}$。晶片振动时因摩擦而造成的损耗用 R 来等效，它的数值约为 100Ω。由于晶片的等效电感很大，而 C 很小，R 也小，因此回路的品质因数 Q 很大，可达 $1000\sim10\,000$。加上晶片本身的谐振频率基本上只与晶片的切割方式、几何形状、尺寸有关，而且可以做得精确，因此利用石英谐振器组成的振荡电路可获得很高的频率稳定度。

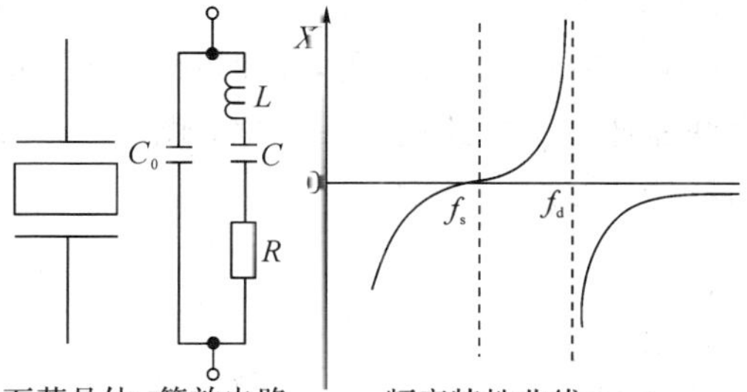

石英晶体　等效电路　　　　频率特性曲线

图 5-10　石英晶体符号和等效电路

2. 石英晶体振荡电路

石英晶体振荡电路形式有很多种，常用的有两类：一类是石英晶体接在振荡回路中，作为电感元件使用，这类振荡器称为并联晶体振荡器；另一类是把晶体作为串联短路元件使用，使其工作于串联谐振频率上，称为串联晶体振荡器。

1）并联晶体振荡电路

并联晶体振荡电路（如图 5-11 所示）的原理和一般 LC 振荡电路相同，只是把晶体接在振荡回路中作为电感元件使用，并与其他回路元件一起，按照三点式电路的组成原则与晶体管相连。图 5-11(a) 是一种用晶体构成的考毕兹电容三点式振荡电路，图 5-11(b) 为其交流等效电路。

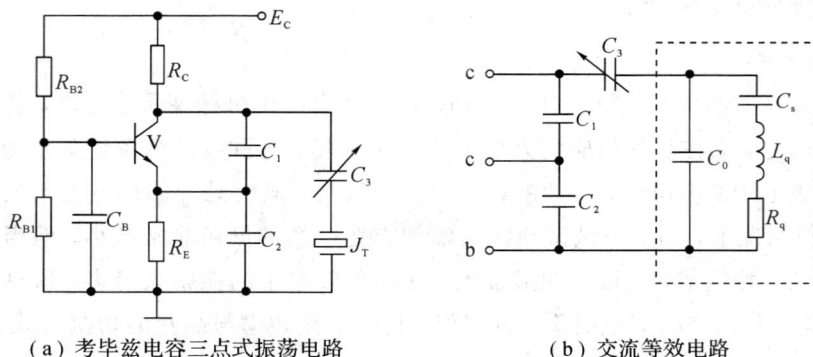

（a）考毕兹电容三点式振荡电路　　　　（b）交流等效电路

图 5-11　并联晶体振荡电路

石英晶体的振荡频率是由石英谐振器和负载电容 C_L 共同决定的。负载电容是指从晶振的插脚两端向振荡电路的方向看进去的等效电容，晶振在振荡电路中起振时等效为感性，负载电容与晶振的等效电感形成谐振，决定振荡器的振荡频率。对于图 5-11 所示的电路，负载电容 C_L 由 C_1、C_2、C_3 共同组成，由于 C_3 远远小于 C_1 和 C_2，可见石英晶体确定后，L_q、C_0、C_q 也就确定了，振荡频率主要由 C_3 决定，实际电路中，C_3 一般用一个变容二极管代替，通过改变变容二极管的反偏压来使变容二极管的结电容发生变化，从而改变振荡频率，使振荡频率符合要求。

2）串联晶体振荡电路

串联晶体振荡电路（如图 5-12 所示）是把晶体接在正反馈支路中，当晶体工作在串联谐振频率上时，其总电抗为零，等效为短路元件，这时反馈作用最强，满足振幅起振条件。图 5-12(a) 给出了一种串联晶体振荡电路的实际电路，图 5-12(b) 为其交流等效电路。

（a）实际电路　　　　　　　　（b）交流等效电路

图 5-12　串联晶体振荡电路

由图 5-12 可知，该电路与电容三点式振荡电路十分相似，所不同的只是反馈信号不是直接接到晶体管的输入端，而是经过石英晶体接到振荡的发射极，从而实现正反馈。当石英晶体工作在串联谐振频率时，石英晶体呈现极低的阻抗，可以近似地认为是短路，在这个频率上，该电路与三点式振荡器没有什么区别。基于该原理，可以调谐振荡回路，使振荡频率正好等于晶体的谐振频率，这时，正反馈最强，正好满足起振条件。对于其他频率，石英谐振器不可能发生串联谐振，它在反馈支路中呈现一个较大的电阻，使振荡电路不能满足起振条件，故不能振荡。可见，串联石英晶体振荡器的振荡频率及频率稳定度都是由石英谐振器的串联振荡频率决定的，而不是由振荡回路决定的。显然，由振荡回路元件决定的固有频率必须与石英谐振器的串联谐振频率相一致。

由于串联晶振电路中振荡频率等于晶体串联谐振频率，因此它不需要外加负载电容 C_L，通常这种晶体标明其负载电容为无穷大。在实际应用中，若有小的误差，则可以通过回路电容 C_3 来微调频率。

实际电路中，C_3 一般用一个变容二极管代替，通过改变变容二极管的反偏压来使变容二极管的结电容发生变化，使串联晶振电路中振荡频率等于晶体串联谐振频率。

四、基本门电路

门电路是实现各种逻辑关系的基本电路，是组成数字电路的最基本单元。从逻辑功能上看，有与门、或门和非门，还有由它们复合而成的与非门、或非门、与或非门、异或门等。从生产工艺上看，门电路又可分为两大类：分立元件门电路和应用集成电路工艺制成的集成门电路。在学习这些逻辑电路时，不必考虑它们的内部结构原理，而要着重掌握它们的逻辑功能。

1. 基本逻辑门

1）AND 逻辑门和 OR 逻辑门

所谓 AND 逻辑门，是指有两个输入，且只有两个输入都成立时输出才成立的电路。这里的"成立"是指能够达到电路设计者所预期的有效状态（active），从电子的角度而言，对应 H（高电平）或者 L（低电平）中的任意一个，如图 5-13 所示。

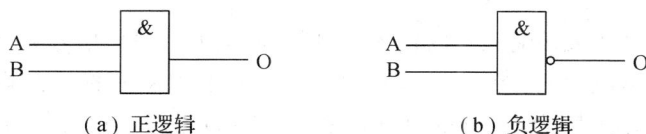

（a）正逻辑　　　　　（b）负逻辑

图 5-13　正逻辑和负逻辑

如果 A＝B＝1，则 AND 成立，OUT＝1；如果 A＝B＝1，则 AND 成立，OUT＝0。

将有效状态设置为 H 还是 L 是电路设计者的自由，如图 5-13 所示。也可以把前者称为 H 有效型预定义模式，把后者称为 L 有效型预定义模式。在同一个系统中，并不需要特意地将其统一规定为 H 有效型预定义模式或者 L 有效型预定义模式。对于 H 有效型预定义模式和 L 有效型预定义模式，无论哪种方式，都存在有特定意义和功能的像解码电路之类的系统。

首先，不要考虑得过于复杂，将 H 设为有效状态，预定义为逻辑代数中的 1，L 设为非有效状态，预定义为逻辑代数中的 0。这样，对于 AND 逻辑门，考虑两个输入变量 A 和 B 的各类组合，就会得到表 5-1 所示的输出变量为 0 的状态定义。

表 5 - 1 AND 逻辑门的真值表

A	B	O
0	0	0
0	1	0
1	0	0
1	1	1

一般把这种定义逻辑的输入、输出状态的表格称为真值表或者功能表(function table)。作为电路，运用 MIL 符号表示，如图 5 - 14 所示。

有两个输入信号，其中一个成立的话，输出信号就成立，这称为 OR 逻辑门。表 5 - 2 是定义 OR 逻辑门的真值表。作为电路，运用 MIL 符号表示，如图 5 - 15 所示。

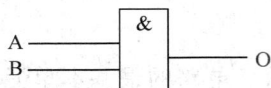

图 5 - 14 AND 逻辑门(两个输入)　　　　图 5 - 15 OR 逻辑门(两个输入)

表 5 - 2 OR 逻辑门的真值表

A	B	O
0	0	0
0	1	1
1	0	1
1	1	1

2) 正逻辑和负逻辑

AND 逻辑门中，如果各输入端的输入信号都是 1，那么输出信号就是 1。若输入信号中有一个是 0，则输出信号为 0。在以 H 有效型预定义状态为逻辑的 1 的正逻辑系统中，对于以 L 有效型预定义状态为逻辑的 0 的负逻辑来看，AND 逻辑门也可作为 OR 逻辑门而起作用。如果用逻辑符号来表示的话，即为图 5 - 16 所示。

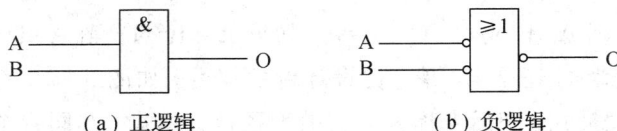

(a) 正逻辑　　　　　　　(b) 负逻辑

图 5 - 16 正逻辑的 AND 逻辑门

虽然在负逻辑的情况下，加上小圈号(○)以示与正逻辑的区别，但是两者实际上在物理属性上是完全相同的。然而，在画电路图时如果不加以清晰区别，就会难以理解，产生逻辑混乱，所以才区分为两种记号。

正逻辑的 OR 逻辑门在负逻辑中作为 AND 逻辑门起作用，图 5 - 17 所示即是该种情况。

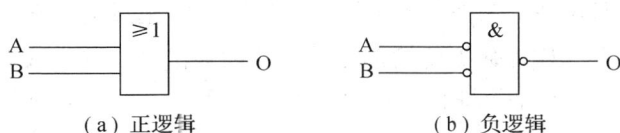

（a）正逻辑　　　　　　　（b）负逻辑

图 5-17　正逻辑的 OR 逻辑门即为负逻辑的 AND 逻辑门

如果将正逻辑和负逻辑加以调换的话，AND 逻辑门和 OR 逻辑门同时调换。这就是众所周知的德·摩根定理。

- A·B＝－（－A＋－B）：正逻辑的 AND 逻辑门即为负逻辑的 OR 逻辑门；
- A＋B＝－（－A·－B）：正逻辑的 OR 逻辑门即为负逻辑的 AND 逻辑门。

在电路设计中，经常会出现诸如正逻辑和负逻辑、AND 逻辑门和 OR 逻辑门等的交换（称为逻辑变换）。也有输入信号是正逻辑，而输出信号是负逻辑的情况。把输出信号为负逻辑的 AND 逻辑门的情况叫做 NAND 逻辑门或者称作 AND 反相器；把输出信号为负逻辑的 OR 逻辑门的情况叫做 NOR 逻辑门或者 OR 反相器。

2. 三态逻辑门

三态门，是指逻辑门的输出除有高、低电平两种状态外，还有第三种状态——高阻状态，高阻态相当于隔断状态。三态门都有一个 EN 控制使能端，它的作用是控制门电路的通断，具备这三种状态的器件就叫做三态(门、总线)。

例如，内存里面的一个存储单元，当读写控制线处于低电位时，存储单元被打开，可以向里面写入；当处于高电位时，可以读出，但是不读不写，就要用高电阻态，既不是＋5 V，也不是 0 V。

计算机里面用 1 和 0 表示是、非两种逻辑，但是，有时候是不够的，比如说，有人不够富有但是不一定穷，有人不漂亮，但不一定丑，处于这两个极端的中间，就用那个既不是"＋"也不是"－"的中间态表示，叫做高阻态。

高电平、低电平可以由内部电路拉高和拉低。而高阻态时引脚对地电阻无穷，此时该引脚电平是可以读到真实的电平值的。高阻态的重要作用就是 I/O(输入/输出)口在输入时用来读入外部电平。

1）三态门的特点

三态输出门又称三态电路。它与一般门电路不同，它的输出端除了出现高电平、低电平外，还可以出现第三个状态，即高阻态，亦称禁止态，但并不是三个逻辑值电路。

2）三态逻辑与非门

三态逻辑与非门如图 5-18 所示。

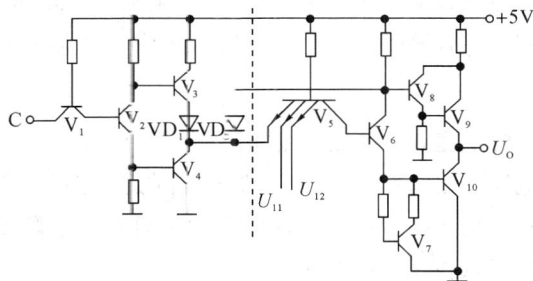

图 5-18　三态逻辑与非门

这个电路实际上是由两个与非门加上一个二极管 VD_2 组成的。虚线右半部分是一个带有源泄放电路的与非门，称为数据传输部分，V_5 管的 U_{11}、U_{12} 称为数据输入端。而虚线左半部分是状态控制部分，它是个非门，它的输入端 C 称为控制端，或称许可输入端、使能端。

当 C 端接低电平时，V_4 输出一个高电平给 V_5，使虚线右半部分处于工作状态，这样，电路将按与非关系把 U_{11}、U_{12} 接受到的信号传送到输出端，使 U_o 或为高电平，或为低电平。

当 C 端接高电平时，V_4 输出低电平给 V_5，使 V_6、V_7、V_{10} 截止。另一方面，通过 VD_2 把 V_8 的基极电位钳在 1 V 左右，使 V_9 截止。由于 V_9、V_{10} 均截止，从输出端 U_o 看进去，电路处于高阻状态。

三态与非门最重要的作用就是可向一条导线上轮流传送几组不同的数据和控制信号，这种方式在计算机中被广泛采用。但需要指出，为了保证接在同一条总线上的许多三态门能正常工作，一个必要条件是，任何时间里最多只有一个门处于工作状态，否则就有可能出现几个门同时处于工作状态，而使输出状态不正常的现象。

■ 任务准备

实施本任务教学所使用的实训设备及工具材料可参考表 5 - 3。

表 5 - 3　实训设备及工具材料

序号	分类	名称	型号规格	数量	单位	备注
1	工具	SIM 卡	无	1	个	
2	设备器材	智能手机	iPhone 5S 手机	1	台	
3		智能手机主板	iPhone 5S 手机主板	1	块	
4	其他	原理图纸	iPhone 5S 手机原理图纸	1	份	

■ 任务实施

一、识别电路图的组成及分类

智能手机中的电路图包括原理图、方框图、装配图和印板图等，要掌握看图方法，并能够运用到维修工作中。

维修智能手机离不开电路图，否则维修便是瞎子摸象，掌握和了解电路图的组成和分类是学习手机原理的基础，只有基础扎实，后面的理论学习才能轻车熟路。

1. 电路图的组成

电路图主要由元件符号、连线、结点、注释四大部分组成。

元件符号表示实际电路中的元件，它的形状与实际的元件不一定相似，甚至完全不一样。但是它一般都表示出了元件的特点，而且引脚的数目都和实际元件保持一致。

智能手机中的元件符号如图 5 - 19 所示。

B2151
not_assembled

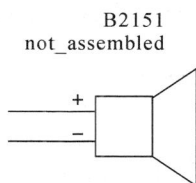

+

−

图 5 - 19 元件符号

连线表示实际电路中的导线，在原理图中虽然是一根线，但在常用的印刷电路板中往往不是线而是各种形状的铜箔块，就像收音机原理图中的许多连线在印刷电路板图中并不一定都是线形的，也可以是一定形状的铜膜。

结点表示几个元件引脚或几条导线之间相互的连接关系。所有和结点相连的元件引脚、导线，不论数目多少，都是导通的。智能手机的连线和结点如图 5 - 20 所示。

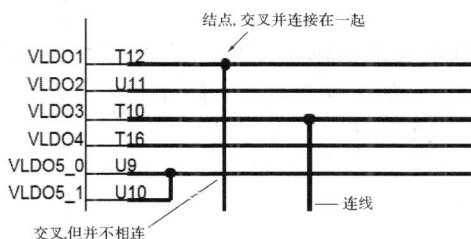

结点,交叉并连接在一起

VLDO1   T12
VLDO2   U11
VLDO3   T10
VLDO4   T16
VLDO5_0 U9
VLDO5_1 U10

连线

交叉,但并不相连

图 5 - 20 连线和结点

注释在电路图中是十分重要的，电路图中所有的文字都可以归入注释一类。仔细观察以上各图就会发现，在电路图的各个地方都有注释存在，它们被用来说明元件的型号、名称等。智能手机原理图注释如图 5 - 21 所示。

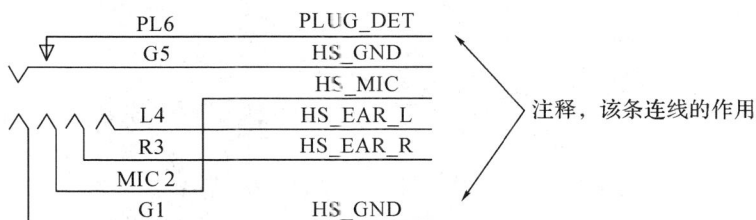

PL6   PLUG_DET
G5   HS_GND
          HS_MIC
L4   HS_EAR_L
R3   HS_EAR_R
MIC 2
G1   HS_GND

注释,该条连线的作用

图 5 - 21 原理图注释

2. 电路图的分类

在手机维修中，经常遇到的手机电路图有原理图、方框图、装配图和印板图等。手机的原理图直接体现了电路结构和工作原理，方框图则用线条标明各部分之间的信号流程和关系，装配图和印制板图的作用差不多，表示每一个元件的代号和在主板的具体位置。原理图、方框图、装配图和印板图相互配合，才能帮助维修人员完成整个维修过程。

1）原理图

原理图又叫做电原理图，原理图就是用来体现电子电路的工作原理的一种工具。由于它直接体现了电子电路的结构和工作原理，所以一般用在设计、分析电路中。分析电路时，通过识别图纸上所画的各种电路元件符号，以及它们之间的连接方式，就可以了解电路实际工作时的原理。智能手机的局部原理图如图 5-22 所示。

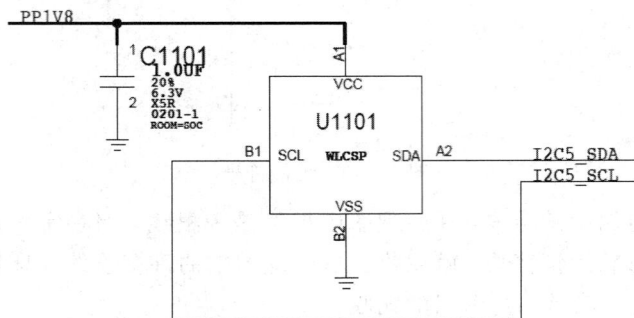

图 5-22 局部原理图

2) 方框图（框图）

方框图是一种用方框和连线来表示电路的工作原理和构成概况的电路图。从根本上说，这也是一种原理图，只不过在这种图纸中，除了方框和连线外，几乎就没有别的符号了。智能手机方框图如图 5-23 所示。

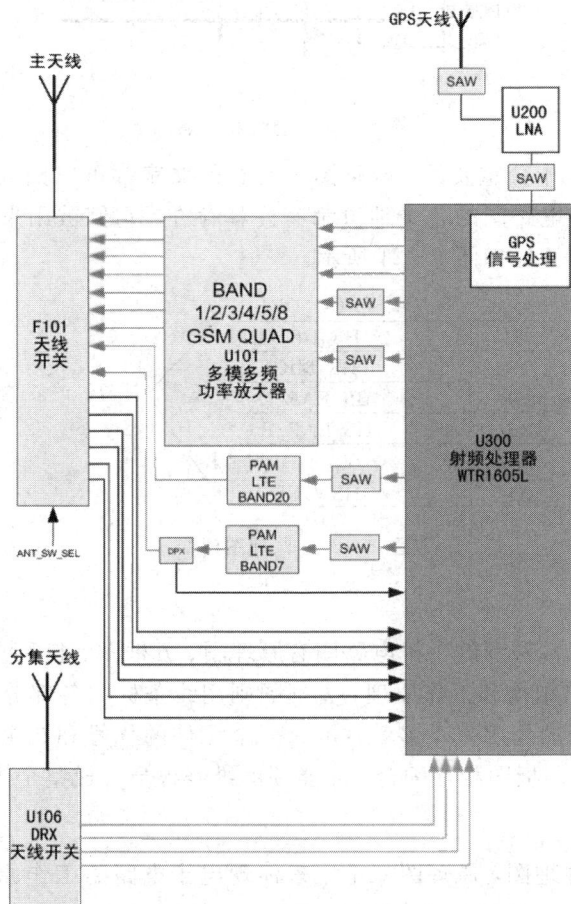

图 5-23 方框图

它和上面的原理图主要的区别就在于原理图上详细地绘制了电路的全部元器件和它们的连接方式，而方框图只是简单地将电路按照功能划分为几个部分，将每一个部分描绘成一个方框，在方框中加上简单的文字说明。在方框间用连线（有时用带箭头的连线）说明各个方框之间的关系，所以方框图只能用来体现电路的大致工作原理，而原理图除了详细地表明电路的工作原理之外，还可以用来作为采集元件、制作电路的依据。

3）元件分布图

元件分布图是为了进行电路装配而采用的一种图纸，图上的符号往往是电路元件的实物的外形图。只要照着图上画的样子把一些电路元器件连接起来就能够完成电路的装配，这种电路图一般是供初学者使用。智能手机元件分布图如图 5-24 所示。

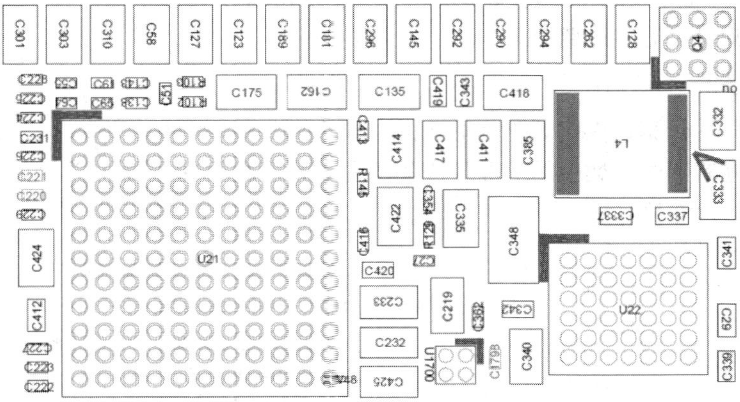

图 5-24　元件分布图

元件分布图根据装配模板的不同而各不相同，大多数作为电子产品的场合，用的都是下面要介绍的印刷线路板，所以印制板图是装配图的主要形式。

4）印制板图

印制板图的全名是印刷电路板图或印刷线路板图，它和装配图其实是属于同一类的电路图，都是供装配实际电路使用的。

印刷电路板是在一块绝缘板上先覆上一层金属箔，再将电路不需要的金属箔腐蚀掉，剩下的部分金属箔作为电路元器件之间的连接线，然后将电路中的元器件安装在这块绝缘板上，利用板上剩余的金属箔作为元器件之间导电的连线，完成电路的连接。由于这种电路板的一面或两面覆的金属是铜皮，所以印刷电路板又叫覆铜板。智能手机印制板图如图 5-25 所示。

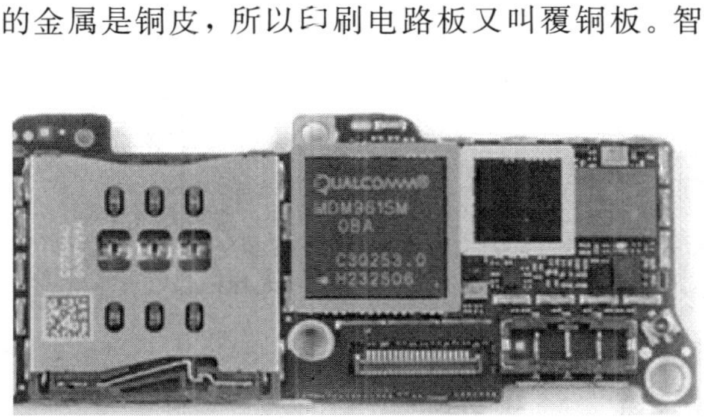

图 5-25　印制板图

印制板图的元件分布往往和原理图大不一样，这是因为在印刷电路板的设计中，主要考虑所有元件的分布和连接是否合理，要考虑元件体积、散热、抗干扰、抗耦合等诸多因素，综合这些因素设计出来的印刷电路板，从外观看很难和原理图完全一致，而实际上却能更好地实现电路的功能。

在上面介绍的 4 种形式的电路图中，电原理图是最常用也是最重要的，能够看懂原理图，也就基本掌握了电路的原理，绘制方框图、元件分布图、印制板图都比较容易了。掌握了原理图，进行智能手机的维修、设计也是十分方便的。

二、识别手机电路符号

在电路图中，各种电子元器件都有它们特定的表示方式，即元器件电路符号，开始识图首先要学会识别元器件电路符号。

1. 识别基本电子元件符号

在智能手机电路原理图中，使用最多的就是电阻、电容、电感等最基本的电子元件，在这些元器件旁边都标注了数字、字母组成的符号，下面介绍其具体含义。图 5－26 所示是手机中的基本电子元件符号。

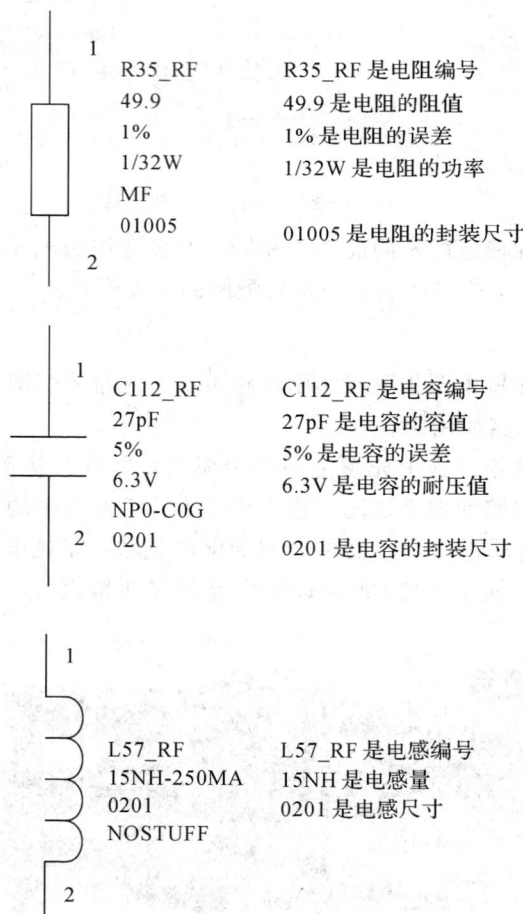

1	R35_RF	R35_RF 是电阻编号
	49.9	49.9 是电阻的阻值
	1%	1% 是电阻的误差
	1/32W	1/32W 是电阻的功率
	MF	
2	01005	01005 是电阻的封装尺寸

1	C112_RF	C112_RF 是电容编号
	27pF	27pF 是电容的容值
	5%	5% 是电容的误差
	6.3V	6.3V 是电容的耐压值
	NP0-C0G	
2	0201	0201 是电容的封装尺寸

1		
	L57_RF	L57_RF 是电感编号
	15NH-250MA	15NH 是电感量
	0201	0201 是电感尺寸
	NOSTUFF	
2		

图 5－26 基本电子元件符号

2. 识别二极管符号

在半导体器件中，二极管在手机中的应用比较多，不同功能的二极管的画法是有区别的。例如：发光二极管主要用在有照明和发光需求的电路中，那么在手机中，如果看到二极管的符号，无非是键盘灯电路、LCD 背光灯电路、闪光灯电路、信号灯电路等，然后根据电路的注释就能明白具体是哪一部分电路。图 5-27 所示是手机中的二极管符号。

```
        VD1             VD1是二极管编号
  NSR0620P2XXG          NSR0620是二极管型号

     A        K         二极管符号

    SOD-923-HF          SOD-923-HF是二极管封装
```

图 5-27 二极管符号

3. 识别场效应管符号

在智能手机中，场效应管是在控制电路和放大电路中最关键的元件，虽然画法各异，但是基本功能不变。在识别手机中的场效应管符号的时候，注意区分材料、结构、实现的电路功能等，要结合整体电路进行综合分析。图 5-28 所示是场效应管符号。

```
           3
           D
       G       Q1600              Q1600 是场效应管编号
     2   S     DMN2990UFA         DMN2990UFA 是场效应管型号
               DFN0806-VML0806    DFN0806 是场效应管封装
           1   ROOM=THROTTLER
```

图 5-28 场效应管符号

以上是在智能手机电路图中出现较多的一些基本电子电路符号，当然还有其他一些符号，在介绍具体电路时会有说明，这里不再赘述。

三、识别电路图技巧

智能手机电路图识图，需要在掌握基本电路知识的基础上，再对电路图有进一步的深入了解。对于不熟悉的机型，能够快速掌握其电路原理，除了必须有扎实的基础外，还要有技巧和方法。

1. 对智能手机有基本的了解

要看懂某一款智能手机的电路图，还需对该手机有一个大致的了解，如一部手机由几个功能模块组成，各个模块的功能作用有什么特点。除了基本的通话外，是否还有其他如红外、蓝牙、照摄像、导航等功能模块，并弄清由哪些模块单元电路组成。

2. 从熟悉的元器件和电路入手

经常在电路图中寻找自己熟悉的元器件和单元电路，观察它们在电路中起什么作用。每部手机都有共同的标志性器件，如功放、CPU、晶振、滤波器等，与它们周围的电路联系，分析这些外部电路怎样与这些元器件和单元电路互相配合工作，逐步扩展，直至对全图理解为止。

3. 分割电路,各个击破

不断尝试将电路图分割成若干条块,然后各个击破,逐个了解这些分解电路的功能和工作原理,再将各个条块互相联系起来,从而看懂、读通整个电路图。

4. 掌握"四多"技巧

"四多"就是要多看、多读、多分析、多理解各种电路图。可以由简单电路到复杂电路,遇到一时难以弄懂的问题除自己反复独立思考外,也可以向内行、专家请教,还可以多阅读这方面的教材与报刊,或上专门的网站进行学习。只要坚持不懈地努力,学会看懂电路图并非难事。

四、识别英文注释

在智能手机的电路图中,几乎所有的注释都用英文标注,有些还用英文的缩写进行标注,这样就给初学者造成不小的障碍。对于如何有效突破英文注释的难关,掌握看图的技巧,可以从下面几个方面进行。

1. 从出现频率高的英文注释入手

仔细观察智能手机原理图不难发现,即使在不同型号的手机图纸中,也能找到一些通用的英文单词,有些单词的出现频率非常高。如 VCC 表示电源供电。在手机电路图中,不论哪一个单元电路,都会有供电,而且供电差不多都用 VCC 表示,那么记忆这个单词应该就简单了。VBATT、DATA、GND、OFF、ON 等都属于这一类出现频率非常高而且在各个图纸中都通用的英文单词。

2. 掌握图纸中英文注释的缩写

在智能手机图纸中,由于空间限制,一般过长的单词无法在图纸中标注出来,这时候一般采用英文单词的缩写。记忆这样的单词也有技巧。例如,AFC 表示自动频率控制(Automatic Frequency Control),Automatic 是自动,Frequency 是频率,Control 是控制,分别取这三个单词的第一个字母。APC 代表自动功率控制(Automatic Power Control),Automatic 是自动,Power 是功率,Control 是控制,分别取这三个单词的第一个字母。还有,AGC 表示自动增益控制,ALC 表示自动电平控制,ABC 表示自动亮度控制等。对于手机中这类采用缩写且有相似性的英文单词可以放在一起进行记忆和识别。

3. 经常在一起使用的英文注释

在智能手机电路图中,有时会发现这样的问题,有些英文单词总是一起出现,如手机 SIM 卡电路中,VCC(SIM 卡电源)、RST(SIM 卡复位)、CLK(SIM 卡时钟)、SIMDATA(SIM 卡数据,有些手机中为 SIM IO)等,那么,可以把这些单词对应的电路作为 SIM 卡工作的必要条件来进行记忆,所有 GSM 手机的这块电路基本都是类似的。手机的 SIM 卡电路如图 5 - 29 所示。

还有 SCLK(频率合成时钟,或 CLK)、SDATA(频率合成数据,或 DATA)、SYNEN(频率合成使能,或 EN、LE)、SYNON(频率合成启动,或 ENRFVCO、RFVCOEN),这 4 个信号都是频率合成器电路工作的必要信号,在看射频部分电路时就会发现这几个信号总是挨在一起。图 5 - 30 所示是频率合成器控制信号。

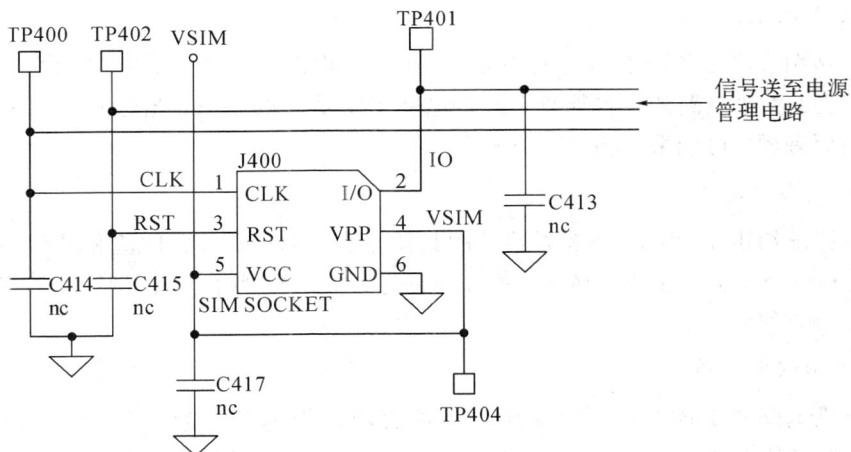

图 5-29　SIM 卡电路

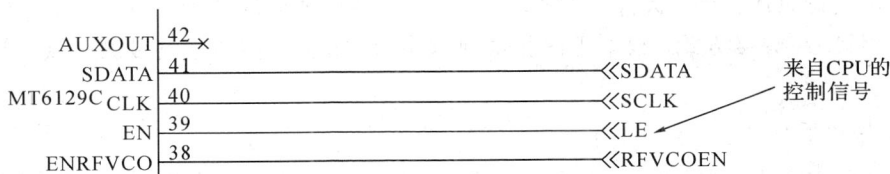

图 5-30　频率合成器控制信号

发现这些规律后，就可以把这一类的英文注释放在一起识别和记忆，既能提高看图速度，也能加强对原理图的分析和理解能力。

4. 机型独有的英文注释

除了以上三种方法可以记忆手机电路中使用频率最高的大部分单词外，还有一些单词是某些机型独有的，只在某个机型中使用，而不在其他机型中使用。例如，WATCH DOG (WHD) 看门狗信号，这个信号是手机的电源维持信号，只在 Motorola 手机中才使用，在 Nokia 和 Samsung 的手机中则不使用这个单词，这样的单词则需要单独记忆。

还要注意电路图中的英文有些是简写的缩略语，有时是组合使用的，如 ant 是 antenna 天线的简写，而 antsw 是 ant（天线）和 sw（开关）的组合，其含义就是天线开关。另外有的词只出现在其特定的部分，它的出现也代表所在电路的基本功能，如电路图中出现 ant，则表示是手机射频部分中的天线相关电路。

五、识别整机电路图

整机电路图表明了整个手机的电路结构、各单元电路的具体形式和它们之间的连接方式，从而表达了整机电路的工作原理。所有的信息都可以在这张图上表现出来，这是学习和掌握电路原理最终的体现。

1. 整机电路图的功能

整机电路图具有下列一些功能。

1）表明手机电路结构

整机电路图表明了整个手机的电路结构、各单元电路的具体形式和它们之间的连接方式，从而表达了整机电路的工作原理，这是电路图中最大的一张，当然有些手机并不一定是一张电路原理图，可能采用多张的方式。

2）给出元器件参数

整机电路图给出了电路中所有元器件的具体参数，如型号、标称值和其他一些重要数据，为检测和更换元器件提供了依据。例如，要更换某三极管时，查阅图中的三极管型号标注就可知要换成何种三极管。

3）提供测试电压值

许多整机电路图中还给出了有关测试点的直流工作电压，为检修电路故障提供了方便，如集成电路各引脚上的直流电压标注、三极管各电极上的直流电压标注等，都为检修这部分电路提供了方便。

在手机电路原理图中，大部分图纸只给出了关键测试点的波形，由于 4G 手机中大部分芯片采用 BGA 焊接方式，根本无法测量到引脚的数据，只能通过测量测试点了解电路工作情况。

4）提供识图信息

整机电路图给出了与识图相关的有用信息。例如，通过各开关件的名称和图中开关所在位置的标注，可以知道该开关的作用和当前开关的状态；引线接插件的标注能够方便地将各张图纸之间的电路连接起来。

2. 整机电路图的特点

整机电路图与其他电路图相比，具有下列一些特点。

（1）整机电路图包括了整个机器的所有电路。

（2）不同型号的机器其整机电路中的单元电路变化是很大的，这给识图造成了不少困难，这要求有较全面的电路知识。同类型的机器其整机电路图有其相似之处，不同类型机器之间则相差很大。

（3）各部分单元电路在整机电路图中的画法有一定的规律，了解这些规律对识图是有益的，其分布规律的一般情况是：在逻辑电路和电源电路在一起的图纸中，一般是电源居右下，逻辑部分居左下；在射频电路和逻辑电路在一起的图纸中，一般是左边上方是射频接收部分，左边下方是发射部分，左边的中间是本振电路部分，右侧部分是逻辑电路部分；各级放大器电路是从左向右排列的，各单元电路中的元器件是相对集中在一起的。

记住上述整机电路的特点，对整机电路图的分析是有益的。

3. 识别整机电路图技巧

在整机电路识图中，先找到关键器件，再以此器件为线索找到其他电路或相应元器件，这在智能手机电路识图中非常有效。

1）通过电池触点找到电源管理电路

从电池触点开始，找出电池电压（VBATT 或 B＋）输入线，然后顺着这条线就会找到电源管理电路。电池电压一般直接供到电源管理电路、充电电路、功放、背光灯、振铃、振动等电路。同样，找到电源管理电路，也可以顺着供电线找到电池触点。

在电源管理电路、键盘、内联座处找到开机触发线（ON/OFF 或标有开关符号），在电源管理电路上找出各路电压输出线（包括电压走向，电压数值多少，是恒定的还是跳变的，在哪个元件上可测到该电压），在 CPU 与电源管理电路间找到开机维持线（WD‐CP、Watch‐Dog）。从键盘、电源管理电路旁边的开关符号到 CPU 找到关机检测线。

2）通过尾插找到充电电路

从充电接口（尾插）找到充电电压输入端（Charge‐In），顺着这条线再找到电源管理电路的充电电路。从充电电压输入端到 CPU（或电源管理电路）找到充电检测线（Check）。从 CPU（或电源管理电路）到充电集成块找到充电开关控制线（Charge‐On）。从充电集成块（或电源）到电池脚（VBATT）找到充电输出线。从电池脚（VBATT）到 CPU（或电源管理电路）找到电池电量取样线。

3）以天线为源头找到射频电路

手机电路原理图上的天线符号比较容易确认，找到天线符号以后，连接天线符号的就是天线测试接口，顺着这条线就找到了天线开关电路。天线开关是一个核心元件，在原理图上顺这个元件就能找到射频接收电路和射频发射电路。

4）以系统时钟为核心找到射频信号处理电路

在一般的手机电路原理图中，系统时钟 13 MHz/26 MHz 一般接在射频信号处理电路中，找到系统时钟后，顺着信号的输出方向就能找到射频信号处理电路。

5）以 SIM 卡座为核心找到 SIM 卡电路

SIM 卡座在手机电路中的符号一般比较容易找到，找到 SIM 卡座后，数据信号一般是送到电源管理电路或者 CPU 电路中。从电路图上来看，SIM 卡座一般在电源管理电路或 CPU 电路的附近。

6）以 MIC、听筒为核心找到音频处理电路

与电阻电容不同，MIC 与听筒的符号一般在手机中只有一个，找到这两个元件后，顺着信号线就能找到音频处理电路。音频处理电路一般与电源管理电路或 CPU 集成在一起。

4. 整机电路图的主要分析内容

整机电路图的主要分析内容有下列几个方面：

（1）分析单元电路在整机电路图中的具体功能。

（2）单元电路的类型。

（3）直流工作电压供给电路分析。直流工作电压供给电路的识图是从左向右进行，对某一级放大电路的直流电路识图方向是从上向下的。

（4）交流信号传输分析。一般情况下，交流信号的传输是从整机电路图的左侧向右侧进行分析的。

（5）对一些以前未见过的、比较复杂的单元电路的工作原理进行重点分析。

5. 其他知识点

（1）对于分成几张图纸的整机电路图，可以一张一张地进行识图，如果需要进行整个信号传输系统的分析，则要将各图纸连起来进行分析。

（2）对整机电路图的识图，可以在学习了一种功能的单元电路之后，分别在几张整机电路图中去找到这一功能的单元电路进行详细分析。由于在整机电路图中的单元电路变化较多，而且电路的画法受其他电路的影响而与单个画出的单元电路不一定相同，因此加大了识图的难度。

（3）在分析整机电路过程中，如果对某个单元电路的分析有困难，如对某型号集成电路应用电路的分析有困难，可以查找这一型号集成电路的识图资料（内电路方框图、各引脚作用等），以帮助识图。

（4）一些整机电路图中会有许多英文标注，了解这些英文标注的含义对识图是相当有利的。在某型号集成电路附近标出的英文说明就是该集成电路的功能说明，如图5-31所示是电路图中的英文标注示意图。

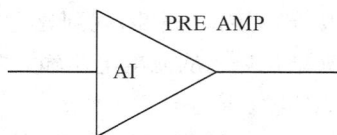

图5-31　英文标注示意图

操作提示

整机电路图表明了整个手机的电路结构、各单元电路的具体形式和它们之间的连接方式，从而表达了整机电路的工作原理，所有的信息都可以在这张图上表现出来，这是学习和掌握电路原理最终的体现。

在阅读智能手机电路图时，要从整体入手，根据电路功能分割成不同的单元电路进行分析，根据各单元之间的相互关系，掌握整机电路的功能。

检查评议

对任务的完成情况进行检查，并将结果填入任务测评表5-4中。

表5-4　任务测评表

序号	主要内容	考核要求	评分标准	配分	扣分	得分
1	电路符号识别	1. 能够识别电路符号 2. 掌握电路元件基本特性	1. 描述电路符号的功能及特点，每处错误扣5分 2. 分析元器件在电路中的功能，每处错误扣5分	40		
2	单元电路分析	1. 分析电路基本工作原理 2. 掌握电路故障特点	1. 分析电路的工作原理，每处错误扣5分 2. 分析电路的功能及特点，每处错误扣5分	40		
3	安全注意事项	1. 严格执行操作规程 2. 保持实习场地整洁，秩序井然	1. 发生安全事故扣总分20分 2. 违反文明生产要求视情况扣总分5~20分	20		
工时	60 min	合　计				
开始时间		结束时间		成　绩		

问题及防治

问题：在维修中经常会发现主板的元件腐蚀，如何在原理图中找到？

原因：在智能手机主板上，元器件非常多，在原理图中查找非常困难。

预防措施：如果智能手机图纸为 PDF 格式，可以使用查找功能，先在元件分布图找到要查找元器件的位置号，然后在 PDF 格式图纸中输入要查找的位置号，点击查找，就可以在原理图中找到这个元器件了。

知识拓展

单元电路是指手机中某一级功能电路，或某一级放大器电路，或某一个振荡器电路、变频器电路等，它是能够完成某一电路功能的最小电路单位。从广义上讲，一个集成电路的应用电路也是一个单元电路。

在学习手机整机电路的工作原理过程中，单元电路图是首先遇到的具有完整功能的电路图，这一概念的提出，完全是为了方便电路工作原理分析的需要。

一、单元电路图的功能和特点

下面对单元电路图的功能和特点进行分析。

1. 单元电路图的功能

单元电路图具有下列一些功能。

（1）单元电路图主要用来讲述电路的工作原理。

（2）单元电路图能够完整地表达某一级电路的结构和工作原理，有时还会全部标出电路中各元器件的参数，如标称阻值、标称容量和三极管型号等，如图 5-32 所示，图中标出了元件的型号及详细参数。

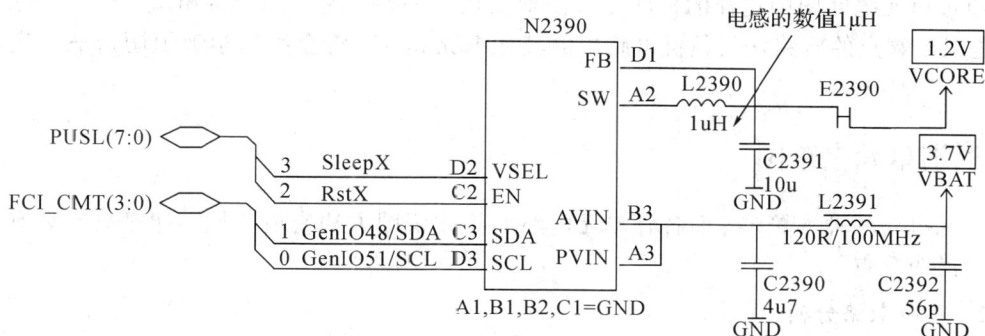

图 5-32 单元电路示意图

（3）单元电路图对深入理解电路的工作原理和记忆电路的结构、组成很有帮助。

2. 单元电路图的特点

单元电路图主要是为了分析某个单元电路的工作原理，而单独将这部分电路画出的电路图，所以在图中已省去了与该单元电路无关的其他元器件和有关的连线、符号，这样单元电路图就显得比较简洁、清楚。识图时没有其他电路的干扰，这是单元电路的一个重要特点。单元电路图中对电源、输入端和输出端已经进行了简化。图5-33所示是某手机的闪光灯单元电路。

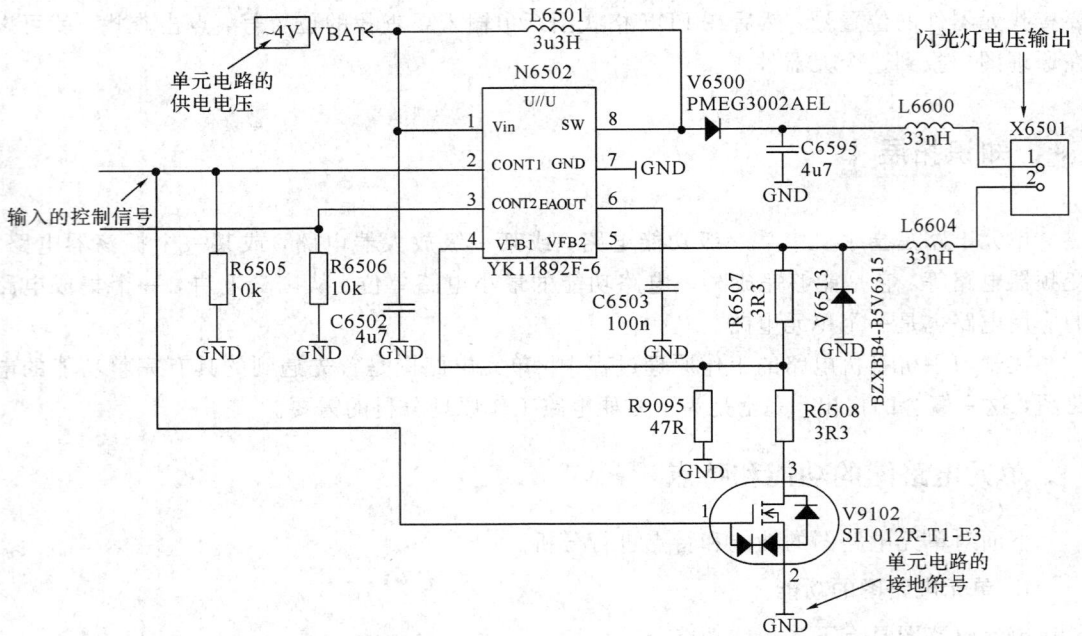

图5-33 闪光灯单元电路

在电路图中，用 VBAT 表示直流供电工作电压，地端接电源的负极。集成电路 N6502 的2、3脚输入控制信号，它是这一单元电路工作所需要的信号；X6501 接口输出闪光灯信号，它是经过这一单元电路放大或处理后的信号。

通过单元电路图中这样的标注可方便地找出电源端、输入端和输出端，而在实际电路中，这三个端点的电路均与整机电路中的其他电路相连，将会给初学者识图造成一定的困难。

二、识别单元电路图

单元电路的种类繁多，而各种单元电路的具体识图方法有所不同，这里只对具有共性的问题说明几点。

1. 有源电路分析

有源电路就是需要直流电压才能工作的电路，例如放大器电路。对有源电路的识图，首先要分析直流电压供给电路，此时可将电路图中的所有电容器看成开路（因为电容器具有隔直特性），将所有电感器看成短路（电感器具有通直的特性）。图5-34所示是直流电路分析示意图。

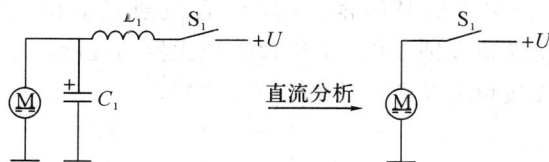

图 5-34　直流电路分析示意图

在手机整机电路的直流电路分析中，电路分析的方向一般是从右向左，电源电路通常画在整机电路图的右侧下方，如图 5-35 所示是整机电路图中电源电路位置示意图。

对具体单元电路的直流电路进行分析时，从上向下分析，因为直流电压供给电路通常画在电路图的上方，图 5-36 所示是某单元电路直流电路分析方向示意图。

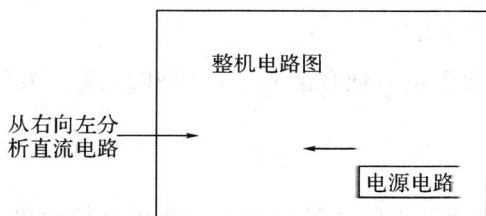

图 5-35　电源电路位置示意图

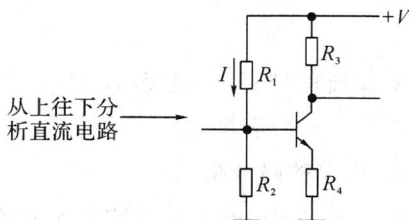

图 5-36　某单元电路直流电路分析方向示意图

2. 信号传输过程分析

信号传输过程分析就是分析信号在该单元电路中如何从输入端传输到输出端，信号在这一传输过程中受到了怎样的处理（如放大、衰减、控制等）。图 5-37 所示是信号传输的分析方向示意图，一般从左向右进行。

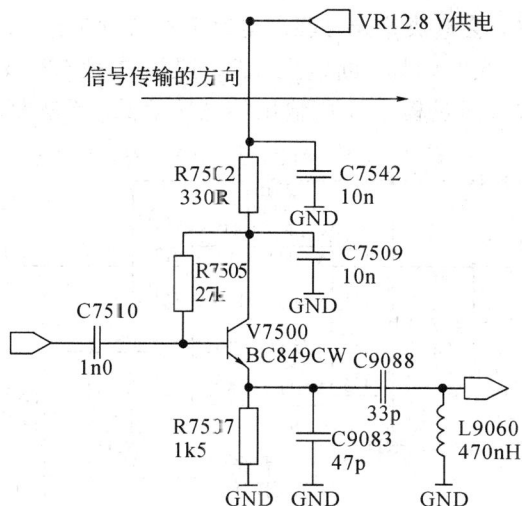

图 5-37　信号传输的分析方向示意图

3. 元器件作用分析

对电路中元器件作用的分析是非常关键的，能否看懂电路的关键其实就是能否看懂电路中各元器件的作用。

图 5 - 38 所示，对于交流信号而言，V7500 管发射极输出的交流信号电流流过了 R7507，使 R7507 产生交流负反馈作用，能够改善放大器的性能。而且，发射极负反馈电阻 R7507 的阻值愈大，其交流负反馈愈强，性能改善愈好。

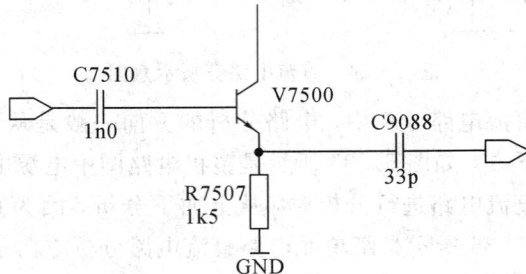

图 5 - 38　元器件作用分析

对交流信号而言，电容 C7510、C9088 将前级的信号耦合至下一级，同时隔断了两级之间直流电压信号的影响。

4. 电路故障分析

要注意的是，在搞懂电路工作原理之后，对元器件的故障分析才会变得比较简单，否则电路故障分析寸步难行。

电路故障分析就是分析当电路中元器件出现开路、短路、性能变劣后，对整个电路的工作会造成何种不良影响，使输出信号出现哪些故障现象，如出现无输出信号、输出信号小、信号失真、出现噪声等故障。

图 5 - 39 所示是 LCD 背光灯驱动电路，L2309 是升压电感，N9002 是升压集成电路。分析电路故障时，假设 L2309 升压电感出现下列两种可能的故障：一是接触不良。由于 L2309 升压电感接触不良，会造成背光灯驱动电路无法持续工作。N9002 的 C1 脚输出的电压不稳定，会出现 LCD 背光灯闪烁、断续发光等问题。二是 L2309 升压电感开路。L2309 开路后，N9002 无法完成升压过程，C1 脚输出的电压偏低，无法驱动 LCD 背光灯发光。

图 5 - 39　LCD 背光灯驱动电路

在整机电路中各种功能单元电路繁多，许多单元电路的工作原理十分复杂，若在整机电路中直接进行分析就显得比较困难，而在对单元电路图分析之后，再去分析整机电路就显得比较简单，所以单元电路图的识图也是为整机电路分析服务的。

项目六　电源管理电路原理与维修

学习目标

知识目标：

1. 了解电源管理电路基本原理。
2. 掌握电源管理电路常见故障维修方法的应用。

能力目标：

1. 掌握电源管理电路故障的维修方法。
2. 能够熟练解决电源管理电路常见的故障。

素质目标：

1. 让学生体验到团队合作的精神，从而培养学生的团队合作能力。
2. 能够完成项目实训，根据老师的指导完成故障的排除，培养良好的维修习惯。

工作任务

在智能手机中，一般有多个电源管理电路，电源管理电路在智能手机电路中是至关重要的，它所起的作用是为智能手机各个单元电路提供稳定的直流电压。如果该电路出现问题，将会造成整个电路工作的不稳定，甚至造成智能手机无法开机。由于电源管理电路工作在大电流、温度高的环境中，往往容易出现问题，因此学习和理解电源电路的维修知识对日后的手机维修工作有很大的帮助。

在实际维修中，电源管理电路负责为整机提供能源，为电池进行充电。我们本次工作任务具体要求如下：

（1）掌握智能手机电源管理电路的工作原理。

（2）掌握电源管理电路故障的基本维修方法。

（3）根据电路工作原理，简单分析电路故障并能够给出解决方案，能够维修常见的故障。

相关理论

一、电源管理电路结构

智能手机的电源电路位于智能手机的主电路板中，由于各品牌型号的智能手机电路板设计不同，所以电源电路的位置也不相同。

在电源电路中，重要的芯片包括充电控制芯片和电源管理芯片。其中，充电控制芯片主要负责对电池进行充电，并实时检测充电的电压。充电控制芯片用于保护电池的电路，可以保护电池过放电、过压、过充、过温，可以有效地保护电池寿命和使用者的安全。

电源管理芯片 PWM(Pulse Width Modulation)，即脉冲宽度调制，是一种通过微处理器的数字输出对模拟电路进行控制的技术。电源控制芯片是开关稳压电源电路的核心，负责对整个电路的控制。

智能手机的电源电路主要由充电电路、时钟电路、复位电路、电源开关、电源输出电路等组成，如图 6-1 所示。

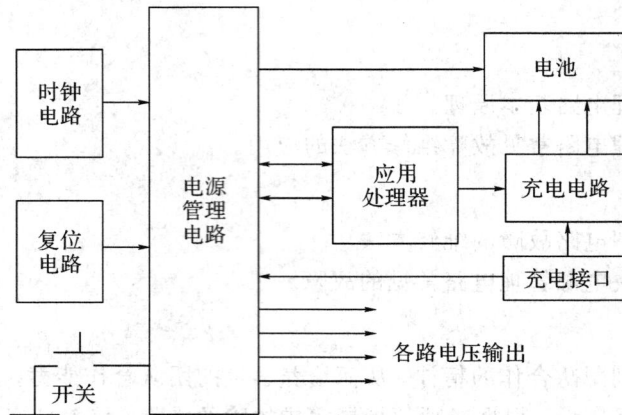

图 6-1　电源电路结构

其中，充电电路负责检测电池的电量，并为电池进行充电，充电电路可以保护电池过放电、过压、过充、过温，可以有效地保护电池寿命和使用者的安全；时钟电路负责产生开机所需的 32.768 kHz 时钟信号；复位电路为应用处理器提供开机所需的复位信号；电源开关负责在开机时提供触发信号；电源输出电路负责输出手机其他单元电路所需的供电电压。iPhone 5S 手机电源管理芯片电路框图如图 6-2 所示。

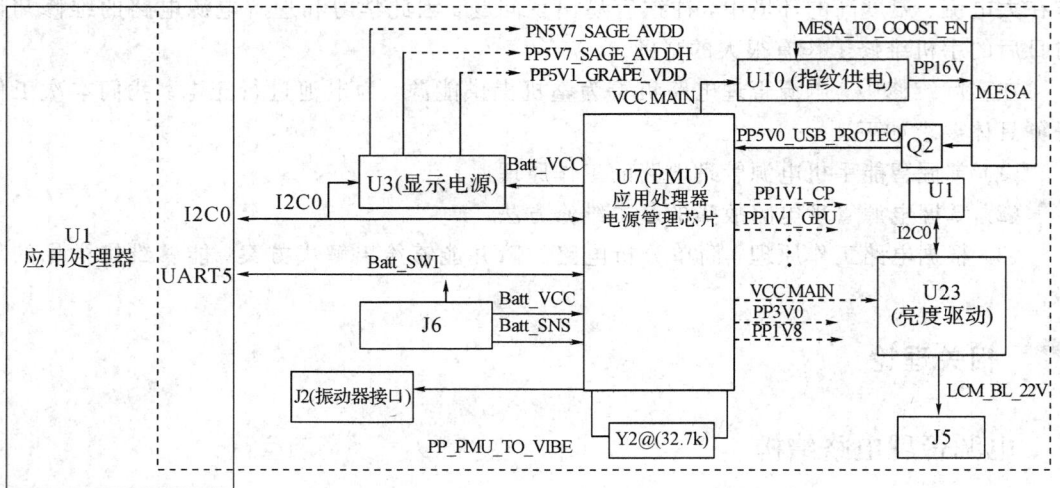

图 6-2　电源管理芯片电路框图

二、电源管理电路工作原理

电源电路是智能手机用来为各个单元电路供电的主要电路。电源电路向来是故障高发区,如果想要诊断智能手机中电源电路的故障,首先需要对电源电路的结构原理进行深入了解。不同品牌智能手机的电源电路结构基本相同,工作原理也基本相同。

智能手机的开关机过程如下。

1. 开机过程

插上电池后,电池电压加到电源管理芯片的输入脚,其内部电源转换器产生约2.8 V开机触发电压,并加到开机触发引脚。

当按开机键时,电源触发引脚电压被拉低,触发电源控制芯片工作,并按不同电路的要求送出工作电压,同时电源管理芯片也送出一路比逻辑电压滞后约 30 毫秒的复位电压使逻辑电路复位,返回初始状态。另外,应用处理器控制电源管理芯片送出时钟电压,使13 MHz 晶体振荡,产生 13 MHz 时钟信号,输出给应用处理器作为运行时钟信号。此时应用处理器具备了电源、复位、13 MHz 时钟信号等开机条件,于是应用处理器发送 CE 信号,命令字库调取开机程序。字库找到程序后,反馈 OE 信号给应用处理器,并通过总线传送到暂存运行并自检,通过后应用处理器送出开机维持信号让电源管理芯片维持工作,手机维持开机。iPhone 5S 手机电源管理芯片开机过程(时序)如图 6-3 所示。

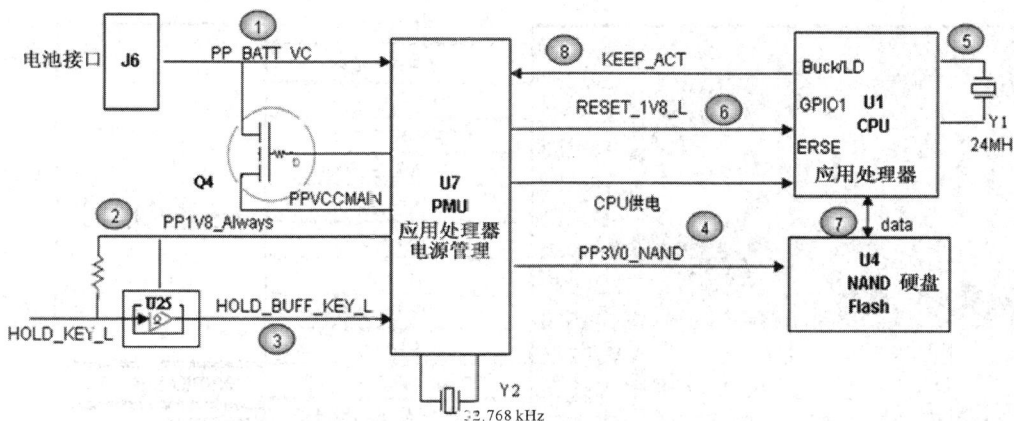

图 6-3 电源电路开机过程(时序)

电源电路开机过程(时序)如下:

(1)电池直接给电源管理器供电,电源管理芯片输出 PP1V8_Always 电压至开机触发脚,此时做好开机准备。

(2)按下开机键开机,触发引脚电平被拉低,触发电源管理芯片开始工作,电源管理器输出各组电压给各个模块正常供电。

(3)当应用处理器供电正常,应用处理器工作时开始为应用处理器提供工作频率,同时电源管理器给应用处理器输入复位信号,当应用处理器完成复位后开始读取 NAND

Flash 的开机引导程序并进行开机自检。

（4）应用处理器开机自检通过后会输出开机维持信号给电源管理芯片，使电源管理芯片输出稳定的电压给各个模块供电。

2. 供电过程

智能手机的电源电路供电过程如下：

电源电路是手机其他电路的能源中心，电源电路只有输出符合标准的电压，其他电路才能工作。手机中任何一个电路，只要它供电不正常，就会"罢工"，从而表现出各种各样的故障现象。可见电源系统在手机电路中的重要性。

手机所需的各种电压一般先由手机电池供给，电池电压在手机内部需要转换为多路不同的电压值供给手机的不同部分。

当智能手机安装上电池后，电池电压（一般为 3.7 V）通过电池插座送到电源控制芯片，此时开机按键有 2.8~3 V 的开机电压，在未按下开机按键时，电源控制芯片未工作，此时电源控制芯片无输出电压。当按下开机键时，开机按键的其中一个引脚对地构成了回路，开机按键的电压由高电平变为了低电平，此由高到低的电压变化被送到电源控制芯片内部的触发电路。触发电路收到触发信号后，启动电源控制芯片，其内部的各路稳压器就开始工作，从而输出各路电压到各个电路。

iPhone 5S 手机电源管理芯片 U7 分别输出多路 Buck、VLDO 电压为各部分芯片提供供电。电源管理芯片供电框图如图 6-4 所示。

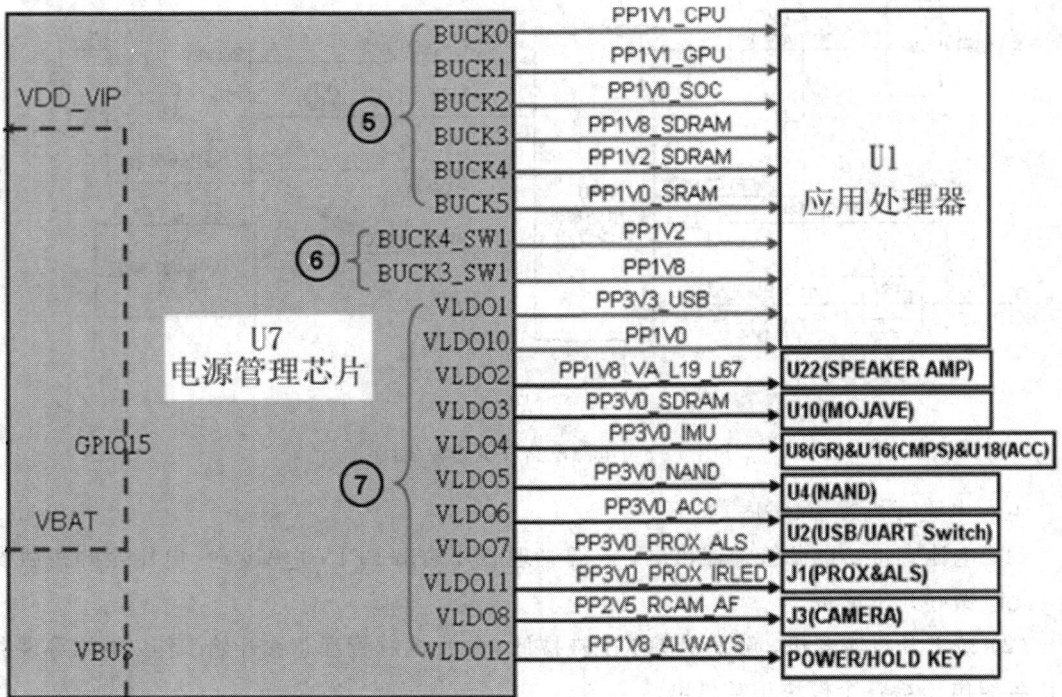

图 6-4　电源管理芯片供电框图

146

3. 关机过程

手机正常开机后应用处理器的关机检测引脚有 3 V 电压。而在手机开机状态下再按开关机键，此时关机二极管导通，把应用处理器的关机检测引脚电压拉低。当应用处理器检测该电压变化超过 2 秒时，确认为要关机，于是命令字库运行关机程序，自检通过后微处理器撤去开机维持电压，电源管理芯片停止工作，手机因失电而停止工作，手机关机。当应用处理器检测该电压变化少于 2 s 时，则为挂机或退出处理。

三、电池充电电路原理

智能手机的充电控制芯片主要包括：充电检测电路、充电控制电路、电量检测电路和过压过流保护电路等。

1. 充电电路组成

1）充电检测电路

检测充电器是否插入手机，告知处理器充电器已经插入，可以充电了。若该电路出问题时会出现充电时无反应等现象。

2）充电控制电路

控制外电向手机充电或不充电，告知电源和充电模块电池已经低电，准备受控，快充还是慢充。若该电路出问题会造成不充电、充不满电、过充电、始终充电等现象。

3）电量检测电路

检测充电电量的多少，当充满电后，向处理器发出信号，告知已充满电量。若该电路出问题会出现始终充电或显示充电但充不进去电的现象。

4）过压保护电路

当充电的时候交流端电压不稳定，会损毁电源及充电模块。过压保护电路可防止出现这类问题。若该部分出问题一般表现为加电打表现象，拆除或更换它即可。

5）过流保护电路

过流保护其实是充电电路设计的基本要求，没有过流保护将使手机在充电时处于一种危险状况中，极易出现烧毁机器的后果。出现这类问题是由于采用了劣质充电器或非原厂充电器，以及充电时间过久等。

2. 充电电路工作原理

下面以 iPhone 5S 手机为例，介绍充电电路的工作原理。

当插入充电器后，PP5V0_USB_CONN 电压通过 Q2 转变为 PP5V0_USB_PROT 电压，输入电源管理芯片 U7 和多功能开关 U2。

U2 发送一个 OVP_SW_EN_L 信号给 U7，U2 检测 PP5V0_USB_PROT 电压在所规定的范围内，正确则 U2 导通，发送一个 PMU_HOST_RESET 信号给 U7，使 U7 正常工作，同时接上电池，电池输出 PP_BATT_VCC 电压给 U7，U7 发送 PMU_SENSE 信号检测 PP_BATT_VCC 电压，如果 PP_BATT_VCC 电压不够，则 PP5V0_USB_PROT 电压通过 PMU 开始为电池充电。充电电路框图如图 6-5 所示。

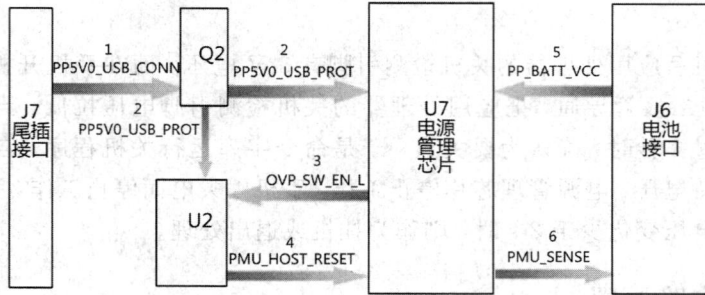

图 6-5　充电电路框图

Q2 是充电电压过压保护管，避免充电电压过高对手机芯片造成损害，应急维修时，Q2 可以短接，Q2 过压保护管如图 6-6 所示。

图 6-6　Q2 过压保护管

四、复位电路工作原理

复位电路就是利用它把电路恢复到起始状态，就像计算器的清零按钮的作用一样，当计算完一个题目后必须要清零，或者输入错误，计算失误时都要进行清零操作，以便回到初始状态，重新进行计算。和计算器清零按钮不同的是，复位电路启动的手段有所不同，一是在给电路通电时马上进行复位操作；二是在必要时可以手动操作；三是根据程序或者电路运行的需要自动地进行。篡位电路都是比较简单的，一般电阻和电容组合就可以形成该电路。

电源复位电路的功能是在手机出现死机的情况下，将电源控制芯片复位，使电源控制芯片停止输出供电电压，将手机关机，达到复位的目的。

复位电路工作原理如图 6-7 所示，V_{cc} 上电时，C_1 充电，在 R_2 电阻上出现电压，使单片机复位。几个毫秒后，C_1 充满，R_2 电阻上电流降为 0，电压也为 0，使单片机进入工作状态。工作期间，按下 S，C_1 放电，在 R_2 电阻上出现电压，使单片机复位。松开 S，C_1 又充电，几个毫秒后，单片机进入工作状态。

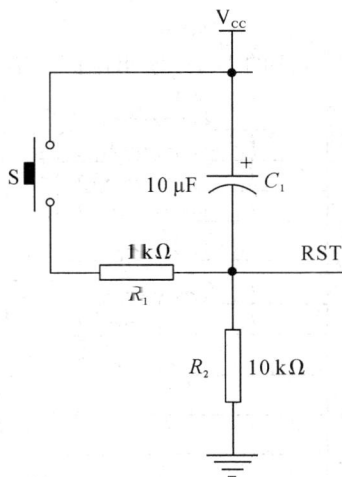

图 6-7 复位电路

五、电源管理电路稳压器

1. Buck 电路

在智能手机电源管理电路中使用了多个 Buck(降压式变换电路)电路,多路 Buck 的好处是为了让多核 CPU 在处理数据时不会相互干扰,而用一个 Buck 可能负载过大,承受不了非常高的电流。

1) Buck 电路工作原理

DC/DC Buck 称作直流开关型降压稳压器,又叫做直流降压斩波器。DC/DC Buck 就是使用电感和电容作为能量存储器件,实现从高压到低电压的转换,通过开关管的导通时间使负载得到恒定的输出电压。Buck 电路框图如图 6-8 所示。

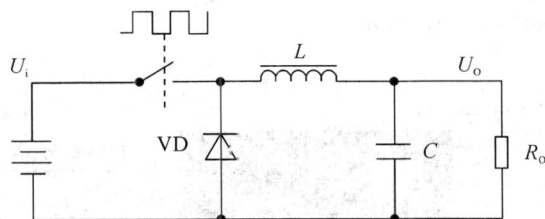

图 6-8 Buck 电路框图

在图 6-8 中,L 是储能滤波电感,它的作用是在控制开关接通期间限制大电流通过,防止输入电压直接加到负载上,对负载进行电压冲击,同时对流过电感的电流转化成磁能进行能量存储,然后在控制开关关断期间把磁能转化成电流继续向负载提供能量输出。C 是储能滤波电容,它的作用是在控制开关接通期间把流过储能电感的部分电流转化成电荷进行存储,然后在控制开关关断期间把电荷转化成电流继续向负载提供能量输出。V_D 是整流二极管,主要功能是续流作用,故称它为续流二极管,其作用是在控制开关关断期间,给储能滤波电感 L 释放能量提供电流通路。

2) Buck 输出电路框图

iPhone 5S 手机电源管理芯片 U7 的 Buck 输出电路共有 11 路，框图如图 6-9 所示。

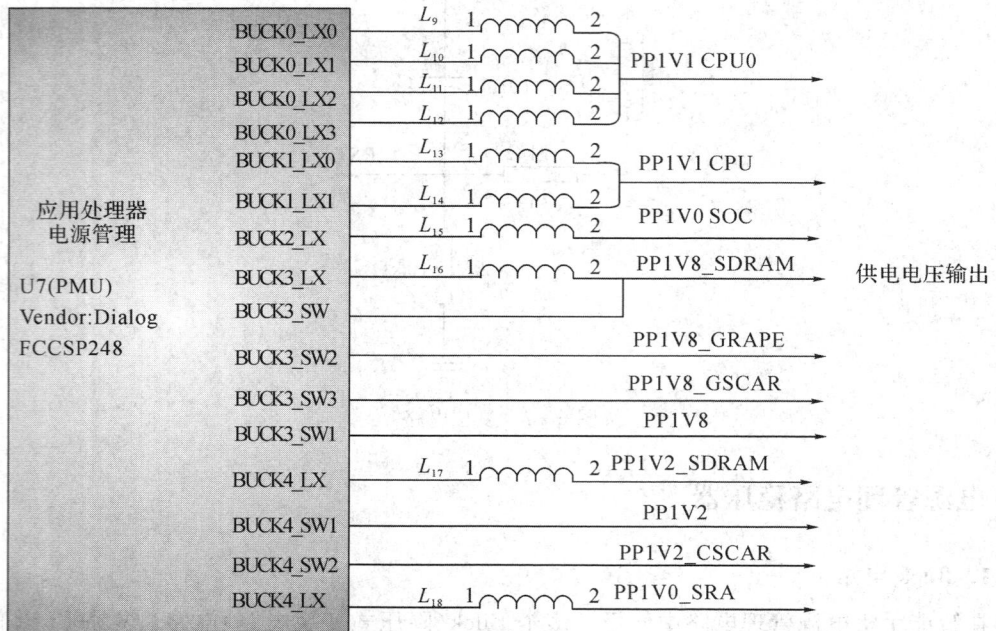

图 6-9　Buck 输出电路框图

2. BOOST 电路

BOOST 电路是一种开关直流升压电路，它可以使输出电压比输入电压高。在 iPhone 5S 手机中，指纹(MESA)电路使用了 BOOST 升级电路。

指纹(MESA)电路通过 Dock connector(尾插接口)给 U10 提供使能信号(MESA_TO_BOOST_EN)，使 VCC MAIN 经过 U10 升到 16.5 V，再经过 Dock Conn 给 MESA。指纹(MESA)电路电路框图如图 6-10 所示。

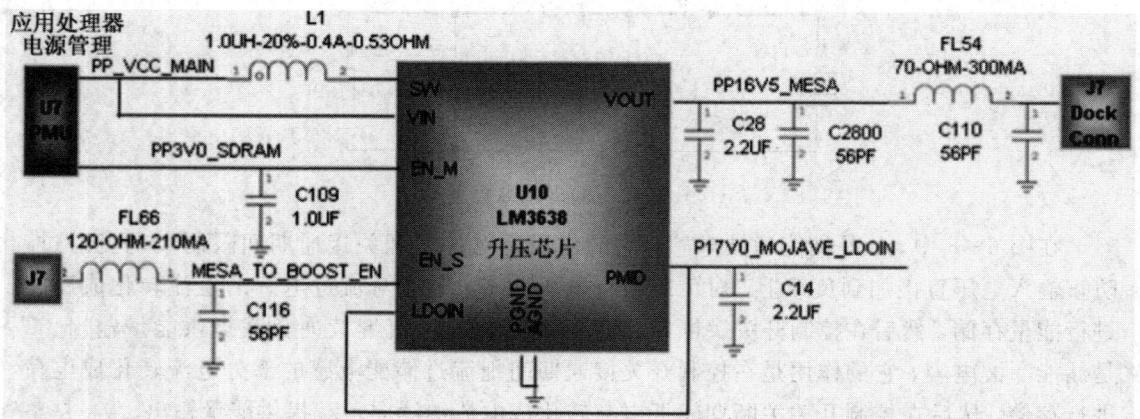

图 6-10　指纹(MESA)电路电路框图

六、电源电路总线接口

1. I²C 总线

I²C(Inter – Integrated Circuit)主要用作应用处理器 U1 与电源管理芯片 U7 之间的命令、数据传输，以及电源管理芯片 U7 内部 ADC 所转换的数字信息经过 I²C 写入应用处理器 U1 内。

2. DWI 总线

DWI(Double Wire Interface)主要是应用处理器 U1 与电源管理芯片 U7 之间的串行接口线。电源管理芯片 U7 的软件控制接口能增强 I²C 控制和校正输出的电压等级和背光电压等级。它支持两种模式：直接传输模式，主要是 CPU 控制 PMU 输出电压的调整；同步传输模式，主要用于背光驱动的控制。

3. GPIO 接口

GPIO(General Purpose Input Output，通用输入/输出)产品能够提供额外的控制和监视功能。每个 GPIO 端口可通过软件分别配置成输入或输出，提供推挽式输出或漏极开路输出。

七、模拟多路复用器电路

模拟多路复用器（Analog Multiplexers，AMUX）是用来选择模拟信号通路的，在 iPhone 5S 手机中，使用了 2×8 个模拟多路复用器。模拟多路复用器电路如图 6 – 11 所示。

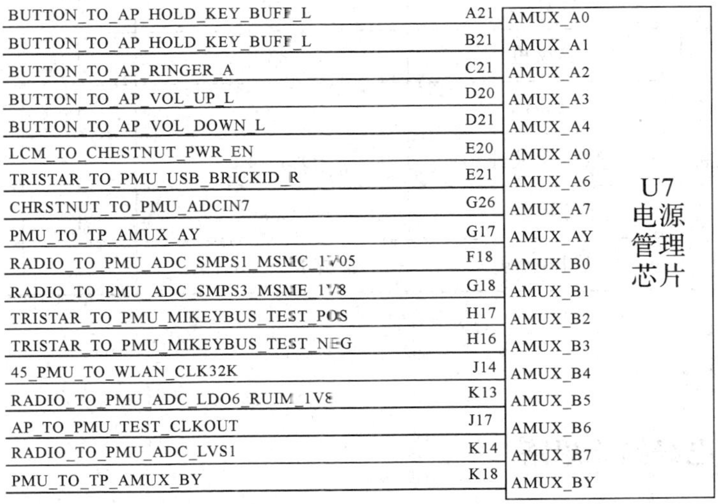

BUTTON_TO_AP_HOLD_KEY_BUFF_L	A21	AMUX_A0
BUTTON_TO_AP_HOLD_KEY_BUFF_L	B21	AMUX_A1
BUTTON_TO_AP_RINGER_A	C21	AMUX_A2
BUTTON_TO_AP_VOL_UP_L	D20	AMUX_A3
BUTTON_TO_AP_VOL_DOWN_L	D21	AMUX_A4
LCM_TO_CHESTNUT_PWR_EN	E20	AMUX_A0
TRISTAR_TO_PMU_USB_BRICKID_R	E21	AMUX_A6
CHRSTNUT_TO_PMU_ADCIN7	G26	AMUX_A7
PMU_TO_TP_AMUX_AY	G17	AMUX_AY
RADIO_TO_PMU_ADC_SMPS1_MSMC_1V05	F18	AMUX_B0
RADIO_TO_PMU_ADC_SMPS3_MSME_1V8	G18	AMUX_B1
TRISTAR_TO_PMU_MIKEYBUS_TEST_POS	H17	AMUX_B2
TRISTAR_TO_PMU_MIKEYBUS_TEST_NEG	H16	AMUX_B3
45_PMU_TO_WLAN_CLK32K	J14	AMUX_B4
RADIO_TO_PMU_ADC_LDO6_RUIM_1V8	K13	AMUX_B5
AP_TO_PMU_TEST_CLKOUT	J17	AMUX_B6
RADIO_TO_PMU_ADC_LVS1	K14	AMUX_B7
PMU_TO_TP_AMUX_BY	K18	AMUX_BY

U7 电源管理芯片

图 6 – 11　模拟多路复用器电路

模拟多路复用器在实际应用中取代了更多的测试点，通过内部多路模拟开关将需要测试的模拟量与公共测试点(也称超级测试点)相连，此时既可以通过电源管理芯片 U7 内部 ADC 来转换该模拟量，再读取其结果，也可以在超级测试点通过万用表测量其模拟量大小。模拟多路复用器内部框图如图 6 – 12 所示。

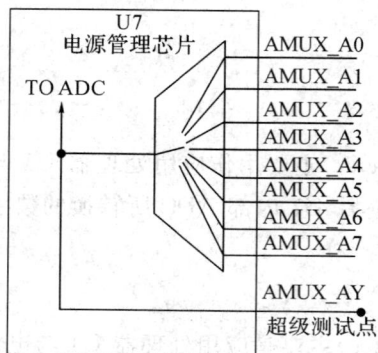

图 6-12 模拟多路复用器内部框图

除了以上功能外，电源管理芯片 U7 还产生 CPU 复位信号，提供 RTC 时钟基准等。

任务准备

实施本任务教学所使用的实训设备及工具材料可参考表 6-1。

表 6-1 实训设备及工具材料

序号	分类	名称	型号规格	数量	单位	备注
1	工具	数据线	iPhone 专用	1	条	
2		手机	iPhone 5S 手机	1	台	
3	设备器材	手机	iPhone 5S 主板	1	块	
4		计算机	无	1	台	
5		热风枪	850	1	台	
6		焊台	936	1	台	
7	维修设备	数字示波器	DS1102E	1	台	
8		万用表	VC890C	1	台	
9		稳压电源	龙威 PS-305DM	1	台	

任务实施

一、电源管理电路维修思路

电源管理电路故障主要表现为不开机，引起手机开机故障的原因有很多。比如由于中国南北方的差异，南方湿度大，北方气候干燥，故同样的手机在南方可能容易受潮而出现问题，在北方则不会出现。北方的秋冬季节气候干燥，容易引起静电，在北方因静电问题造成手机异常的现象很多，而在南方则少很多。

使用环境的影响对手机的使用寿命也是至关重要的。建筑工地的工人和办公室的白领使用同样的手机，建筑工地的工人使用的手机更容易出现问题，尘土、汗水会造成手机灵敏度的降低。进水后的手机由于短路、腐蚀可能造成的故障也差异非常大。

在 iPhone 5S 手机中，开机故障涉及的元器件非常多，如何快速有效地缩小故障范围，找到故障点，是维修的最终目的。与开机故障有关的元件如图 6-13 所示。

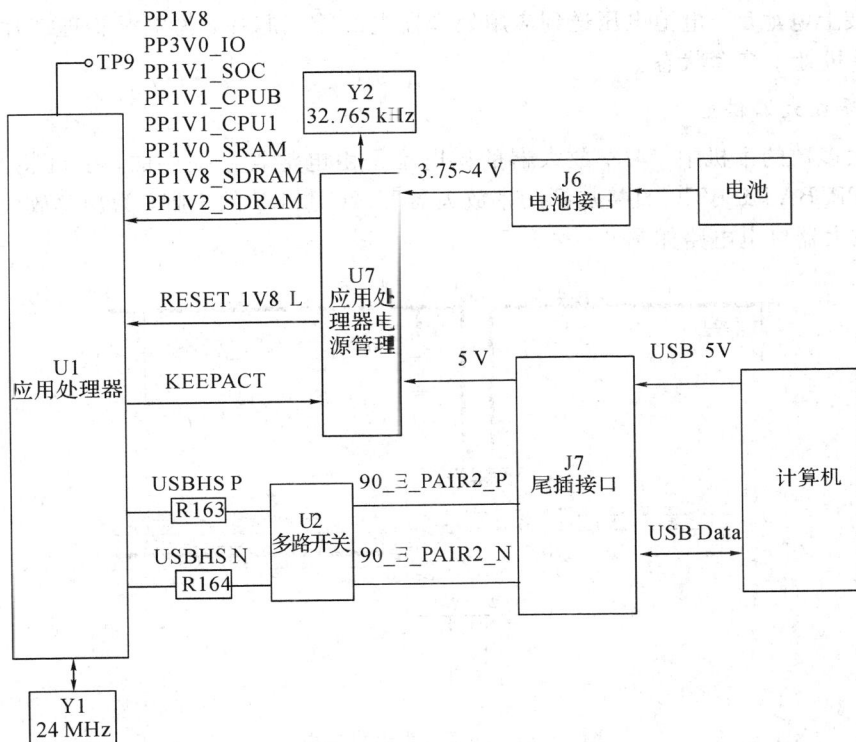

图 6-13 与开机故障有关的元件

二、电源管理电路维修方法

对于手机电源电路的故障维修，一般采用"三电一流"法。

所谓"三电"是指手机在不同阶段或者不同模式下产生的电压。它包括三种类型：一是手机在装上电池的时候就能够产生的电压，如备用电池供电电路，功放供电电路等；二是手机在按下开机键后就能够出现的电压，如系统时钟电路的供电，应用处理器电路供电，FLASH 供电等，这些电压必须是持续供电的；三是软件运行正常后才能出现的供电，如接收机部分供电，发射机部分供电等。

"一流"是指通过电流法观察手机工作电路再判断手机故障范围。结合"三电"，配合电流法，基本可以准确判定手机供电电路的故障点。

1. 装上电池产生的电压

手机装上电池后，电池电压首先送到电源电路，手机处于待命状态，若此时按下手机开机按键，手机立即执行开机程序。

1）电源管理芯片供电

电池输出的电压，一般是先送到电源管理芯片电路，经电源管理芯片转换成不同的电压再送到负载电路中。电源管理芯片会输出多路不同的电压，主要是因为各级负载的工作电压、电流不同，避免负载之间通过电源产生寄生振荡。

手机装上电池后，电池电压送到应用处理器电源管理芯片，为电源管理芯片工作提供电压，使手机处于待命状态。

2）功率放大器供电

在绝大多数的手机中，功率放大器的供电也是由电池直接提供的，手机装上电池后，电池电压 PP_BATT_VCC 直接加到功率放大器 U_2GPARF 的 4 脚，为功率放大器提供供电。功率放大器供电电路如图 6-14 所示。

图 6-14　功率放大器供电电路

3）功能电路供电

电池电压还给手机中不同的功能电路直接供电，如音频放大电路、升压电路、射频供电电路等，下面以音频功放电路为例简要进行描述。

音频功放电路的供电电压由电池电压 PP_BATT_VCC 直接提供，电池电压 PP_BATT_VCC 送到音频功放 U1601 的 A2、B2、A4、A5 脚。音频功放电路供电如图 6-15 所示。

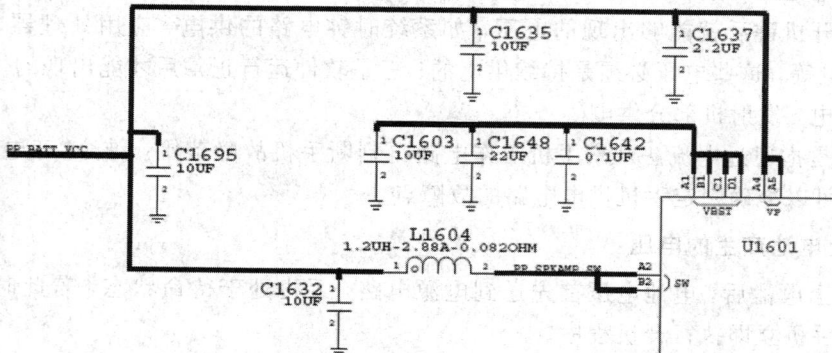

图 6-15　音频功放供电电路

2. 按下开机按键产生的电压

按下手机开机按键以后，手机的电源管理芯片会输出各路工作电压至逻辑部分，也就是应用处理器电路。

按下开机按键以后产生的电压很有特点，该电压一般是持续输出的，主要供给应用处理器电路，保障应用处理器稳定持续地工作。

3. 软件工作才能产生的电压

在智能手机中，有些供电电压不是持续存在的，而是根据需要由 CPU 控制电压输出，尤其是射频部分和人机接口电路等，这样做的目的很简单，就是为了省电。下面举几个例子来进行说明。

1) 送话器偏置电压

送话器的偏置电压只有在建立通话的时候才能出现，也就是说，只有按下发射按钮以后才能出现，它是一个 1.8～2.1 V 左右的电压，加到送话器的正极。在待机状态下无法测量到这个偏置电压。送话器偏置电压 MICBIASP 如图 6－16 所示。

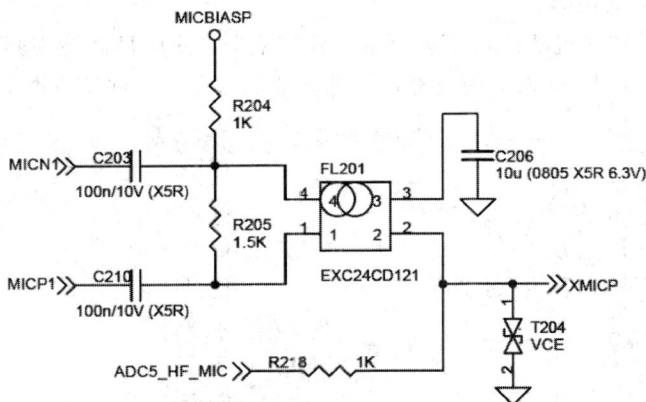

图 6－16 送话器偏置电压

2) 摄像头供电电压

在 iPhone 手机中，摄像头的供电 PP2V85_CAM_VDD 不是持续存在的，只有当打开摄像头功能菜单的时候，应用处理器输出 CAM_EXT_LDO_EN 信号，摄像头供电电压 PP2V85_CAM_VDD 才有输出。摄像头供电电压如图 6－17 所示。

图 6－17 摄像头供电电压

4. "一流"（电流法）

在手机维修中，利用电流法判断手机故障是常用的方法之一，尤其针对不开机故障。手机开机后，工作的次序依次是电源、时钟、逻辑、复位、接收、发射，手机在每一部分电路工作时电流的变化都是不同的，电流法就是利用这个原理来判断故障点或者故障元件，然后再测量更换元件。

前面已经详细介绍了电流法，在此不再赘述。用电流法配合直流稳压电源判断手机故障，需要在维修中不断积累经验，才能掌握更多的技巧。

三、维修案例

1. iPhone 5S 手机不充电故障维修

（1）故障现象。一客户送来一部 iPhone 5S 手机，客户描述手机之前是无声音的，更换过尾插之后发现手机只能一面充电。

（2）故障分析。根据用户反映的问题，出现不充电现象，一般人为因素较多，重点检查尾插接口、充电控制电路等。

（3）故障维修。打开机器之后更换尾插，故障依旧，使用显微镜观察尾插排座周边，发现 FL60 已经脱落，补上 FL60，两面充电正常，故障排除，元件位置图如图 6-18 所示。

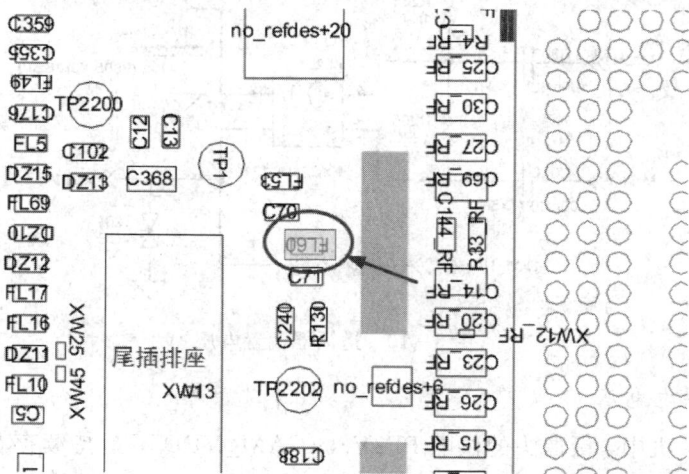

图 6-18　元件位置图

在 iPhone 5S 手机中，电感 FL60、FL53 会影响充电，如果只能单面充电，则要重点检查这两个元件，原理图如图 6-19 所示。

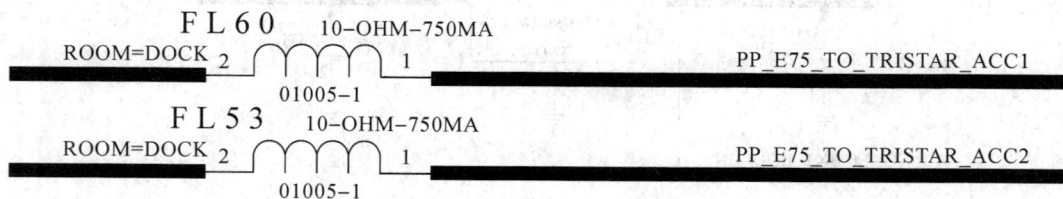

图 6-19　电感 FL60、FL53 原理图

2. iPhone 5S 不开机故障维修(1)

(1)故障现象。客户送来一部 iPhone 5S 手机，称手机进水后，若开机，则手机无法进入主界面，也无法关机。

(2)故障分析。根据客户反映的问题，该故障应该与进水有关，重点应该检查进水部位。

(3)故障维修。先对手机进行刷机。系统提示：未知错误 4005。由此分析是 CPU 工作不正常。拆机后先查看腐蚀部分，发现指南针芯片 U16 有腐蚀迹象，决定拆下试机，开机后进入到主界面。手机功能正常，如果不使用指南针功能，可以不装该芯片。指南针芯片 U16 原理图如图 6-20 所示。

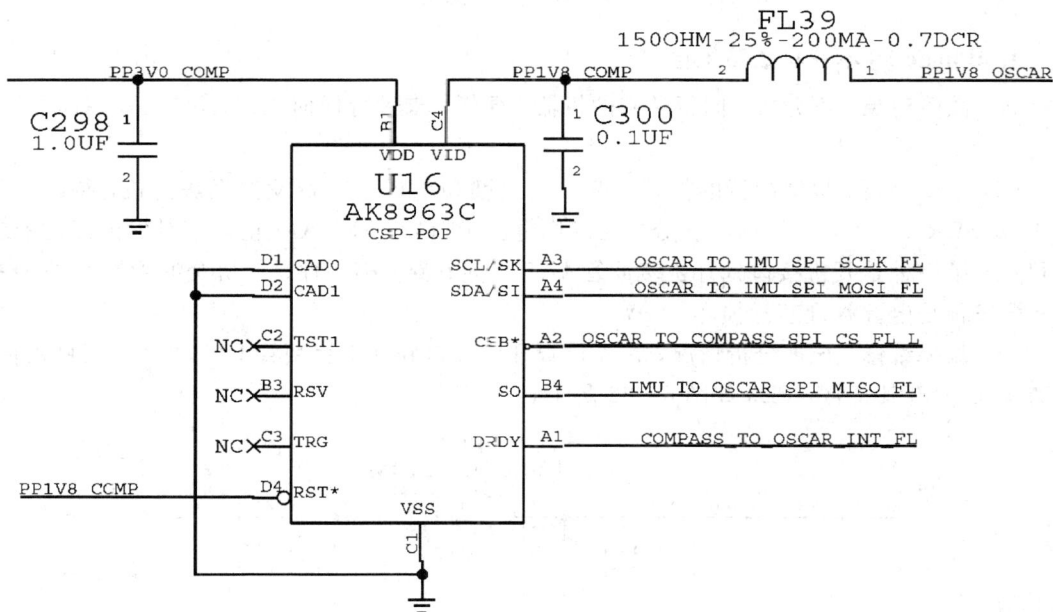

图 6-20　指南针芯片 U16 原理图

为什么指南针芯片 U16 腐蚀会导致不开机呢？这是由于 I^2C 总线信号短路，I^2C 信号短路后，手机无法正常启动。

3. iPhone 5S 不开机故障维修(2)

(1)故障现象。一客户送来一部 iPhone 5S 手机，自称手机进水一周，未做任何处理，现在开不了机，送来维修。

(2)故障分析。根据客户反映的问题，重点要查看进水的部位，检查是否有腐蚀、短路的问题，如果有则重点进行检查。

(3)故障维修。拆机进行观察，发现手机主板 U6 位置腐蚀严重，清理后无法开机，拆下 U6 重新植锡后装上，手机开机正常。U6 是码片，存储了手机的重要信息，且该芯片通过 I^2C 总线与应用处理器进行通讯，无论是码片本身问题还是 I^2C 总线问题，都可能导致无法开机。U6 原理图如图 6-21 所示。

ONSEMI EEPROM
APN:335S0894

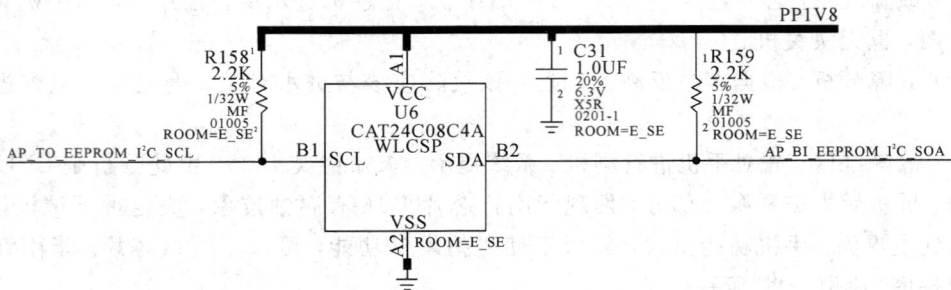

图 6-21 U6 原理图

4. iPhone 5S 不开机故障维修(3)

(1) 故障现象。不开机,同行送来的机器,裸板,未进行任何维修,没有进水摔过的迹象。

(2) 故障分析。根据同行的描述,按开机按键和单板进行触发都无法开机,待机电压 PP1V8_SDRAM 正常。根据经验分析,待机电压 PP1V8_SDRAM 正常不触发的原因有三种可能:第一种是开机接口到开机缓冲管 U25 之间开路;第二种是开机缓冲管 U25 本身损坏;第三种是电源管理芯片损坏。

(3) 故障维修。根据分析情况,首先检查开机接口到开机缓冲管 U25 之间的元件器件,检查 FL3 发现其正常,FL3 如图 6-22 所示。

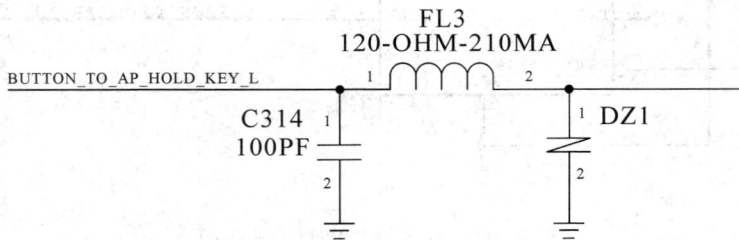

图 6-22 原理图中的 FL3

经分析,有可能是 U25 的问题,代换 U25 以后,开机正常,U25 如图 6-23 所示。

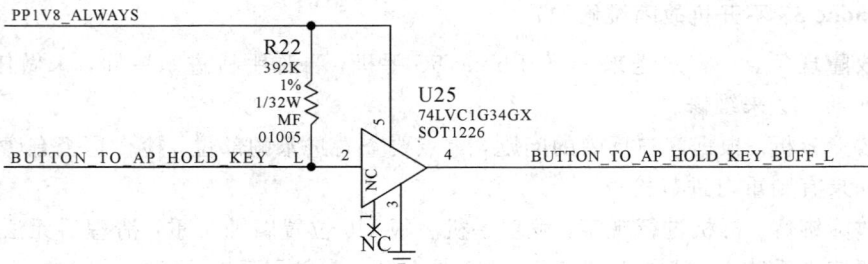

图 6-23 原理图中的 U25

U25 在电路中起到缓冲作用,在实际维修过程中,U25 不可以拆掉不用,必须更换同型号元件。

5．iPhone 5S 手机加电大电流故障维修

（1）故障现象。一客户送来一部 iPhone 5S 手机，称进水后无法开机，充电也无法开机，进水后没有做任何处理，送来维修。

（2）故障分析。根据客户反映的问题，该故障与手机进水有非常大的关系，建议先对进水部位进行清理，然后再动手维修。

（3）故障维修。加电试机，开机就短路，此部分故障非常奇怪，使用万用表测量电池接口对地阻值，电池接口并不短路，但只要电池接口通电后即短路，这是因为电池电压并不短路，一旦通电后，就开始给 AP 电源供电，即会导通 Q4 产生 MAIN VCC，而 Q4 是关键，因为 MAIN VCC 后级的输出短路导致这个情况发生，所以通电即大短路。

对于这种问题，通常用烧机法，但是针对此故障烧出的情况并不多见，这个故障在所有的 iphone 和 ipad 时有发生，有些人就直接拆掉了 AP 电源，但是并无效果。如果 AP 电源损坏，那么加电的时候电源一定是烫手的，这是由 MAIN VCC 线路上滤波电容短路导致的，但又因为滤波电容的数量太过庞大，大概有 20 多个，通常先分析 AP 电源需要大功率的模组的部分，因为这个部分最容易损坏，拆除显示模块，升压供电部分的滤波电容一般会将故障排除。另外电源芯片损坏率也较高。电源管理部分 Q4 电路如图 6-24 所示。

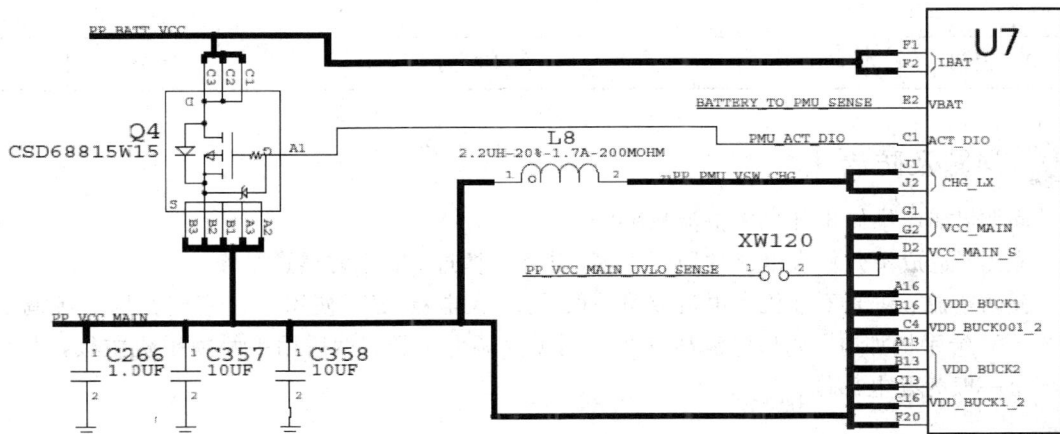

图 6-24　电源管理部分 Q4 电路

经过排查发现，C260 腐蚀严重，剔除后，手机开机正常。

操作提示

在维修智能手机电源管理电路故障时，要注意以下几点：

（1）首先要排除电池、开机按键、充电器等问题，然后再检查主板。

（2）根据客户反映的问题，检查手机是否有进水、摔过等问题，是否在其他地方维修过。

（3）然后再根据不同的情况进行维修。

检查评议

对任务的完成情况进行检查，并将结果填入任务测评表 6-2。

表 6-2 任 务 测 评 表

序号	主要内容	考核要求	评分标准	配分	扣分	得分
1	电路维修方法应用	1. 能够掌握维修方法的应用技巧 2. 掌握维修方法的判断思路	1. 描述维修方法的应用技巧及测试点，每处错误扣5分 2. 描述维修方法的判断思路，每处错误扣5分	40		
2	电路维修思路	1. 判断故障大概部位 2. 掌握常见故障的维修	1. 判断故障部位错误，每次扣5分 2. 故障维修思路、解决方法错误，每次扣5分	40		
3	安全注意事项	1. 严格执行操作规程 2. 保持实习场地整洁，秩序井然	1. 发生安全事故扣总分20分 2. 违反文明生产要求视情况扣总分5～20分	20		
工时	60 min		合 计			
开始时间		结束时间		成 绩		

问题及防治

问题：如何维修不开机大电流故障？

原因：造成不开机大电流的原因很多，进水、摔过、非正常渠道维修。

预防措施：对于不开机大电流故障一般采用"大电流法"，使用5 A直流稳压电源调节到3.7 V给手机加电，如果电流超过2 A则需要调低电压，然后用手触摸手机主板，发热的部位一般为漏电部位。

知识拓展

手机要正常开机，需具备四个条件：电源（供电正常）、时钟、复位、软件。

1. 电源管理芯片工作正常

（1）电源管理芯片供电正常。电源管理芯片要正常工作，需有工作电压，即电池电压或外接电源电压。

（2）有开机触发信号。在按下开机键时，开机触发信号就有了电平的变化（从高电平变为低电平或从低电平变为高电平），此信号会被送到电源管理芯片上。

（3）电源管理芯片工作正常。电源管理芯片内一般集成有多组受控或非受控稳压电路，当有开机触发信号时，电源管理芯片的稳压输出端应有电压输出。

（4）有开机维持信号。开机维持信号来自CPU，电源管理芯片只有得到开机维持信号后才能输出持续的电压，否则，手机将不能持续开机。

2. 有正常的复位信号

应用处理器刚供上电源时，其内部各寄存器处于随机状态，不能正常运行程序，因此应用处理器必须有复位信号进行复位。iPhone 手机中的应用处理器的复位端一般是低电平复位，即在一定时钟周期后使应用处理器内部各种寄存器清零，而后此处电压再升为高电平，从而使应用处理器从头开始运行。

3. 逻辑电路工作正常

逻辑电路主要包括应用处理器、FLASH、电源电路。当应用处理器具备电源、时钟和复位三个条件后，通过片选信号与 FLASH 联系，然后通过数据总线与地址总线相互传送数据。

4. 软件运行正常

软件是应用处理器控制手机开机与各种功能的程序。开机的程序与设置存放在 FLASH 内，有些手机软件资料可以向下兼容，所以这些手机可以降级和升级。有些手机由于软件加密，即使同型号手机的软件都不兼容，因此若软件出错或软件不对就可能造成手机不开机。当然，软件不正常还可能造成不入网、不显示、功能紊乱、死机等许多故障。

项目七　射频电路原理与维修

任务 1　射频电路工作原理

学习目标

知识目标：

1. 了解五模十三频、十七频基本原理。

2. 掌握手机接收机、手机发射机、频率合成器的基本工作原理和结构框图。

能力目标：

1. 掌握一般智能手机射频电路的识图和电路分析。

2. 能够看懂 iPhone 5S 手机射频电路工作原理。

素质目标：

1. 让学生体验到团队合作的精神，从而培养学生的团队合作能力。

2. 使学生体验到收获劳动成果的快乐，从而培养学生热爱工作的精神。

工作任务

在智能手机维修工作中，射频电路是重点，更是难点，射频电路都是高频脉冲信号，使用一般的维修仪器根本无法测量，再加上射频电路在不同的运营商网络下工作，造成了维修难、分析难、识图难。

智能手机射频电路的分析就是为维修服务的，本次工作任务具体要求如下：

（1）掌握智能手机射频电路的基本工作原理。

（2）能够分析各个频段信号的收发路径，分析电路工作过程。

（3）根据电路工作原理，简单分析电路故障并能够给出解决方案。

相关理论

一、手机接收机电路

手机接收机主要完成对接收到的射频信号进行滤波、混频解调、解码等的处理，最终还原出声音信号。

1. 接收机信号流程

接收机信号流程：天线感应到无线信号，经过天线匹配电路和接收滤波电路滤波后再经低噪声放大器(LNA)放大，放大后的信号经过接收滤波后被送到混频器(MIX)，与来自本机振荡电路的压控振荡信号进行混频，得到接收中频信号，经过中频放大后在解调器中进行正交解调，得到接收基带(RX I/Q)信号。接收基带信号在基带电路中经 GMSK 解调，进行去交织、解密、信道解码等处理，再进行 PCM 解码，还原为模拟话音信号，推动受话器，就能够听到对方讲话的声音。

2. 接收机各部分功能电路

1）天线开关

天线开关属于接收和发射共用，主要完成两个任务：一是完成接收和发射信号的双工切换，为防止相互干扰，需要有控制信号完成接收和发射的分离，控制信号来自基带处理器的 RX-EN(接收启动)、TX-EN(发射启动)，或由它们转换而得来的信号；二是完成双频或多频的切换，使手机在某一频段工作时，另外的频段空闲，控制信号主要来自 CPU 电路。

2）带通滤波器(BPF)

带通滤波器只允许某一频段中的频率通过，而对高于或低于这一频段的成分衰减。带通滤波器在高频放大器前后一般都有。

3）低噪声放大器(LNA)

低噪声放大器一般位于天线和混频器之间，是第一级放大器，所以叫接收前端放大器或高频放大器。

低噪声放大器主要完成两个任务：一是对接收到的高频信号进行第一级放大，以满足混频器对输入的接收信号幅度的要求，提高接收信号的信噪比；二是在低噪声放大管的集电极上加了由电感与电容组成的并联谐振回路，选出所需要的频带，所以叫选频网络或谐振网络。一般采用分离元件或集成在电路内部。

4）混频器(MIX)

混频器实际上是一个频谱搬移电路，它将包含接收信息的射频信号(RF)转化为一个固定频率的包含接收信息的中频信号，由于中频信号频率低而且固定，容易得到比较大而且稳定的增益，提高了接收机的灵敏性。

混频器的主要特点是：由非线性器件构成，它有两个输入端，一个输出端，均为交流信号。混频后可以产生许多新的频率，并在多个新的频率中选出需要的频率(中频)，滤除其他成分后送到中放。将载波的高频信号不失真地变换为固定中频的已调信号，且保持原调制规律不变。接收机中的混频器位于低噪声放大器和中频放大器之间，是接收机的核心。

5）中频滤波器

中频滤波器在电路中个头比较大，一般为低通滤波器，保证中频信号的纯净，在超外差接收机中应用较多。

6）中频放大器(IFA)

中频放大器是接收机的主要增益来源，它一般都是共射极放大器，带有分压电阻和稳定工作点的放大电路，对工作电压要求高，一般需专门供电，且在中频电路内独立。

7）解调器

调制的反过程叫解调，多数手机往往都是对基带信号进行正交解调，得到四路基带 I/Q 信号，其中 I 信号为同相支路信号，Q 信号为正交支路信号，两者相位相差 90°，所以叫正交。从天线到 I/Q 解调，接收机完成全部任务。

8）数字信号处理（DSP）

数字信号处理过程是接收基带（I/Q）信号在逻辑电路中经 GMSK 解调进行交织、解密、信道解码等处理，再进行 PCM 解码还原为模拟话音信号，推动受话器，就能够听到对方讲话的声音。

3. 接收机电路结构框图

手机的接收机有三种基本框架结构：一是超外差接收机，二是零中频接收机，三是低中频接收机。

1）超外差接收机

由于天线接收到的信号十分微弱，而鉴频器要求的输入信号电平较高，且需要稳定。放大器的总增益一般需在 120 dB 以上，这么大的放大量，要用多级调谐放大器且要稳定，实际上很难办到。另外高频选频放大器的通带宽度太宽，当频率改变时，多级放大器的所有调谐回路必须跟着改变，而且要做到统一调谐，这是很难做到的。超外差接收机则没有这种问题，它将接收到的射频信号转换成固定的中频，其主要增益来自于稳定的中频放大器。

（1）超外差一次混频接收机。超外差一次混频接收机射频电路中只有一个混频电路，其原理框图如图 7-1 所示。

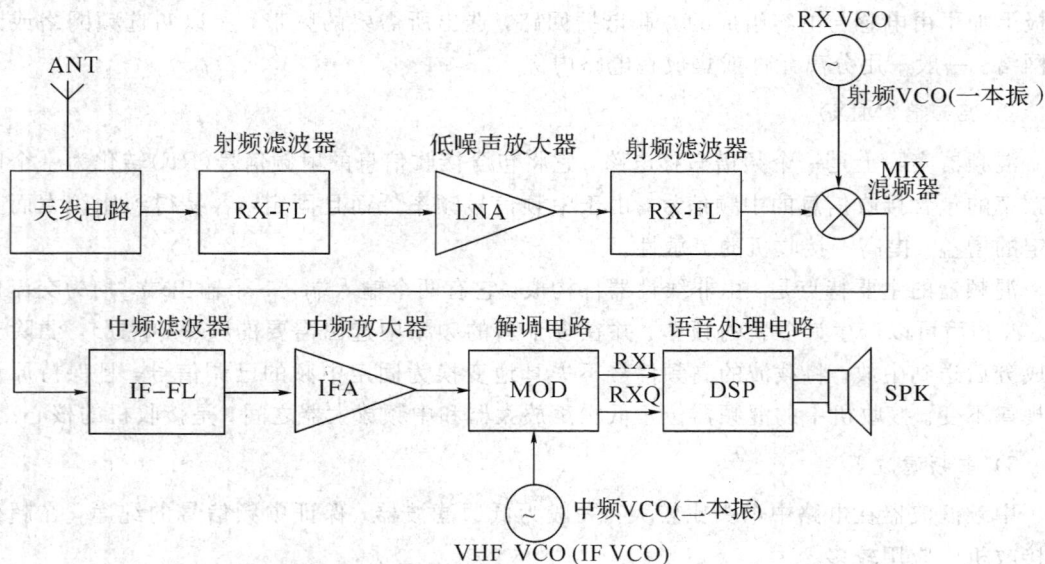

图 7-1　超外差一次频接收机原理框图

（2）超外差二次混频接收机。超外差二次混频接收机射频电路中有两个混频电路，其原理框图如图 7-2 所示。

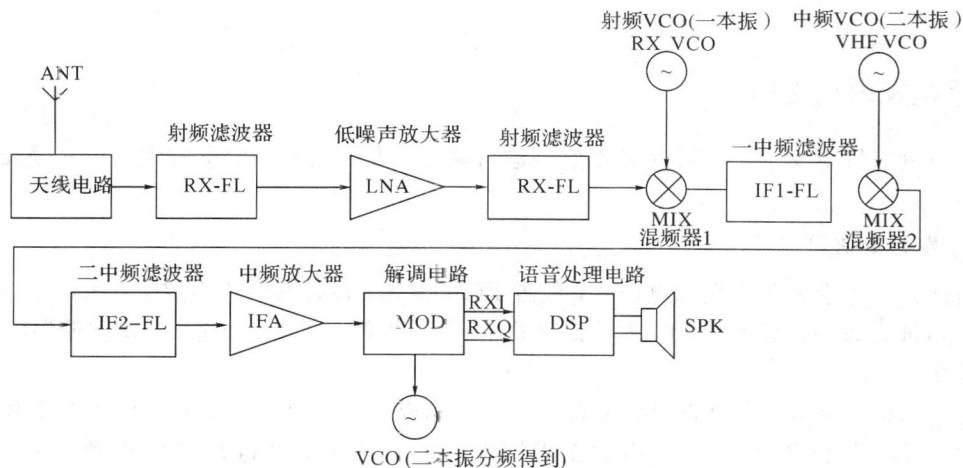

图 7-2 超外差二次混频接收机原理框图

与一次混频接收机相比,二次混频接收机多了一个混频器及一个 VCO,这个 VCO 在一些电路中被叫做 IFVCO 或 VHFVCO。在这种接收机电路中,若 RXI/Q 解调是锁相解调,则解调用的参考信号通常都来自基准频率信号。

2) 零中频接收机

零中频接收机可以说是目前集成度最高的一种接收机,由于体积小,成本低,所以是目前应用最广泛的接收机。零中频接收机的原理框图如图 7-3 所示。

图 7-3 零中频接收机的原理框图

零中频接收机没有中频电路,直接解调出 I/Q 信号,所以只有收发共用的调制解调载波信号振荡器(SHFVCO),其振荡频率直接用于发射调制和接收解调(收、发时振荡频率不同)。

3) 低中频接收机

低中频接收机又被称为近零中频接收机,具有零中频接收机类似的优点,同时避免了零中频接收机的直流偏移导致的低频噪声的问题。

低中频接收机电路结构有点类似超外差一次混频接收机,其原理框图如图 7-4 所示。

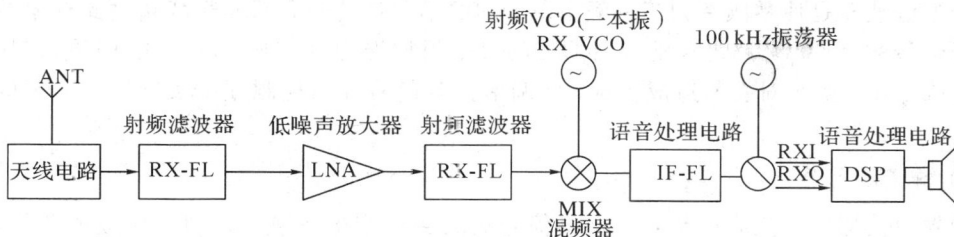

图 7-4 低中频接收机的原理框图

二、手机发射机电路

手机发射机主要是对发射的射频信号进行调制、发射变换、功率放大，并通过天线发射出去。

1. 发射机信号流程

送话器将声音转化为模拟电信号，经过 PCM 编码，再将其转化为数字信号，经过逻辑音频电路进行数字语音处理，即进行话音编码、信道编码、交织、加密、突发脉冲形成、TX I/Q 分离。

分离后的 4 路 TX I/Q 信号到发射中频电路完成 I/Q 调制，该信号与频率合成器的接收本振 RXVCO 和发射本振 TXVCO 的差频进行比较（混频后经过鉴相），得到一个包含发射数据的脉动直流信号，该信号控制发射本振的输出频率，并作为最终的信号，经过功率放大，从天线发射。

2. 发射机各部分功能电路

1）发射音频通道

MIC 将声音信号转换为模拟电信号，并只允许 300～3400 Hz 的信号通过。模拟信号经过 A/D 转换，变为数字信号，经过语音编码、信道编码、交织、加密、突发脉冲串等一系列处理，对带有发射信息、处理好的数字信号进行 GMSK 编码并分离出 4 路 I/Q 信号，送到发射电路。

2）I/Q 调制

经过发射音频通道分离出来的 4 路 I/Q 信号在调制器中被调制在载波上得到发射中频信号。4 路 I/Q 调制所用的载波一般由中频电路内振荡电路或由二本振分频得到。

3）发射变换电路

4 路 TX I/Q 信号经过调制后得到发射中频信号后，在鉴相器（PD）中与 TXVCO 和 RXVCO 混频后得到的差频进行鉴相，得到误差控制信号去控制 TXVCO 输出频率的准确性。

4）发射本振（TXVCO）

由振荡器和锁相环共同完成发射频率的合成，发射本振的去向有两种：一路经过缓冲放大后，送到前置功放电路，经过功率放大后，从天线发射出去；另一路送回发射变换电路，在其内部与 RXVCO 经过混频后得到差频作为发射中频信号的参考频率。

5）环路低通滤波器（LPF）

低通滤波器是使零频率到某一频率范围内的信号能通过，而又衰减超过此频率范围内的高频信号的元件。环路低通滤波器的目的是平滑调谐控制信号，以免在进行信道切换时出现尖峰电压，防止对发射造成干扰，使调谐控制信号准确控制 TXVCO 振荡频率的精确性。

6）前置放大器

前置放大器的作用有两个：一是将信号放大到一定的程度，以满足后级电路的需要；

二是使发射本振电路有一个稳定的负载，以免后级电路对发射本振造成影响。

　　7）功率放大器

　　功率放大器的作用是放大即将发射的调制信号，使天线获得足够的功率，并将其发射出去。它是手机中负担最重、最容易损坏的元件。

　　8）功率控制

　　功放的启动和功率控制是由一个功率控制电路来完成的，控制信号来自射频电路。功放的输出信号经过微带线耦合取出一部分信号送到功控电路，经过高频整流后得到一个反映功放大小的直流电平 U，与来自基站的基准功率控制参考电平 AOC（自动过载控制）进行比较，如果 U<AOC，功率控制输出脚电压上升，控制功放的输出功率上升，反之控制功放的输出功率下降。

3. 发射机电路结构框图

　　手机的发射机有三种基本框架结构：一是带有发射变换电路的发射机，二是带发射上变频电路的发射机，三是直接调制发射机。

　　在手机发射机电路中，TX I/Q 信号之前的部分基本相同，本节只描述 TX I/Q 信号之后至功率放大器之间的电路工作原理。

　　1）带有发射变换电路的发射机

　　发射变换电路也被称为发射调制环路（Transmit modulation loop），它由 TX I/Q 信号调制电路、发射鉴相器（PD）、偏移混频电路（Offset Mixer）、低通滤波器（环路滤波器，Loop Filter，LPF）及发射 VCO（TX VCO）电路、功率放大器电路组成。

　　发射流程如下：送话器将话音信号转换为模拟音频信号，在语音电路中，经 PCM 编码转换为数字信号，然后在语音电路中进行数字处理（信道编码、交织、加密等）和数模转换，分离出模拟的 67.707 kHz 的 TX I/Q 基带信号，TX I/Q 基带信号送到调制器对载波信号进行调制，得到 TX I/Q 发射已调中频信号。用于 TX I/Q 调制的载波信号来自发射中频VCO。

　　在发射电路中，TX VCO 输出的信号一路到功率放大器的电路中，另一路与一本振VCO 信号进行混频，得到发射参考中频信号。已调发射中频信号与发射参考中频信号在发射变化器的鉴相器中进行比较，输出一个包含发射数据的脉动直流误差信号 TX‐CP，经低通滤波器后形成直流电压，再去控制 TX VCO 电路，形成一个闭环回路，这样，由 TX VCO 电路输出的最终发射信号就十分稳定。

　　发射 VCO 输出的已调发射射频信号，即最终的发射信号（GSM 频段为 890～915 MHz、DCS 频段为 1710～1785 MHz、PCS 频段为 1850～1910 MHz），经功率放大和功率控制后，通过天线电路由天线发送出去。带有发射变换电路的发射机电路原理框图如图 7‐5 所示。

　　2）带发射上变频电路的发射机

　　带发射上变频电路的发射机与带有发射变换模块电路的发射机在 TX I/Q 调制之前是一样的，其不同之处在于 TX I/Q 调制后的发射已调信号与一本振 VCO（或 UHF VCO、RF VCO）混频，得到最终发射信号。带有发射上变频电路的发射机电路原理框图如图 7‐6

所示。

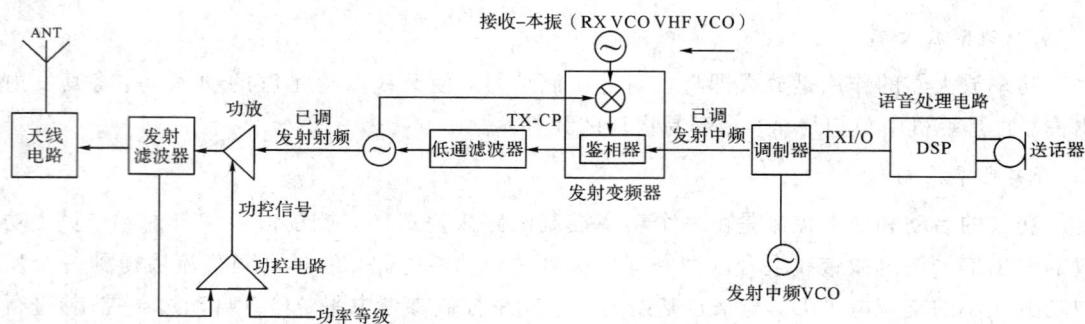

图 7-5 带有发射变换电路的发射机电路原理框图

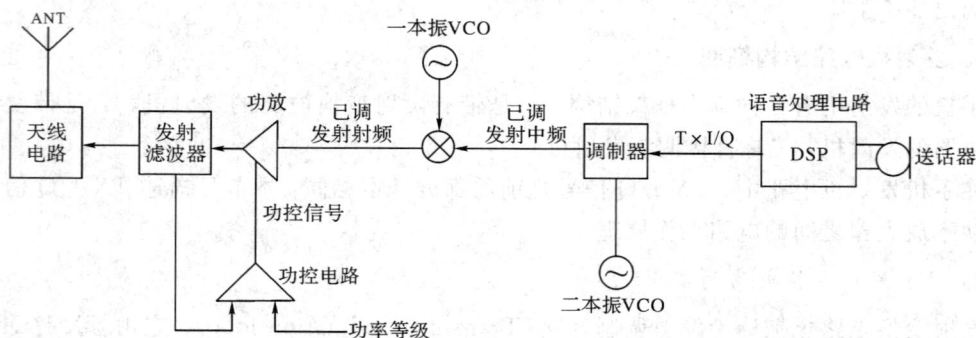

图 7-6 带有发射上变频电路的发射机电路原理框图

3）直接调制发射机

直接调制发射机与上面两种的发射机电路结构有明显的区别，调制器直接将 TX I/Q 信号变换到要求的射频信道上。这种结构的特点是结构简单、性价比高，是目前使用比较多的一种发射机电路结构。直接调制发射机电路原理框图如图 7-7 所示。

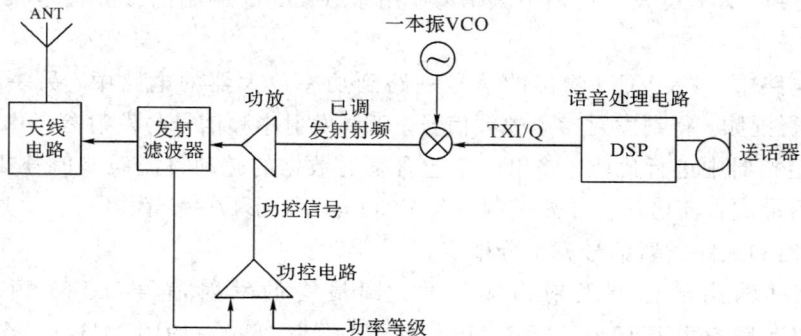

图 7-7 直接调制发射机电路原理框图

三、频率合成器电路

在移动通信中，要求系统能够提供足够的信道，移动台也必须在系统的控制下随时改变自己的工作频率，提供多个信道的频率信号。但是在移动通信设备中使用多个振荡器是不现实的，通常使用频率合成器来提供有足够精度、稳定性好的工作频率。

利用一块或少量晶体且采用综合或合成手段，可获得大量不同的工作频率，而这些频率的稳定度和准确度接近石英晶体的稳定度和准确度的技术称为频率合成技术。

1. 频率合成器电路的组成

在手机中通常使用带有锁相环的频率合成器，利用锁相环路（PLL）的特性，使压控振荡器（VCO）的输出频率与基准频率保持严格的比例关系，并得到相同的频率稳定度。

锁相环路是一种以消除频率误差为目的的反馈控制电路。锁相环的作用是使压控振荡输出振荡频率与规定基准信号的频率和相位都相同（同步）。

锁相环由参考晶体振荡器、鉴相器、低通滤波器、压控振荡器、分频器五部分组成，如图 7-8 所示。

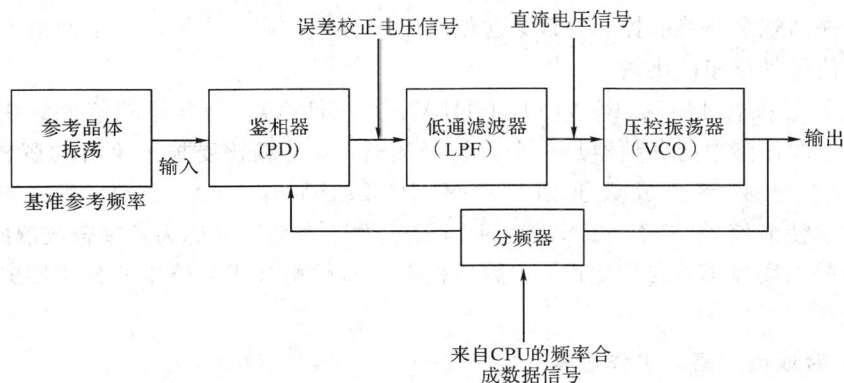

图 7-8　频率合成器电路原理框图

1）参考晶体振荡器

参考晶体振荡器在频率合成乃至整个手机电路中都是很重要的。在手机电路中，特别是在 GSM 手机中，这个参考晶体振荡器被称为基准频率时钟电路，它不但给频率合成电路提供参考频率，还给手机的逻辑电路提供基准时钟，如该电路出现故障，手机将不能开机。

GSM 手机参考晶体振荡器产生的信号有 13 MHz、26 MHz 或 19.5 MHz。CDMA 手机通常使用 19.68 MHz 的信号作为参考信号，也有的使用 19.2 MHz、19.8 MHz 的信号。WCDMA 手机一般使用 19.2 MHz 的信号，有的使用 38.4 MHz、13 MHz 的信号。

2）鉴相器

鉴相器简称 PD、PH 或 PHD（Phase Detector），鉴相器是一个相位比较器，它将压控振荡器的振荡信号的相位变换为电压的变化，鉴相器输出的是一个脉动直流信号，这个脉动直流信号经低通滤波器滤除高频成分后来控制压控振荡器电路。

3）低通滤波器

低通滤波器简称 LPF（Low Pass Filter）。低通滤波器在频率合成器环路中又称为环路滤波器。它是一个 RC 电路，位于鉴相器与压控振荡器之间。

低通滤波器通过对电阻、电容进行适当的参数设置，使高频成分被滤除。由于鉴相器输出的不但包含直流控制信号，还有一些高频谐波成分，这些谐波会影响压控振荡器的工作，低通滤波器就是要把这些高频成分滤除，以免对压控振荡器造成干扰。

4）压控振荡器

压控振荡器简称 VCO（Voltage Control Oscillator）。压控振荡器是一个"电压–频率"转换装置。它将鉴相器 PD 输出的相差电压信号的变化转化成频率的变化。

压控振荡器是一个电压控制电路，电压控制功能是靠变容二极管来完成的，鉴相器输出的相差电压加在变容二极管的两端，当鉴相器的输出发生变化时，变容二极管两端的反偏发生变化，导致变容二极管结电容改变，压控振荡器的振荡回路改变，输出频率也随之改变。

5）分频器

在频率合成中，为了提高控制精度，鉴相器在低频下工作。而压控振荡器输出频率比较高，为了提高整个环路的控制精度，这就离不开分频技术。分频器输出的信号送到鉴相器，和基准信号进行相位比较。

接收机的第一本机振荡（RXVCO、UHFVCO、RHVCO）信号是随信道的变化而变化的，该频率合成环路中的分频器是一个程控分频器，其分频比受控于手机的逻辑电路。程控分频器受控于频率合成数据信号（SYNDAT、SYNDATA 或 SDAT）、时钟信号（SYNCLK）、使能信号（SYN－EN、SYN－LE），这三个信号又称为频率合成器的"三线"。

中频压控振荡器信号是固定的，中频压控振荡器频率合成环路中的分频器的分频比也是固定的。

2. 频率合成器的基本工作过程

1）VCO 频率的稳定

当 VCO 处于正常工作状态时，VCO 输出一个固定的频率 f_0。若某种外接因素如电压、温度导致 VCO 频率 f_0 升高，则分频输出的信号为 $f_n（f_n＝f_0/f_n）$，比基准信号 f_R 高，鉴相器检测到这个变化后，其输出电压减小，使电容二极管两端的反偏压减小，这使得电容二极管的结电容增大，振荡回路改变，VCO 输出频率 f_0 降低。若外界因素导致 VCO 频率下降，则整个控制环路执行相反的过程。

2）VCO 频率的变频

为什么 VCO 的频率要改变呢？因为手机是移动的，移动到另外一个地方后，为手机服务的小区就变成另外一对频率，所以手机就必须改变自身的接收和发射频率。

VCO 改变频率的过程如下：手机在接收到新小区的改变频率的信令以后，将信令解调、解码，手机的 CPU 就通过"三线信号"（CPU 的 SYNEN、SYNDAT、SYNCLK）对锁相环电路发出改变频率的指令来改变程控分频器的分频比，并且在极短的时间内完成。在"三线信号"的控制下，锁相环输出的电压就改变了，用这个已变大或变小的电压去控制压控振荡器内的变容二极管，则 VCO 输出的频率就改变到新小区的使用频率上。

🔲 任务准备

实施本任务教学所使用的实训设备及工具材料可参考表 7－1。

表7-1　实训设备及工具材料

序号	分类	名称	型号规格	数量	单位	备注
1	工具	SIM卡	无	1	个	
2	设备器材	iPhone手机	iPhone 5S	1	台	
3		手机主板	iPhone 5S主板	1	块	
4	其他	原理图纸	iPhone 5S原理图纸	1	份	

任务实施

下面以iPhone 5S手机为例，讲解智能手机射频电路原理分析。

一、认识射频处理器 WTR1605

在iPhone 5S手机中，射频处理器采习了高通的WTR1605，高通WTR1605芯片支持WCDMA HSPA+、CDMA 2000 EVDO Rev. B、TD-SCDMA、TD-LTE、FDD-LTE、EDGE、GPS，全球网络制式几乎全部都支持。

iPhone 5S射频电路主要由天线部分(LOWER_AN)、天线开关(U2000_RF)、发射滤波器(FL2_RF)、发射滤波器(U9_RF)、BAND5/BAND8功放(U58_RF)、LTE BAND13/BAND17功放(U1317_RF)、LTE BAND20功放(U207_RF)、BAND1/BAND4功放(U14_RF)、BAND2/BAND3功放(U23_RF)、DRX接收滤波器(U16_RF)、功放供电(U11_RF)、射频处理器(U3_RF)、基带(J1_RF)、基带电源(U2_RF)等组成。iPhone 5S射频电路框图如图7-9所示。

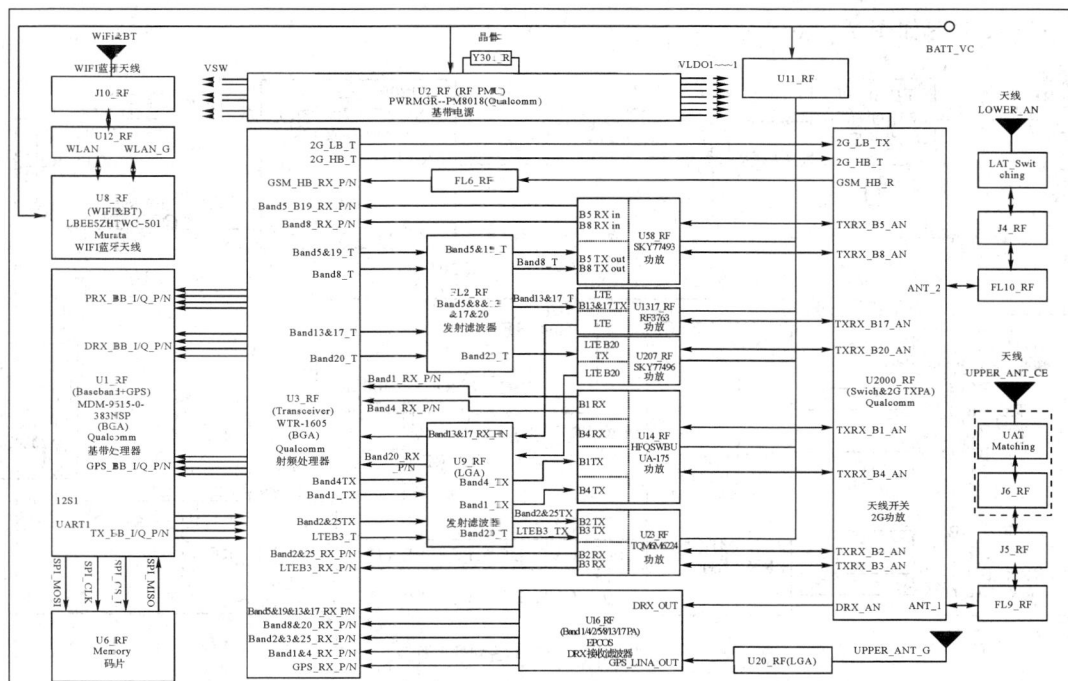

图7-9　射频电路框图

二、射频电路工作原理

iPhone 5S 手机支持 2G、3G、4G 网络，有多个频段使用一个芯片，再加上原理图中芯片分散，给电路分析造成一定难度。为了分析方便，下面按频段对电路进行分析。

1. 2G GSM 电路

iPhone 5S 手机 2G GSM 网络支持 4 个频段，分别是 GSM 850 MHz、GSM 900 MHz、DCS 1800 MHz、PCS 1900 MHz。

DCS 1800 MHz 接收信号由天线接口 J4_RF 进入，经滤波器 FL10_RF 送至 GSM 功率放大器 U2000_RF（U2000_RF 是天线开关，同时集成了 GSM 功放电路，所以会在下面的电路中把 U2000_RF 叫做天线开关）内部，经过 U2000_RF 内部的天线开关，接收信号由 TRX6 输出 50_DCS_RX 信号，经过接收滤波器 FL6_RF 送至射频处理器 U3_RF 进行处理，射频处理器 U3_RF 输出接收基带信号送至基带处理器 U1_RF 内部解调出声音信号。

PCS 1900 MHz 接收信号由天线接口 J4_RF 进入，经滤波器 FL10_RF 送至 GSM 功率放大器 U2000_RF 内部，经过 U2000_RF 内部的天线开关，接收信号由 TRX7 输出 50_PCS_RX信号，经过接收滤波器 FL6_RF 送至射频处理器 U3_RF 进行处理，射频处理器 U3_RF 输出接收基带信号送至基带处理器 U1_RF 内部解调出声音信号。

DCS 1800 MHz、PCS 1900 MHz 的发射信号由射频处理器 U3_RF 输出 50_XCVR_2G_HB_TX 信号至 U2000_RF 进行功率放大后，经 FL10_RF 送至天线发射出去。

GSM 850 MHz 接收信号通道和 BAND 5 共用，GSM 900 MHz 接收信号通道和 BAND 8 共用。GSM850/900 MHz 发射信号由射频处理器 U3_RF 输出 50_XCVR_2G_LB_TX 信号至 U2000_RF 进行功率放大后，经 FL10_RF 送至天线发射出去。iPhone 5S 手机 2G GSM 框图如图 7 - 10 所示。

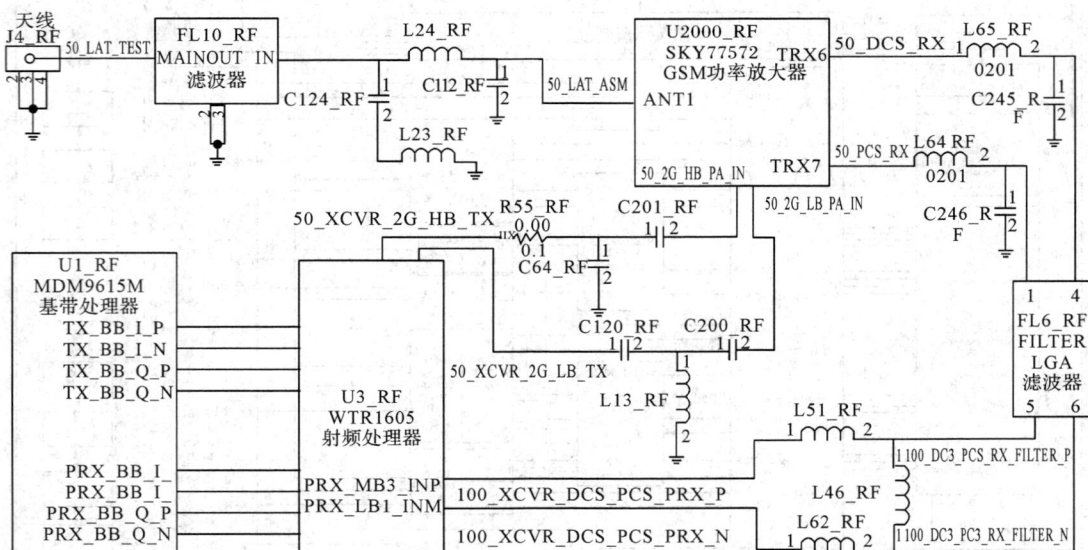

图 7 - 10 2G GSM 框图

2. BAND 1 电路

BAND 1 3G 支持 CDMA 2000 BC6(1921~2169 MHz)，3G 支持 WCDMA B1(1922~2168 MHz)，4G 支持 LTE B1(1920~2170 MHz)。

BAND 1 接收通道信号，由天线接收进来后，经天线接口 J4_RF、滤波器 FL10_RF、天线开关 U2000_RF 送至 BAND 1 功率放大器 U14_RF，接收信号 100_B1_DUPLX_RX_P、100_B1_DUPLX_RX_N 由 U14_RF 输出后送至射频处理器 U3_RF，解调出基带 I/Q 信号后送至基带处理器。

BAND 1 发射通道信号 50_B1_TX_SAW_IN 由射频处理器 U3_RF 输出后，经发射滤波器 U9_RF 滤波，送至功率放大器 U14_RF 进行放大，输出 50_B1_DPLX_ANT 发射信号，经 U2000_RF、FL10_RF，再经天线发射出去。iPhone 5S 手机 BAND 1 框图如图 7-11 所示。

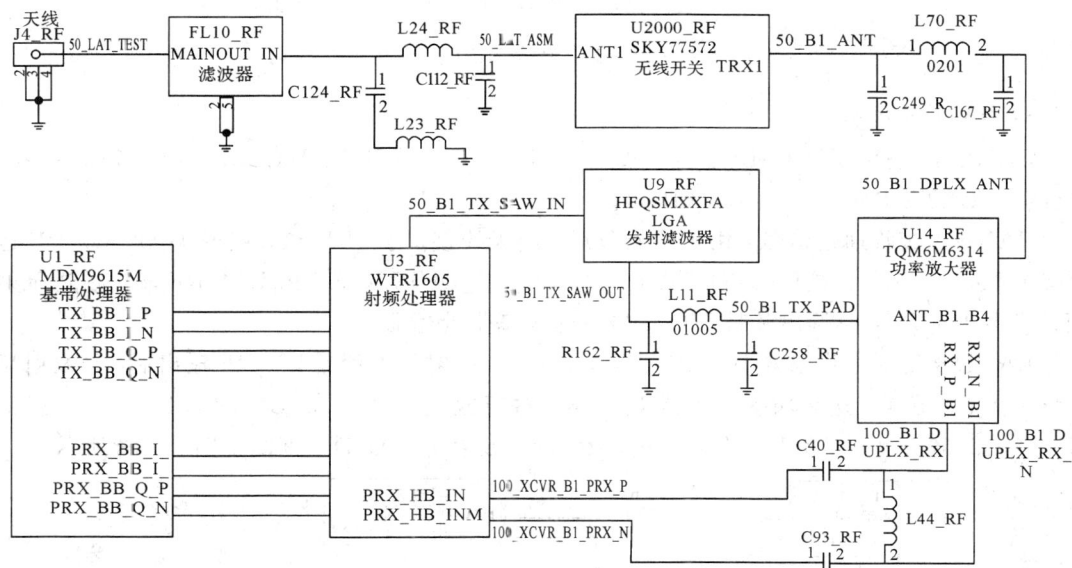

图 7-11　BAND1 框图

3. BAND 2 电路

BAND 2 支持 3G CDMA2000 BC1(824~894 MHz)、3G WCDMA B2(817~868 MHz)、4G LTE B2(826~892 MHz)、4G LTE B25(824~894 MHz)频段。

BAND 2 接收通道信号，由天线接收后，经天线接口 J4_RF、天线开关 U2000_RF 送至 BAND2 功率放大器 U23_RF 进行放大，接收信号 50_B2_DUPLX_RX 由 U23_RF 输出后送至射频处理器 U3_RF，解调出基带 I/Q 信号后送至基带处理器。

BAND 2 发射通道信号 50_B2_TX_SAW_IN 由射频处理器 U3_RF 输出后，经发射滤波器 U9_RF 滤波，送至功率放大器 U23_RF 进行放大，输出 50_B2_DPLX_ANT 发射信号，经 U2000_RF，再经天线发射出去。iPhone 5S 手机 BAND 2 框图如图 7-12 所示。

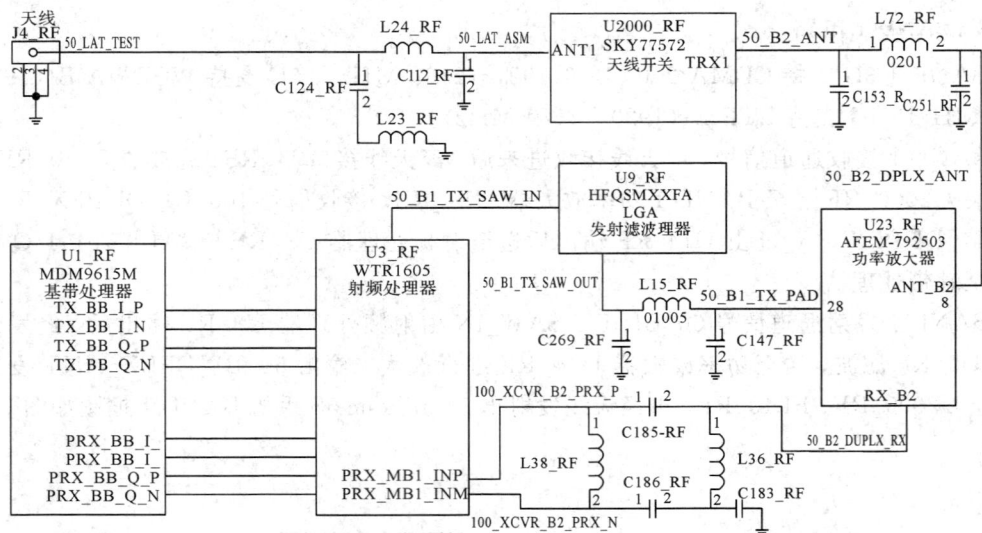

图 7-12　BAND 2 框图

4. BAND 4 电路

BAND 4 支持 3G CDMA 2000 BC15(1711～2155 MHz)、WCDMA B4(1712～2153 MHz)、4GLTE B4(1710～2155 MHz)。

BAND 4 接收通道信号，由天线接收后，经天线接口 J4_RF 和天线开关 U2000_RF 送至 BAND 4 功率放大器 U14_RF，接收信号 100_B4_DUPLX_RX 由 U14_RF 输出后送至射频处理器 U3_RF，解调出基带 I/Q 信号后送至基带处理器。

BAND 4 发射通道信号 100_B4_TX_SAW_IN 由射频处理器 U3_RF 输出后，经发射滤波器 U9_RF 滤波，送至功率放大器 U14_RF 进行放大，输出 50_B4_DPLX_ANT 发射信号，经 U2000_RF，再经天线发射出去。iPhone 5S 手机 BAND 4 框图如图 7-13 所示。

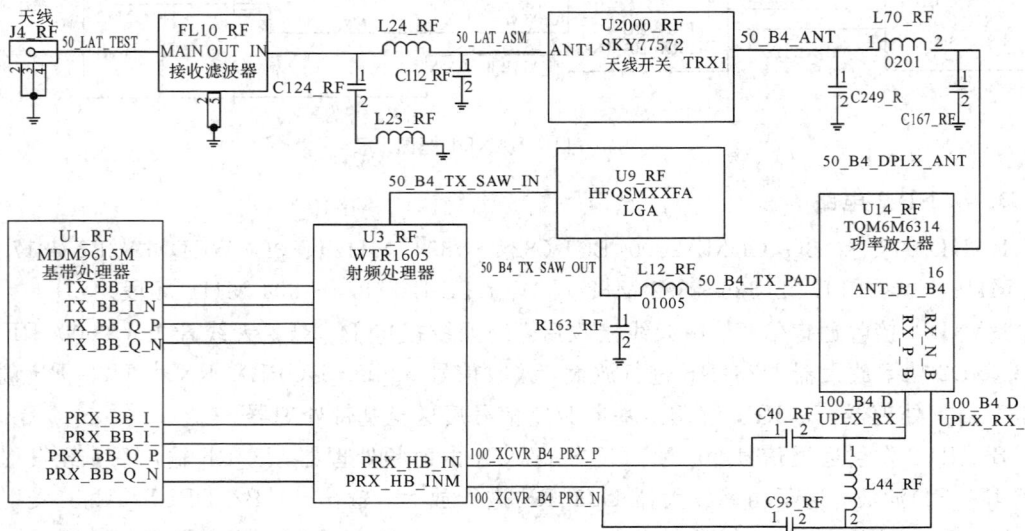

图 7-13　BAND 4 框图

5. BAND 5 电路

BAND 5 支持 2G GSM850/900 频段、3G CDMA 2000 BC0（817～868 MHz）、3G CDMA 2000 BC10（826～892 MHz）、3G WCDMA B5（824～894 MHz）、4G LTE B5（820～870 MHz）、4G LTE B18（820～870 MHz）、4G LTE B19（835～885 MHz）、4G LTE B26（819～889 MHz）频段。

BAND 5 接收通道信号，由天线接收后，经天线接口 J4_RF、天线开关 U2000_RF 送至 BAND5 功率放大器 U58_RF，接收信号 100_B5_DUPLX_RX_P、100_B5_DUPLX_RX_N 由 U58_RF 输出后送至射频处理器 U3_RF，解调出基带 I/Q 信号后送至基带处理器。

BAND 5 发射通道信号 50_XCVR_B5_TX，由射频处理器 U3_RF 输出后，经发射滤波器 FL2_RF 滤波，送至功率放大器 U58_RF 进行放大，输出 50_B5_DPLX_ANT 发射信号，经 U2000_RF，再经天线发射出去。iPhone 5S 手机 BAND 5 框图如图 7-14 所示。

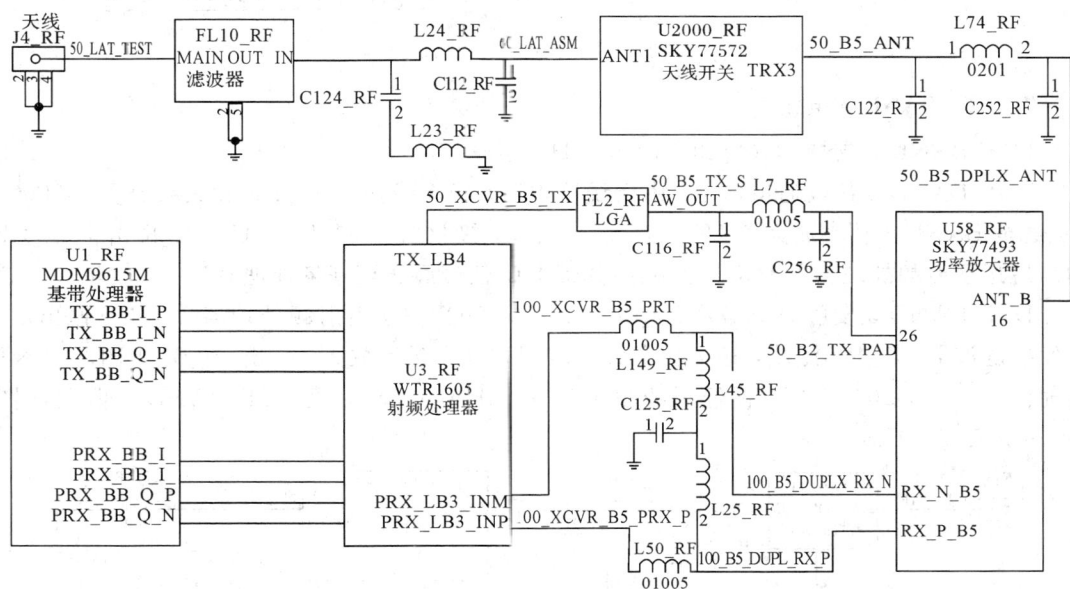

图 7-14 BAND 5 框图

6. BAND 8 电路

BAND8 支持 3G WCDMA B8（882.4～957.6 MHz）、4G LTE B8（885～954.9 MHz）频段。

BAND8 接收通道信号，由天线接收后，经天线接口 J4_RF、滤波器 FL10_RF 和天线开关 U2000_RF 送至 BAND 8 功率放大器 U58_RF 进行放大，接收信号 100_B8_DUPLX_RX_P 和 100_B5_DUPLX_RX_N 由 U58_RF 输出后送至射频处理器 U3_RF，解调出基带 I/Q 信号后送至基带处理器。

BAND 8 发射通道信号 50_XCVR_B8_TX 由射频处理器 U3_RF 输出后，经发射滤波器 FL2_RF 滤波，送至功率放大器 U58_RF 进行放大，输出 50_B8_DPLX_AN 发射信号，经 U2000_RF 和 FL10，再经天线发射出去。iPhone 5S 手机 BAND 8 框图如图 7-15 所示。

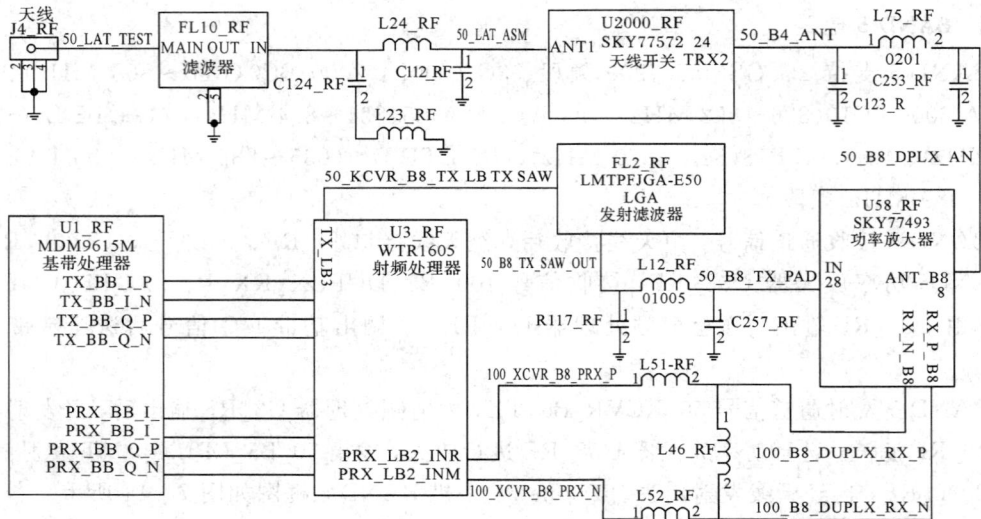

图 7 – 15　BAND 8 框图

7. LTE BAND 3 电路

LTE BAND 3 支持 4G(1710~1880 MHz)频段。

LTE BAND 3 接收通道信号，由天线接收后，经天线接口 J4_RF 和天线开关 U2000_RF 送至 BAND 3 功率放大器 U23_RF 进行放大，接收信号 50_B3_DUPLX_R 由 U23_RF 输出后送至射频处理器 U3_RF，解调出基带 I/Q 信号后送至基带处理器。

LTE BAND 3 发射通道信号 50_B3_B4_TX_SAW_IN 由射频处理器 U3_RF 输出后，经发射滤波器 U9_RF 滤波，送至功率放大器 U23_RF 进行放大，输出 50_B3_DPLX_ANT 发射信号，经 U2000_RF，再经天线发射出去。iPhone 5S 手机 LTE BAND 3 框图如图 7 – 16 所示。

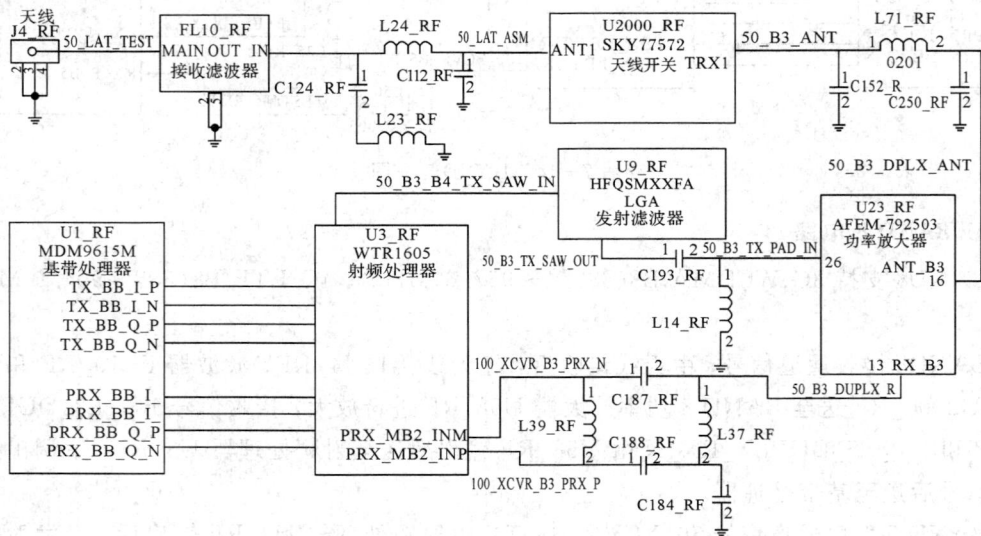

图 7 – 16　LTE BAND 3 框图

8. LTE BAND 13、LTE BAND 17 电路

LTE BAND 13 支持 4G(746～787 MHz)频段、LTE BAND 17 支持 4G(704～746 MHz)频段。

4G LTE BAND 13 接收通道信号，由天线接收后，经天线接口 J4_RF、滤波器 FL10_RF 和天线开关 U2000_RF 送至 LTE BAND 13 功率放大器 U1317_RF 进行放大，接收信号 100_B13_DUPLX_RX_P 和 100_B13_DUPLX_RX_N 由 1317_RF 输出后送至射频处理器 U3_RF，解调出基带 I/Q 信号后送至基带处理器。发射通道信号 50_XCVR_B13_B17_B20_TX 由射频处理器 U3_RF 输出后，经发射滤波器 FL2_RF 滤波，送至功率放大器 U1317_RF 进行放大，输出 50_B17_DPLX_ANT 发射信号，经 U2000_RF、FL10_RF，再经天线发射出去。

4G LTE BAND 17 接收、发射通道信号流程与 4G LTE BAND 13 类似，不再赘述。iPhone 5S 手机 LTE BAND 13、LTE BAND 17 框图如图 7-17 所示。

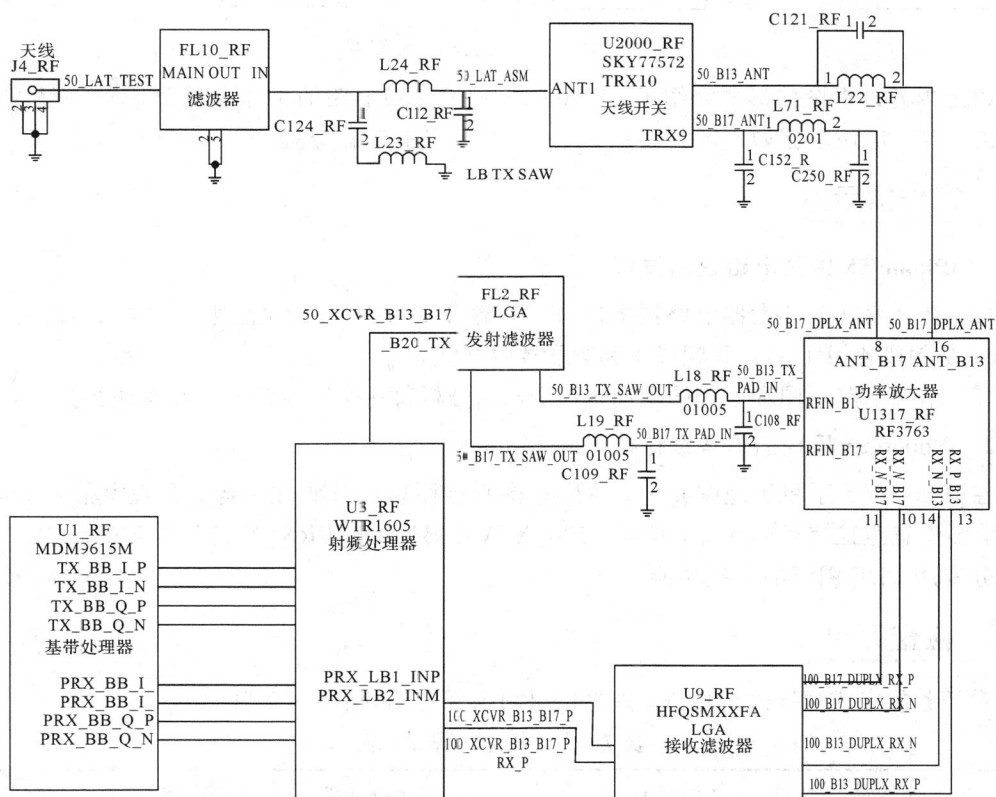

图 7-17 LTE BAND 13、LTE BAND 17 框图

9. LTE BAND 20 电路

4G LTE BAND 20 频率范围为 796～857 MHz。接收、发射通道信号流程与 LTE BAND 13、LTE BAND 17 类似，在此不再赘述。iPhone 5S 手机 LTE BAND 20 框图如图 7-18所示。

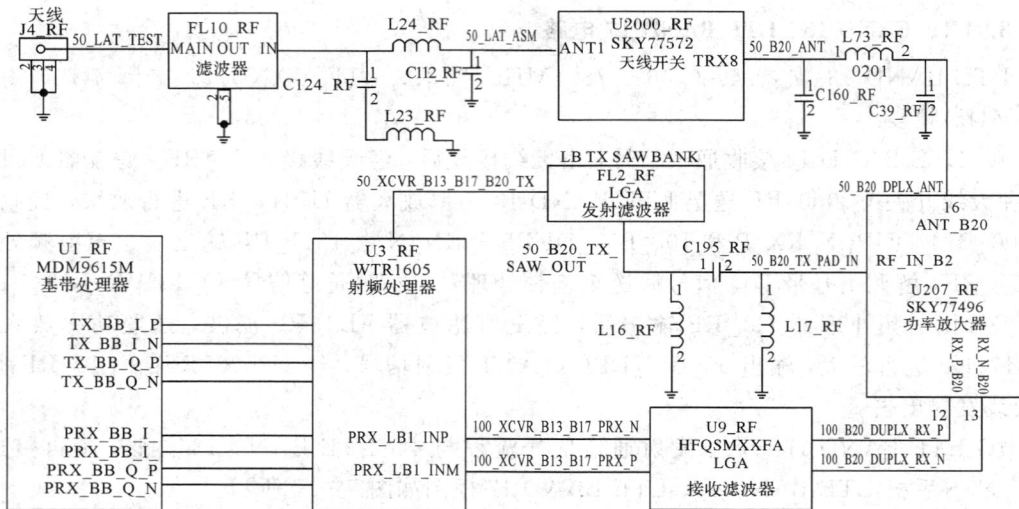

图 7-18 LTE BAND 20 框图

以上内容以框图的形式介绍了 iPhone 5S 手机射频电路的工作原理及信号流程，通过上面的介绍，应该掌握如何区分 2G、3G、4G 信号及其工作流程。

操作提示

1. iPhone 5S 射频电路识图技巧

（1）在观察功率放大器电路图的时候，注意 TX、RX，TX 是发射信号，RX 是接收信号；B4 是频段 4，B1～B4 是频段 1 和频段 4 共用。

（2）结合电路框图和原理图共同进行分析，分析每一个频段信号的收发路径。

2. iPhone 5S 原理图信号跟踪技巧

在 iPhone 5S 手机原理图样中，并没有将所有原理部分画在一起，在观察信号流向的时候，要注意跟踪信号的注释，例如：100_XCVR_B2_B25_PRX_N 信号送到哪儿去了？可以充分利用 PDF 图纸的查找功能。

检查评议

对任务的完成情况进行检查，并将结果填入任务测评表 7-2 中。

表 7-2 任务测评表

序号	主要内容	考核要求	评分标准	配分	扣分	得分
1	手机接收机、发射机、频率合成器工作原理	1. 掌握接收机、发射机、频率合成器的工作原理 2. 掌握接收机、发射机、频率合成器的电路结构框图	1. 描述接收机、发射机、频率合成器的工作原理，描述错误每处扣 5 分 2. 画出接收机、发射机、频率合成器的电路结构框图，每处错误扣 5 分	40		

续表

序号	主要内容	考核要求	评分标准	配分	扣分	得分
2	iPhone 5S 手机射频电路工作原理	1. 掌握各频段信号收发流程　2. 对照手机主板找出各频段元器件	1. 根据 iPhone 5S 原理图画出各频段收发流程，每处错误扣 5 分　2. 识别各频段元器件，每处错误扣 5 分	40		
3	安全注意事项	1. 严格执行操作规程　2. 保持实习场地整洁，秩序井然	1. 发生安全事故扣总分 20 分　2. 违反文明生产要求视情况扣总分 5～20 分	20		
工时	60 min	合　计				
开始时间		结束时间		成　绩		

问题及防治

问题：初学者在认识智能手机射频电路图时，找不到 GSM 900 MHz 信号收发路径。

原因：在智能手机射频电路中，GSM 900 MHz 信号接收路径和 BAND 8 共用，发射路径使用单独的路径。

预防措施：在认识智能手机射频电路原理图时，可以分制式分析信号收发路径，也可以分频段分析信号收发路径。

知识拓展

在中国有三家运营商，分别是中国移动、中国联通、中国电信，每家运营商的网络也不相同，那么手机也要支持不同的模式和频段才行，所以才有了五模十三频的叫法。

1. 什么是五模

五模就是一个芯片支持 TD‐LTE、FDD‐LTE、TD‐SCDMA、WCDMA、GSM 五种不同的通信模式，目前只有美国高通公司生产的芯片支持，在国际市场处于垄断状态。

2. 什么是 2G/3G/4G

GSM 也就是移动和联通的 2G，TD‐SCDMA 是移动 3G，WCDMA 是联通 3G，CDMA‐2000 是电信的 3G，TDD‐LTE 是移动 4G，FDD‐LTE 是全球通用的 4G 标准，目前联通和中国电信在使用。

3. 什么是十三频

十三频就是对前面手机支持的五模进行细分，可以理解为每个模式里面又分为不同的频段，下面是 2G、3G、4G 所支持的不同频段。

（1）2G 网络。

☞　GSM：850/900/1800/1900。

（2）3G 网络（WCDMA/TD）。

179

☞ WCDMA：2100 MHz/1900 MHz/850 MHz(中国联通 3G)；

☞ TD - SCDMA：1880 - 1920 MHz/2010 - 2025 MHz(中国移动 3G)；

☞ CDMA2000：1920 - 1935 MHz/2110 - 2125 MHz(中国电信 3G)。

(3) 4G 网络。

☞ TDD - LTE：1900 MHz/2300 MHz/2600 MHz(中国移动 4G)；

☞ FDD - LTE：1800 MHz/2600 MHz(中国联通和中国电信的 4G)。

4. 什么是双 4G

双 4G 其实和五模十三频是一个意思，支持五模十三频的手机，即支持中国移动和中国联通的 2G、3G、4G 网络，也就是双 4G。这样的手机如果插移动卡，就支持移动的 2G、3G、4G 网络；如果插联通卡，就支持联通的 2G、3G、4G 网络。

5. 十三频和十七频的区别

其实网络制式的频率指的是每种网络频段的不同，国家都划分了几个不同的频段，让它们运行在不同的频段上，互不干扰。通俗地讲，就像收音机一样，调不同的频率就是不同的台。手机网络就像不同频段的收音机一样，运行在不同的频段上。

十三频分别支持 TD - LTE Band38/39/40，LTE FDD Band7/3，TD - SCDMA Band34/39，WCDMA Band1/2/5，GSM Band2/3/8。

十七频分别支持 TDD - LTE Band38/39/40/41，LTE FDD Band1/3/7，TD - SCDMA Band34/39，WCDMA Band1/2/5/8，GSM Band 2/3/5/8。

中国三大运营商信号频段一览表如图 7 - 19 所示。

中国三大运营商信号频段一览表

运营商	Band	上行频率(MHz)	下行频率(MHz)	频宽(MHz)	合计频率(MHz)	制式	
中国移动	8	890-909	935-945	19	179	GSM900	2G
	3	1710-1725	1805-1820	15		DCS1800	2G
	34	2010-2025	2010-2025	15		TD-SCDMA	3G
	39	1880-1890	1880-1890	130		TD-LTE	4G
	40	2320-2370	2320-2370				
	38	2575-2635	2575-2635				
中国联通		1895-1918	1895-1918	0.29	81.29	PCS1900	小灵通(PHS)
	8	909-915	954-960	6		GSM900	2G
	3	1745-1755	1840-1850	10		DCS1800	2G
	1	1940-1955	2130-2145	15		WCDMA	3G
	40	2300-2320	2300-2320	40		TD-LTE	4G
	41	2555-2575	2555-2575				
	3	1755-1765	1850-1860	10		FDD-LTE	4G
中国电信		825-840	870-885	15	85	CDMA	2G
		1920-1935	2110-2125	15		CDMA200	3G
	40	2370-2390	2370-2390	40		TD-LTE	4G
	41	2635-2655	2635-2655				
	3	1765-1780	1860-1875	15		FDD-LTE	4G

图 7 - 19　中国三大运营商信号频段一览表

任务 2　射频电路故障维修

学习目标

知识目标：

1. 了解一信三环法的基本原理。
2. 掌握代换法的应用。

能力目标：

1. 掌握射频电路故障的维修方法。
2. 能够熟练应用一信三环法和代换法解决射频电路常见的故障。

素质目标：

1. 让学生体验到团队合作的精神，从而培养学生的团队合作能力。
2. 使学生体验到收获劳动成果的快乐，从而培养学生热爱工作的精神。

工作任务

在智能手机维修中，射频电路是故障多发点，因为 3G、4G 功率放大器长期工作容易出现损坏、虚焊等问题。

在射频电路故障维修中，应从射频电路和功率放大器等关键部件入手，逐步缩小故障范围，结合维修经验和测量设备最终确定故障元件。本次工作任务具体要求如下：

（1）掌握智能手机射频电路故障的基本维修方法。

（2）能够熟练应用一信三环法和代换法解决射频电路常见的故障。

（3）根据电路工作原理，简单分析电路故障并能给出解决方案。

相关理论

射频电路的故障一般表现为信号弱、无信号、无发射等，对于射频电路故障维修，信号部分的维修一般使用一信三环法、代换法、排除法、关联法等，供电部分的维修则重点检查射频供电电路。

一、一信三环法

1. 一信

一信是指手机的 I/Q 信号。在手机维修中，I/Q 信号是手机射频和逻辑部分的分水岭，通过示波器测量四路 I/Q 信号的方法来判定故障范围。通过测量 I/Q 信号可进一步缩小手机的故障范围，确定故障是由射频部分引起的还是由基带部分引起的。使用数字示波器实测的 I/Q 信号波形如图 7-20 所示。

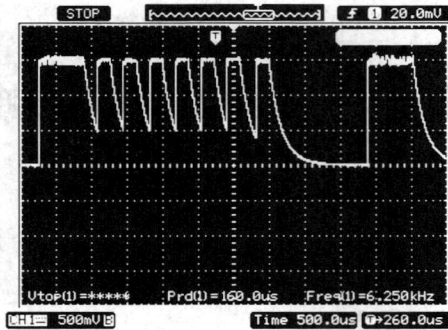

图 7-20 实测的 I/Q 信号波形

2. 三环

三环是指射频部分工作三个环路，分别是系统时钟环路、锁相环（PLL）环路、功放电路的功率控制环路。

1）系统时钟环路

手机中的系统基准时钟晶体是手机中一个非常重要的器件，它产生的系统时钟信号一方面作为逻辑电路提供时钟信号，另一方面为频率合成器电路提供基准信号。

手机中的系统基准时钟晶体振荡电路受逻辑电路提供的 AFC（自动频率控制）信号控制。由于 GSM 手机采用时分多址（TDMA）技术，以不同的时间段（时隙，Slot）来区分用户，故手机与系统保持时间同步就显得非常重要。若手机时钟与系统时钟不同步，则会导致手机不能与系统进行正常的通信。

系统时钟环路的测试方法很简单，可以用示波器测量系统时钟信号波形，或者用频率计测量系统时钟频率，也可用万用表来测试 AFC 电压，通过这三种测量手段可以判断系统时钟环路是否正常。图 7-21 所示是 MTK 芯片组手机系统时钟工作电路。

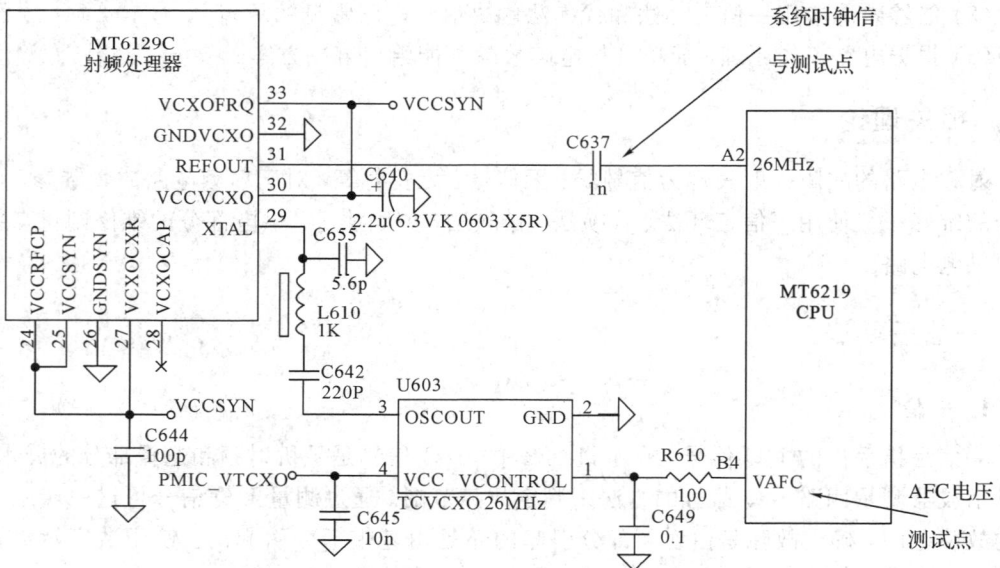

图 7-21 系统时钟电路

2）锁相环（PLL）环路

锁相环（PLL）环路的工作频率受 VCC 调谐电压的控制，通过测量工作频率和波形非常困难，在维修中实际应用的方法是通过测试 VC 调谐电压来判定整个环路工作是否正常。

在集成度较高的手机中，锁相环（PLL）环路基本都集成在集成电路的内部，外部环路中可以测量的信号有分频器的控制信号，如时钟、数据、启动（一般称这三个信号为"三线"控制信号）等，通过测量这三个信号来判定 VCO 环路是否工作。图 7-22 所示是 MTK 芯片组手机的频率合成器"三线"控制信号。

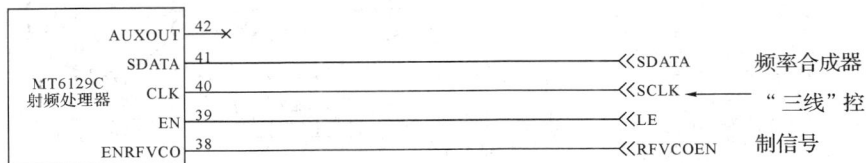

图 7-22 频率合成器"三线"控制信号

3）功放电路的功率控制环路

手机是一种移动通信设备，手机在移动通信过程中离基站的距离也是时近时远，手机离基站比较远时，需要手机有足够的功率，以使手机传出的信息能传输到基站；当手机离基站比较近时，若手机的功率过大，可能会带来各种干扰，导致手机不能正常工作。此外，电磁波的传播不仅受通信距离的影响，电磁波在不同的环境中受地形、地物的影响很大，多径传播造成的衰落，建筑物阻挡造成的阴影效应和运动造成的多普勒频移，也可导致接收信号极不稳定，接收场强的瞬间变化往往可达十倍以上，故手机电路中的功率放大器具有它自己的特点，即功率放大器的放大倍数应能随不同的情况而变化，以使到达基站的信号大小基本稳定，故手机功放最突出的特点是带有自动功率控制电路。

一个完整的功率放大电路通常包括驱动放大、功率放大、功率检测及控制、电源电路等。在功放的输出端，通过一个取样电路取一部分发射信号，经高频整流得到一个反映发射功率大小的直流电平，这个电平在比较环路中与来自逻辑电路的功率控制参考电平进行比较，输出功率放大器的偏压，以控制功率放大器的输出功率。功率控制环路电路框图如图 7-23 所示。

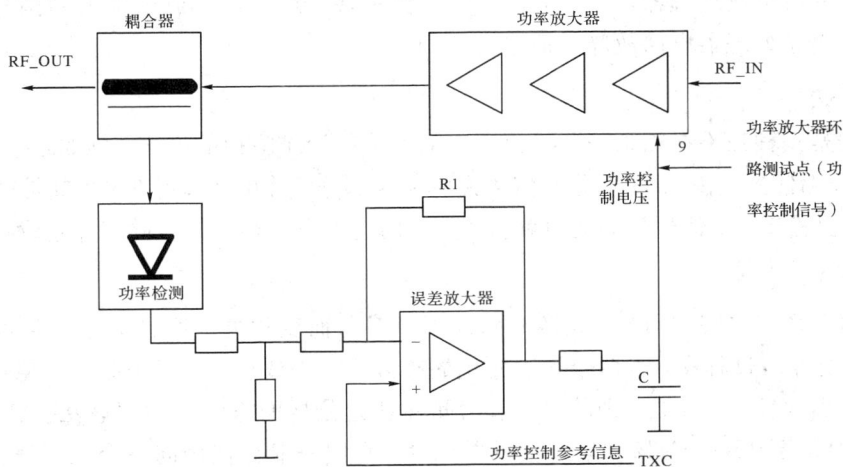

图 7-23 功率控制环路电路框图

功放电路的功率控制环路受功率控制信号 APC 电压的控制，对于这部分电路的维修，一般使用示波器测量功率控制电压（APC）信号，通过测量电压信号，观察整个功率控制环路工作是否正常，这是功率放大电路的一个关键测试点。图 7 - 24 所示是 MTK 芯片组手机的功率控制信号（APC）测试点。

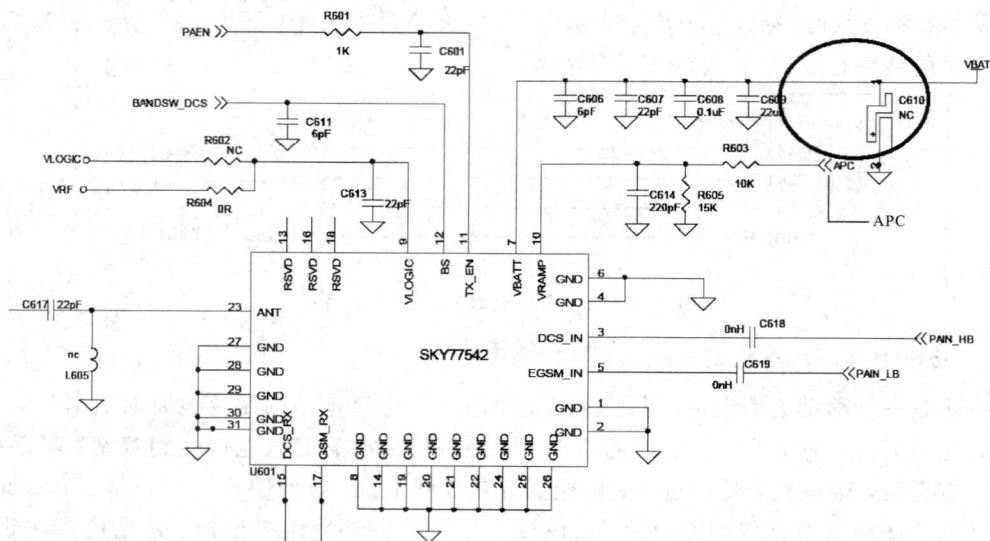

图 7 - 24　功率控制信号（APC）测试点

二、代换法、排除法、关联法

1. 代换法

所谓代换法，就是对某个被怀疑有可能发生故障的元器件或单元电路使用正常的元器件或单元电路进行代换，从中找到故障的部位，及时排除故障的方法。此法比较适合初学者和判断疑难故障，特别是在缺少仪器和仪表的情况下更是直观方便。

在智能手机射频处理器电路中，由于信号频率高，给测量造成了很大的困难。使用代换法来维修射频处理器电路故障是简单有效的方法。

2. 排除法

排除法是一种把不在结论（答案）范围内的其他结论排除掉的方法。例如：2G 部分有信号，4G 部分无信号故障。2G 部分有信号说明天线部分、射频处理器部分、基带部分基本工作正常，主要检查 4G 信号部分通道就可以。利用这种方法很容易排除工作正常的元器件。

3. 关联法

对于两个系统之间的因素，其随时间或不同对象而变化的关联性大小的量度，称为关联度。在系统发展过程中，若两个因素变化的趋势具有一致性，即同步变化程度较高，即可谓二者关联程度较高；反之，则较低。采用此种理论分析的方法叫做关联法。例如：2G 信号中 900 MHz 至 1800 MHz 频段之间的关联性，它们一般会使用同一个天线开关和功放，如果该部分控制或供电出现问题，900 MHz 信号不正常，通常 1800 MHz 信号也会不正常。

任务准备

实施本任务教学所使用的实训设备及工具材料可参考表 7-3。

表 7-3 实训设备及工具材料

序号	分类	名称	型号规格	数量	单位	备注
1	工具	数据线	iPhone 专用	1	条	
2	设备器材	手机	iPhone 5S 手机	1	台	
3		手机	iPhone 5S 主板	1	块	
4		计算机	无	1	台	
5	维修设备	热风枪	850	1	台	
6		焊台	936	1	台	
7		数字示波器	DS1102E	1	台	
8		万用表	VC890C	1	台	
9		稳压电源	龙威 PS-305DM	1	台	

任务实施

射频电路的故障主要表现为：正在搜索，2G 有信号但 3G 无信号，3G 有信号但 2G 无信号等。下面以 iPhone 5S 手机为例讲解射频电路故障维修方法。

一、认识射频电路元件分布图

iPhone 5S 手机目前在国内有两个硬件版本，暂时称其为联通版和移动版。联通版射频电路元件分布图如图 7-25 所示。移动版射频电路元件分布图如图 7-26 所示。

U207_RF（SKY77496）
功率放大双工器(PAD) B20

U2000_RF（SKY77572）
天线开关/GSM功放

U14_RF（TQM6M6314）
功率放大双工器(PAD) B1/4

U1317_RF（RF3763）
功率放大双工器(PAD) B13/17

U58_RF（图纸使用SKY77493）
功率放大双工器(PAD) B5/8

U23_RF（AFEM-792503）
功率放大双工器(PAD) B2/3

图 7-25 联通版射频电路元件分布图

U58_RF （SKY77810）
功率放大双工器(PAD) B5/8

U27_RF （LMSWFKJM）
功率放大双工器(PAD) B34/39

U25_RF （PETNA-BAND）
天线开关

U10_RF （SKY7735）
2G 功率放大双工器(PAD)

U15_RF （A790720）
功率放大双工器(PAD) B7/20

U17_RF （LMSP3XQQ-D67）
天线开关

U23_RF （TQM6M6224）
功率放大双工器(PAD) B2/3

图 7-26　移动版射频电路元件分布图

二、射频电路故障维修思路

在智能手机中，信号问题维修难度较大，尤其让初学者头疼，那么怎么才能更好地维修信号电路故障呢？下面具体进行分析。

1. 判断故障部位

在遇到无信号、无服务故障时，首先要确认故障是在信号电路上还是在基带处理器电路上，如果故障是在信号电路上，在手机上是能够看到调制解调器固件版本和串号的。如果看不到调制解调器固件版本和串号，说明问题出在基带处理器上。

2. 判断损坏原因

客户送来手机以后，要了解损坏的原因，是进水或摔过，还是正常使用时出现的信号故障，还是被别人维修过出现的信号问题？

如果是进水的手机，重点检查射频部分是否有元器件腐蚀，依次检查供电、信号通路的元器件。如果是摔过的机器，则重点检查是否有元器件脱焊，尤其是天线开关、功率放大器等元器件。如果是被别人动过手脚的手机，则重点检查被别人动过的元器件，一个都不要放过。

3. 合理运用代换法及假天线法

代换法在维修中是经常使用的一种方法，就是用好的元器件替换怀疑的元器件，在信号电路应用较多。因为在信号电路中，使用万用表不可能测量到高频信号，能测量高频信号必须使用昂贵的仪器，一般维修网点是不具备的。所以，代换法成了一种简单易行的好办法。

假天线法也是在信号电路中使用较多的方法，在相应的测试点焊接一段焊锡丝来代替天线以进一步确认故障部位。假天线法简单方便，甚至不拆卸元器件就能够大概判断故障部位。

4. 重点检查射频供电

在智能手机中，信号电路一般有单独的供电电路，为功率放大器和射频电路进行供电。

由于射频供电工作电流大，出现问题的几率非常高，所以要重点进行检查。

三、射频电路故障维修案例

1. iPhone 5S 联通卡无服务故障维修

（1）故障现象。

一同行送来一部 iPhone 5S 手机，称插移动卡正常，插联通卡无服务，正常使用，未有进水、摔过等问题出现。

（2）故障分析。

根据同行描述的情况，插移动卡什么功能都正常，但是插联通卡就显示无服务。维修前同行更换过功放电源，故障依旧，所以送来进行维修。

（3）故障维修。

既然已经更换过功放电源，那就排除这部分问题，重点应该检查接收部分。分析电路原理图发现，U7_RF 是天线开关，所有收发信号都要经过 U7_RF 进行处理，所以决定先检查天线开关 U7_RF，补焊后问题没有解决，直接更换一个天线开关，开机再次测试，联通卡信号正常。天线开关 U7_RF 原理图如图 7 - 27 所示。天线开关 U7_RF 原件分布图如图 7 - 28 所示。

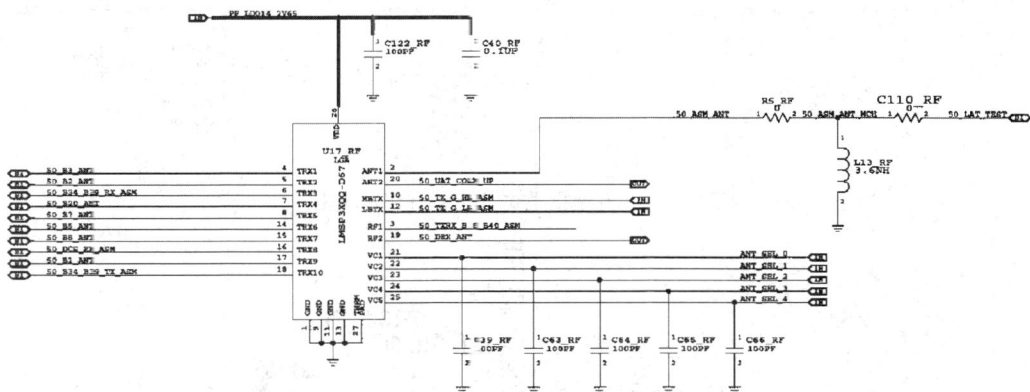

图 7 - 27　天线开关 U7_RF

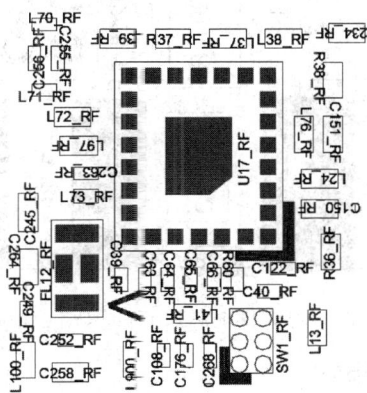

图 7 - 28　天线开关 U7_RF 原件分布图

2. iPhone 5S 无信号故障维修

（1）故障现象。

一客户送来一部 iPhone 5S 手机，手机送修时客户描述手机只有 3G 信号，2G 信号没有，但是有 3G 信号的时候电话也打不出去。

（2）故障分析。

根据客户反映的问题，应该是射频电路没有完全工作，重点检查供电和对应功放电路。

（3）故障维修。

检查主板发现，射频供电芯片 U11_RF 电压输出不正常，将其短接开机测试，信号正常。射频供电芯片 U11_RF 主要为射频功放提供供电，在实际维修中，如果损坏，可与将其 B2、B3 脚短接。射频供电芯片 U11_RF 原理图如图 7-29 所示。射频供电芯片 U11_RF 元件位置图如图 7-30 所示。

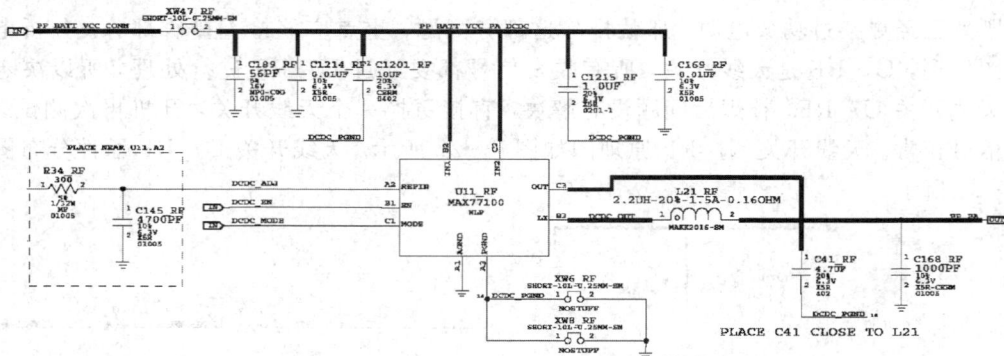

图 7-29 射频供电芯片 U11_RF 原理图

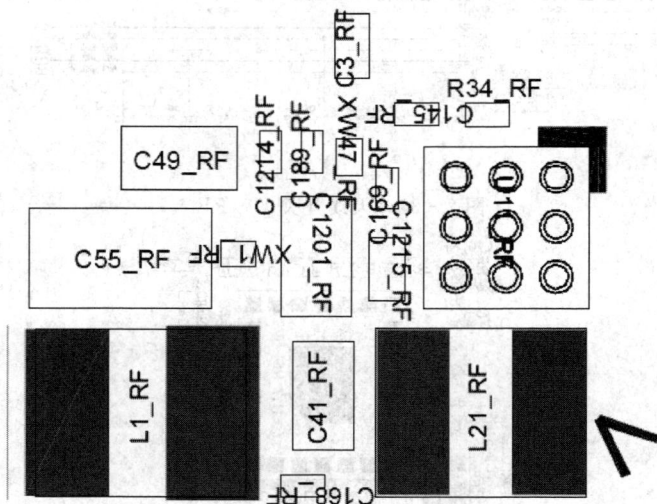

图 7-30 射频供电芯片 U11_RF 元件位置图

3. iPhone 5S 摔过以后信号弱

（1）故障现象。

用户送来一部 iPhone 5S 手机，不小心摔过一次后就出现信号弱的问题，通话断断续

188

续而且经常打不出电话。

（2）故障分析。

根据用户反馈的问题，信号弱的问题一般为射频接收电路问题，再加上用户的机器摔过，可能存在虚焊问题较大。

（3）故障维修。

在 iPhone 5S 手机中，U17_RF 是射频前端模块＋2G 功放功能，通常所说的射频前端模块其实就是天线开关，所有的射频信号都要经过这里。另外 U17_RF 还集成了 2G 功放，如果这个芯片虚焊则最容易出现信号问题。U17_RF 芯片电路如图 7-31 所示。

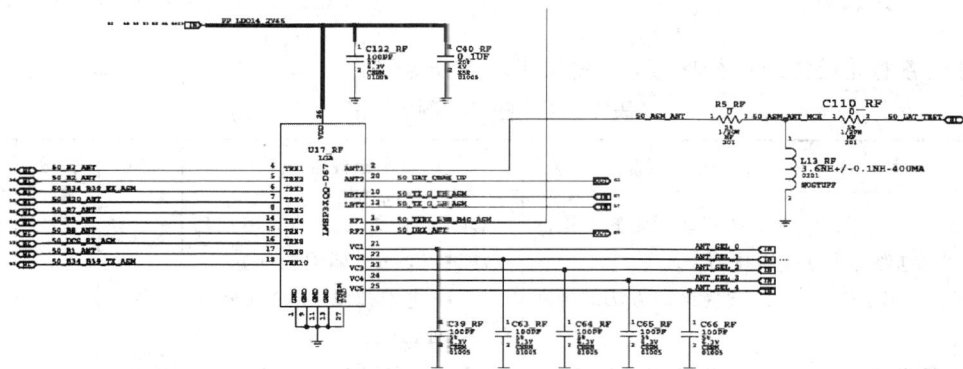

图 7-31　U17_RF 芯片电路

首先对 U17_RF 进行补焊，补焊后，无任何效果，拆下芯片发现，底部有焊点脱落，更换芯片后，开机信号正常了。U17_RF 芯片位置如图 7-32 所示。

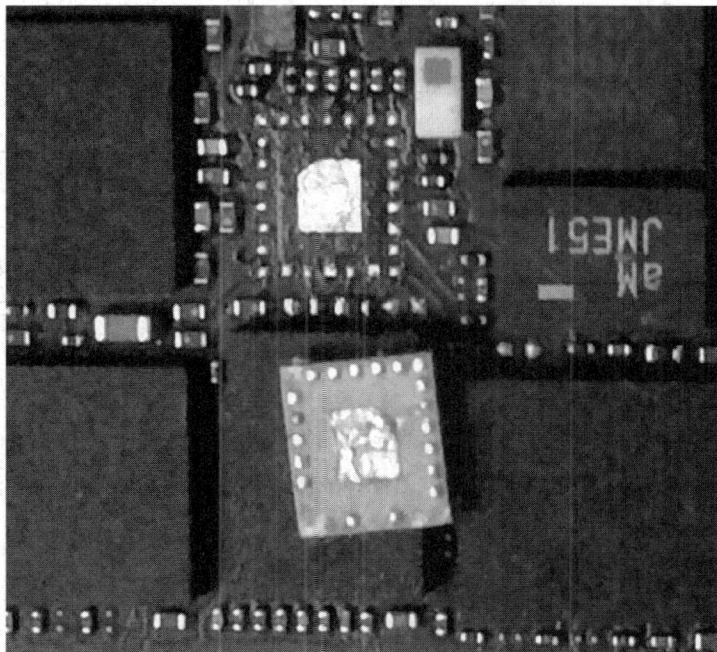

图 7-32　U17_RF 芯片位置

操作提示

射频电路故障判断思路

1. 注意区分信号故障是由基带电路引起的还是由射频电路引起的，重点是看是否有串号。

2. 注意区分信号故障是由哪一个频段引起的，要使用不同运营商的 SIM 卡进行测试。

检查评议

对任务的完成情况进行检查，并将结果填入任务测评表 7－4 中。

表 7－4　任　务　测　评　表

序号	主要内容	考核要求	评分标准	配分	扣分	得分
1	电路维修方法应用	1. 能够掌握维修方法的应用技巧 2. 掌握维修方法的判断思路	1. 描述维修方法的应用技巧及测试点，每处错误扣 5 分 2. 描述维修方法的判断思路，每处错误扣 5 分	40		
2	电路维修思路	1. 判断故障大概部位 2. 掌握常见故障的维修	1. 判断故障部位错误，每次扣 5 分 2. 故障维修思路、解决方法错误，每次扣 5 分	40		
3	安全注意事项	1. 严格执行操作规程 2. 保持实习场地整洁，秩序井然	1. 发生安全事故扣总分 20 分 2. 违反文明生产要求视情况扣总分 5～20 分	20		
工时	60 min	合　计				
开始时间		结束时间		成绩		

问题及防治

在学习射频电路故障维修时，时常会遇到如下问题：

问题：在维修射频电路故障时，遇到无网络故障不知道该先检修接收部分还是先检修发射部分。

原因：如果确定故障在射频电路，下一步就要确认故障在接收部分还是在发射部分，对于初学者来说，这是有些难度的。

预防措施：针对这种问题，使用手动搜索网络，如果能搜索到运营商，则说明接收部分正常，故障在发射部分。如果不能搜索到运营商，说明故障在接收部分。弄清楚这个道理以后，再区分故障所在就简单了。

知识拓展

在智能手机维修中，数字示波器是经常使用的测量仪器，下面以北京普源精电(RIGOL)科技有限公司生产的 DS1102E 100M 数字示波器为例介绍数字示波器的基本操作方法。

一、面板按钮功能

1. 前面板

DS1102E 数字示波器向用户提供简单而功能明晰的前面板，以方便进行基本的操作。面板上包括旋钮和功能按键。旋钮的功能与其他示波器类似。显示屏右侧的一列 5 个灰色按键为菜单操作键(自上而下定义为 1 号至 5 号)。通过它们，可以设置当前菜单的不同选项；其他按键为功能键，通过它们，可以进入不同的功能菜单或直接获得特定的功能应用。DS1102E 数字示波器前面板功能如图 7-33 所示。

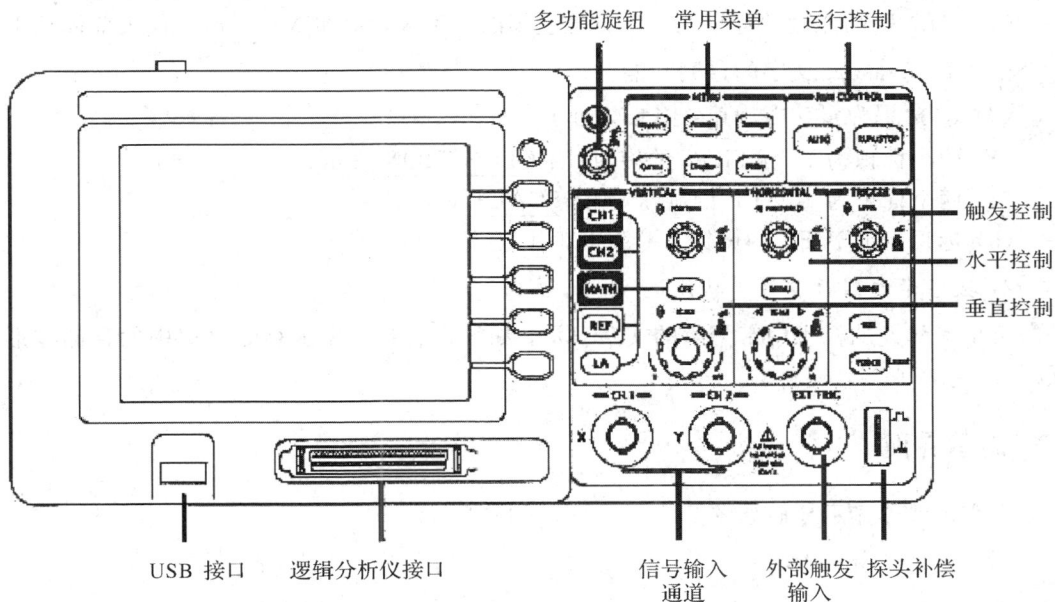

图 7-33 DS1102E 数字示波器前面板功能

2. 后面板

DS1102E 数字示波器的后面板主要包括以下几部分。

(1) Pass/Fail 输出端口：通过/失败测试的检测结果可通过光电隔离的 Pass/Fail 端口输出。

(2) RS232 接口：为示波器与外部设备的连接提供串行接口。

(3) USB Device 接口：当示波器作为"从设备"与外部 USB 设备连接时，需要通过该接口传输数据。例如，连接 PictBridge 打印机与示波器时，使用此接口。DS1102E 数字示波器的后面板功能如图 7-34 所示。

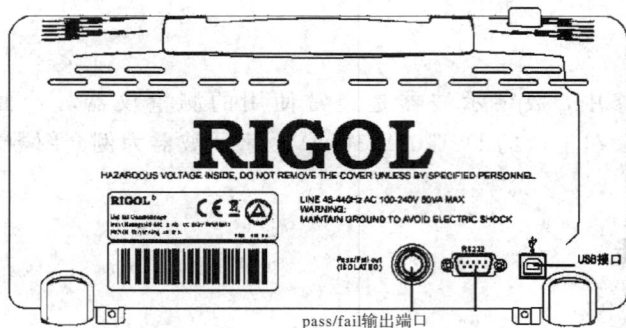

图7-34 DS1102E数字示波器后面板功能

3. 功能键标示

为了方便说明数字示波器的功能，本部分采取以下方式对不同菜单功能进行标识。

1）数字示波器前面板功能键

（1）MENU功能键的标识用一个方框包围的文字表示，如 Measure ，代表前面板上的一个标注着Measure文字的透明功能键；

（2）⊙标识为多功能旋钮，用 ↻ 表示；

（3）两个标识为POSITION的旋钮，用 ⊕POSITION 表示；

（4）两个标识为SCALE的旋钮，用 ⊕SCALE 表示；

（5）标识为LEVEL的旋钮，用 ⊕LEVEL 表示。

2）数字示波器存储菜单功能键

菜单操作键的标识用带阴影的文字表示，如波形存储，表示存储菜单中的存储波形选项。

二、显示界面

数字示波器显示界面如图7-35和图7-36所示。

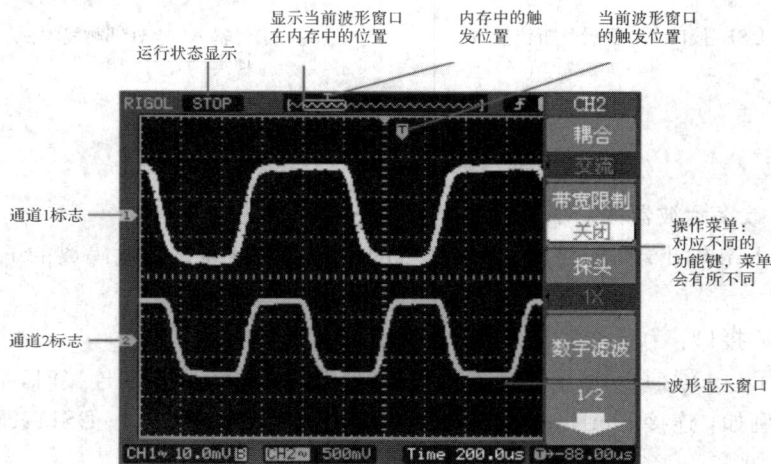

图7-35 仅模拟通道打开

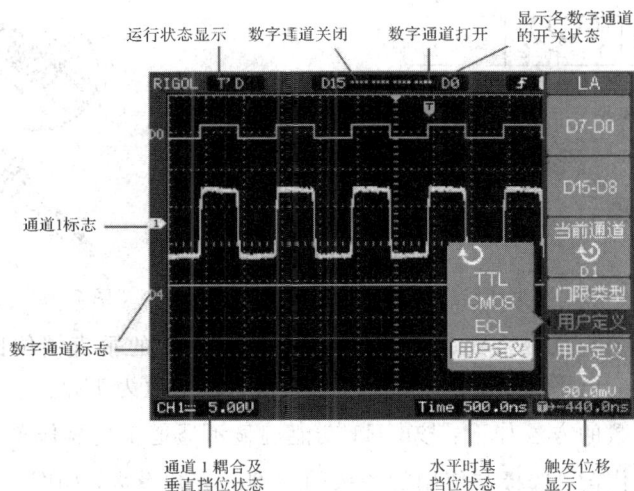

图 7 - 36 模拟和数字通道同时打开

三、功能检查

初次使用的时候，做一次快速功能检查，检查仪器功能是否正常，具体操作步骤如下。

1. 接通仪器电源

电线的供电电压为 100 V 交流电至 240 V 交流电，频率为 45 Hz 至 440 Hz。接通电源后，仪器将执行所有自检项目，自检通过后出现开机画面。按 Storage 按钮，用菜单操作键从顶部菜单框中选择 存储类型，然后调出 出厂设置 菜单框，如图 7 - 37 所示。

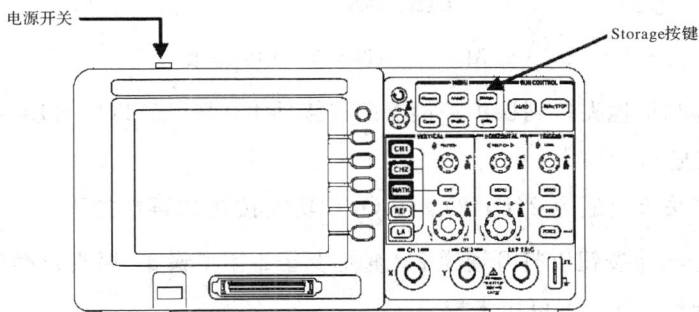

图 7 - 37 通电检查

为避免电击，请确认示波器已经正确接地。

2. 示波器接入信号

示波器接入信号 DS1000E 系列为双通道输入加一个外部触发输入通道的数字示波器，按如下步骤接入信号。

用示波器探头将信号接入通道 1(CH1)，将探头连接器上的插槽对准 CH1 同轴电缆插接件(BNC)上的插口并插入，然后向右旋转以拧紧探头，完成探头与通道的连接后，将数字探头上的开关设定为 10X，如图 7 - 38 和图 7 - 39 所示。

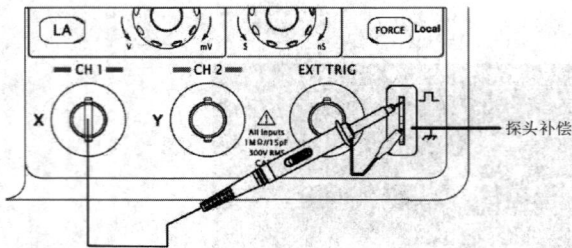

图 7-38 探头补偿连接

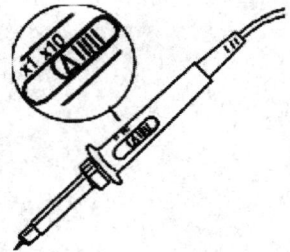

图 7-39 设定探头上的系数

示波器需要输入探头衰减系数。此衰减系数将改变仪器的垂直挡位比例,以使测量结果正确反映被测信号的电平(默认的探头菜单衰减系数设定值为 1X)。

设置探头衰减系数的方法如下:按 CH1 功能键显示通道 1 的操作菜单,应用与探头项目平行的 3 号菜单操作键,选择与使用的探头同比例的衰减系数,如图 7-40 所示,此时设定的衰减系数为 10X。

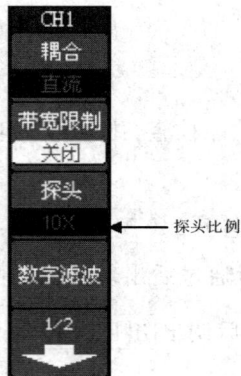

图 7-40 设定菜单中的系数

把探头端部和接地夹接到探头补偿器的连接器上,按 AUTO(自动设置)按钮,几秒钟内,可见到方波显示。

以同样的方法检查通道 2(CH2)。按 OFF 功能按钮或再次按下 CH1 功能按钮以关闭通道 1,按 CH2 功能按钮以打开通道 2,重复步骤 2 和步骤 3。探头补偿连接器输出的信号仅作探头补偿调整之用,不可用于校准。

四、使用数字示波器测量简单信号

观测电路中的一个未知信号,迅速显示和测量信号的频率和峰峰值。

1. 迅速显示该信号的步骤

(1) 将探头菜单衰减系数设定为 10X,并将探头上的开关设定为 10X。

(2) 将通道 1 的探头连接到电路被测点。

(3) 按下 AUTO(自动设置)按键。

示波器将自动设置使波形显示达到最佳状态。在此基础上,可以进一步调节垂直、水平挡位，直至波形的显示符合要求。

2. 进行自动测量

示波器可对大多数显示信号进行自动测量。欲测量信号频率和峰峰值，请按如下步骤操作。

1）测量峰峰值

按下 Measure 按键以显示自动测量菜单。按下 1 号菜单操作键以选择信源：CH1。按下 2 号菜单操作键选择测量类型：电压测量。在电压测量弹出菜单中选择测量参数：峰峰值。此时可以在屏幕左下角发现峰峰值的显示。

2）测量频率

按下 3 号菜单操作键选择测量类型：时间测量。在时间测量弹出菜单中选择测量参数：频率。此时可以在屏幕下方发现频率的显示。测量结果在屏幕上的显示会因为被测信号的变化而改变。

五、数字示波器使用安全注意事项

（1）使用前要认真阅读说明书，严格按照说明书要求进行操作。

（2）正确使用探头，探头地线与地电势相同，请勿将地线连接高电压。

（3）保持适当的通风，不要在潮湿的环境下操作，不要在易燃、易爆的环境下操作，保持仪器表面的清洁和干燥。

（4）不要将仪器放在长时间日光照射的地方。

（5）为避免使用探头时被电击，请确认探头的绝缘导线完好，连接高压源时请不要接触探头的金属部分。

（6）为避免电击，使用时通过电源线的接地导线接地。

项目八 基带电路原理与维修

任务 1 基带电路工作原理

学习目标

知识目标:

1. 掌握基带处电路基本工作原理。
2. 掌握基带处电路上电时序。

能力目标:

1. 能够看懂基带处电路原理图。
2. 能够根据基带处理电路原理图分析电路故障。

素质目标:

1. 让学生体验到团队合作的精神,从而培养学生的团队合作能力。
2. 使学生体验到收获劳动成果的快乐,从而培养学生热爱工作的精神。

工作任务

在智能手机工作中,基带电路完成了射频电路基带 I/Q 信号的解调和调制过程,完成了信道的编解码、语音信号的编解码。

智能手机基带电路的工作原理与功能手机电路基本相似,本次工作任务具体要求如下:

(1)掌握智能手机基带电路的基本工作原理。

(2)能够看懂基带电路原理图纸、分析基带电路的上电时序。

(3)根据电路工作原理,简单分析电路故障并能够给出解决方案。

相关理论

一、基带简介

基带(Baseband)是用来合成即将发射的基带信号,或对接收到的基带信号进行解码。具体地说,就是发射时,把音频信号编译成用来发射的基带码;接收时,把收到的基带码解译为音频信号。

手机基带(Baseband)主要功能为通信协议编码/译码、模数/数模(ADC/DAC)转换、数据处理和储存等。一款最基本的基带(Baseband)需要三个部分组成,即模拟基带处理器

（ABB）、数字基带处理器（DBB）、微控制器或微处理器（MCU/CPU）。

在普通手机中，通常将 MCU（Micro Control Unit，微控制电路）、DSP（Digital Signal Processing，数字信号处理）、ASIC（Application Specific Integrated Circuit，专用集成电路）电路集成在一起，得到数字基带信号处理器；将射频接口电路、音频编译码电路及一些 ADC（模拟至数字转换器）、DAC（数字至模拟转换器）电路集成在一起，得到模拟基带信号处理器。模拟基带信号处理器与数字基带信号处理器的电路关系如图 8-1 所示。

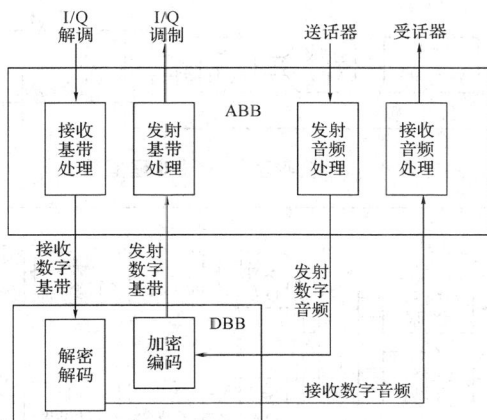

图 8-1　模拟基带信号处理器与数字基带信号处理器的电路关系

在智能手机中，一般是将数字基带信号处理器和模拟基带信号处理器集成在一起，称为基带。不论移动电话的基带电路如何变化，它都包括 MCU 电路（也称 CPU 电路）、DSP 电路、ASIC 电路、音频编译码电路、射频逻辑接口电路等最基本的电路。

可以这样理解智能手机的无线部分，将智能手机无线部分电路再分为两部分，一部分是射频电路，完成信号从天线到基带信号的接收和发射处理；一部分是基带电路，完成信号从基带信号到音频终端（听筒或送话器）的处理。这样就比较容易理解，基带电路的主要工作内容和任务了。

二、模拟基带信号处理电路

模拟基带信号处理器（ABB）又被称为话音基带信号转换器，包含手机中所有的 ADC 与 DAC 变换器电路。

模拟基带信号处理器包含基带信号处理电路、话音基带信号处理电路、辅助变换器单元（也被称为辅助控制电路）。

1. 模拟基带信号处理电路

在接收方面，模拟基带信号处理电路将接收射频电路输出的接收机基带信号 RX I/Q 转换成数字接收基带信号，送到数字基带信号处理器 DBB。

在发射方面，该电路将 DBB 电路输出的数字发射基带信号转换成模拟的发射基带信号 TX I/Q，送到发射射频部分的 I/Q 调制器电路。

模拟基带信号处理电路是用来处理接收、发射基带信号的，连接数字基带与射频电路-射频逻辑接口电路，在基带方面，通过基带串行接口连接到数字基带信号处理器；在射频方面，它通过分离或复合的 I/Q 信号接口连接到接收 I/Q 解调与发射 I/Q 调制电路。接收基带信号处理框图如图 8-2 所示。发射基带信号处理框图如图 8-3 所示。

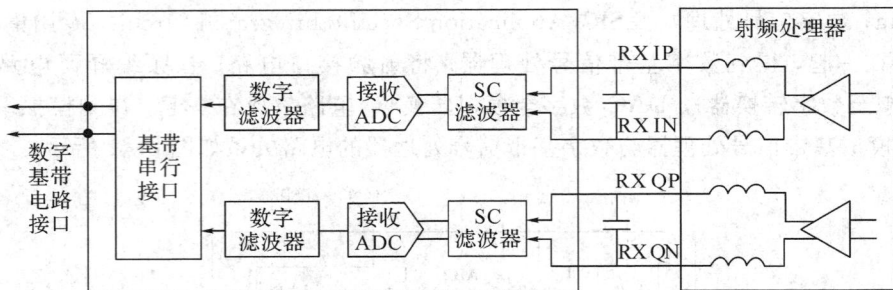

图 8-2　接收基带信号处理框图

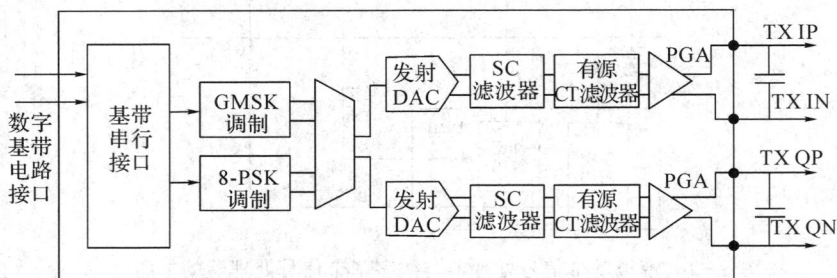

图 8-3　发射基带信号处理框图

2. 话音基带信号处理电路

话音处理电路用来处理接收、发射音频信号。在接收方面，将数字基带处理器电路处理得到的接收数字音频信号转换成模拟的话音信号；在发射方面，将模拟话音信号转换成数字音频信号，送到数字基带处理器电路。

接收音频信号处理将数字基带信号处理器得到的接收数字语音信号进行转换，得到模拟的话音信号——数字-模拟变换（DAC）过程。数字基带信号处理对接收数字基带信号进行解密、信道解码、去分间插入等一系列的处理后，得到数字音频信号，经音频串行接口总线输出数字音频信号到模拟基带信号处理器。接收、发射音频信号处理电路如图 8-4 所示。

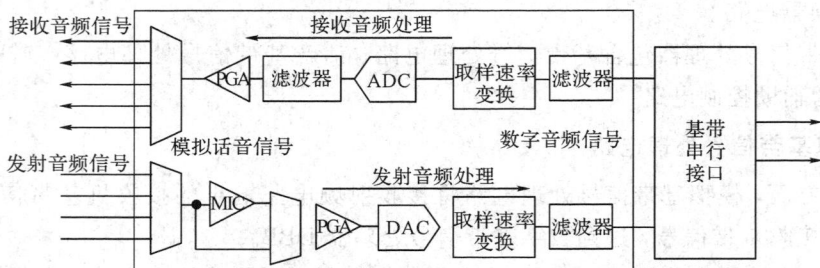

图 8-4　接收、发射音频信号处理电路

接收音频处理电路处理得到的模拟话音信号通常用于手机内的受话器、扬声器、耳机或输出到外接的音频附件。

接收音频终端电路通常都比较简单，模拟基带处理电路输出的信号或直接送到音频终端，或通过模拟电子开关、外部的音频放大器到音频终端。

3. 辅助变换电路

辅助变换电路直接由数字基带信号处理器部分引出的同步串行口寻址，多少与基带部分的串口相似，通过辅助串行接口（控制串行接口）连接到数字基带信号处理器。

辅助变换电路通常包含两部分，一部分是 ADC，另一部分是 DAC。DAC 是固定的，通常都是自动频率控制信号产生的 AFC DAC 单元，以及发射功率控制信号产生的 VAPC DAC 单元；在 ADC 方面，模拟基带信号处理器通常提供多个通道的 ADC 变换，不同的模拟基带信号处理器提供的 ADC 通道不同。

1）DAC 电路

在 DAC 方面，一个是 AFC，一个是 APC，它们的控制数据信号都是数字基带处理电路输出，经控制串行接口到模拟基带处理电路。在 AFC 方面，数字基带处理电路输出的控制数据信号通常要由控制寄存器缓冲，然后将控制数据送到 AFC DAC 单元进行数字-模拟变换。AFC DAC 单元输出的信号经滤波后，被送到手机的参考振荡（系统主时钟）电路的频率特性，控制手机的时钟与基站系统的时钟同步。发射功率控制的 DAC 通道比 AFC DAC 通道要复杂很多。

2）ADC 电路

ADC 通道主要被用来进行电池电压监测、电池温度监测、环境温度监测等。ADC 的输入信号端口连接到各相应的监测电路，以得到模拟的监测电压（或电流）信号。输入的模拟电信号经 A/D 变换后，得到的数据信号经控制串行接口送到数字基带信号处理器。手机系统通过访问系统软件中的参数值与手机的相关工作状态来决定相应的控制动作。

三、数字基带信号处理电路

数字基带信号电路（DBB）包括微处理器电路、数字语音处理器电路（DSP）、ASIC 电路、音频编译码电路、射频逻辑接口电路等。

1. 微处理器电路

微处理器 MCU（Microcontroller Unit）相当于计算机中的 CPU，通常是简化指令集的计算机芯片（RISC）。

MCU 电路通常会提供一些用户界面、系统控制等功能，它包括一个 CPU（中央处理器）核心和单片机支持系统，手机的微处理器有采用 Intel 处理器内核的，也有采用 ARM 处理器内核的，多数手机的微处理器都采用 ARM 处理器内核。

在智能手机中，基带电路的 MCU 执行多个功能，包括系统控制、通信控制、身份验证、射频监测、工作模式控制、附件监测和电池监测等，提供与计算机、外部调试设备的通信接口，如 JTAG 接口等。

不同厂家 MCU 或许在构造上有所不同，但它们的基本功能都相似，手机中的 MCU 电路都被集成在（数字）基带信号处理器中。

关于微处理器电路的工作原理，后面还会有单独的讲解。

2. 数字语音处理器电路(DSP)

DSP 是 Digital Signal Processing 的缩写，即数字信号处理。手机的 DSP 由 DSP 内核加上内建的 RAM 和加载了软件代码的 ROM 组成。DSP 通常提供如下的一些功能：射频控制、信道编码、均衡、分间插入与去分间插入、AGC、AFC、SYCN、密码算法、邻近蜂窝监测等。DSP 核心还要处理一些其他的功能，包括双音多频音的产生和一些短时回声的抵消，在 GSM 移动电话的 DSP 中，通常还有突发脉冲(Burst)建立。

3. ASIC 电路

ASIC 是 Application Specific Integrated Circuit 的缩写，即专用应用集成电路。在手机中，ASIC 通常包含如下的一些功能：提供 MCU 与用户模组之间的接口；提供 MCU 与 DSP 之间的接口；提供 MCU、DSP 与射频逻辑接口电路之间的接口；产生时钟；提供用户接口；提供 SIM(UIM)卡接口；提供时间管理及外接通信接口等。ASIC 单元所包含的接口电路通常被集成在数字基带信号处理器中。

4. 音频编译码电路

音频编译码电路完成了语音信号的 A/D 转换、D/A 转换、PCM 编译码、音频路径转换、发射话音的前置放大、接收话音的驱动放大、双音多频 DTMF 信号发生等功能。

5. 射频逻辑接口

在接收方面，接收射频电路输出的接收机模拟基带信号，并通过 ADC 处理将接收基带信号转换为数字接收基带信号，接收数字基带信号被送到 DSP 电路进行进一步的处理。在发射方面，射频逻辑接口电路接收 DSP 电路输出的发射数字基带信号，并通过 GMSK 调制(或 QPSK 调制等)和 DAC 转换，将发射数字基带信号转化为模拟的发射基带信号 TX I/Q。TXI/Q 信号被送到发射机射频部分的发射 I/Q 调制电路，调制到发射中频(或射频)载波上。射频逻辑接口还提供 AFC 信号处理、AGC 与 APC 信号处理等。

四、微处理器电路

智能手机基带处理器的核心元件是微处理器 MCU。微处理器是手机电路中不可缺少和十分重要的电路之一，负责对手机的接收机、发射机、频率合成器、电源、键盘、显示、音频处理等电路进行控制、协调，使手机按程序有条不紊地工作，微处理器控制功能框图如图 8-5 所示。

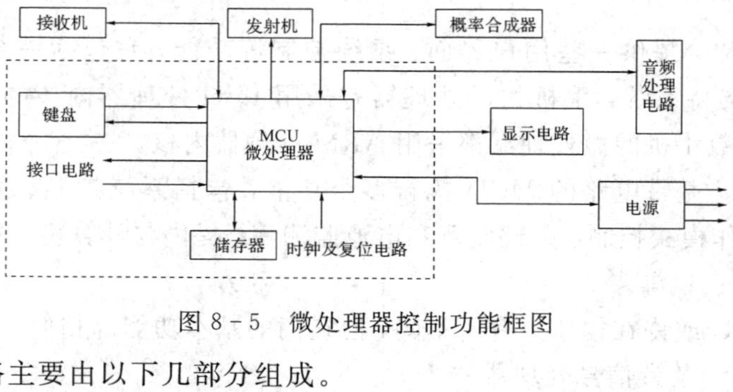

图 8-5 微处理器控制功能框图

微处理器电路主要由以下几部分组成。

(1) 中央处理器(CPU)：是微控制器的核心。

（2）存储器：包括两个部分，一是 ROM，用来存储程序；二是 RAM，用来存储数据；ROM 和 RAM 两种存储器是不同的。

（3）时钟及复位电路：智能手机中常见的是 13 MHz(26 MHz)、38.4 MHz 和 32.768 kHz等。

（4）接口电路：接口电路分为两种，一是并行输入/输出接口，二是串行输入/输出接口。这两种接口电路结构不同，对信息的传输方式也不同。

中央处理器(CPU)与各部分电路之间通过地址总线（AB）、数据总线（DB）和控制总线（CB）连接在一起，再通过接口外部电路进行通信。

1. 中央处理器(CPU)

中央处理器在智能手机的基带电路中起着核心作用，手机所有操作指令的接收和执行、各种控制功能、辅助功能等都在中央处理器的控制下进行。同时，中央处理器还要担任各种运算工作。在手机中，中央处理器起着指挥中心的作用。通俗地讲，中央处理器相当于"司令部"和"算盘"的作用，其中"司令部"用来指挥单片机的各项工作，"算盘"则用来进行各种数据的运算。

1）中央处理器的基本功能

中央处理器是手机的核心部分，主要完成以下功能：

（1）信道编解码：交织、反交织、加密、解密。

（2）控制处理器系统：包括 16 位控制处理器，并行和串行显示接口，键盘接口，EEPROM接口，存储器接口，SIM 卡接口，通用系统连接接口，与无线部分的接口控制，对背光进行可编程控制，实时时钟产生与电池检测及芯片的接口控制等。

（3）数字信号处理：16 位数字信号处理与 ROM 结合的增强型全速率语音编码，DTMF和呼叫铃声发生器等。

（4）对射频电路部分的电源控制。

2）中央处理器的工作流程

CPU 的基本工作条件有三个：一是电源，一般由电源电路提供；二是时钟，一般由 13 MHz晶振电路提供；三是复位信号，一般由电源电路提供。CPU 只有具备以上三个基本工作条件后，才能正常工作。

手机中的中央处理器一般是 16 位微处理器，它与外围电路的工作流程如下：按下手机开机按键，电池给电源部分供电，同时电源供电给中央处理器电路，中央处理器复位后，再输出维持信号给电源部分，这时即使松开手机按键，手机仍然维持开机。

复位后，中央处理器开始运行其内部的程序存储器，首先从地址 0（一般是地址 0，也有些厂家中央处理器地址不是 0)开始执行，然后顺序执行它的引导程序，同时从外部存储器（字库、码片）内读取资料。如果此时读取的资料不对，则中央处理器会内部复位（通过 CPU 内部的"看门狗"或者硬件复位指令）引导程序；如果顺利执行完成后，中央处理器才从外部字库里读取程序执行；如果读取的程序异常，它也会导致"看门狗"复位，即程序又从地址 0 开始执行。

中央处理器读取字库是通过并行数据线和地址线，再配合读写控制时钟线 W/R，中央处理器还有一根外部程序存储器片选信号线或称之为 CS、CE，它和 W/R 配合作用，就能让字库区分读的是数据还是程序。

2. 存储器(Flash)

存储器的作用相当于"仓库",用来存放手机中的各种程序和数据。程序就是根据所要解决问题的要求,应用指令系统中所包含的指令,编成一组有次序的指令的集合。所谓数据就是手机工作过程中的信息、变量、参数、表格等,例如键盘反馈回来的信息。

1) 只读存储器(FLASH)

只读存储器是一个程序存储器,在手机系统中,有的程序是固定不变的,如自举程序或引导程序,有的程序则可以进行升级,如 FLASH 的特点是响应速度和存储速度高于一般的 EPROM,在手机中它存储着系统运行软件和中文资料,所以叫它版本或字库。

(1) FLASH 的作用。FLASH 在手机的作用很大,地位非常重要,具体作用如下:存储主机主程序、存储字库信息、存储网络信息、存储录音、存储加密信息、存储序列号(IMEI 码)等。

(2) FLASH 的工作流程。当手机开机时,中央处理器便传出一个复位信号 RESET 到FLASH,使系统复位。再待中央处理器把字库的读写端、片选端选定后,中央处理器就可以从 FLASH 内取出指令,可在中央处理器里运算、译码、输出各部分协调的工作命令,从而完成各自功能。

FLASH 的软件资料是通过数据交换端和地址交换端与微处理器进行通信的。CE(CS)端为字库片选端,OE 端为读允许端,RESET 端为系统复位端,这 3 个控制端分别由中央处理器加以控制。如果 FLASH 的地址有误或未选通,都将导致手机不能正常工作,通常表现为不开机和显示字符错乱等故障现象。

由于 FLASH 可用来擦除,所以当出现数据丢失时可以用编程器或免拆机维修仪重新写入。和其他元件一样,FLASH 本身也可能会损坏(硬件故障),如果是硬件出现故障,就要重新更换 FLASH。

2) 电可擦可编程只读存储器(EEPROM)

电可擦可写可编程存储器是一块存储器,俗称"码片",它以二进制代码的形式储存手机的资料,它存储的是:手机的机身码;检测程序,如电池检测、显示电压检测等;各种表格,如功率控制(PC)、数模转换(DAC)、自动增益控制(AGC)、自动频率控制(AFC)等;手机的随机资料,可随时存取和更改,如电话号码菜单设定等。其中,码片中存储的是一些系统可调节的参数,对于生产厂家来说,码片中存储的是手机调试的各种工作参数及与维修相关的参数,如电池门限、输出功率表、话机锁、网络锁等;对于手机用户来说,码片中存储的是电话号码本、语音记事本及各种保密选项,如个人保密码,以及手机本身(串号)等。手机在出厂前都要对手机的各种工作状态进行调试,以使手机工作在最佳状态。调试的结果就存在码片里,所以不是在很必要的情况下不要去重写码片,以免降低手机的性能。

随着手机集成化程度的提高,手机已经没有"码片"这个单独的器件了,它们已经被集成到 FLASH 内部。

3) 数据存储器(RAM)

数据存储器可读可写,是暂时寄存。前加 S 是静态的意思,SRAM 平时没有资料,当单机片系统工作时,为数据和信息在传输过程中提供一个存放空间,像旅途中的"旅店",

它存放的数据和资料断电就会消失。

现在 RAM 仍是中央处理器系统中必不可少的数据存储器,其最大的特点是存取速度快,断电后数据自动消失。随着手机功能的不断增加,中央处理器系统所运行的软件越来越大,相应的 RAM 容量也越来越大。

3. 时钟及复位

1) 实时时钟

实时时钟电路(RTC)有的被设计在数字基带部分,有的被设计在复合电源管理电路(PMU)。实时时钟振荡电路通常都很简单,由基带芯片内的 RTC 振荡器与外接的实时时钟晶体(32.768 kHz 的晶体)及补尝电容或电阻一起组成。

2) 系统主时钟

系统主时钟信号通常由射频部分的参考振荡电路产生,时钟信号被送到 DBB 电路后,该信号并不直接使用,还需要经过一系列的处理后才能得到各种相应的时钟信号。实时时钟及系统主时钟在前面章节已经介绍过,这里不再赘述。

3) 复位信号

为确保 CPU 电路稳定可靠工作,复位电路是必不可少的一部分,复位电路的第一功能是上电复位。

由于 CPU 电路是时序数字电路,它需要稳定的时钟信号,因此在电源上电时,只有当供电稳定供给以及晶体振荡器稳定工作时,复位信号才被撤除,CPU 电路开始正常工作。

4. 接口电路

接口电路是指 CPU 与外部电路、设备之间的连接通道及有关的控制电路。由于外部电路、设备中的电平大小、数据格式、运行速度、工作方式等均不统一,一般情况下是不能与 CPU 相兼容的(不能直接与 CPU 连接),外部电路和设备只有通过输入/输出接口的桥梁作用才能进行相互之间的信息传输、交流,并使 CPU 与外部电路、设备之间协调工作。

1) 并行总线接口

并行总线主要包括地址总线、数据总线和控制总线,在逻辑控制电路中,CPU 和外部存储器(FLASH 和暂存器)一般是通过并行总线进行通信的。

(1) 地址总线。地址总线用 AB 表示,AB 是英文 Address Bus 的缩写。地址总线(AB)用来由 CPU 向存储器单元发送地址信息,由于存储器单元不会向 CPU 传输信息的,所以地址总线(AB)是单向传输总线。

一个 8 位的 CPU,其地址总线(AB)数目一般为 16 根,一般用 A0~A15 表示,这 16根地址总线可以寻址的存储单元目录是 $2^{15}=65\ 536=64$K。一个 32 位的单片机,其地址总线(AB)数目一般为 32 根,一般用 A0~A31 表示。

另外,需要特别明确地址总线的信号传输方向,只能从 CPU 出发,而字库也只能被动地接收 CPU 发过来的寻址信号。明确了这一点,对检修不开机的手机是很有帮助的。对于一台不开机的手机,取下字库测其他地址总线的寻址信号,如果正常,则要注意先检查CPU 的工作条件是否满足,如供电、复位、时钟等。如果 CPU 的工作条件完全正常,CPU还不能正常发出寻址信号的话,则 CPU 可能损坏。

（2）数据总线。数据总线用 DB 表示，DB 是英文 Data Bus 的缩写，用来在 CPU 与存储器之间传输数据。由于数据可以从 CPU 传输到存储器，也可以反方向传输到 CPU 中，所以数据总线（DB）是双向数据传输的总线，与地址总线（AB）不同。

数据总线的根数与 CPU 的位数相对应，一个 8 位的微处理器，其数据总线（DB）数目一般为 8 根，分别用 D0～D7 表示。一个 32 位的 CPU，其数据总线（DB）数目一般为 32 根，分别用 D0～D31 表示。

（3）控制总线。控制总线用 CB 表示，CB 是英文 Control Bus 的缩写。控制总线（CB）用来传输控制信息，例如传送中断请求（IRQ、INT）、片选（CE、CS）、数据读/输出使能（OE）、数据写/输入使能（WE）、读使能（RE）、写保护（WP）、地址使能信号（ALE）、命令使能信号（CLE）等。控制总线（CB）是单向传输的，但对 CPU 来讲，根据各种控制信息的具体情况，有的是输入信息，有的是输出信息。

控制总线采用能表明含义的缩写英文字母符号，若符号上有一横线，表明用负逻辑（低电平有效），否则为高电平有效。

2）I^2C 串行总线接口

I^2C 总线是英文的 Inter Integrated Circuit Bus 的缩写，常译为内部集成电路总线，或集成电路间总线，是飞利浦公司的一种通信专利技术。它可以由两根线组成：一个是串行数据线（SDA），一个是串行时钟线（SCL），可使所有挂接在总线上的器件进行数据传递。I^2C 总线使用软件寻址方式识别挂接于总线上的每个 I^2C 总线器件，每个 I^2C 总线都有唯一确定的地址号，以使在器件之间进行数据传递。I^2C 总线几乎可以省略片选、地址、译码等连线。

在 I^2C 总线中，CPU 拥有总线控制权，又称为主控器，其他电路皆受 CPU 的控制，故将它们统称为控制器。主控器能向总线发送时钟信号，又能积极地向总线发送数据信号和接收被控制器送来的应答信号。被控制器不具备时钟信号发送能力，但能在主控制器的控制下完成数据信号的传送，它发送的数据信号一般是应答信息，以将自身的工作情况反馈给 CPU。CPU 利用 SCL 线和 SDA 线与被控电路之间进行通信，进而完成对被控电路的控制。

在手机电路中，很多芯片都是通过 I^2C 总线和 CPU 进行通信的。

任务准备

实施本任务教学所使用的实训设备及工具材料可参考表 8-1。

表 8-1　实训设备及工具材料

序号	分类	名称	型号规格	数量	单位	备注
1	工具	SIM 卡	无	1	个	
2	设备器材	iPhone 手机	iPhone 5S	1	台	
3		手机主板	iPhone 5S 主板	1	块	
4	其他	原理图纸	iPhone 5S 原理图纸	1	份	

任务实施

一、认识基带电路

下面以 iPhone 5S 手机为例介绍基带电路工作原理。

iPhone 5S 手机使用了美国高通的 MDM9615M 芯片。MDM9615M 是美国高通推出的支持 LTE(FDD 和 TDD)、双载波 HSPA＋、EV－DO 版本 B 和 TD－SCDMA 的 Mobile Data Modem(MDM)芯片,该芯片组将采用 28 nm 节点技术制造,是 MDM9600 产品系列高度优化的后继产品。该芯片组在调制解调器性能、功耗、主板及 BOM 费用方面均有改善。

MDM9615M 可与 WTR1605 射频芯片和 PM8018 电源管理芯片配对,提供高度集成的芯片组解决方案。基带 MDM9615M 电路框图如图 8－6 所示。

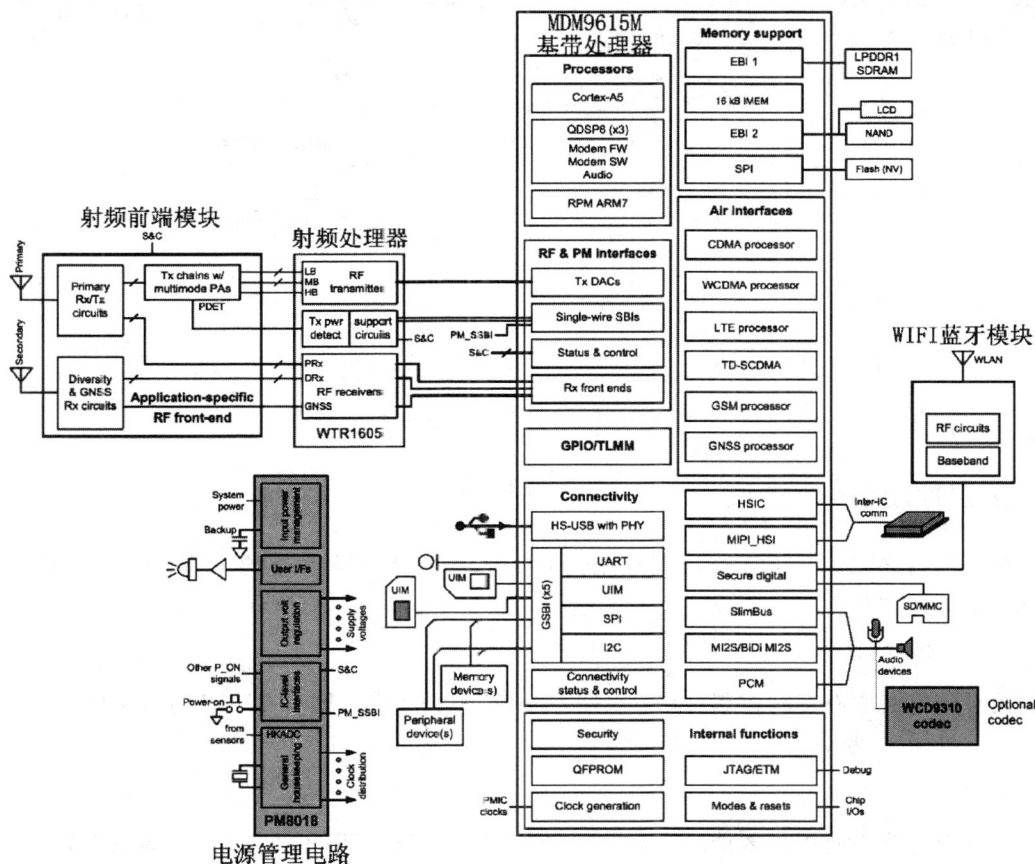

图 8－6 MDM9615M 电路框图

二、认识信号处理电路

由射频电路送来的基带 I/Q 信号送入到基带 U1_RF 的 U8、W8、Y8、AA8,分集接收基带 I/Q 信号送入到 U1_RF 的 Y10、AA10、Y9、AA9 脚。基带 I/Q 信号经过解调后从

U1_RF 的 A17、A20、B20、B21 脚输出 I²S 数字音频信号。

发射的 I²S 数字音频信号从 U1_RF 的 A17、A20、B20、B21 脚送到 U1_RF 内部经过调制处理后从 U1_RF 的 Y6、AA6、Y5、AA5 脚输出发射基带 I/Q 信号，送至射频电路 U3_RF。基带信号处理电路如图 8-7 所示。

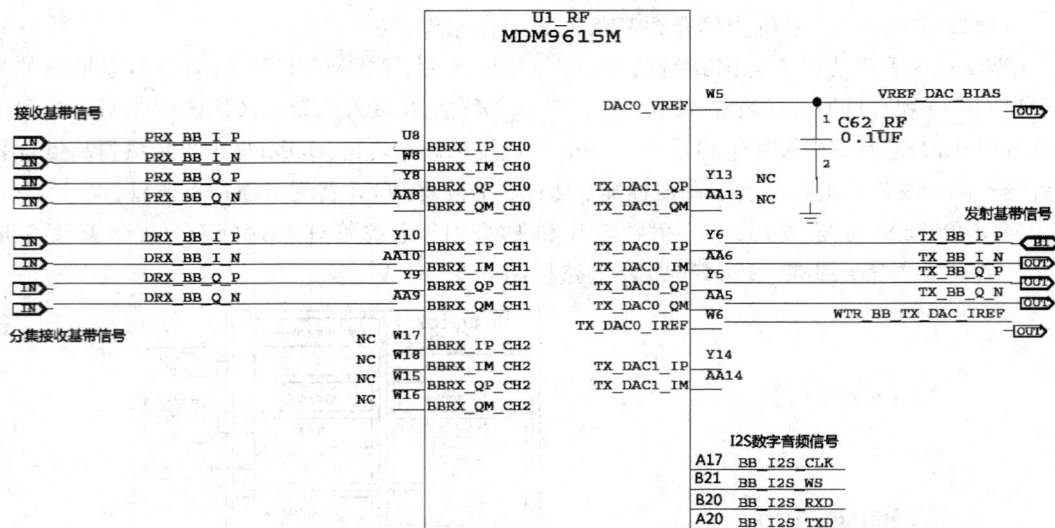

图 8-7　基带信号处理电路

三、认识控制信号

在基带电路中，控制信号比较复杂，主要用来控制射频电路的工作，以及控制不同 BAND 的频段工作。

1. 控制接口

在基带电路中有多种控制接口，包括 JTAG 接口、USB 接口、HSIC 高速接口、UART 接口等。

2. 总线

在基带电路中使用了多种总线，包括 SSBI 串行总线、SPI 总线、I²S 音频总线等。

3. 时钟信号

在基带电路中分别使用了实时时钟和系统时钟，其中 32.768 kHz 实时时钟信号 SLEEP_CLK_32K 送到基带 U1_RF 的 AA19 脚，19.2 MHz 系统时钟信号 19P2M_MDM 送到 U1_RF 的 V20、B12 脚。

4. 复位信号

为确保基带电路能够稳定可靠的工作，复位电路是必不可少的一部分。复位电路的第一功能是上电复位。基带复位信号 PMIC_RESOUT_L 送到基带 U1_RF 的 Y20 脚，完成 U1_RF 的复位工作。

5. 射频控制信号

射频电路、前端模块、各频段功率放大器、射频供电电路的工作均受基带的控制。

6. SIM 卡电路

基带电路完成了 SIM 卡信号的处理过程，SIM 卡检测信号 SIM_TRAY_DETECT 送到基带 U1_RF 的 B6 脚，SIM 卡复位信号 SIMCRD_RST_CONN 送到 U1_RF 的 A6 脚，SIM 卡时钟信号 SIMCRD_CLK_CONN 送到 U1_RF 的 A5 脚，SIM 卡数据信号 SIMCRD_IO_CONN 送到 U1_RF 的 B5 脚。基带控制信号如图 8-8 所示。

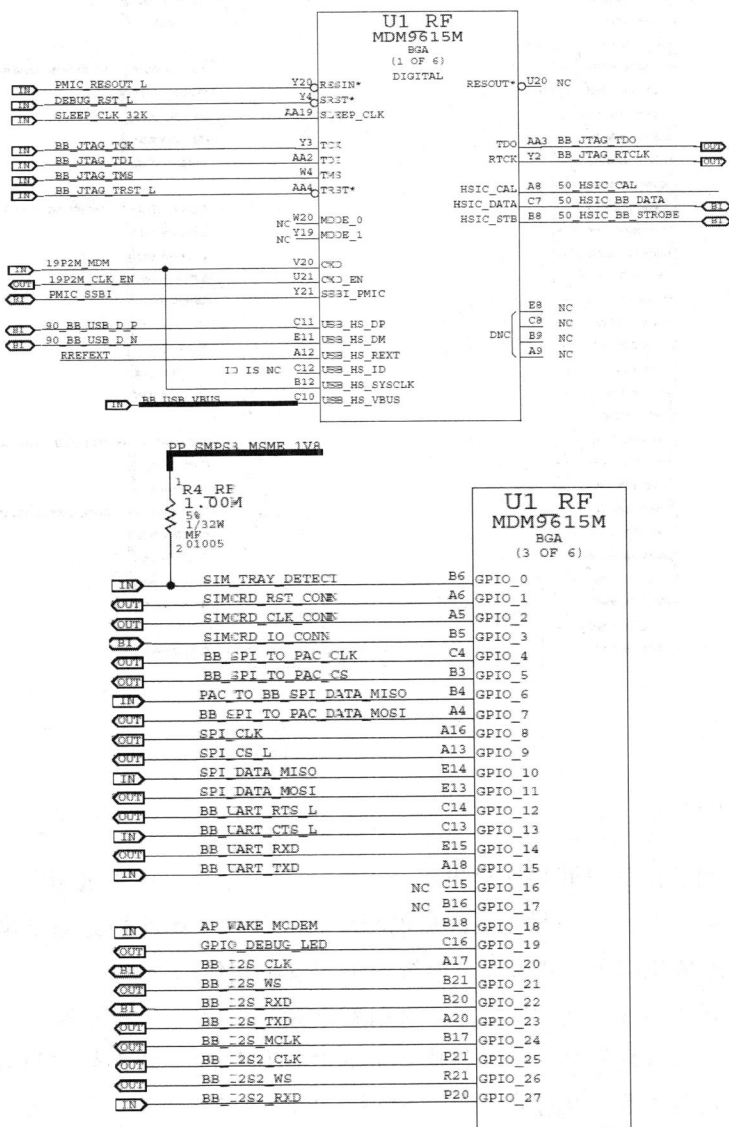

图 8-8 控制信号

四、认识供电电路

在基带电路中，使用了单独的电源管理芯片 U3_RF 为基带电路、射频电路供电。基带有多路内核供电，为内部不同电路提供供电，如图 8-9 所示。

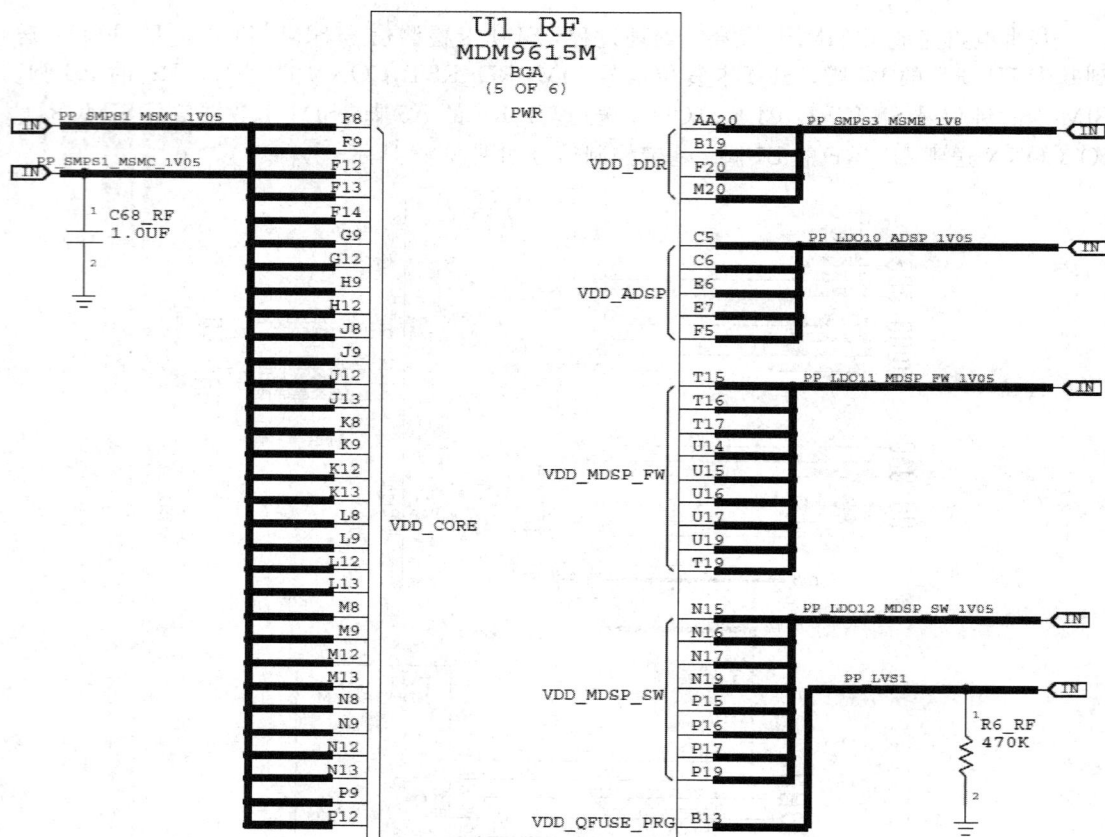

图 8-9　内核供电

五、认识上电时序

时序就是按照一定的时间顺序给出信号，就能得到需要的数据或电压，而上电时序是指基带在启动过程中电压及信号先后开启的顺序。上电时序反映的是基带电路工作的内在规律，是区分故障部位的重要手段，是使维修工作事半功倍的前提。

应用处理器送来 RADIO_ON 信号，启动就开始了。启动过程分为硬启动和软启动两步。硬启动就是指给基带加电，产生芯片必须的时钟信号和复位信号的过程；而软启动部分就是指基带的自检过程，通过自检程序检测基带能否正常工作，产生各种总线信号，形成硬件配置信息。无论任何手机均先硬启动而后再软启动。

1. 基带上电时序

基带上电时序如图 8-10 所示。图中的数字表示工作的先后顺序，时序图对基带部分电路至关重要。

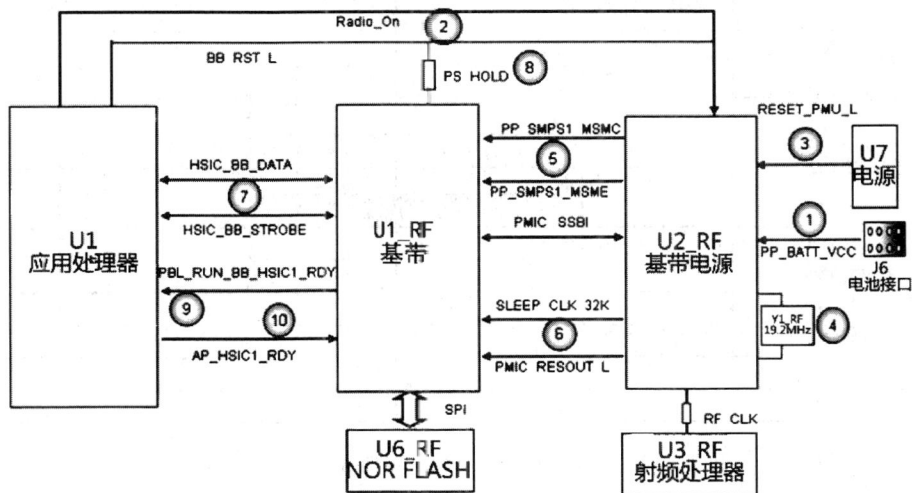

图 8-10 上电时序

基带上电时序过程如下：

（1）电池 J6 给基带电源管理芯片 U2_RF 供电。

（2）应用处理器 U1 发出 Radio On 的启动信号给基带电源管理芯片 U2_RF。

（3）应用处理器电源管理芯片 U7 发出 Reset_PMU_L 的复位信号。

（4）基带电源管理芯片 U2_RF 19.2 MHz 时钟信号启动。

（5）基带电源管理芯片 U2_RF 开启后提供基带处理器 U1_RF 和基带电源管理芯片 U2_RF 内部的工作电压（PP_SMPS1_MSMC 和 PP_SMPS1_MSME 等）。

（6）基带电源管理芯片 U2_RF 发出 SLEEP_CLK_32K 主时钟和 PMIC_RESOUT_L 复位信号到 U1_RF。

（7）基带 U1_RF 具备电压、时钟和复位后，通过 HSIC_BB_DATA 和 HSIC_BB_STROBE 读取 NAND FLASH 的开机固件，从而运行开机程序并开机。

（8）开机后基带 U1_RF 送出 PS_HOLD 给基带电源管理芯片 U2_RF，让其维持供电。

（9）基带 U1_RF 给 CPU 发出准备就绪信号 PBL_RUN_BB_HSIC1_RDY。

（10）应用处理器侦测到 PBL_RUN_BB_HSIC1_RDY 信号后发出 AP_HSIC1_RDY 开启高速数据信号到 U1_RF，BB 接收到后运行程序并初始化 BB NOR（U6_RF）。

2. 基带上电时序图

上面已经介绍了基带的电路工作时序图 8-11 所示是基带上电时序图。

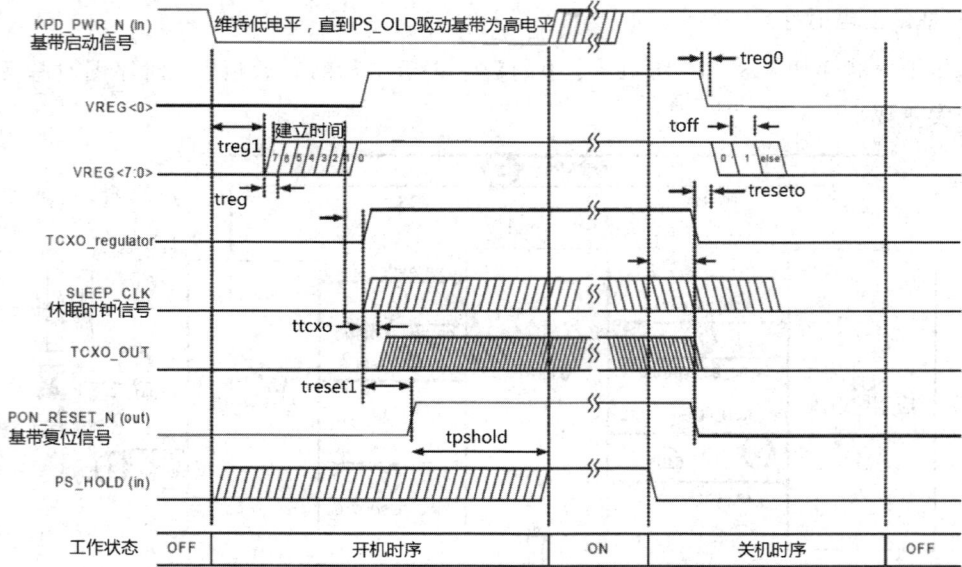

图 8 - 11　基带上电时序

六、认识 Nor Flash 电路

基带 MDM9615M 使用了 Nor Flash(U6_RF)，型号为 MX25U1635E，Nor Flash 通过 SPI 总线与基带处理器进行通信。基带 MDM9615M 的 Nor Flash 电路如图 8 - 12 所示。

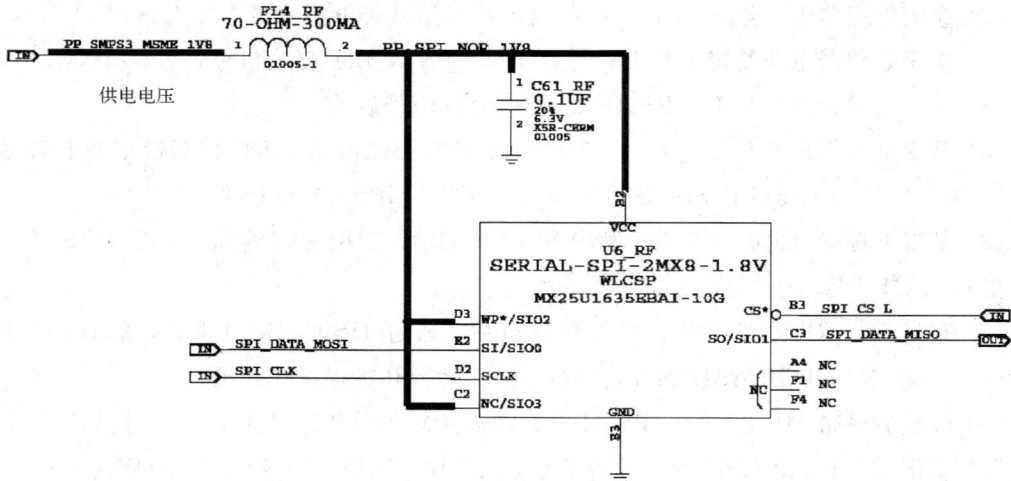

图 8 - 12　Nor Flash 电路

🖥 操作提示

在基带电路中，有不少控制信号来自应用处理器电路，在学习基带电路时，会发现一个问题，同样一个信号，在基带电路中和在应用处理器电路中的叫法不同，例如在基带电路中的 RADIO_L 信号，在应用处理器电路中则叫 AP_TO_RADIO_ON_l。信号接口表如

图 8-13 所示。

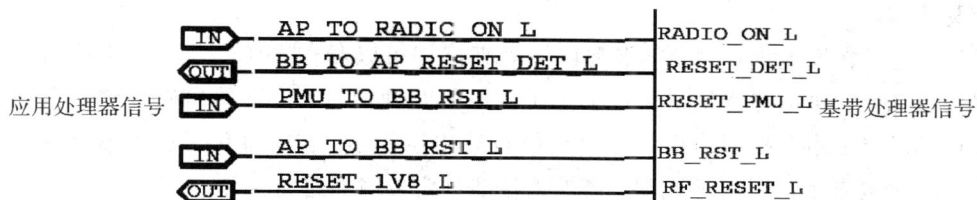

图 8-13　信号接口表

在学习基带电路时要注意：在查找基带的某一个信号时，如果该信号连接到信号接口表，则要再按应用处理器侧的信号名称继续查找，这样才能查找到信号在应用处理器电路的流向。

检查评议

对任务的完成情况进行检查，并将结具填入任务测评表 8-2 中。

表 8-2　任务测评表

序号	主要内容	考核要求	评分标准	配分	扣分	得分
1	手机基带工作原理	1. 模拟基带信号处理电路、数字基带处理电路工作原理 2. 掌握 CPU 工作原理	1. 模拟基带信号处理电路、数字基带处理电路工作原理，描述错误每处扣 5 分 2. 描述 CPU 工作原理及其工作过程，每处错误扣 5 分	40		
2	iPhone 5S 手机基带工作原理	1. 掌握 iPhone 5S 基带工作原理 2. 掌握基带上电时序	1. 根据 iPhone 5S 原理图画出基带框图，每处错误扣 5 分 2. 描述基带上电时序，每处错误扣 5 分	40		
3	安全注意事项	1. 严格执行操作规程 2. 保持实习场地整洁，秩序井然	1. 发生安全事故扣总分 20 分 2. 违反文明生产要求视情况扣总分 5～20 分	20		
工时	60 min	合　计				
开始时间		结束时间		成　绩		

问题及防治

学生在学习 iPhone 手机基带原理过程中，时常会遇到如下问题：

问题：在智能手机的基带电路中，要严格按照一定的上电时序产生各个信号，学生不太容易理解。

原因:学生在学习过程中,没有真正掌握单片机的工作原理,所以对上电时序的过程不太容易理解。

预防措施:在智能手机中,基带和应用处理器都可以看作是单片机,单片机的工作离不开时钟电路,时钟电路产生单片机工作所需要的时钟信号,控制单片机按照一定的节拍工作,时序规定了指令执行过程中各控制信号的相互关系。在时钟信号的控制作用下,单片机就是一个复杂的同步时序电路,需严格按照规定的时序进行工作。

基带和应用处理器是更复杂的单片机,再加上控制信号复杂,所以更需要有严格的上电时序,所以在掌握单片机的基础上,再加深学习,则更容易理解。

知识拓展

在 iPhone 5S 手机中,使用了 Nano-SIM 卡,Nano-SIM 卡是一种手机微型 SIM 卡,比 Micro-SIM 卡更小,只有第一代 SIM 卡面积的 60%,具体尺寸为 12 mm×9 mm。Nano-SIM 卡如图 8-14 所示。

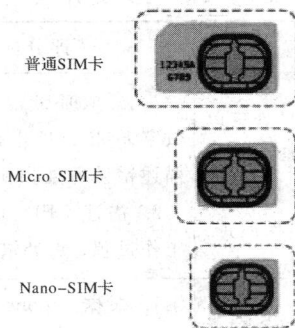

普通SIM卡

Micro SIM卡

Nano-SIM卡

图 8-14 Nano-SIM 卡

Nano-SIM 卡的工作原理与普通的 SIM 卡和 Micro SIM 卡的工作原理相同,Nano-SIM 卡座有 6 个触点,如图 8-15 所示。

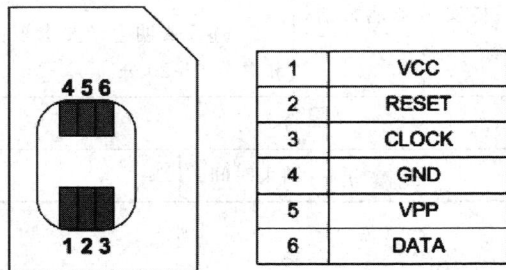

1	VCC
2	RESET
3	CLOCK
4	GND
5	VPP
6	DATA

图 8-15 SIM 卡触点

Nano-SIM 卡的 6 个触点分别是:卡时钟(SIMCLK)、卡复位(SIMRST)、卡电源(SIMVCC)、地(SIMGND)、卡数据(SIMI/O 或 SIMDAT)和卡编程供电(SIMVPP)。

Nano-SIM 卡安装在卡座上,卡座是手机中提供手机与 SIM 卡通信的接口,通过卡座上的弹簧片与 SIM 卡接触,所以如果弹簧片变形,会导致 SIM 卡故障。SIM 卡电源有 3 V 和 1.8 V 两种,SIM 卡时钟是 3.25 MHz,I/O 端是 SIM 卡的数据输入输出端口。当激活 SIM 卡电路时,在 SIM 卡时钟和卡数据端口可以测到脉冲信号波形。

任务 2 基带电路故障维修

学习目标

为了更好地学习和掌握基带电路故障维修方法,能够分析和维修基带常见故障,需要达成以下目标。

知识目标:

1. 了解对地阻值法、电压法、电流法的基本原理。
2. 掌握对地阻值法、电压法、电流法的应用。

能力目标:

1. 掌握基带电路故障的维修方法。
2. 能够熟练应用对地阻值法、电压法、电流法解决基带电路常见故障。

素质目标:

1. 让学生体验到团队合作的精神,从而培养学生的团队合作能力。
2. 使学生体验到收获劳动成果的快乐,从而培养学生热爱工作的精神。

工作任务

在智能手机维修中,基带电路故障相对比较复杂,在实际维修中,应在掌握电路原理的基础上从关键部件入手,逐步缩小故障范围,结合维修经验和测量设备最终确定故障元件,本次工作任务具体要求如下:

(1)掌握智能手机基带电路故障的基本维修方法。

(2)能够熟练应用对地阻值法、电压法、电流法解决基带电路常见故障。

(3)根据电路工作原理,简单分析电路故障并能够给出解决方案。

相关理论

在大部分的智能手机中,一般会有两个 CPU,分别为应用处理器和基带处理器。基带电路的故障一般表现为无基带、无 Wi-Fi、无蓝牙等。

"纵横不出方圆,万变不离其宗"。智能手机纵有千变万化,最有效的方法往往却是最基本的方法,下面主要介绍常见的对地阻值法、电流法、电压法等。

一、对地阻值法

1. 对地阻值法介绍

对地阻值法在手机维修中是较为常用的好方法,其特点是安全、可靠,当用电流法判断出手机存有短路的故障后,此时对地阻值法查找故障部位十分有效,平时注意收集一些手机某些测试点的对地阻值,如电池触点、供电滤波电容、SIM卡座、芯片焊盘、集成电路引脚等对地电阻值。

在测量对地阻值时,数字式万用表的黑表笔接地,用红表笔接电路的测试点,测出的结果为正向电阻值;数字式万用表的红表笔接地,用黑表笔接电路的测试点,测出的结果为反向电阻值。在实际测量过程中,正向电阻值和反向电阻值都要测量。

在检查手机时,可根据某点对地阻值的大小来判断故障。如某一点到地的阻值是十千欧,故障机此点的阻值远大于十千欧或无穷大,说明此点已断路。如果阻值为零说明此点已对地短路。对地阻值法还可用于判断线路之间有无断线以及元件质量好坏等。在不通电的情况下,用万用表电阻挡测有关点的正反向电阻,测得值与参考值对照。同时列一个表格,边测边记录数据,并注意积累经验数据。

2. 对地阻值法应用

对地阻值法可以适用的故障很多,例如:不开机、无信号、不显示等都可以使用对地电阻法,尤其是涉及集成电路外围元件且无法准确判断故障点的问题。

以 iPhone 6 手机音频编解码芯片焊盘对地阻值图为例简单介绍对地阻值法的应用,如图 8-16 所示。

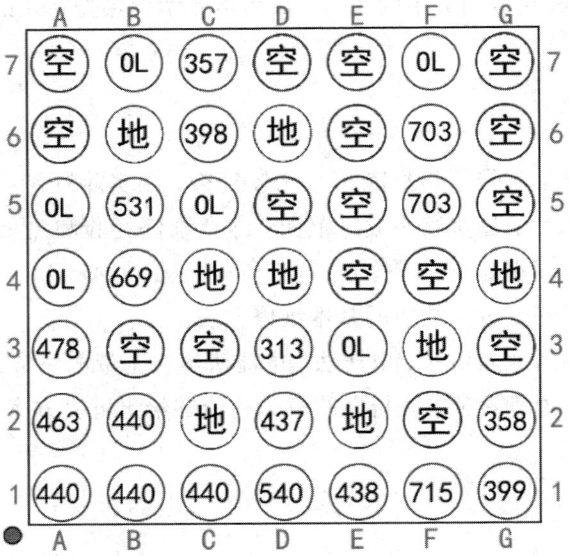

	A	B	C	D	E	F	G	
7	空	OL	357	空	空	OL	空	7
6	空	地	398	地	空	703	空	6
5	OL	531	OL	空	空	703	空	5
4	OL	669	地	地	空	空	地	4
3	478	空	空	313	OL	地	空	3
2	463	440	地	437	地	空	358	2
1	440	440	440	540	438	715	399	1
	A	B	C	D	E	F	G	

图 8-16　焊盘对地阻值图

通过焊盘对地阻值图不难看出,所有的焊盘引脚可以分为四类:一类是空脚,一类是接地脚,一类是信号和控制脚,一类是供电脚。

空脚对地的正相反阻值均为无穷大,一般不会引起电路故障;接地脚对地的正反向阻值均为零欧姆,如果开路则可能造成供电无法形成回路,而引起电路无法工作;信号和控制脚是需要重点关注的地方,一定要看对地阻值的大小,如果对地阻值异常,要重点检查这一条信号线和控制线外接的元件,看是否存在开路或短路问题;供电脚对地的阻值一般不会出现零欧姆,如果正反向阻值为零欧姆,则外围的供电存在短路现象。

只要把握好以上几点,综合进行判断,就会很容易解决故障,避免走弯路。

二、电压法

1. 电压法介绍

电压法适用的手机故障很多,尤其是功能电路不工作的故障,例如:不显示故障、无信号故障、音频故障、Wi-Fi 电路故障等。

电压法是用万用表测量电路中的电压,再根据电压的变化情况来确定故障部位。电压法是电子产品通用的维修方法,原则上适用任何电子产品的维修,所以电压法在 iPhone 手机维修中也是最常用的维修方法。

指针式万用表内阻较大,常用的 MF50、MF47 型指针式万用表的内阻是 $20\ \mathrm{k\Omega/V}$,而数字式万用表的内阻可视为无穷大。内阻越大的万用表对电路的影响就越小,所以在维修智能手机时,一般选择内阻较大的数字式万用表。

2. 电压法应用

电压法需要通电才能测量电路,但是不用断开电路,直接在电路板上测量即可,是很方便的一种电路维修方法。

首先要把万用表调节到电压挡位,然后再把手机电路板通电,用红表笔接高位电压点,用黑表笔连接地线,或者低位电压点。测出电压数据,观察数据的变化是否在正常范围内。数据对参照可以从另一块正常的电路板获得。如果电压不在正常范围内,那么判断是否有关元器件已经损坏,换上一个完好的元器件。iPhone 6 Plus 的亮度驱动电路如图 8-17 所示。

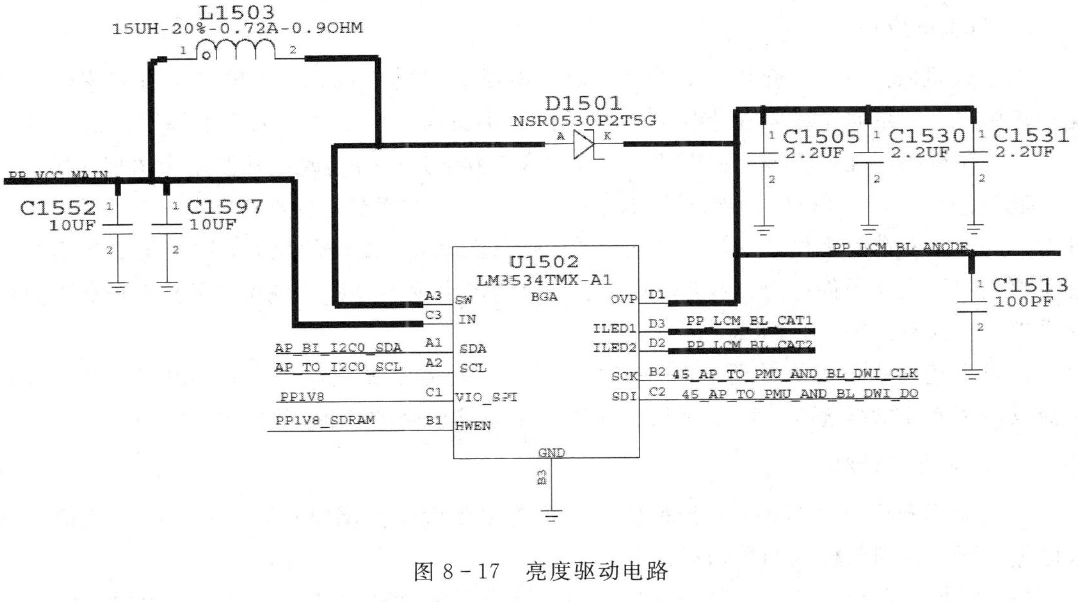

图 8-17　亮度驱动电路

手机开机以后，使用数字式万用表的电压挡测量 C1597 上有 3.7 V 的供电电压，测量 C1513 上没有输出的亮度驱动电压，经检测发现，L1503 开路。

测量时，应先估计被测部位的电压大小来选取合适的挡位，选择的挡位应高于且最接近被测电压，不要用高挡位测低电压，更不能用低挡位测高电压。

使用电压法时还要注意，由于手机主板紧凑，尽量不要在测量过程中让万用表的表笔出现滑动，避免与其他元件短路而扩大手机故障。

三、电流法

1. 电流法介绍

在手机维修中，如果说维修工程师是医生的话，稳压电源相当于医生手中的听诊器，电流的变化相当于手机的"脉搏"。

任何一个有经验的手机维修师傅，对任何一部故障手机，分析其电流反应、电流状态如何，是判断手机故障的第一步，也是最基本的一步和最重要的一步！所以，对于初学者，电流法可能是维修手机的起步，也是维修手机生涯终生要使用到的一个重要技能。

电流法主要适用于大电流不开机、无电流、小电流等故障，最多的是不开机故障，但是有一个共同点，就是开机电流与正常手机不一样。

电流法是 iPhone 手机维修中最常用的方法之一，原因有二：一是手机工作电压低，目前手机的工作电压为 3.7 V，除了少数的升压电路之外，内部工作电压一般在 1～3.5 V 左右，电压变化幅度不明显；二是手机的工作电流变化幅度大，从 10 mA 到 1000 mA 左右，很容易通过电流表观察手机工作状态的变化。在手机维修中，使用最多的维修仪器是直流稳压电源。

一线维修使用的一般是 0～15 V/0～3 A 的直流稳压电源，这种直流稳压电源可以给手机提供电源，还可以观察手机的开机电流。

2. 电流法应用

以不开机故障为例，介绍电流法在智能手机维修中的应用。不开机是手机维修中最常见的故障之一，维修工程师在维修一台不开机的手机时，首先要向用户了解引起故障的原因，一般存在以下几种情况：手机摔过，进过水，由于充电引起或正常使用中出现故障。

通过用户提供的信息，可判断故障范围。一般摔过的手机，主要检查有没有虚焊，小元件有无摔掉；入水的手机，一般先清洗，再检查有无氧化、腐蚀的地方；因充电引起不开机的手机，主要检查元件有无击穿、烧坏；正常使用中出现不开机的现象，主要检查是否由电池没电，接触不良等引起的。

经过上述初步检查如果还不能判定故障范面，就需要加电试机，观察电流反应，根据电流反应来判定故障范围。以下是从实际维修中总结出来的几种不同的电流反应。

1）大电流不开机

大电流不开机分为两种：一种是加上电源就出现大电流漏电；另一种是按开机键立即大电流。下面分别分析这两种情况。

（1）引起大电流不开机故障的原因。加电就出现大漏电电流，引起此故障的原因一般是手机上直接与电池供电相连的元件损坏、漏电，如电源管理芯片、功放、由电池直接供电的芯片等。

按开机键大电流反应，引起此故障的原因，一般在电源的负载支路上，而损坏的元件也较多样化，大的元件如基带、应用处理器、射频电路、音频芯片、硬盘等，小的元件如LDO供电管、滤波电容等。

（2）维修大电流不开机的方法。该故障维修方法有多种，如感温法、分割法、对地阻值法等。一般情况下，采用感温法较多，把直流稳压电源输出调到0 V，给手机供电，慢慢升高电压，电流到500 mA左右停止，然后用手触摸电路板上各元件，多数情况下取下发烫较厉害的元件就能解决问题，更换即可。如果电源管理芯片发烫，同时又有其他负载芯片烫手的话，则一般为负载芯片问题。

分割法一般都是在无法具体确定哪个元件发热的情况下才使用，具体是把电源管理芯片输出的各个支路逐次切开，以判断是哪支电路出现漏电。

对地电阻法也比较实用，但要靠平时多积累一些正常机型的阻值数据作为维修时的参考，这里不再赘述。

2）按开机键无电流反应

（1）引起故障的原因。引起按开机键无电流反应的原因有三种：开机线有问题，开机键损坏引起，开机键到电源的开机触发端有断线；电源管理芯片损坏，没有输出正常的开机触发信号；电源管理芯片到电池的正极有断线，没有电池供电到电源管理芯片。

（2）维修按开机键无电流反应的方法。开机键出问题的比较常见，而且处理也较容易，一般飞线就可解决，如果是开机按键问题，直接更换即可。

对于电源管理芯片损坏，则需要更换电源管理芯片，注意电源管理芯片虚焊也可能造成按开机键无电流反应。

对于电源管理芯片无供电问题，使用数字式万用表分别测量电源管理芯片的电池供电脚就可以判断。

3）小电流不开机

针对小电流不开机，可以采取下面的方法进行判断，根据各集成电路工作消耗的电流多少来判断故障范围。

首先找一个正常的智能手机，先将电源管理芯片、时钟晶体、应用处理器、硬盘、基带等几个主要芯片拆下，然后再逐个装上，观察拆下每一个芯片的电流变化，作为以后维修的依据。

电流法是基于有经验的维修之上的维修方法，需要相当深厚的手机理论基础，所以学习电流法不要认为不需要学习手机的基础原理和理论，恰恰相反，而是对理论提出了更高的要求，不懂理论只能学会运用，懂理论可以做到去充实它、完善它、提高它，熟练地运用到各类机型中。

任务准备

实施本任务教学所使用的实训设备及工具材料可参考表8-3。

表 8 - 3 实训设备及工具材料

序号	分类	名称	型号规格	数量	单位	备注
1	工具	数据线	iPhone 专用	1	条	
2	设备器材	手机	iPhone 5S 手机	1	台	
3		手机	iPhone 5S 主板	1	块	
4		计算机	无	1	台	
5	维修设备	热风枪	850	1	台	
6		焊台	936	1	台	
7		数字示波器	DS1102E	1	台	
8		万用表	VC890C	1	台	
9		稳压电源	龙威 PS - 305DM	1	台	

任务实施

一、基带电路故障维修思路

基带电路故障对初学者来说，维修难度是比较大的，有下面几个原因：一是之前接触的都是传统手机，电路结构简单，维修难度小；二是没有良好的维修思路，维修基带电路不知从哪儿下手。

1. 基带电路的故障表现

基带电路的主要故障表现为：没有信号、Wi-Fi 和蓝牙，所以在一线维修中又把基带故障统称为"基带三无"故障。

在 iPhone 手机中，打开"设置"→"通用"→"关于本机"，可以看到基带相关的信息，如图 8 - 18 所示。

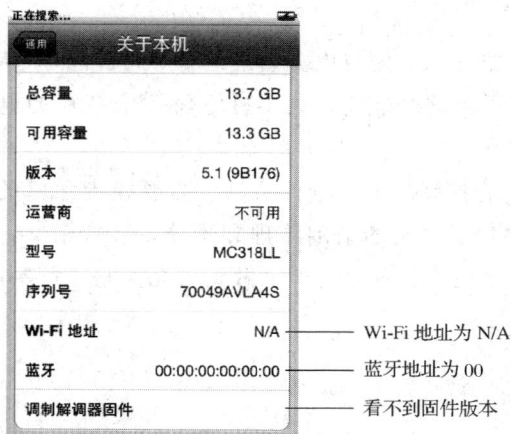

图 8 - 18 基带相关信息

重点查看的是 Wi-Fi 地址、蓝牙、调制解调器固件三栏，如果显示图 8-18 所示结果的话，这个机器就没有"基带"了，也就是所说的"基带三无"故障。

2. 基带故障维修思路

（1）掌握基带电路工作原理。在维修 iPhone 手机基带电路之前，首先要掌握基带电路的工作原理，iPhone 手机的基带电路工作原理与传统手机的逻辑电路有些区别。

iPhone 手机的基带电路要严格按照一定的时序工作，掌握基带电路的工作时序后，才能进行维修。

（2）了解手机损坏原因。客户送来手机以后，要了解损坏的原因，是进水、摔过、被别人维修，还是正常使用出现的基带故障。

如果是进水的手机，重点检查基带电路部分是否有元器件腐蚀，依次检查供电、控制通路的元器件。如果是摔过的机器，则重点检查是否有元器件脱焊，尤其是供电、基带等元器件。如果是被别人动过手脚的手机，则重点检查被别人动过的元器件。

（3）检查供电电路。确定故障原因以后，检查基带电路的各路供电电压是否正常。在基带电路中，使用了单独的电源管理芯片，如果有一路供电不正常，则基带电路可能就无法工作。为了准确判断故障范围，各路供电都要认真测量。

（4）检查控制信号。在基带电路中，主要检查的控制信号有：时钟信号、复位信号、HSIC 信号等，控制信号的检测一般要使用示波器。

（5）合理运用对地阻值法。对地阻值法用途比较广泛，可以适用于不同的维修场合，在基带电路故障维修中，可以运用对地阻值法来综合判断故障范围。

二、基带电路故障维修

1. 时钟信号测量

使用频率计测量基带时钟 Y1_RF 的时钟是否是 19～19.9 MHz（Y1_RF 的 1、3 脚）的频率，也可以使用示波器测量其波形，观察是否有波形，如图 8-19 所示。

图 8-19　基带时钟 Y1_RF 及 R112 位置

如果没有基带时钟信号，则要代换或者更换 Y1_RF；如果基带时钟晶体正常，则进行下一步的检查。

2. 基带复位信号测量

使用万用表测量 BB_RST_PMU_L（R112 电阻）电压是否正常，电压范围一般为 1.7～

1.9 V 左右。如果电压不正常，则要检查电阻 R112。测量电阻 R112 阻值是否正常，正常范围一般在 0.9～1.1 kΩ 左右。如果阻值不正常，则要更换 R112。如果阻值正常，代换或更换应用处理器电源管理芯片 U7。

3. PS_HOLD 信号测量

使用万用表测量 PS_HOLD(R20_RF，电阻)电压是否正常，电压一般在 1.7～1.9 V 左右。如果电压不正常，则需再次测量 R20_RF 的阻值是否正常，正常阻值为 20 kΩ。如果阻值不正常，则更换电阻。如果阻值正常，一般为基带 U1_RF 问题，如图 8-20 所示。

图 8-20 PS_HOLD 信号测量点

4. 基带供电电压测量

测量 PP_SMPS3_MSME_1V8(C57_RF)，电压范围为 1.7～1.9 V；PP_SMPS5_DSP_1V05(C59_RF)，电压范围为 0.95～1.15 V；PP_LDO2_XO_HS_1V8(C2_RF)，电压范围为 1.7～1.9 V；PP_LDO4_VDDA_3V3(C3_RF)，电压范围为 3.0～3.35 V。

测量 U2_RF 其他的输出电压及对地阻查值看是否正常，如果不正常，则检查并更换相关不良元件。基带供电电压如图 8-21 所示。

图 8-21 基带供电电压

5. 基带存储器测量

使用万用表测量 FL4_RF 上是否有 1.8 V 的供电电压，如果没有，检查 FL4 或基带电源管理芯片 U2_RF。取下基带存储器 U6_RF，分别测量 SPI_DATA_MOSI、SPI_CLK、SPI_CS_L、SPI_DATA_MISO 对地阻值是否正常，如不正常，则需要更换基带 U1_RF。基带存储器测试点如图 8 - 22 所示。

图 8 - 22　基带存储器测试点

三、基带电路维修案例

1. iPhone 5S 不识 SIM 卡故障维修

（1）故障现象。

客户送来一部 iPhone 5S 手机，客户称手机一直正常使用，更换 SIM 卡的时候，出现不识卡问题，再换回原来的 SIM 卡也无法识别，送来进行维修。

（2）故障分析。

根据客户反映的情况，应该是正常使用出现的问题，自己检查发现不读卡，但能看到固件版本，引起不识卡的原因主要有：SIM 卡座问题、SIM 卡座保护管问题、基带电路不正常。

（3）故障维修。

首先使用万用表分别测试 SIM 卡 6 个触点的对地阻值，发现其中有一个触点对地阻值是无穷大，查找图纸发现，该脚为数据通信脚，补焊后开机功能一切正常。SIM 卡原理图如图 8 - 23 所示。

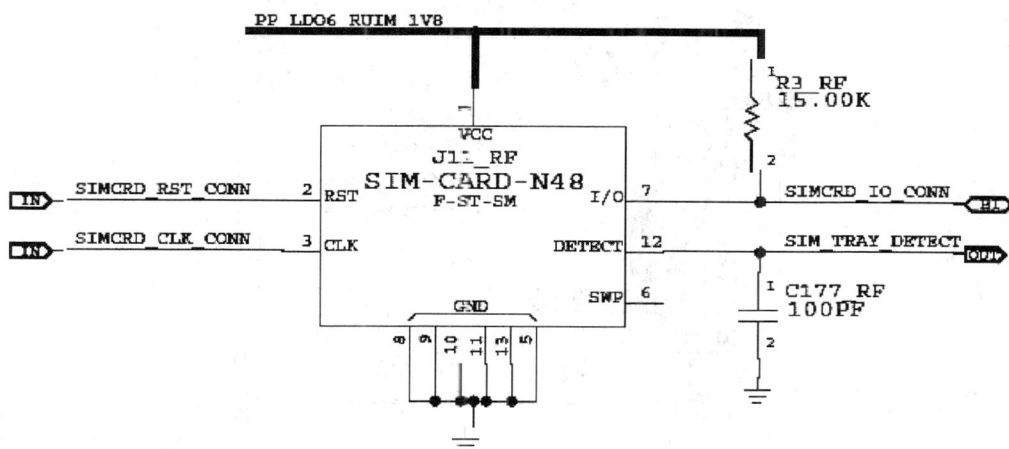

图 8 - 23　SIM 卡原理图

2. iPhone 5S 无基带故障维修

（1）故障现象。

一客户送来一部 iPhone 5S 手机，称手机进水之后，一直出现正在搜索问题，没有信号，送来进行维修。

（2）故障分析。

根据客户反映的问题，应该是基带部分有进水迹象，重点检查基带部分电路问题，观察是否有腐蚀痕迹出现。

（3）故障维修。

打开手机之后发现 FL4_RF 腐蚀断开了，短接 FL4_RF 后开机，基带正常，信号正常，FL4_RF 是基带码片供电电感，如果该电感开路则会出现无基带问题。码片电路原理图如图 8-24 所示。

图 8-24　码片电路原理图

码片电路元件分布图如图 8-25 所示。

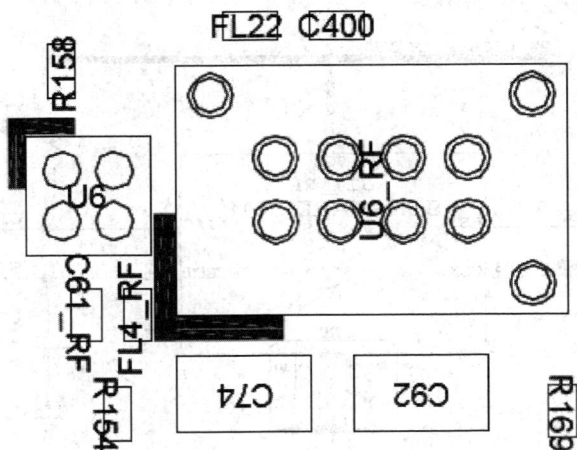

图 8-25　码片电路元件分布图

3. iPhone 5S 无基带故障维修

（1）故障现象。

一客户送修一部 iPhone 5S 手机，送修时后壳已经摔变形，屏幕一直显示正在搜索。

（2）故障分析。

根据客户反映的情况，应重点检查主板变形是否严重，然后检测基带供电和通路是否正常工作。

（3）故障维修。

测量基带电压 PP_SMPS3_MSME_1V8，发现 1.8 V 供电变为 0 V，万用表测量 1.8 V 供电发现对地短路，用电压测量法检测之后发现电容 C57_RF 发烫严重。

分析认为 C57_RF 对地短路，更换 C57_RF 以后，PP_SMPS3_MSME_1V8 的 1.8 V 输出电压正常。C57_RF 元件位置图如图 8-26 所示。

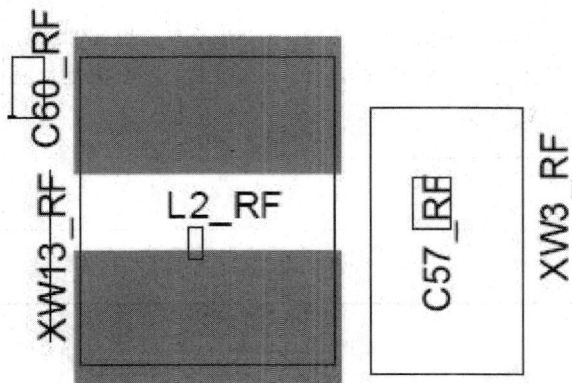

图 8-26　C57_RF 元件位置图

操作提示

在维修 iPhone 5S 手机基带电路故障时，要把握好以下关键点，进一步缩小故障范围，排除手机故障。

（1）通过使用 iTunes 对手机进行刷机，根据错误故障代码提示确定故障范围，一般基带电路故障，刷机报错 1 或 -1。

（2）严格按照基带上电时序测量故障点的电压、对地阻值等关键信息，初步判断故障部分，分析故障原因。

（3）针对进水、摔过的机器，先重点检查进水部位是否有腐蚀，是否有元器件脱焊等问题，然后再按照以上常规手段处理。

检查评议

对任务的完成情况进行检查，并将结果填入任务测评表 8-4 中。

表 8-4 任 务 测 评 表

序号	主要内容	考核要求	评分标准	配分	扣分	得分
1	电路维修方法应用	1. 能够掌握维修方法的应用技巧 2. 掌握维修方法的判断思路	1. 描述维修方法的应用技巧及测试点，每处错误扣 5 分 2. 描述维修方法的判断思路，每处错误扣 5 分	40		
2	电路维修思路	1. 判断故障大概部位 2. 掌握常见故障的维修	1. 判断故障部位错误，每次扣 5 分 2. 故障维修思路、解决方法错误，每次扣 5 分	40		
3	安全注意事项	1. 严格执行操作规程 2. 保持实习场地整洁，秩序井然	1. 发生安全事故扣总分 20 分 2. 违反文明生产要求视情况扣总分 5~20 分	20		
工时	60 min		合　计			
开始时间			结束时间		成　绩	

问题及防治

学生在学习基带电路故障维修时，时常会遇到如下问题：

问题：在维修基带电路故障时，无法判定是由软件故障引起的还是由硬件故障引起的。

原因：在 iPhone 5S 手机中，基带处理器、Nor FLASH 任一器件损坏必须同时更换，单独更换一个器件无法解决问题，所以在判断是软件故障还是硬件故障的时候难度较大。

预防措施：在维修基带故障时，先要检测各测试点的工作电压，在电压正常情况下再考虑软件问题，如果确认是软件的问题，则需要更换基带处理器、Nor FLASH。

知识拓展

在手机维修工作中，直流稳压电源是必不可缺的维修设备之一，直流稳压电源代替电池为手机供电，它上面的电流表还可以方便地观察手机工作电流，为快速判断手机的故障提供便利。

一、直流稳压电源面板功能介绍

直流稳压电源面板功能如图 8-27 所示。

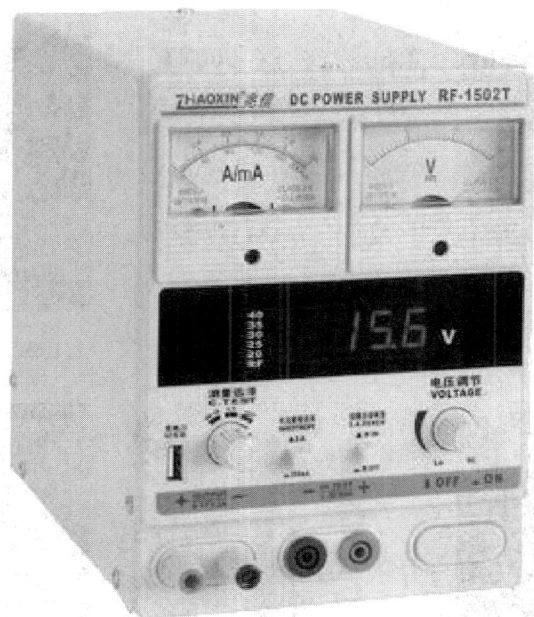

图 8-27　面板功能

直流稳压电源各组成部分功能说明如下：

（1）电流表。电流表用于观察维修手机时电流值的大小，有经验的工程师通过观察电流表指针的摆动就可以判别故障。

（2）电压表。电压表用于观察输出电压值，由于稳压电源电压表精度不高，而且使用时间长了后，电压表会指示不准确，所以最好在使用前用万用表测试输出电压值，观察电压表的指示误差有多大。否则会产生因指示不准造成输出电压过高或过低的现象。

（3）手机信号测试。手机信号测试用于测试手机发射电路，当手机拨打"112"的时候，将手机靠近稳压电源，RF 指示就会显示信号强度，用于检测手机发射电路是否工作。

（4）输出电压显示及电压调节。输出电压显示及电压调节用于调节输出电压值的大小，一般手机供电电压为 3.7～4.2 V，不能超过 5 V。除了用指针电压表显示外还用数字电压表显示。

（5）测量选择旋钮。测量选择旋钮主要用来选择通断及二极管测试、直流电压测试、输出电压显示等功能，方便不同功能的选择。

（6）电流量程选择。电流量程选择按钮主要用来选择 2 A/200 mA 挡位，按钮按下去是 200 mA 量程，按钮弹起来是 2 A 量程。

（7）短路自动恢复。当按钮按下的时候，关闭短路自动恢复功能，主要用来维修大电流、短路故障的机器；当按钮弹起的时候，打开短路自动恢复功能。

（8）电压输出端子。电压输出端子用来输出直流电压，红色为正极、黑色为负极。直流稳压电源各部分功能如图 8-28 所示。

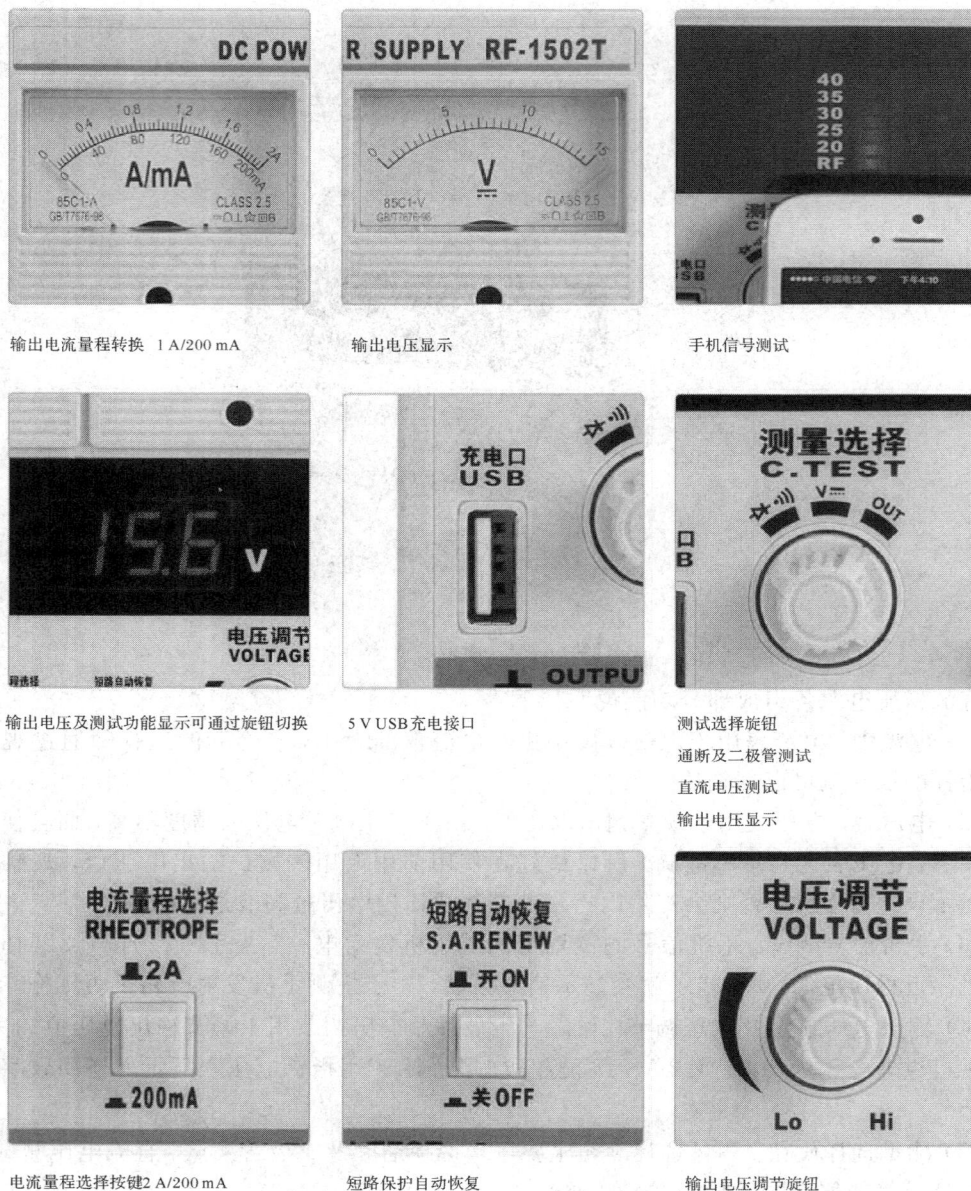

输出电流量程转换 1 A/200 mA

输出电压显示

手机信号测试

输出电压及测试功能显示可通过旋钮切换

5 V USB充电接口

测试选择旋钮

通断及二极管测试

直流电压测试

输出电压显示

电流量程选择按键2 A/200 mA

短路保护自动恢复

输出电压调节旋钮

图 8 - 28 面板各部分功能

二、直流稳压电源操作方法

（1）接通电源。接通交流电源，将电源开关置于"ON"位置，电源面板电压、电流表点亮。

（2）测量选择。将测量选择旋钮调节到对应的挡位，如果要对手机进行供电，则要将旋钮调节到"OUT"挡位。

（3）电压调节。在维修手机时，先要将稳压电源的输出电压调节到 3.7 V。如果是维修大电流或短路的手机，则先要将电压调节到 0 V，然后再慢慢调节。

（4）电流量程选择及短路自动恢复选择。在维修手机时，由于开机电流大于 200 mA，一般将电流量程选择到 2 A 挡位。短路自动恢复选择到"开 ON"位置，若负载出现故障或短路时，电源将会自动把电流限制在设置的恒流值内，此时输出电压将自动下降，直至为 0 V，以保持输出电流恒定。过载或短路排除后，输出电压自动恢复正常。

三、使用安全注意事项

（1）直流稳压电源通电前检查所接电源与本电源输入电压是否相符。

（2）直流稳压电源使用时，机器周围应留有足够的空间，以利于散热。

（3）若电源输入端 2 A 保险管烧断，本电源将停止工作，维修人员必须找出故障的起因并排除后，再用相同值的保险管替换。

（4）直流稳压电源在使用前，一定要观察输出电压，手机维修时使用的输出电压不能超过 5.0 V，否则会烧坏手机内芯片。

（5）在稳压电源输出端子中，红色端子表示正极，黑色端子表示负极，不要将极性接反。

在所有电子设备中，红色线表示供电（正极），黑色线表示接地（负极）。在直流稳压电源使用操作时，不要将红色线接在稳压电源输出端的负极（黑色线接在稳压电源输出端的正极），一定要严格按照规范操作。

项目九　传感器及音频电路原理与维修

任务 1　传感器电路原理与维修

学习目标

知识目标：

1. 了解传感器电路的基本原理。
2. 掌握传感器电路常见故障维修方法的应用。

能力目标：

1. 掌握传感器电路故障的维修方法。
2. 能够熟练解决传感器电路常见故障。

素质目标：

1. 让学生体验到团队合作的精神，从而培养学生的团队合作能力。
2. 使学生体验到收获劳动成果的快乐，从而培养学生热爱工作的精神。

工作任务

目前在大部分智能手机中都使用了传感器，使用多个传感器的手机一般会使用协处理器来管理传感器。协处理器如同应用处理器的得力助手，专为测量来自加速感应器、陀螺仪、指南针等的运动数据而设计，如果没有它，这项任务通常会落在应用处理器芯片身上。协处理器完成各种传感器的相关数据采集，因此无需持续访问应用处理器，从而降低了耗电量。

在本任务中，以 iPhone 手机的传感器电路进行讲解。本次工作任务具体要求如下：

（1）掌握协处理器及传感器电路的工作原理。

（2）掌握协处理器及传感器电路故障的基本维修方法。

（3）根据电路工作原理，简单分析电路故障并能够给出解决方案，能够维修常见故障。

相关理论

一、传感器基础知识

本节主要介绍几种典型的传感器及其在智能手机中的应用，这些传感器为智能手机增加了感知能力，使手机能够知道自己做什么，甚至做什么的动作。将 iPhone 手机接一个传感器到鞋上,这样,在跑步的时候,手机就会自动记录运动信息。

1. 电子指南针

电子指南针(又称为电子罗盘)是一种重要的导航工具,能实时提供移动物体的航向和姿态。随着半导体工艺的进步和手机操作系统的发展,很多手机上都实现了电子指南针的功能。而基于电子指南针的应用(如 Andrcid 的 Skymap)在各个软件平台上也流行起来。图9-1所示是一款智能手机的电子指南针。

图9-1　电子指南针

要实现电子指南针功能,需要一个检测磁场的三轴磁力传感器和一个三轴加速度传感器。随着微机械工艺的成熟,已经有公司推出将三轴磁力计和三轴加速计集成在一个封装里的二合一传感器模块。

2. 加速传感器

加速传感器是一种能够测量加速力的电子设备。加速力就是当物体在加速过程中作用在物体上的力,就好比地球引力,也就是重力。加速力可以是常量,比如 g,也可以是变量。

在手机中,加速传感器可以监测手机受到的加速度的大小和方向。加速传感器的原理是运用压电效应来实现的,一片重力块和压电晶体做成一个重力感应模块,当手机方向改变时,重力块作用于不同方向的压电晶体上的力也随之改变,输出电压信号也不同,从而判断手机的方向。重力感应常用于自动旋转屏幕以及一些游戏,但是它本身局限性比较大,因为它是根据重力判断方向,通过感应重力正交两个方向的分力大小来判断水平方向,如图9-2所示。

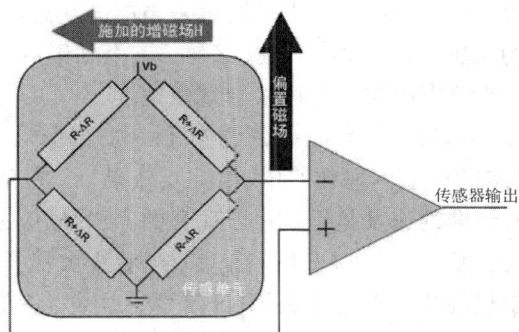

图9-2　加速度传感器原理形式

简单举例说明,玩"沼泽竞技"和"空中快车"时,无需按键,而是通过手机的倾斜或左右前后移动来完成高难度动作,仿佛置身游戏之中,这就是因为手机内置的加速度传感器能感知手机的物理运动。

加速传感器可用来实现动作感应功能，比如：显示图像的自动翻转与显示控制，振动检测，点击检测，倾斜滚动，游戏控制等功能。还可以实现音乐甩动切换、背景甩动切换、菜单浏览、地图浏览、翻转静音、单击/双击静音。

现在，在智能手机中，加速传感器已经成为标准配置，这或多或少反映出加速传感器越来越被消费者接受。

加速传感器配合电子指南针、陀螺仪可以更好地使用 GPS 的地图功能。

3. 三轴陀螺仪

三轴陀螺仪多用于航海、航天等导航、定位系统，能够精确地确定运动物体的方位。如今也多用于智能手机当中，比如最早采用该技术的 iPhone 4 手机。

三轴陀螺仪可同时测定 6 个方向的位置、移动轨迹、加速度。单轴陀螺仪则只能测量一个方向的量，也就是一个系统需要三个单轴陀螺仪，而一个三轴陀螺仪就能替代三个单轴陀螺仪。三轴陀螺仪体积小、重量轻、结构简单、可靠性好，是激光陀螺仪的发展趋势。三轴陀螺仪的原理如图 9-3 所示。

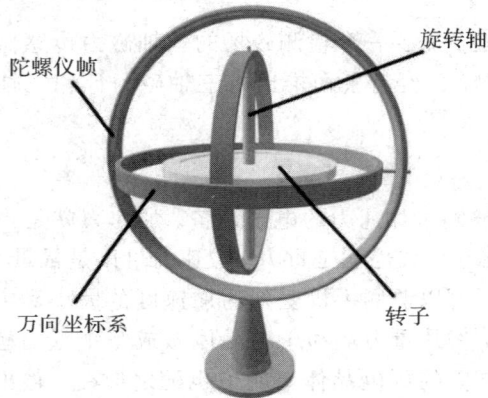

图 9-3 三轴陀螺仪的原理

图 9-3 中间的转子是陀螺，它因为惯性作用是不会受到影响的，而周边三个钢圈则会因为设备改变姿态而跟着改变，通过这样来检测设备当前的状态，而这三个钢圈所在的轴，也就是三轴陀螺仪里面的三轴，即 X 轴、Y 轴、Z 轴。三个轴围成的立体空间联合检测手机的各种动作，陀螺仪最主要的作用在于它可以测量角速度。

现在智能手机中大多都内置了三轴陀螺仪，它可以与加速器和指南针一起工作，实现 6 轴方向的感应，但它更多的用途体现在 GPS 和游戏效果上。一般来说，使用三轴陀螺仪后，导航软件就可以加入精准的速度显示，对于现有的 GPS 导航来说是个强大的冲击，同时游戏方面的重力感应特性更加强悍和直观，游戏效果将大大提升。

三轴陀螺仪可以让手机在进入隧道丢失 GPS 信号的时候，凭借陀螺仪感知的加速度方向和大小继续为用户导航。三轴陀螺仪与 iPhone 原有的距离感应器、环境光传感器、电子指南针结合起来，让智能手机的人机交互功能达到了一个新的高度。

2010 年，苹果公司创新性地在新产品 iPhone 中置入三轴陀螺仪，让 iPhone 的方向感应变得更加智能，从此手机也有了像飞机一样的感应，能够知道自身处在什么样的位置。

iPhone 手机采用了微型的、电子化的振动陀螺仪，也叫微机电陀螺仪，可以感知来自 6

个方向的运动、加速度和角度变化。

iPhone 手机采用的 MEMS(微电机系统)陀螺仪芯片如图 9-4 所示,芯片内部包含有一块微型磁性体,可以在手机进行旋转运动时产生的科里奥力作用下向 X、Y、Z 三个方向发生位移,利用这个原理便可以测出手机的运动方向。而芯片核心中的另外一部分则可以将有关的传感数据转换为手机可以识别的数字格式。

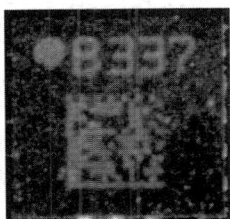

图 9-4　三轴陀螺仪芯片

微机电系统(MEMS)是一种嵌入式系统,在极小的空间内集成了电子和机械构件。一个基本的 MEMS 设备由专用集成电路(ASIC)和微机械硅传感器组成。当用户旋转手机,在科里奥利力的作用下,在 X、Y、Z 轴产生偏移。专用集成电路处理器感知到待验质量后,通过其下电容器板和位于边缘的指电容的偏移,经过中央处理器处理后执行相应的指令。

4. 距离传感器

距离传感器又叫位移传感器,距离感应是通过发出红外光,当物体靠近时,返回的红外光会被元件监测到,这时就可以判断物体靠近的距离。

根据使用元件的不同,分为光学式位移传感器、线性接近传感器、超声波位移传感器等。手机使用的距离传感器是利用测时间来实现距离测量的一种传感器。

红外脉冲传感器通过发射特别短的光脉冲,并测量此光脉冲从发射到被物体反射回来的时间来计算与物体之间的距离。

距离传感器一般都在手机听筒的两侧或者在手机听筒凹槽中,以方便于它工作。当用户在接听或发打电话时,将手机靠近头部,距离传感器可以测出它们之间的距离,当到了一定程度后便通知屏幕背景灯熄灭,拿开时再度点亮背景灯,这样更方便用户操作也更节省电量,如图 9-5 所示。

苹果手机的距离传感器

图 9-5　距离传感器

5. 指纹传感器

指纹传感器是实现指纹自动采集的关键器件。指纹传感器按传感原理，即指纹成像原理和技术，分为光学指纹传感器、半导体电容传感器、半导体热敏传感器、半导体压感传感器、超声波传感器和射频 RF 传感器等。

在手机识别指纹的过程中，完全不需要刻意地摆正手指正对屏幕，手指各个方向都会识别，不需要迎合指纹识别的过程，并且可以记录 5 个指纹，将常用的大拇指、食指均记录其中。

为了实现这一功能，iPhone 手机 Home 键中集成了更多的元器件。从上到下，依次有蓝宝石玻璃、不锈钢监测环、电容式单点触摸传感器、轻触式开关四个部分，其操作原理是：手指放在 Home 键处，其周围金色的钢圈则可监测到人体细微的电流以激活下层的传感器，此时电容式单点触摸传感器会解析蓝宝石玻璃上的指纹脉络，并且扫描分辨率可达500ppi，因此可以更加精准地识别指纹的细微不同。指纹传感器的结构如图 9－6 所示。

图 9－6　指纹传感器的结构

iPhone 5S 的指纹传感器组件如图 9－7 所示。

图 9－7　指纹传感器组件

点亮屏幕，输入密码，解锁，这是再普通不过的过程，谁也没想到这仅有 3 秒钟的过程还能继续精简。目前，大多数设有解锁密码的 iPhone 进入界面通常有两种方式：其一，按电源键，滑动解锁，输入密码；其二，按 Home 键，滑动解锁，输入密码。这两种方式看似毫无区别，但是转移到指纹识别则是完全不同的体验。方式一通过电源键解锁的用户，在点亮屏幕后，直接将手指放在 Home 键处便直接自动解锁进入系统，而不再需要向右滑动屏幕到输入密码界面。方式二通过 Home 键点亮屏幕的方法则更为方便，只需要将手指放在 Home 键处轻按一次即可，相当于将以前"按 Home 键，滑动解锁，输入密码"的操作过程合三为一。

苹果公司费尽周折设计指纹识别难道仅是为了系统解锁，当然不是。除了解锁，当在 App Store 购买应用的时候会自动提示"扫描指纹"以替代需要用大写、小写和数字组成的复杂密码。

另外，这些功能展现只是冰山一角。虽然苹果称目前这一功能并不支持任何第三方应用，但是未来向第三方应用开放指纹识别接口却是 Touch ID 真正发挥光与热的领域，并且苹果一定会这么做。如果仔细对比 iPhone 5 和 iPhone 5S 的系统设置就会发现，后者在"隐私"中增加了"手势活动"的选项。这也就说明，未来第三方应用一定可以引入指纹识别功能，并且用户可以在隐私中根据需要开启或关闭。届时，支付宝客户端、银行客户端此类每次打开都需要输入密码登录的应用将全部通过扫描指纹来代替，这将是多么美好的一件事！

6. 摄像头

智能手机的摄像功能指的是手机可以通过内置或外接的摄像头进行静态图片或短片的拍摄。作为智能手机的一项新的附加功能，手机的摄像功能得到了迅速的发展。

智能手机的摄像功能离不开摄像头，摄像头是组成数码相机功能的重要部件，现在的智能手机中，没有摄像功能的可能寥寥无几。

1. 摄像头的结构

手机摄像头的结构如图 9-8 所示，一般由镜头、音圈马达、红外滤光片、传感器、PCB 板等组成。下面对其组成主要部分进行简单介绍。

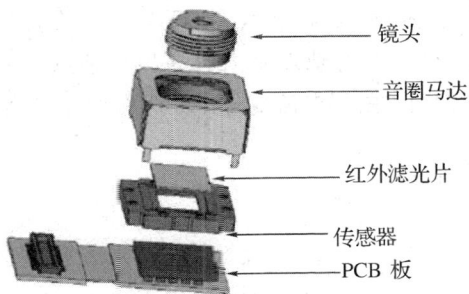

图 9-8　摄像头的结构

（1）镜头（LENS）。4G 手机摄像头镜头通常采用钢化玻璃或 PMMA（有机玻璃，也叫亚克力），镜头固定在图像传感器的上方，可以通过手动调节镜头来改变聚焦，不过大部分手机不能手动调节聚焦，手机摄像头镜头在出厂时已经调好固定。

（2）图像传感器（SENSOR）。传统相机使用胶卷作为其记录信息的载体，而数码相机的"胶卷"就是其成像感光器件，而且是与相机一体的，是数码相机的心脏。图像传感器是数码相机的核心，也是最关键的技术。目前手机数码相机的核心成像部件有两种：一种是广泛使用的 CCD（电荷耦合）元件，另一种是 CMOS（互补金属氧化物半导体）器件。

（3）接口。手机中内置的摄像头本身是一个完整的组件，一般采用 FPC、板对板连接器、弹簧卡式连接方式与手机主板进行连接，将图像信号送到手机主板的数字信号处理芯片中进行处理。

2. 数字信号处理芯片(DSP)

数字信号处理芯片(Digital Signal Processing,DSP)的作用是通过一系列复杂的数学算法运算对数字图像信号参数进行优化处理。

数字信号处理芯片在手机主板上将图像进行处理后,在CPU的控制下送到显示屏,然后就能够在显示屏上捕捉景物了。

3. 图像传感器

图像传感器是组成数字摄像头的重要组成部分。根据元件的不同,可分为CCD(Charge Coupled Device,电荷耦合元件)和CMOS(Complementary Metal – Oxide Semi-conductor,金属氧化物半导体元件)两大类。

(1) CCD。CCD以百万像素为单位。数码相机规格中的几百万像素指的就是CCD的分辨率。CCD是一种感光半导体芯片,用于捕捉影像,广泛运用于扫描仪、复印机以及无胶片相机等设备。与胶卷的原理相似,光线穿过一个镜头,将影像信息投射到CCD上。但与胶卷不同的是,CCD既没有能力记录影像数据,也没有能力永久保存下来,甚至不具备曝光能力,所有图形数据都会不停留地送入一个模-数转换器、一个信号处理器以及一个存储设备(比如内存芯片或内存卡)中。CCD有各式各样的尺寸和形状,最大的有$2×2$平方英寸。

(2) CMOS。CMOS传感器便于大规模生产,且速度快,成本较低,是数码相机关键器件的发展方向之一。

CMOS和CCD一样,同为在数码相机中可记录光线变化的半导体。CMOS的制造技术和一般计算机芯片没什么差别,主要是利用硅和锗这两种元素做成的半导体,使其在CMOS上共存着带N(电子型)和P(空穴型)的半导体,这两个互补效应所产生的电流即可被处理芯片纪录和解读成影像。然而,CMOS的缺点是太容易出现杂点,这主要是因为早期的设计使CMOS在处理快速变化的影像时,由于电流变化过于频繁而会产生过热的现象。

二、传感器电路工作原理

1. 传感器电路框图

在iPhone 5S手机中,无论是在走路、跑步还是在开车,协处理器通通知晓。由于协处理器知道何时身处行驶的车辆中,因此iPhone 5S不会询问是否要加入路过的无线网络。如果手机许久未动,例如睡觉时,协处理器会减少网络检测,从而节省电池电量。

在芯片领域,如何延长手机的续航能力永远是一个矛盾的问题。增加的电池容量永远与逐步扩大的屏幕尺寸作斗争,这个问题可以说是无解的,而芯片厂商所能够做的就只有增强内部的控制。手机的功耗优化是无止境的,有时候并不能确定是否该减少,因为不知道手机正在做什么,但是加入协处理器及传感器后,手机将会智能地判断用户的行为,并且能做出更加细致的调整。

而iPhone 5S手机中搭载的协处理器就是一个传感器数据处理中心。在苹果官方的描述中,协处理器用来持续地测量运动数据,包括来自加速计、陀螺仪、指南针的数据。预计将来光线传感器、距离传感器、重力传感器的数据都会交由M7协处理器来处理。iPhone 5S手机的协处理器电路框图如图9-9所示。

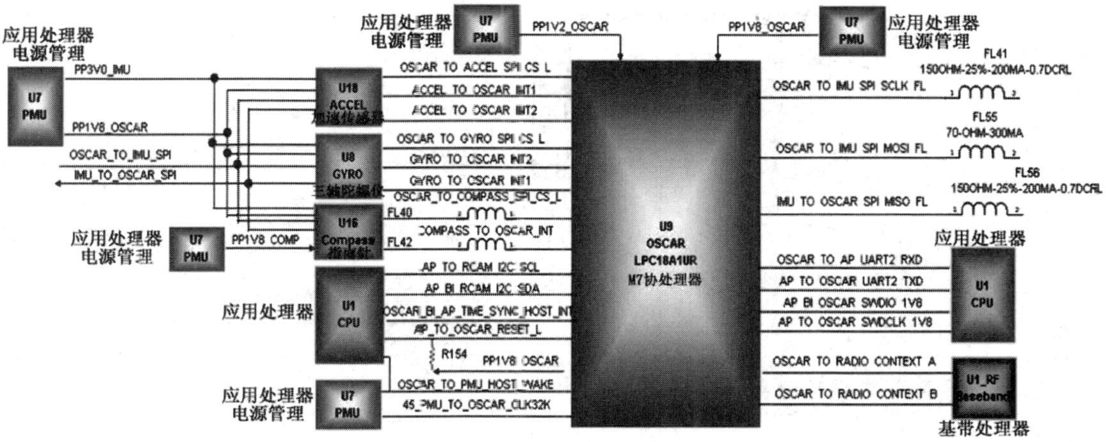

图 9 - 9　协处理器电路框图

2. 指南针电路

iPhone 5S 手机的指南针电路 U16 有两路供电电压，分别是 PP3V0_IMU、PP1V8_OSCAR。指南针电路 U16 通过 SPI 总线和应用处理器 U1 进行通信，M7 协处理器通过片选信号、中断信号控制 U16 的工作。指南针电路如图 9 - 10 所示。

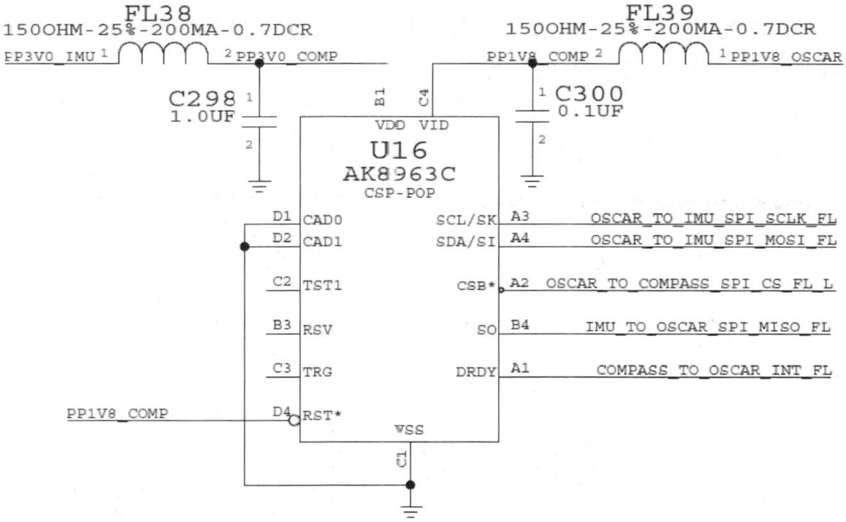

图 9 - 10　指南针电路

指南针芯片 U16 的 D4 脚为复位信号，仔细观察会发现该信号连接芯片的地方还有一个小圆圈，这个小圆圈表示此信号低电平有效。复位信号在每次关机时就会令 U16 内部数据复位一次。

3. 加速传感器电路

iPhone 5S 手机的加速传感器电路 U18 有两路供电电压，分别是 PP3V0_IMU、PP1V8_OSCAR。加速传感器电路 U18 通过 SPI 总线和应用处理器 U1 进行通信，M7 协处理器通过片选信号、两路中断信号控制 U18 的工作。iPhone 5S 手机的加速传感器电路如图 9 - 11 所示。

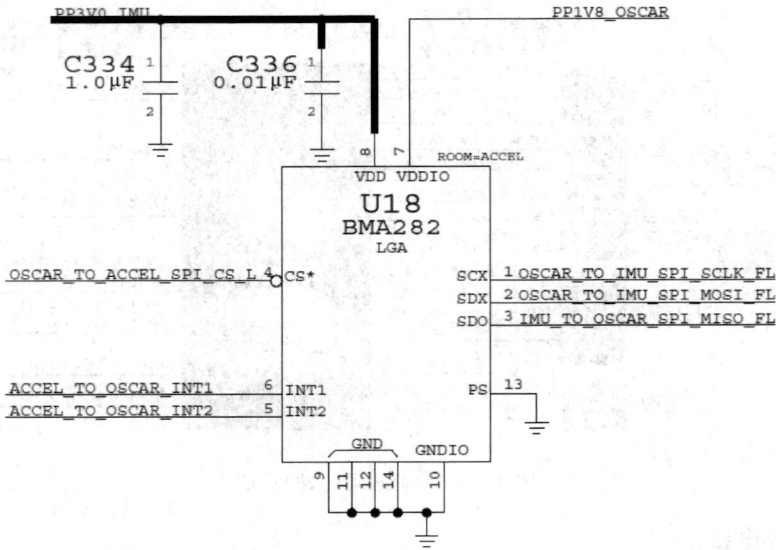

图 9-11　加速传感器电路

4. 陀螺仪电路

iPhone 5S 手机的陀螺仪电路 U8 有两路供电电压，分别是 PP3V0_IMU、PP1V8_OSCAR。陀螺仪电路 U8 通过 SPI 总线和应用处理器 U1 进行通信，M7 协处理器通过片选信号、两路中断信号控制 U18 的工作。

陀螺仪提供角速度侦测，与指南针一起辅助 GSP 精确导航。在照相时防止抖动，协助相机进行高质量拍摄。陀螺仪电路如图 9-12 所示。

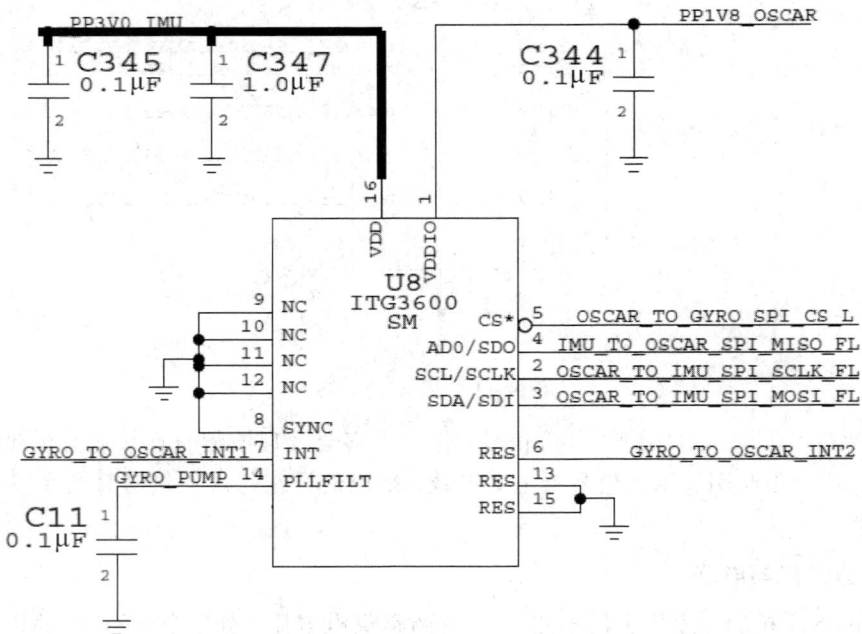

图 9-12　陀螺仪电路

陀螺仪内部有电荷泵电路，内部的升压电路产生 11 V 的工作电压给陀螺仪，使其能正常工作，U3 的 14 脚外接 C11 为电荷泵滤波电容。

5. 指纹传感器(MESA)升压电路

在 iPhone 5S 手机中还增加了 U10 芯片，MESA 通过 Dock connector(尾插接口)给 U10 提供使能信号(MESA_TO_BOOST_EN)，使得 VCC MAIN 经过 U10 升到 16.5 V，再经过 Dock Conn 给指纹传感器(MESA)。给指纹传感器(MESA)升压电路框图如图9-13所示。

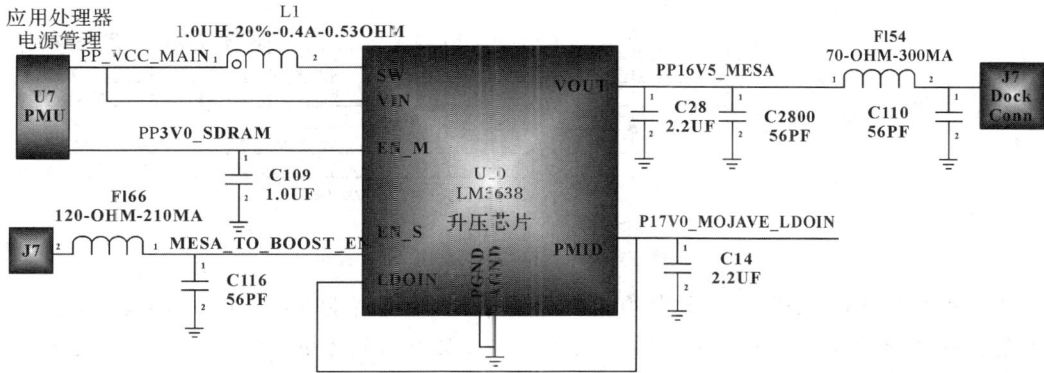

图 9-13 给指纹传感器(MESA)升压电路框图

6. 摄像头电路

(1) 后置摄像头电路。iPhone 5S 后置摄像头电路如图 9-14 所示。

在 iPhone 5S 主摄像头电路中，数据信号通过 MIPI 数据接口进行通信。供给摄像头电路的有 4 路电压，分别是 PP2V5_RCAM_AF_CONN、PP1V2_RCAM_CONN、PP1V8_RCAM_CONN、PP2V85_RCAM_CONN。CPU 通过 I²C 总线控制主摄像头的工作。

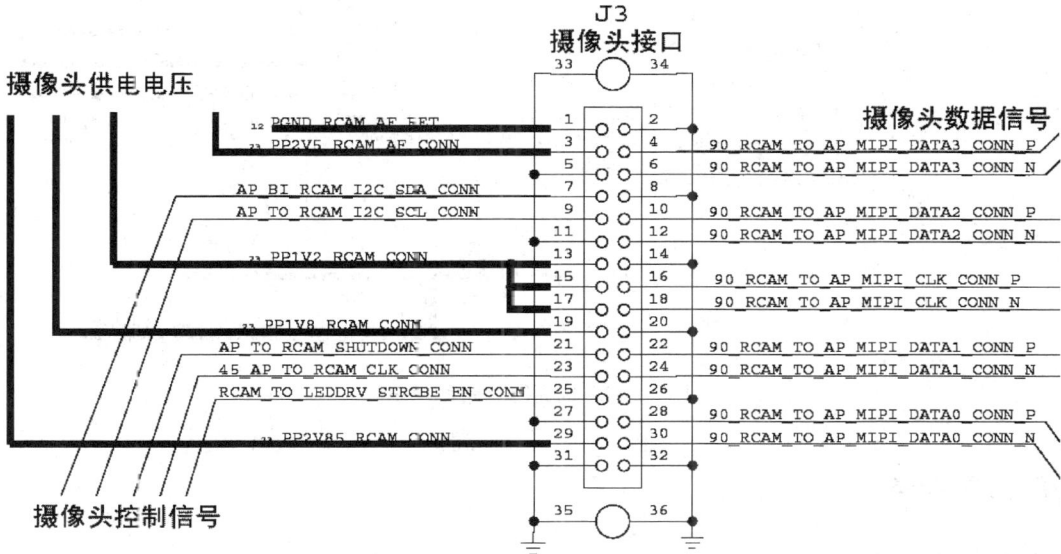

图 9-14 后置摄像头电路

（2）前置摄像头电路。前置摄像头数据信号和前置摄像头一样，也是通过 MIPI 数据接口进行通信的，相对后置摄像头来说还是比较简单的。iPhone 5S 前置摄像头电路如图 9-15 所示。

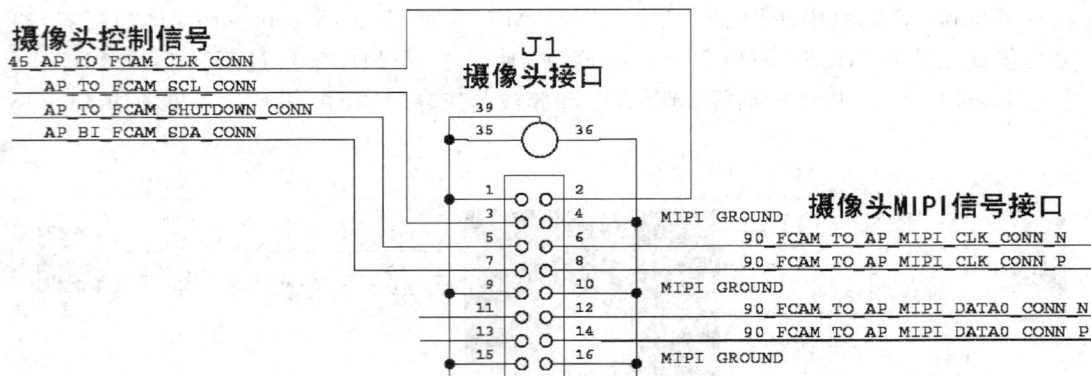

图 9-15　前置摄像头电路

（3）闪光灯电路。iPhone 5S 中的相机配备了双 LED 智能 True Tone 闪光灯，拍照时相机会自动判断所需的白光与黄光的恰当百分比和强度，最终呈现出色彩更生动逼真的美妙图像。色调既不太冷，也不会太暖，高光效果更出色，肤色表现更自然。

供电电压送至闪光灯驱动 U17 的 A2、B2 脚，电感 L5 和 U17 共同组成振荡电路中，闪光灯驱动信号从 A3、B3、C3、A4、B4、C4、D4 脚输出。闪光灯电路原理图如图 9-16 所示。

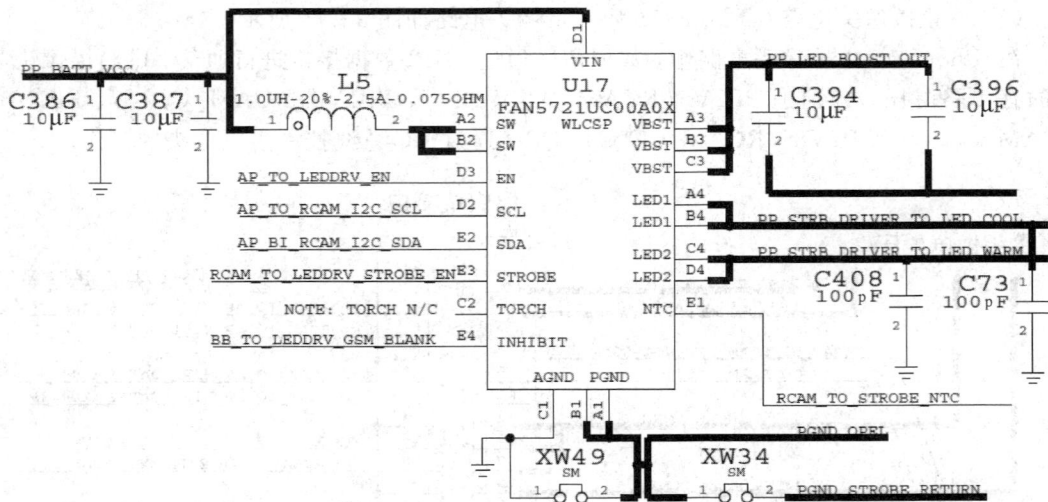

图 9-16　闪光灯电路原理图

![任务准备]

实施本任务教学所使用的实训设备及工具材料可参考表 9-1。

表 9 - 1 实训设备及工具材料

序号	分类	名称	型号规格	数量	单位	备注
1	工具	数据线	iPhone 专用	1	条	
2		手机	iPhone 5S 手机	1	台	
3	设备器材	手机	iPhone 5S 主板	1	块	
4		计算机	无	1	台	
5		热风枪	850	1	台	
6		焊台	936	1	台	
7	维修设备	数字示波器	DS1102E	1	台	
8		万用表	VC890C	1	台	
9		稳压电源	龙威 PS - 305DM	1	台	

任务实施

一、传感器电路故障维修思路

由传感器电路引起的故障比较多，主要表现为功能操作不正常，有些游戏无法玩，甚至会引起不开机、开机红屏等故障，针对传感器电路故障可以参考以下维修思路。

1. 供电电压

根据对应的故障，检查相应传感器电路的供电电压，一般摔过、进水的手机，供电不正常的较多。如果电压不正常，则需要检查对应的供电输入电路。

2. I^2C 总线信号

在 I^2C 总线中出现的问题较多，一条总线上一般挂多个功能芯片，任何一个芯片出问题都可能造成手机故障，所以在判断 I^2C 总线问题的时候要慎重，如果有必要，可以使用示波器分别测量两条总线的波形，或者使用万用表分别测量两条线的对地阻值。

3. 器件问题

对于传感器电路故障，可以使用排除法，把可疑的元器件取下来，查看手机是否能够正常工作，如果能够正常工作，可能是取下的元器件本身的问题，更换即可。

传感器电路故障问题复杂多变，要多思考，综合运用各种方法进行判断。

二、传感器电路维修方法

在智能手机中，传感器电路、背景灯电路、振动器电路、摄像头电路、GPS 电路等都可以采用单元三步法维修。

单元三步法就是在维修中针对供电、控制、信号三个要素进行判定，通过对供电、控制、信号三个要素进行测量来判定手机的故障范围，单元三步法可以总结为"电、信、控"。

1. 供电

对于手机单元电路故障，首先要检查供电电压是否正常，是否能够输送到单元电路，如果供电不正常首先检查供电电压。

2. 信号

在实际维修工作中，主要检查单元电路中信号的处理过程，尤其是关键的测试点。

3. 控制

手机大部分电路的工作是受 CPU 控制的。翻盖手机如果合上翻盖，LCD 会不显示，这就是控制信号的作用。

在单元电路中，控制信号的工作与否关系着单元电路是否能够正常工作，这也是单元电路故障维修中的关键测试点。

4. 单元三步法维修实例

单元三步法在手机维修中适用于所有手机的故障维修，主要是要掌握好方法和技巧。下面以某手机显示屏背景灯供电电路的维修为例进行分析，如图 9-17 所示。

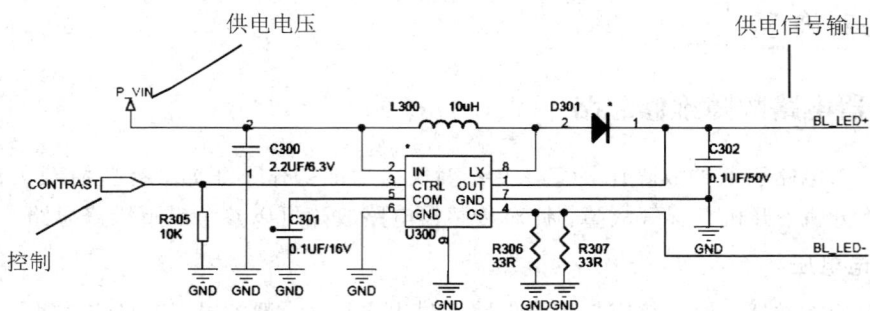

图 9-17 显示屏背景灯供电电路

（1）供电电压的测量。使用万用表测量 C300 两端是否有 3.7 V 左右的供电电压，如果有电压，说明供电部分是正常的，就需要再检查控制、信号两个测试点。如果供电这个测试点不正常，那就要检查供电部分是否有故障，负载是否存在短路问题等。

（2）控制电平的测量。显示屏背景灯供电电路的工作受 CPU 的控制，显示屏背景灯芯片 U300 的 3 脚为控制引脚，该控制电平的测试点为 R305 两端，如果该电平为低电平，显示屏背景灯芯片不工作，如果该电平为高电平，显示屏背景灯芯片开始工作。

（3）信号的测量。当单元电路具备了供电电压、控制电平两个基本工作条件以后，电路开始工作，电压信号从 U300 的 1 脚、7 脚输出，信号的测试点就是 BL_LED＋、BL_LED－。如果该输出点没有输出信号，说明电路没有工作，测量单元电路的输出点，是把握整个电路是否工作的关键。

以上是简析单元三步法在手机单元电路故障维修中的应用，同样，单元三步法也可以应用在手机其他单元电路的维修中。

三、传感器故障维修案例

1. iPhone 5S 距离传感器故障维修

（1）故障现象。

一同行送来一部 iPhone 5S 手机维修，手机在别的地方维修过，有轻微腐蚀，之后手机聚力传感器无法使用。

（2）故障分析。

根据同行反映的问题，在排除进水腐蚀的问题以后，重点应该检查距离传感器电路是否能正常工作。

（3）故障维修。

拆机彻底清理进水腐蚀痕迹以后，未解决问题，重新检查之后发现电容 C79 脱落，更换相同容量的电容后，手机开机距离传感器功能正常。C79 原理图如图 9-18 所示。

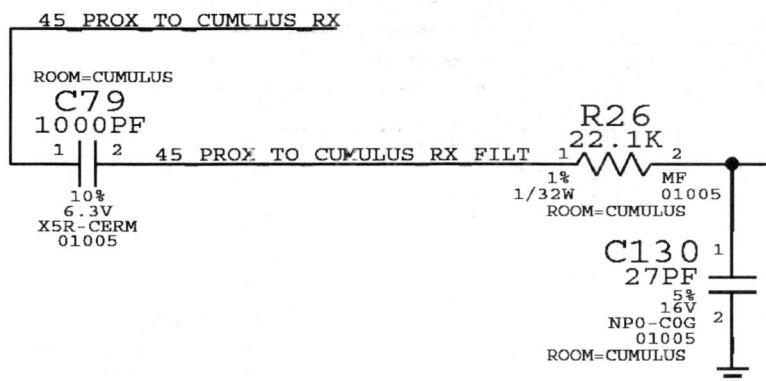

图 9-18　C79 原理图

C79 位置图如图 9-19 所示。

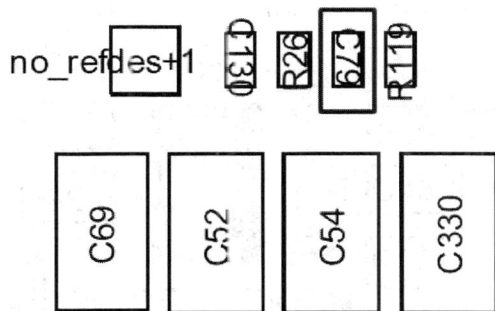

图 9-19　C79 位置图

2. iPhone 5S 无感光故障维修

（1）故障现象。

一顾客送来一部 iPhone 5S 手机，顾客描述拨打电话时，手机放耳朵边上屏幕无法黑屏。

（2）故障分析。

根据客户反映的问题，确定是距离传感器故障，首先应该代换距离传感器排线，然后检测主板供电和通路。

（3）故障维修。

更换距离传感器排线之后故障依旧，检查主板发现距离传感器排线接口附近有腐蚀，R45 电阻腐蚀脱焊，短接后，开机距离传感器工作正常。R45 是距离传感器红外发射驱动管 Q1 负载电阻，原理图如图 9-20 所示。

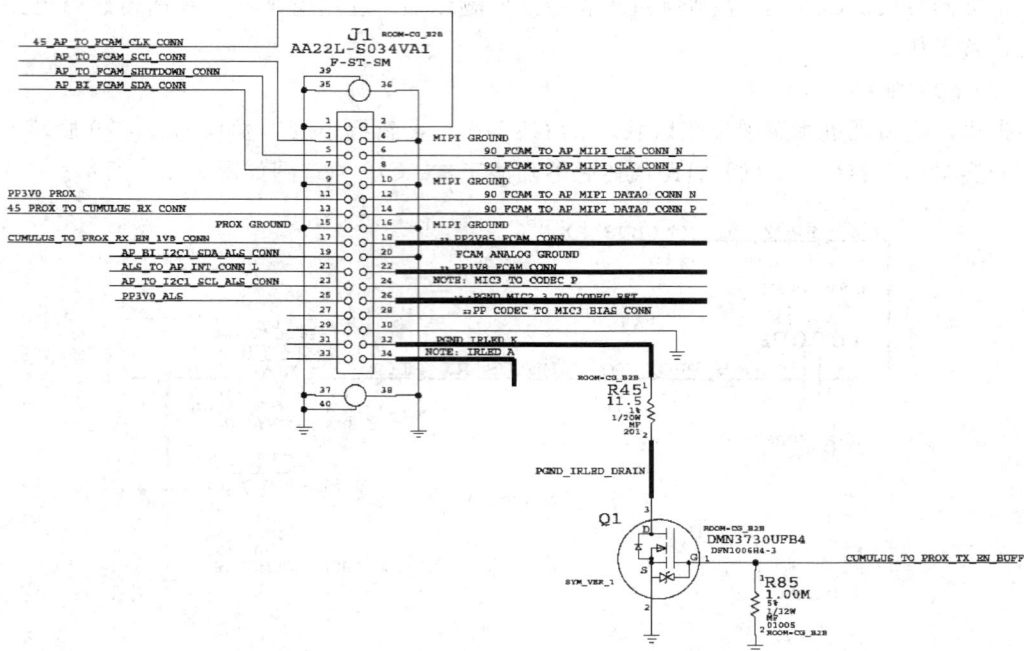

图 9-20　红外发射驱动管 Q1 负载电阻

距离传感器红外驱动电路元件分布图如图 9-21 所示。

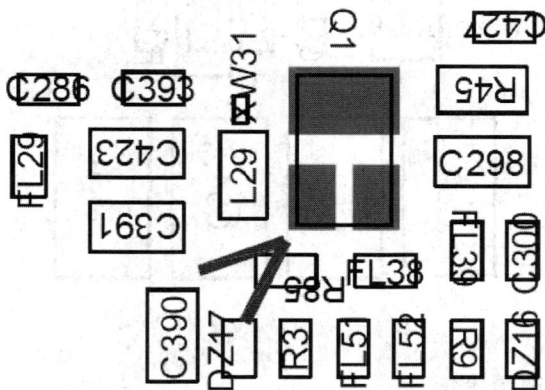

图 9-21　红外驱动电路元件分布图

3. iPhone 5S 无指纹故障维修

（1）故障现象。

一客户送来一部 iPhone 5S 手机，客户称手机进水之后指纹无法识别，而且有点轻微漏电。

（2）故障分析。

根据客户反映的问题，首先排除漏电是否是由指纹按键故障引起的，如果不行再检测主板供电与控制通路。

（3）故障维修。

拆机更换指纹排线，用稳压电源表检测主板还是漏电，打开主板屏蔽罩，发现指纹主供电芯片 U10 周围腐蚀严重，清洗更换后，开机指纹正常，漏电消除。指纹主供电芯片 U10 位置图如图 9-22 所示。

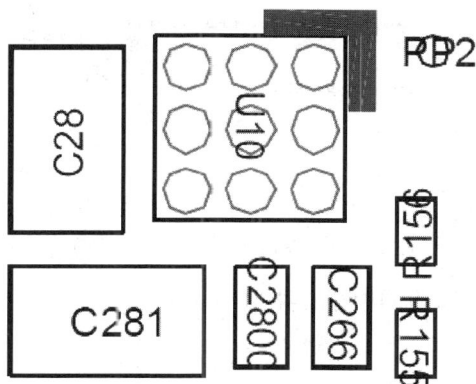

图 9-22 指纹主供电芯片 U10 位置图

指纹主供电芯片 U10 原理图如图 9-23 所示。

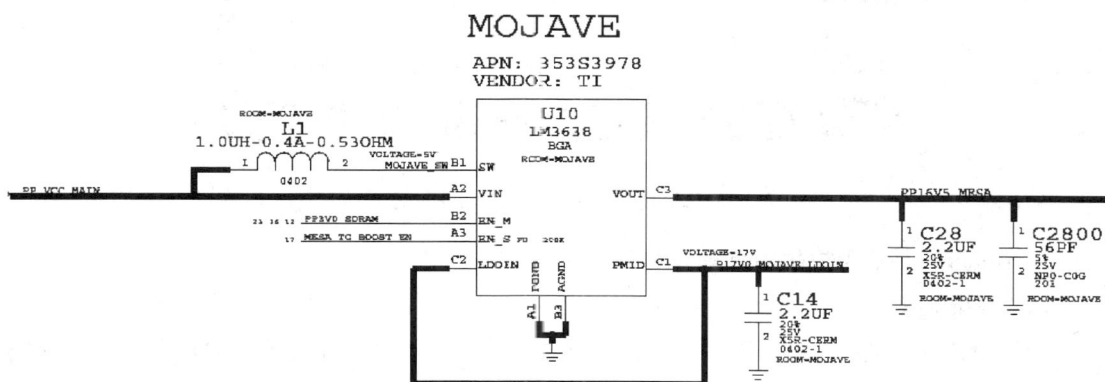

图 9-23 指纹主供电芯片 U10 原理图

4. iPhone 5S 指纹无法录入故障维修

（1）故障现象。

一客户送来一部 iPhone 5S 手机，客户描述，手机更换过电池后，发现指纹无法录入，能够进入指纹录入界面，但放置手指后手机无任何反映。

（2）故障分析。

根据客户反映的问题，可以排除供电问题，主要检查控制及信号通路，当然也不能排除人为问题。

（3）故障维修。

拆机经检测发现电池接口上方指纹控制通路上滤波电感 FL66 脱落，将其短接，开机指纹录入正常。滤波电感 FL66 原理图如图 9 - 24 所示。

图 9 - 24　滤波电感 FL66 原理图

滤波电感 FL66 元件位置图如图 9 - 25 所示。

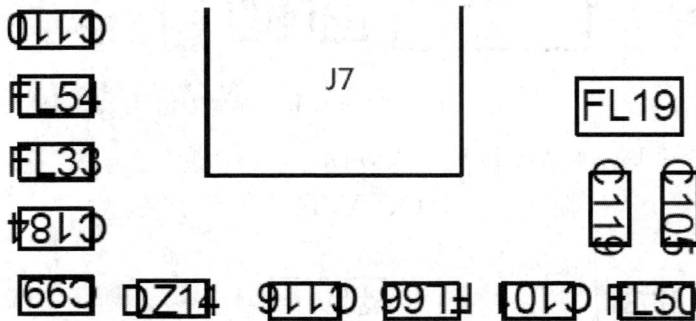

图 9 - 25　滤波电感 FL66 元件位置图

5. iPhone 5S 不照相故障维修

（1）故障现象。

一同行送来一部 iPhone 5S 手机，同行描述，手机进水后已经简单处理，除了不能照相之外所有功能都正常。

（2）故障分析。

根据客户反映的问题，首先要测试是哪个摄像头不能使用，然后检测其接口周围是否有元器件腐蚀，最好检测其电压及数据信号是否正常。

（3）故障维修。

测试发现，后置摄像头不照相，拆机检测之后发现滤波电感 L30 上的 1.3 V 电压不正常，在拍照时，L30 上应该有 1.3 V 供电电压，其电压由供电管 U13 提供，给后置摄像头供电。

更换供电管 U13 后，电压正常，开机测试拍照功能，完全正常，在应急维修的时候，可以直接短接供电管 U13 的 B1、B2 脚。供电管 U13 原理图如图 9-26 所示。

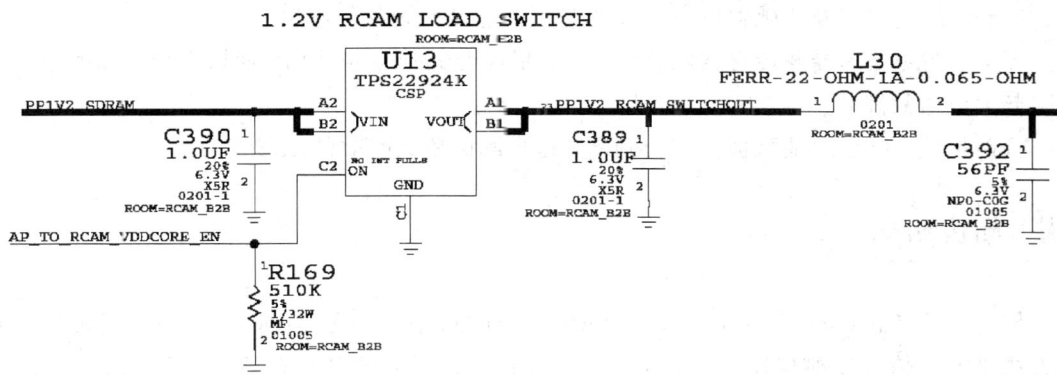

图 9-26　供电管 U13 原理图

操作提示

由于协处理器及传感器功能失效不会影响正常通话，因此即使协处理器及传感器出现问题，一般也不会被用户发现。除非在使用特定功能的时候才能表现出来，所以在判断协处理器及传感器故障的时候，一定要反复进行测试和验证才行。

检查评议

对任务的完成情况进行检查，并将结果填入任务测评表 9-2 中。

表 9-2　任务测评表

序号	主要内容	考核要求	评分标准	配分	扣分	得分
1	单元三步法应用	1. 能够掌握单元三步法的应用技巧 2. 掌握"单元三步"法的判断思路	1. 描述单元三步法的应用技巧及测试点，每处错误扣 5 分 2. 描述单元三步法的判断思路，每处错误扣 5 分	40		
2	电路维修思路	1. 判断故障大概部位 2. 掌握常见故障的维修	1. 判断故障部位错误，每次扣 5 分 2. 故障维修思路、解决方法错误，每次扣 5 分	40		
3	安全注意事项	1. 严格执行操作规程 2. 保持实习场地整洁，秩序井然	1. 发生安全事故扣总分 20 分 2. 违反文明生产要求视情况扣总分 5～20 分	20		
工时	60 min		合　计			
开始时间			结束时间		成绩	

问题及防治

问题：协处理器及传感器电路引起的开机大电流问题如何解决？

原因：在协处理器及传感器电路中，部分供电与其他电路共用，如果出现短路问题，也会引起大电流故障。

预防措施：结合对地阻值法进行判断，这是既简单又有效的维修技巧。

知识拓展

串行外设接口（Serial Peripheral Interface，SPI），它可以使 MCU 与各种外围设备以串行方式进行通信以交换信息。SPI 有三个寄存器，分别为控制寄存器 SPCR、状态寄存器 SPSR 和数据寄存器 SPDR。

外围设备包括 FLASH、RAM、网络控制器、LCD 显示驱动器、A/D 转换器和 MCU 等。SPI 总线系统可直接与各个厂家生产的多种标准外围器件直接接口，该接口一般使用 4 条线：串行时钟线（SCLK）、主机输入/从机输出数据线 MISO、主机输出/从机输入数据线 MOSI 和低电平有效的从机选择线 NSS（有的 SPI 接口芯片带有中断信号线 INT，有的 SPI 接口芯片没有主机输出/从机输入数据线 MOSI）。

SPI 接口是在 CPU 和外围低速器件之间进行同步串行数据传输，在主器件的移位脉冲下，数据按位传输，高位在前，低位在后，为全双工通信，其数据传输速度总体来说比 I^{2}C 总线要快，速度可达到几兆比特每秒。

SPI 接口包括以下 4 种信号：

① MOSI：主器件数据输出，从器件数据输入。

② MISO：主器件数据输入，从器件数据输出。

③ SCLK：时钟信号，由主器件产生。

④ NSS：从器件使能信号，由主器件控制，有的芯片会标注为 CS（Chip Select）。

在点对点的通信中，SPI 接口不需要进行寻址操作，其为全双工通信，简单高效。在多个从器件的系统中，每个从器件需要独立的使能信号，硬件上比 I^{2}C 系统要稍微复杂一些。

任务 2　音频电路原理与维修

学习目标

为了更好地学习和掌握音频电路故障的维修方法，并能够分析和维修音频电路常见故障，需要达成以下目标。

知识目标：

1. 了解音频电路的基本原理。

2．掌握音频电路常见故障维修方法的应用。

能力目标：

1．掌握音频电路故障的维修方法。

2．能够熟练解决音频电路常见故障。

素质目标：

1．让学生体验到团队合作的精神，从而培养学生的团队合作能力。

2．使学生体验到收获劳动成果的快乐，从而培养学生热爱工作的精神。

▤ 工作任务

随着智能手机制造技术的发展，智能手机的音质效果有了很大的提升，在本任务中，以 iPhone 5S 手机的音频电路为例介绍智能手机音频电路故障的原理与维修。

本次工作任务具体要求如下：

（1）掌握智能手机音频电路的工作原理。

（2）掌握音频电路故障的基本维修方法。

（3）根据电路工作原理，简单分析电路故障并能够给出解决方案，能够维修常见故障。

▤ 相关理论

一、音频电路基础

1. 声音的基本概念

声音是通过一定介质传播的连续的波，如图 9-27 所示。

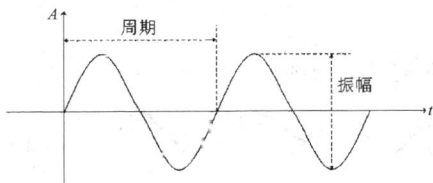

图 9-27　声波

声音的重要指标包括振幅（音量的大小）、周期（重复出现的时间间隔）、频率（信号每秒钟变化的次数）。

声音按频率的分类如图 9-28 所示。

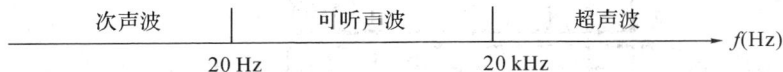

图 9-28　声音按频率的分类

语音信号频率范围是 300 Hz～3 kHz。声音的传播携带了信息，它是人类传播信息的一种主要媒体。声音的三种类型：波形声音（包含了所有声音形式）、语音（不仅是波形声音，而且还有丰富的语言内涵（抽象→提取特征→意义理解））、音乐（与语音相比，形式更规范）。音乐是符号化的声音。

2. 声音的数字化

（1）声音信号的类型。

声音信号主要由模拟信号（自然界、物理）和数字信号（计算机）组成。

模拟信号是指信息参数在给定范围内表现为连续的信号，或在一段连续的时间间隔内，其代表信息的特征量可以在任意瞬间呈现为任意数值的信号。

数字信号是指自变量是离散的、因变量也是离散的信号，这种信号的自变量用整数表示，因变量用有限数字中的一个数字来表示。在计算机中，数字信号的大小常用有限位的二进制数表示，由于数字信号是用两种物理状态来表示 0 和 1 的，故其抵抗材料本身干扰和环境干扰的能力都比模拟信号强很多。在现代技术的信号处理中，数字信号发挥的作用越来越大，几乎复杂的信号处理都离不开数字信号，或者说，只要能把解决问题的方法用数学公式表示，就能用计算机来处理代表物理量的数字信号。

（2）声音数字化过程。

在时间和幅度上都连续的模拟声音信号，经过采样、量化和编码后，才能得到用离散的数字表示的数字信号。

① 采样。采样就是在某些特定的时刻对模拟信号进行测量，对模拟信号在时间上进行量化。具体方法是：每隔相等或不相等的一小段时间采样一次。相隔时间相等的采样为均匀采样，相隔时间不相等的采样为不均匀采样。均匀采样又称为线性采样，不均匀采样又称为非线性采样。

② 量化。分层就是对信号的强度加以划分，对模拟信号在幅度上进行量化。具体方法是：将整个强度分成许多小段。如果分成小段的幅度相等称为线性分层，分成的小段不相等称为非线性量化。

声音信号的采样、量化和编码，如图 9 - 29 所示。

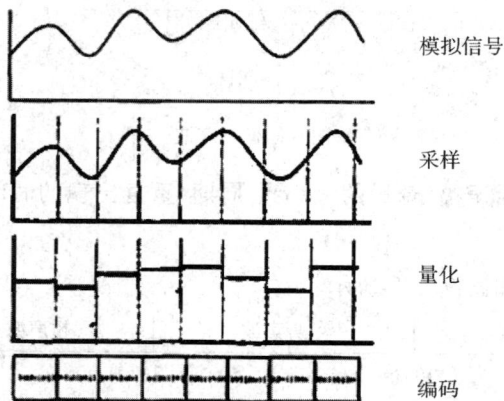

模拟信号

采样

量化

编码

图 9 - 29　声音信号的采样、量化和编码

③ 编码。编码就是将量化后的整数值用二进制数来表示。若分成 123 级，量化值为 0～127，每个样本用 7 个二进制位夹编码。若分成 32 级，则每个样本只需用 5 个二进制位来编码。

采样频率越高，量化数越多，数字化的信号越能逼近原来的模拟信号，而编码用的二进制位数也就越多。

3. 编解码器(CODEC)

编解码器(CODEC)指的是数字通信中具有编码、译码功能的器件。CODEC 是支持视频和音频压缩(CO)与解压缩(DEC)的编解码器或软件。CODEC 技术能有效减少数字存储占用的空间，在计算机系统中，使用硬件完成 CODEC 可以节省 CPU 的资源，提高系统的运行效率。

CODEC 是分别取 coder 和 decoder 前两个字母组合而成的。音频压缩技术是指对原始数字音频信号流(PCM 编码)运用适当的数字信号处理技术，在不损失有用信息量或所引入损失可忽略的条件下，降低(压缩)其码率，称为压缩编码。

二、音频电路工作原理

1. 音频编解码电路简介

在 iPhone 5S 手机中，音频编解码电路完成了所有音频信息的处理，音频编解码芯片和应用处理器之间的信息传输采用了 I²S 总线。音频编解码电路的框图，如图 9－30 所示。在音频编解码电路中都标注了 CODEC。

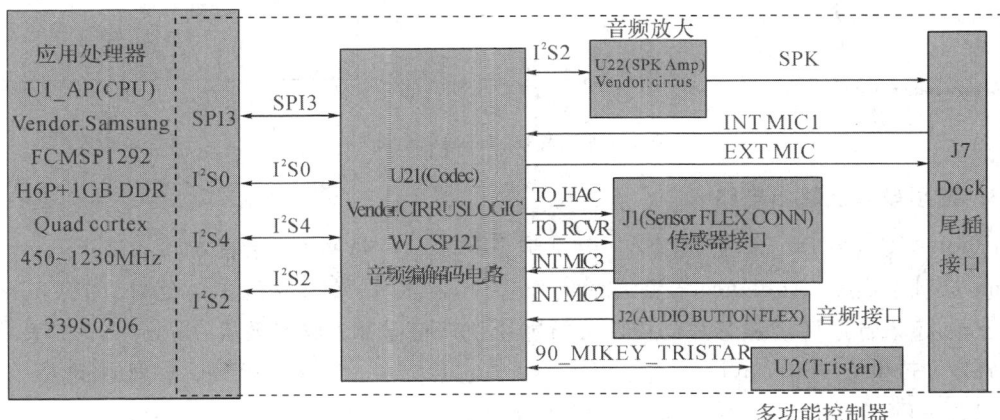

图 9－30　音频编解码电路的框图

2. 音频编解码电路供电

音频编解码电路的供电有 4 路，其中 PP_VCC_MAIN 送至音频编解码芯片的 L6、H11 脚，PP1V8 送至 U21 的 A11、B10、B9 脚，PP1V8_SDRAM 送至 U21 的 G11 脚，PP1V8_VA_L19_L67 送至 U21 的 J1 脚。MIC 偏压电路由 R100、C237、C238 及 U21 内部电路组成。

音频编解码供电电路如图 9-31 所示。

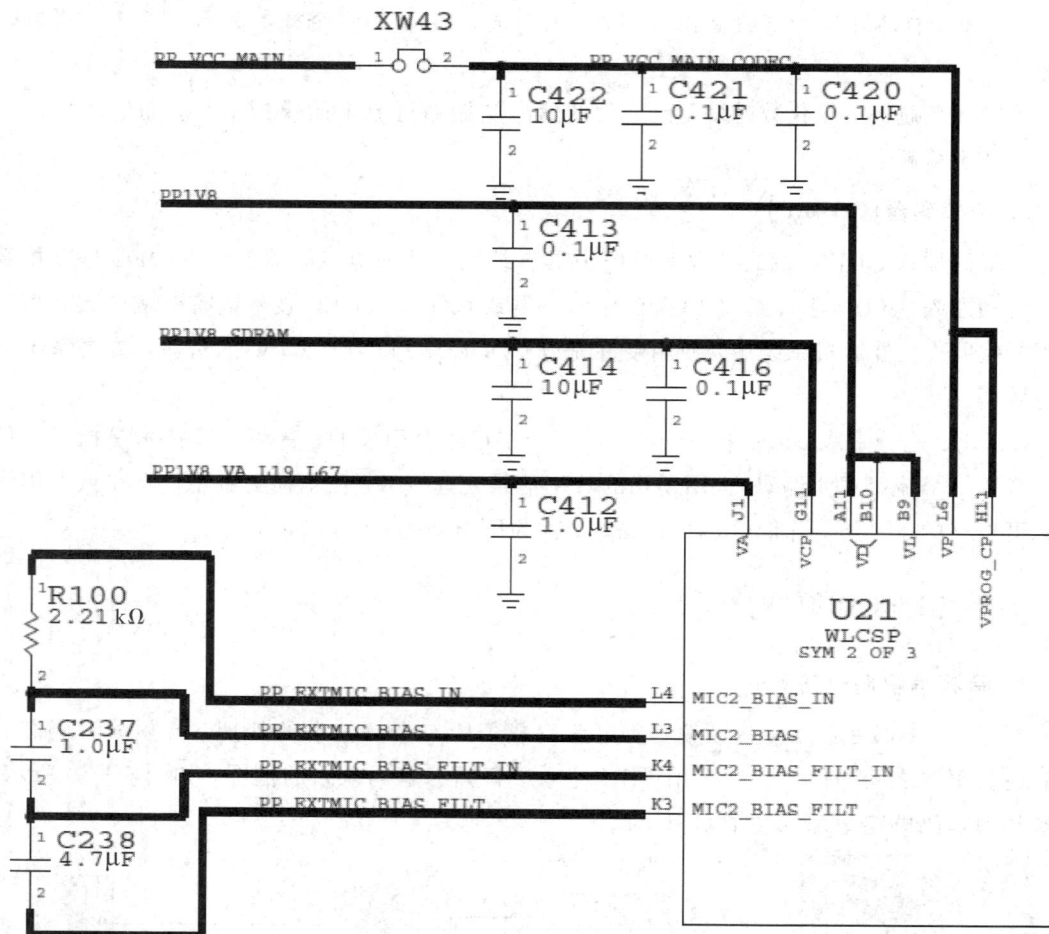

图 9-31　音频编解码供电电路

3. 音频输入及输出电路

iPhone 5S 手机有三路音频输入，分别是主 MIC、耳机 MIC、录音 MIC。在 iPhone 4 和 iPhone 4S 上使用了 Audience 语音通话增强芯片，其降噪效果受到了广泛好评，Audience 的 earSmart 语音通话增强芯片已被广大智能手机厂商采用。但苹果从 iPhone 5 开始选择了自行研发，转由 Cirrus Logic 定制 CODEC 音频芯片完成，为增强效果，定制 CODEC 开始支持三路 ADC 输入，即三路麦克风采样的方式增强通话降噪能力，而在 iPhone 5S 上，定制音频芯片的功能和音质并没有变化，但体积减少了 30%。

iPhone 5S 手机有三路音频输出，分别是听筒输出、HAC 输出、耳机输出。

HAC 全称为 Hearing Aid Compatibility，是手机支持助听器兼容性的一种标准。HAC 手机是能兼容助听器的手机。在北美以及欧洲，大多数知名手机厂商以及通信设备供应商会提供其辐射对频率干扰非常小的手机，且能够和助听器电感线圈或者麦克风兼容。HAC 涉及到两个兼容系数 M 和 T(M 是针对麦克风接听的兼容性；T 是针对感应线圈接听的兼容性)。手机对助听器麦克风干扰满足 M4 级，干扰性最小。电感兼容系数达到 T4 级，助听器内置电感线路和手机兼容性最好。

音频输入及输出电路原理图如图 9-32 所示。

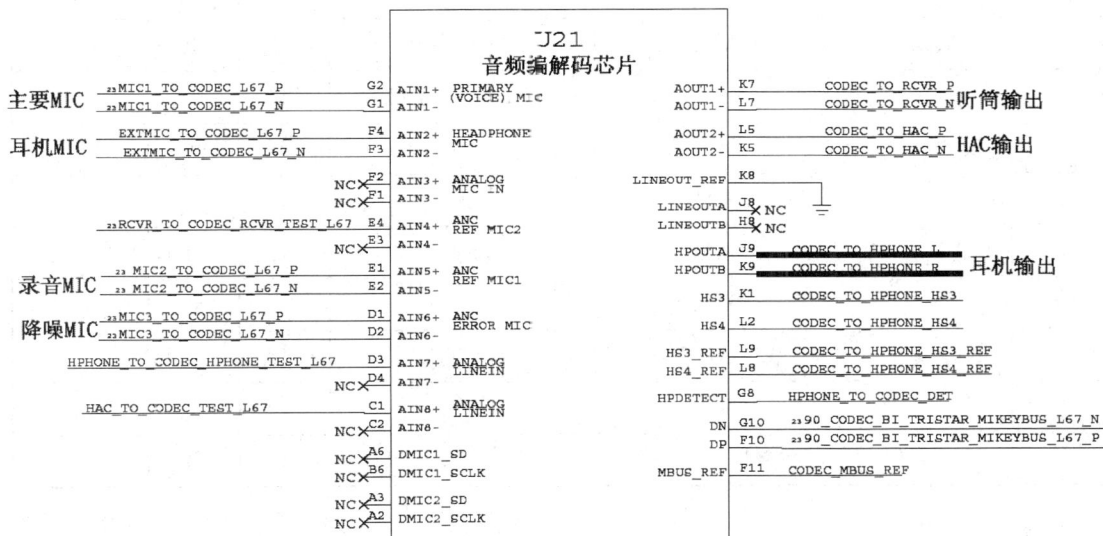

图 9-32　音频输入及输出电路原理图

4. 音频放大输出电路

为了提供更优质的音乐播放及免提语音功能，iPhone 5S 手机使用了一个单独的芯片 U22 做为放大电路。音频编解码芯片 U21 通过 I^2S 总线和音频放大电路 U22 进行通信，放大后的音频信号从 U22 的 D2、C2 脚输出至扬声器。

音频放大输出电路如图 9-33 所示。

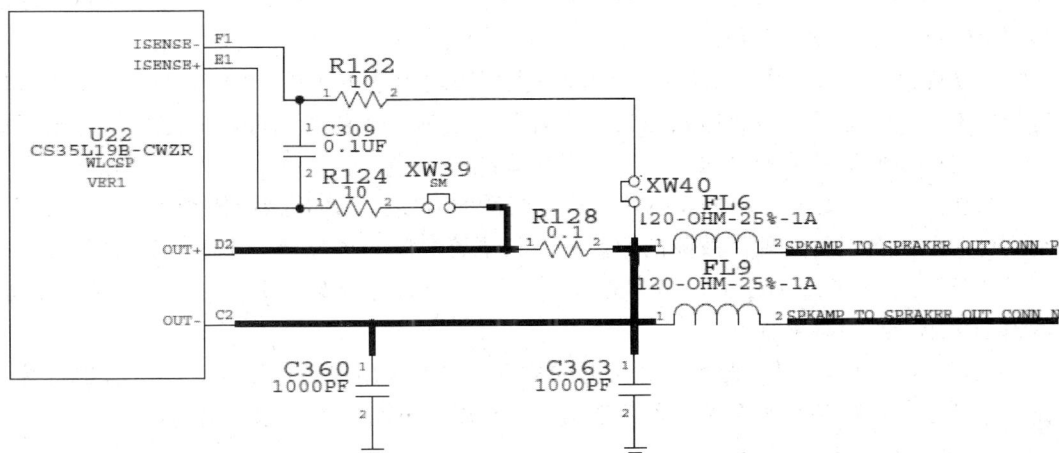

图 9-33　音频放大输出电路

任务准备

实施本任务教学所使用的实训设备及工具材料可参考表 9-3。

表 9 - 3　实训设备及工具材料

序号	分类	名称	型号规格	数量	单位	备注
1	工具	数据线	iPhone 专用	1	条	
2	设备器材	手机	iPhone 5S 手机	1	台	
3		手机	iPhone 5S 主板	1	块	
4		计算机	无	1	台	
5	维修设备	热风枪	850	1	台	
6		焊台	936	1	台	
7		数字示波器	DS1102E	1	台	
8		万用表	VC890C	1	台	
9		稳压电源	龙威 PS - 305DM	1	台	

任务实施

一、音频电路故障维修思路

在智能手机中，音频电路故障主要表现为：听筒无声、无送话、免提无声、耳机无声等故障，有些音频电路的元器件还会因为短路、漏电等问题造成大电流、不开机等故障。

1. 扬声器及听筒无声故障维修思路

扬声器及听筒无声故障是智能手机维修中一种比较常见的故障，引起这种故障的原因很多，大体可以分为以下几种。

（1）软件故障。软件故障引起无声的故障主要表现为系统问题，可能在玩游戏、听音乐的时候会有声音，但是在拨打电话的时候声音就不正常，这种情况可以考虑是软件出了故障，解决这种故障最直接的办法就是升级操作系统。

（2）硬件故障。无论在玩游戏还是在拨打电话的时候，扬声器及听筒均无声音，可以考虑是硬件出了故障，引起硬件故障的原因有主板电路故障及扬声器、听筒本身损坏。

① 使用万用表的蜂鸣挡测量扬声器、听筒的输出端，检测阻值是否正常，如果不正常，则考虑扬声器、听筒本身损坏。

② 主板电路故障，对于此类问题引起的故障，主要采用对地电阻法、电压法进行综合判断，一般是由音频编解码芯片工作不正常、音频放大电路故障问题引起的。

2. MIC 电路故障维修思路

在 iPhone 手机中，使用了多个 MIC 电路，MIC 电路故障也是比较常见的故障，最常见的故障现象为打电话对方听不到声音，造成这种问题的原因非常多，下面重点介绍 MIC 电路故障的维修思路。

（1）判断故障范围。首先要判断故障是由 MIC 本身问题引起的，还是由其他电路引起的。尝试拨打电话看对方是否能够听到声音。使用 iPhone 手机自带的录音软件进行录音，然后再进行回放看是否正常。使用手机自带的"Siri"功能来操作手机看是否有反应。如果确定无法使用，则确定故障为 MIC 电路故障。

（2）检测 MIC。使用数字万用表的 R * 1K 挡测量 MIC 两端的阻值是否正常，然后用力吹 MIC，查看万用表的阻值是否有变化，如果没有变化，则说明 MIC 本身损坏。在实际维修中，直接更换 MIC 组件是最简单的办法。

（3）检查主板故障。更换 MIC 以后还是出现无受话问题，则考虑主板问题，主要测量 MIC 信号通路元器件是否有开路及短路问题，音频输入信号电路工作是否正常，检查或更换音频编解码芯片。

3. 耳机电路故障维修思路

（1）确认故障范围。在维修耳机电路故障的时候，首先要确认故障范围，使用一条能够正常工作的耳机，插入故障手机的耳机接口，看是否会有声音？如果声音正常，则说明故障是由耳机本身问题造成的。如果不是，则需要检查耳机接口及主板电路。

（2）检查耳机接口电路。由于耳机接口暴露在外，再加上防护不当，可能出现进水、进灰尘等问题。使用不当会造成耳机接口松动、脱焊等问题。

检查耳机接口是否松动、进灰尘等，或者直接更换耳机组件进行测试，如果故障排除，则说明问题是由耳机接口部分引起的。

（3）检查主板故障。排除以上问题后，可以断定为主板故障，就要对主板进行维修。维修主板故障主要检查如下项目：耳机电路是否有进水腐蚀痕迹，耳机供电电路是否正常，耳机侦测信号是否正常等。

通过以上维修思路，基本可以排除音频电路故障。

二、音频电路故障维修

1. 音频编解码电路故障维修

在 iPhone 5S 手机中，音频电路故障主要表现为：无送话、无受话、扬声器无声、耳机无声等问题。

（1）供电电压。音频编解码电路 U21 的供电电压主要包括 PP1V8、PP1V8_SDRAM、PP_VCC_MAIN、PP1V8_VA_L19_L67 等，测量以上四个测试点电压是否正常，如果不正常则查找具体原因。供电电压如图 9 - 34 所示。

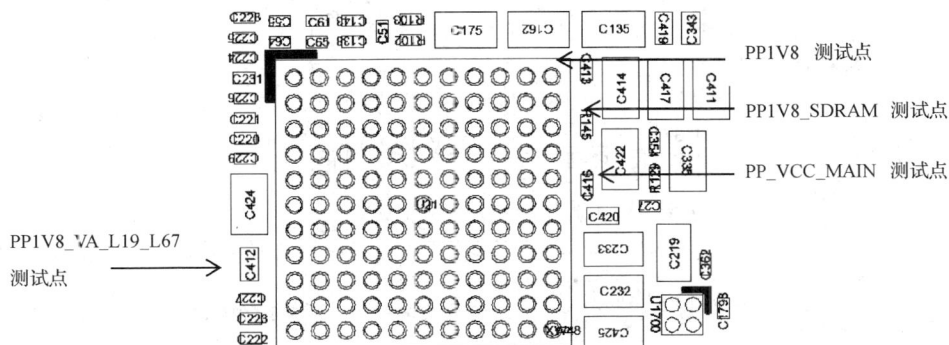

图 9 - 34　供电电压

（2）信号检查。输入到音频编解码电路 U21 的信号主要包括语音 MIC 信号、耳机 MIC 信号、降噪 MIC 信号等，信号测试点如图 9 - 35 所示。

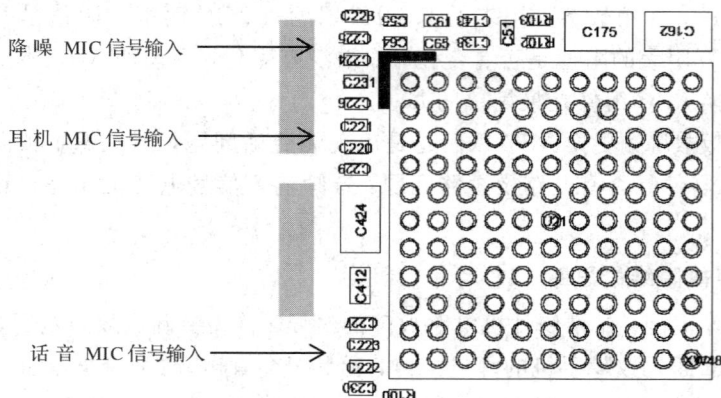

图 9 - 35　信号测试点

听筒信号从音频编解码电路 U21 的 K7、L7 脚输出，耳机信号从 U21 的 J9、K9 脚输出。

对于信号的检查手段主要是对地阻值法，可分别测量各信号测试点的对地阻值，如果某一路阻值异常，则要检查芯片是否虚焊，外围元器件有无短路或开路。

（3）控制信号。在音频编解码电路 U21 中，控制信号主要包括复位信号 CODEC_RESET_L、中断信号 CODEC_TO_AP_INT_L、CODEC_TO_PMU_MIKEY_INT_L。

由于在电路中，控制信号没有外部测试点，如果怀疑该部分有问题，则需要将 U21 取下后，测量控制信号对地阻值来进一步判断故障。

2. 音频放大电路故障维修

在 iPhone 5S 手机中使用了音频放大芯片 U22，该芯片完成了免提、音乐播放、来电振铃等功能。该部分电路故障主要表现为不开机、开机大电流、免提无声等。音频放大电路测试点如图 9 - 36 所示。

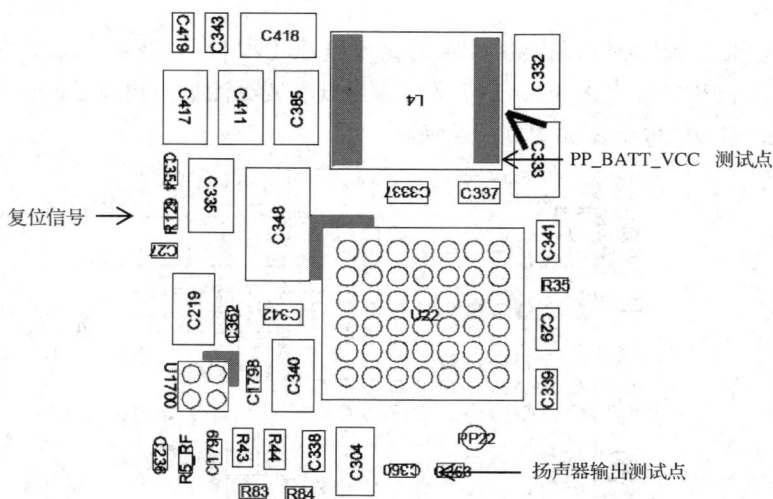

图 9 - 36　音频放大电路测试点

三、音频电路故障维修案例

1. iPhone 5S 无听筒故障维修

(1) 故障现象。

一同行送来一部 iPhone 5S 手机，同行描述更换过屏幕后发现打电话听筒无声，更换听筒排线也没用，确定为主板故障。

(2) 故障分析。

根据同行的反映，检测主板听筒排线座周围是否有人为造成的元器件脱落等问题，然后检测听筒信号通路和供电电压等。

(3) 故障维修。

拆机检测听筒接口周围，发现电感 FL52(听筒通路的滤波电感)脱落，拆卸 FL52 后，直接将其短接，开机测试，听筒正常。电感 FL52 原理图如图 9-37 所示。

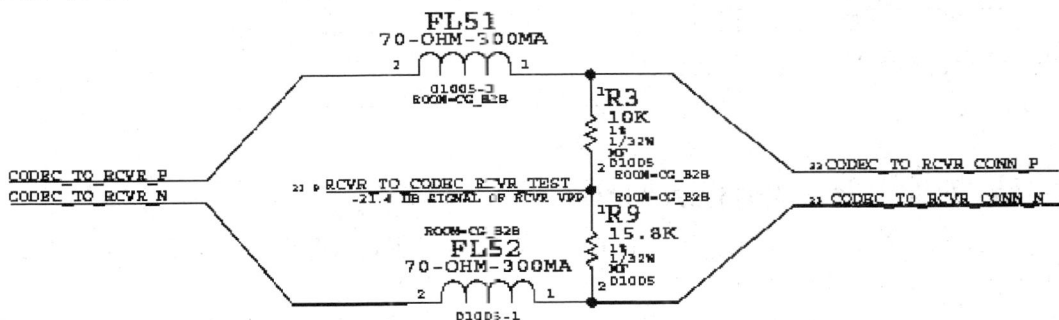

图 9-37 电感 FL52 原理图

电感 FL52 位置图如图 9-38 所示。

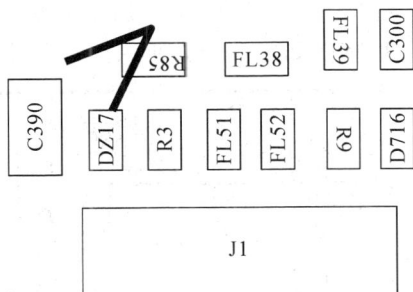

图 9-38 电感 FL52 位置图

2. iPhone 6 耳机声音杂故障维修

(1) 故障现象。一客户送来一部 iPhone 6 手机，用耳机播放音乐，在声音较小时一切正常，调大声音就出现很强的杂音。

(2) 故障分析。根据客户反映的情况，一般为尾插问题、音频电路问题、耳机问题。

(3) 故障维修。更换尾插试机未好，故检测音频电路。耳机有声音说明通路正常，声音杂应该是音频编解码芯片 U0900 本身损坏了，所以先更换音频编解码芯片 U0900，更换后试机耳机声音正常。编解码芯片 U0900 原理图如图 9-39 所示。

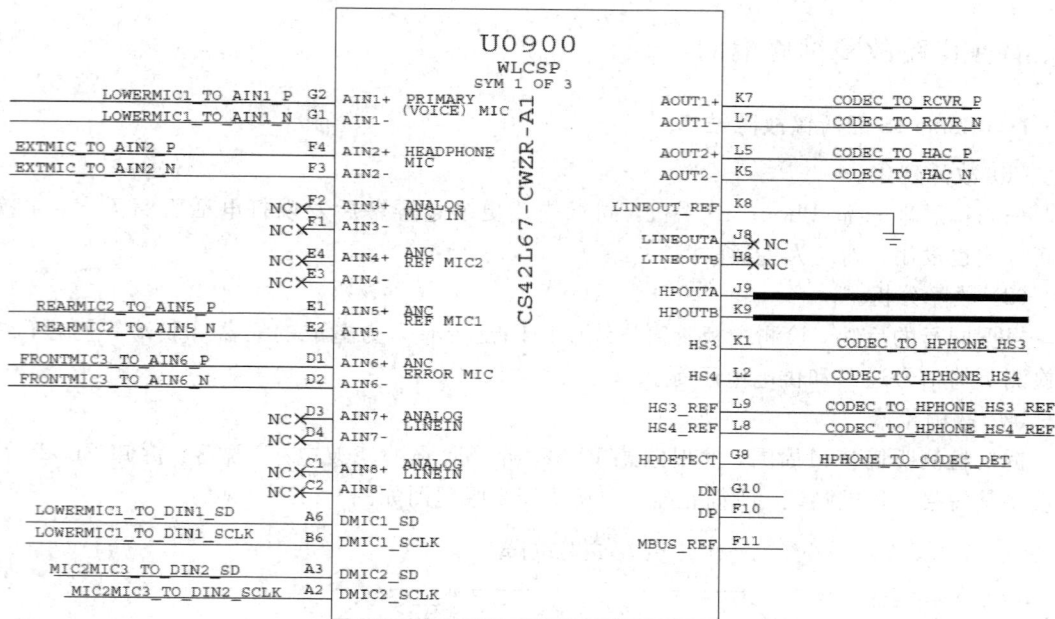

图 9-39 编解码芯片 U0900 原理图

3. iPhone 6 Plus 扬声器无声故障维修

（1）故障现象。一客户送来一部 iPhone 6 Plus 手机，称手机播放音乐无声、来电及免提无声。手机未进水、摔过。

（2）故障分析。根据客户的反映，从扬声器播放出来的声音没有，应该是音频放大器的问题。

（3）故障维修。拆机检查，未发现手机有进水、摔过的痕迹，更换音频放大电路 U1601，试机故障依旧，测量各路工作电压均正常，后检查发现 L1604 开路，更换后试机一切正常。音频放大电路 U1601 原理图如图 9-40 所示。

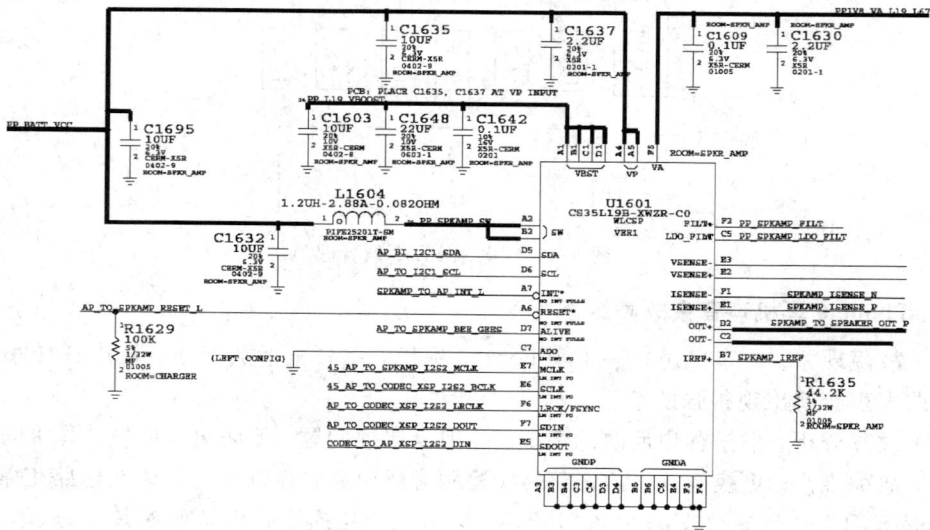

图 9-40 音频放大电路 U1601 原理图

电感 L1604 元件位置图如图 9-41 所示。

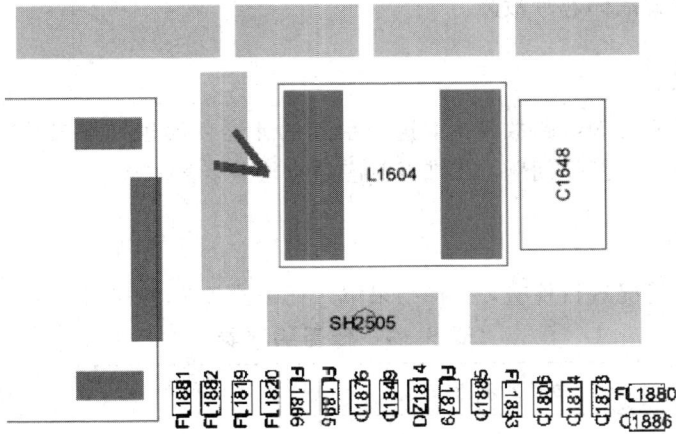

图 9-41 电感 L1604 元件位置图

4. iPhone 6S Plus 维修案例

（1）故障现象。客户送修 iPhone 6S Plus，进水后无铃声，通话有声音。

（2）故障分析。试机确认故障后，其他功能正常，唯独没有铃声，首先排除扬声器的问题，故障依旧锁定主板，大致判断是铃声放大 IC U3700 出了问题。

（3）故障维修。首先检查两路供电，PP_VCC_MAIN 与 PP1V8_VA 供电，经测量 C3737 与 C3709 两路电压正常，测量时发现 U3700 边脚有轻微腐蚀，果断拆下 U3700，更换新 IC，加电试机后，恢复铃声，故障排除。U3700 原理图如图 9-42 所示。

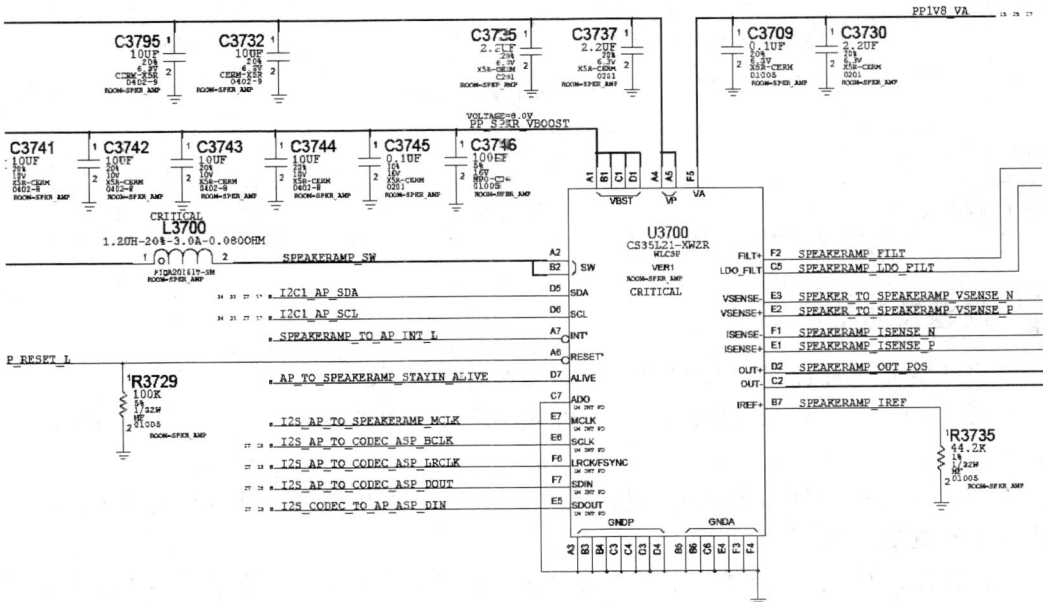

图 9-42 U3700 原理图

在实际维修中，iPhone 主板 IC 多为晶体芯片，进水后极易导致芯片损坏。在维修中针对进水机可优先考虑晶体芯片故障。

操作提示

在维修智能手机音频电路故障时，进水引起的元器件腐蚀问题较多，尤其是电容，腐蚀后容易造成开路或短路等问题，在维修时应重点检查。

检查评议

对任务的完成情况进行检查，并将结果填入任务测评表 9 - 4 中。

表 9 - 4　任务测评表

序号	主要内容	考核要求	评分标准	配分	扣分	得分
1	电路维修方法应用	1. 能够掌握维修方法的应用技巧 2. 掌握维修方法的判断思路	1. 描述维修方法的应用技巧及测试点，每处错误扣 5 分 2. 描述维修方法的判断思路，每处错误扣 5 分	40		
2	电路维修思路	1. 判断故障大概部位 2. 掌握常见故障的维修	1. 判断故障部位错误，每次扣 5 分 2. 故障维修思路、解决方法错误，每次扣 5 分	40		
3	安全注意事项	1. 严格执行操作规程 2. 保持实习场地整洁，秩序井然	1. 发生安全事故扣总分 20 分 2. 违反文明生产要求视情况扣总分 5～20 分	20		
工时	60 min	合　计				
开始时间		结束时间		成　绩		

问题及防治

学生在学习音频电路故障维修时，时常会遇到如下问题。

问题：有些信号点无法进行测量，元件通路上无任何外界元件，不知该如何测量及判断。

原因：在智能手机中，有些总线信号是由一个芯片直接送到另外一个芯片的，在主板表面找不到测试点。

预防措施：为了能够测量在主板表面没有测试点的信号，可以将芯片拆下，测量焊盘的对地阻值来进行判断，这是维修中经常使用的方法。

知识拓展

　　MIPI（Mobile Industry Processor Interface）是 2003 年由 ARM、Nokia、ST 、TI 等公司成立的一个联盟，目的是把手机内部的姿口，如摄像头、显示屏接口、射频/基带接口等标准化，从而减少手机设计的复杂程度和增加设计的灵活性。

　　MIPI 联盟下面有不同的工作组，分别定义了一系列的手机内部接口标准，如摄像头接口 CSI、显示接口 DSI、射频接口 DigRF、麦克风/喇叭接口 SLIMbus 等。统一接口标准的好处是手机厂商可以根据需要从市面上灵活选择不同的芯片和模组，在更改设计和功能时更加快捷、方便。

　　MIPI 是一个比较新的标准，其规范也在不断地修改和改进，目前比较成熟的接口应用有 DSI(显示接口)和 CSI(摄像头接口)。

项目十　显示及触摸电路原理与维修

任务 1　显示电路原理与维修

学习目标

知识目标：

1. 了解显示电路基本原理。
2. 掌握显示电路常见故障维修方法的应用。

能力目标：

1. 掌握显示电路故障的维修方法。
2. 能够熟练解决显示电路常见的故障。

素质目标：

1. 让学生体验到团队合作的精神，从而培养学生的团队合作能力。
2. 使学生体验到收获劳动成果的快乐，从而培养学生热爱工作的精神。

工作任务

在智能手机中，显示电路出现问题的概率较多，因手机随身携带，容易因磕碰造成显示屏破裂等问题。在本任务中，以 iPhone 5S 手机的显示电路进行讲解。

本次工作任务具体要求如下：

（1）掌握智能手机显示电路的工作原理。

（2）掌握显示电路故障的基本维修方法。

（3）根据电路工作原理，简单分析电路故障并能够给出解决方案，能够维修常见故障。

相关理论

智能手机时代，大屏幕的显示屏已经成为手机的标准配置，智能手机的显示屏都在3.5寸以上，目前最大的显示屏已经做到 7 寸。对于视频、动漫游戏、手机阅读、证券行情等展示类应用来说，大屏幕已成为必不可少的配置。然而，屏幕大也不可避免地带来了一些麻烦。屏幕大再加上处理器基本都是吉赫兹级别，这让电池的续航能力大大降低，待机时间基本上不会超过两天。

一、LCD 工作原理

LCD(Liquid Crystal Display 的简称，液晶显示器)是目前手机和计算机常用的一种显示器。LCD 的构造是在两片平行的玻璃当中放置液态的晶体，两片玻璃中间有许多垂直和水平的细小电极，通过通电与否来控制杆状水晶分子的改变方向，将光线折射出来产生画面。

液晶显示器按照控制方式不同可分为被动矩阵式 LCD 及主动矩阵式 LCD 两种。

1. 物质的液晶态

物质有固态、液态、气态三种形态，液本分子质心的排列虽然不具有任何规律性，但是如果这些分子是长形的(或扁形的)，它们的分子指向就可能有规律性，于是就可将液态又细分为许多形态。分子方向没有规律性的液体直接称为液体，而分子具有方向性的液体则称之为液态晶体，简称液晶。水的三态及液晶的三态如图 10-1 所示。

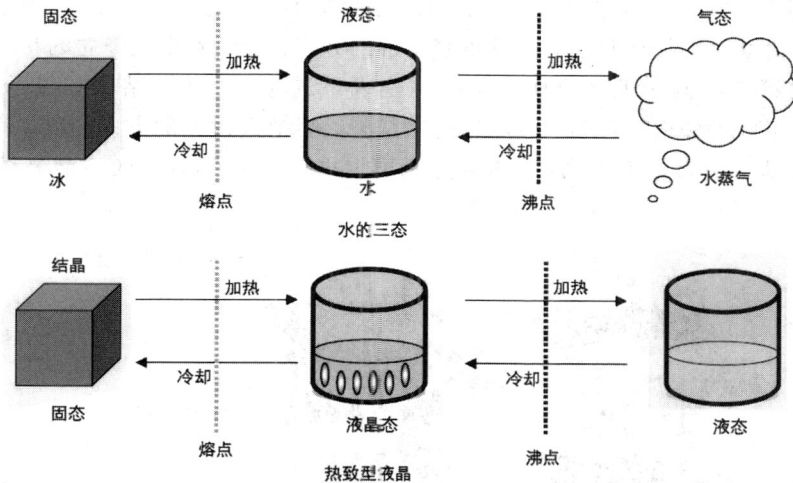

图 10-1 水的三态及液晶的三态

液晶是 1888 年由奥地利植物学家雷尼哲(Friedrich Reinitzer)发现的，他也许不会想到，一个植物学家在若干年后会为通信行业做出这样卓越的贡献。

2. 被动矩阵式 LCD 工作原理

LCD 主要有三种，分别是 TN-LCD、STN-LCD 和 DSTN-LCD，其显示原理基本相同，不同之处是液晶分子的扭曲角度有些差别。下面以典型的 TN-LCD 为例介绍被动矩阵式结构及工作原理。

TN-LCD 液晶显示屏面板通常由两片大玻璃基板，内夹着彩色滤光片、配向膜等制成的夹板，外面再包裹两片偏光板组成，它们可决定光通量的最大值与颜色的产生。TN-LCD 液晶显示屏的结构如图 10-2 所示。

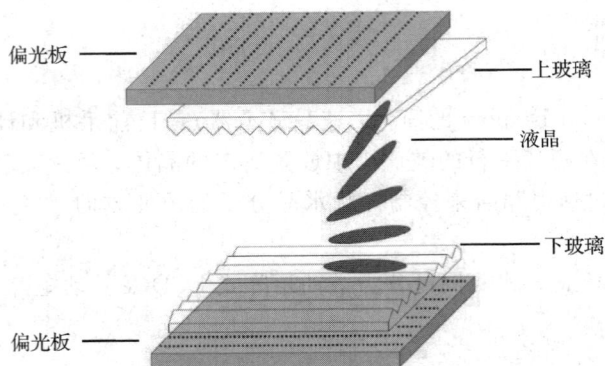

图 10-2　TN-LCD 液晶显示屏的结构

　　在正常情况下，光线从上向下照射时，通常只有一个角度的光线能够穿透下来，通过上偏光板导入上部夹层的沟槽中，再通过液晶分子扭转排列的通路从下偏光板穿出，形成一个完整的光线穿透途径。而液晶显示器的夹层贴附了两块偏光板，这两块偏光板的排列和透光角度与上下夹层的沟槽排列相同。当液晶层施加某一电压时，由于受到外界电压的影响，液晶会改变它的初始状态，不再按照正常的方式排列，而变成竖立的状态。因此经过液晶的光会被第二层偏光板吸收使整个结构呈现不透光的状态，结果在显示屏上出现黑色。当液晶层不施加任何电压时，液晶在初始状态，会把入射光的方向扭转 90°，因此让背光源的入射光能够通过整个结构，结果在显示屏上出现白色。TN-LCD 液晶显示屏的工作原理如图 10-3 所示。

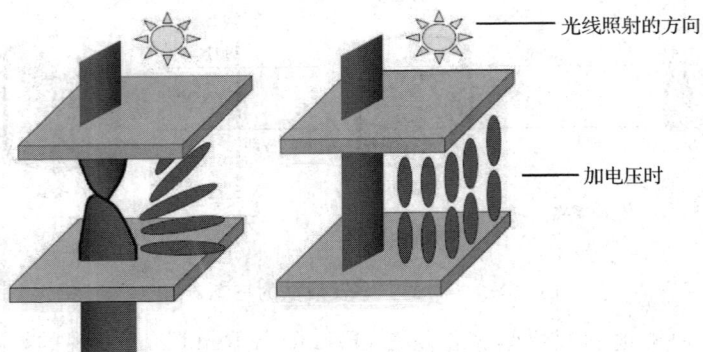

图 10-3　TN-LCD 液晶显示屏的工作原理

　　为了使面板上的每一个独立像素都能产生想要的色彩，必须使用多个散发白光的 LED 作为显示屏的背光源。

3. 主动矩阵式 LCD 工作原理

　　TFT(Thin Film Transistor，薄膜场效应晶体管)显示屏，是指液晶显示器上的每一液晶像素点都是由集成在其后的薄膜晶体管来驱动，从而可以做到高速度、高亮度、高对比度显示屏幕信息。TFT 显示屏采用主动矩阵式 LCD。

　　TFT-LCD 液晶显示屏的结构与 TN-LCD 液晶显示屏基本相同，前者是将 TN-LCD 上夹层的电极改为 FET 晶体管，而下夹层改为共通电极。TFT-LCD 液晶显示屏的切面结构图如图 10-4 所示。

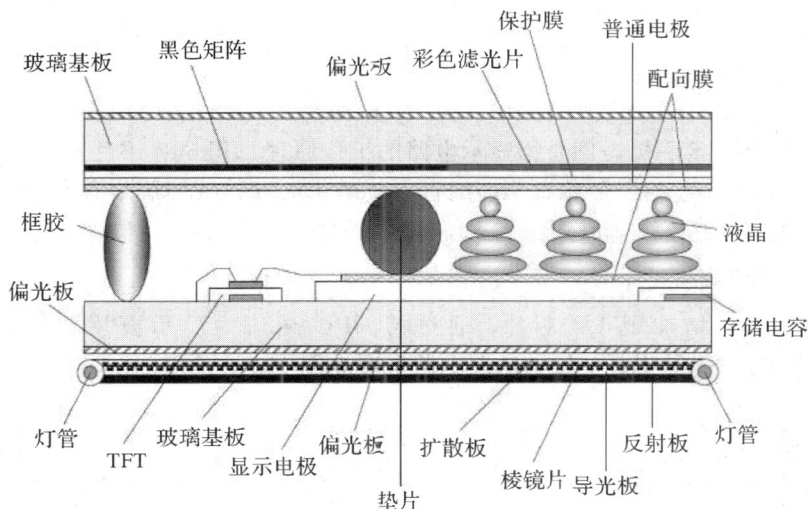

图 10 - 4　TFT - LCD 液晶显示屏切面结构图

和 TN 技术不同的是，TFT 的显示采用背透式照射方式——假想的光源路径不是像 TN 液晶那样从上至下，而是从下向上。这样的做法是在液晶的背部设置特殊光管，光源照射时通过下偏光板向上透出。由于上下夹层的电极改成 FET 电极和共通电极，在 FET 电极导通时，液晶分子的表现也会发生改变，可以通过遮光和透光来达到显示的目的，响应时间提高到 80 ms 左右。因其具有比 TN - LCD 更高的对比度和更丰富的色彩，显示屏更新频率也更快，故 TFT 俗称真彩。

相对于 DSTN 而言，TFT - LCD 的主要特点是为每个像素配置一个半导体开关器件。由于每个像素都可以通过点脉冲直接控制，因而每个节点都相对独立，并可以进行连续控制。这样的设计方法不仅提高了显示屏的反应速度，同时也可以精确控制显示灰度，这就是 TFT 色彩较 DSTN 更为逼真的原因。TFT - LCD 的像素结构如图 10 - 5 所示。

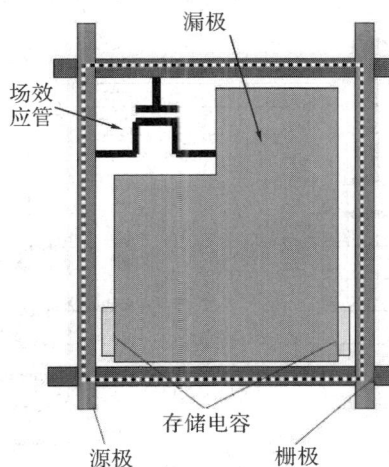

图 10 - 5　TFT - LCD 的像素结构

由于成本低、环保、色彩艳丽等诸多优点，TFT - LCD 是目前手机中应用最多的显示器件之一。

二、显示电路工作原理

下面以 iPhone 5S 手机为例介绍显示电路的工作原理。iPhone 5S 手机搭载了 4.0 英寸的 Multi‑Touch(多点触控)触摸面板,配备 Retina Display(视网膜屏幕),分辨率为 1136×640 px,像素密度达 326 ppi(图像的采样率,在图像中,每英寸所包含的像素数目)。

1. 显示电源电路

iPhone 5S 手机增加了 U3 芯片,通过与 CPU 通信为显示模块和触摸模块提供−5.7 V、5.7 V、5.1 V 电压。显示电源电路框图如图 10‑6 所示。

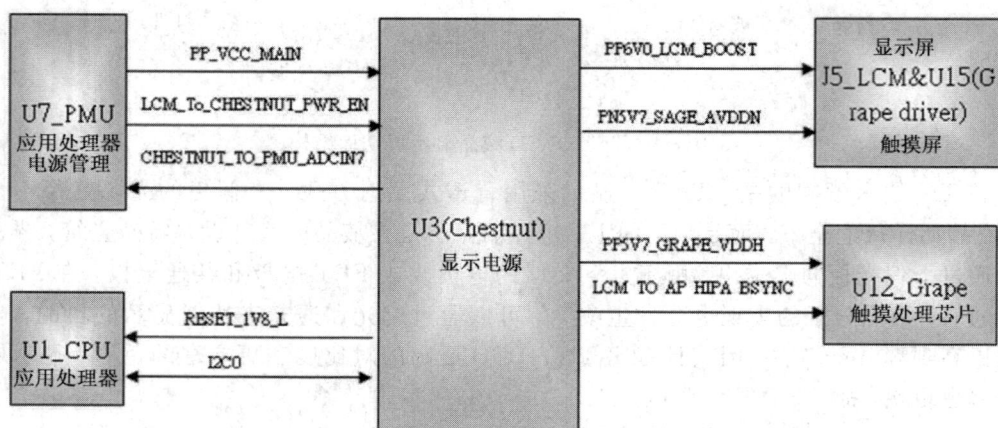

图 10‑6 显示电源电路框图

显示电源电路仍然采用常见的 Buck 电路,电感 L19 与 U3 内部电路共同组成升压振荡电路,CPU 通过 I²C 总线控制其工作,显示电源电路原理图如图 10‑7 所示。

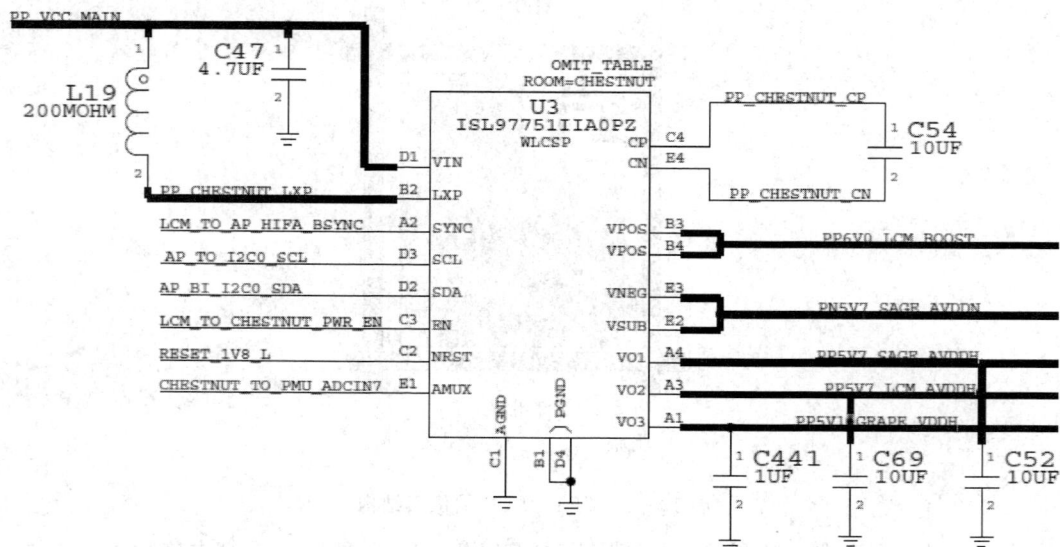

图 10‑7 显示电源电路原理图

VCC_MAIN 为电源 3.8 V 供电，L19 为储能电感，S1 为开关(2 MHz)，VD1 为续流二极管，S1 和 VD1 均在 U3 内部。C331、C348、C342 为滤波电感，与 L19 构成 LC 滤波电路。

当开关 S1 导通时，VCC_MAIN、L19、S1 构成回路，此时，电源给 L19 充能，L19 将电能转化为磁能储存起来。同时，C331、C348 中储蓄的电荷继续向负载供电，VD1 防止电容经过 S1 对地放电，如图 10-8 所示。

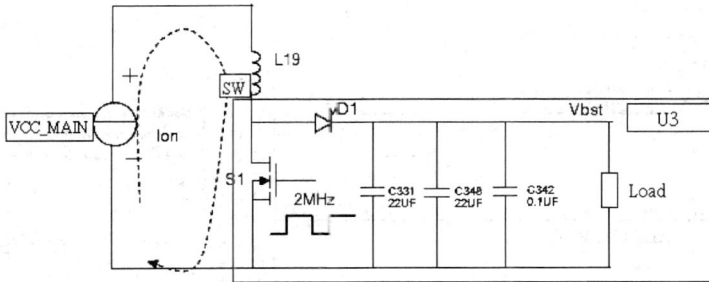

图 10-8 S1 开启时电路的工作状态

当开关 S1 断开时，VCC_MAIN、L19、VD1、负载构成回路。此时，L19 将存储的磁能转化为电能，与 VCC_MAIN 一起向负载供电。同时，对 C331、C348 充电，如图 10-9 所示。

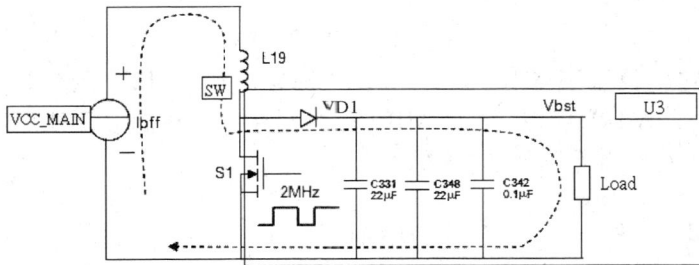

图 10-9 S1 关闭时电路的工作状态

开启、关闭过程不断重复，起到升压的作用。升压过程就是一个电感的能量传递过程，充电时电感吸收能量，放电时电感放出能量。电容在电感充电时给负载端放电，并保持一个持续的电流。

2. 背光供电电路

显示屏的背光由芯片 U23 完成，U23 可以驱动两组共 8 个 LED 实现背光，并通过 I²C 总线调整内部寄存器来控制电流大小从而控制屏幕亮度。背光供电电路原理图如图 10-10 所示。

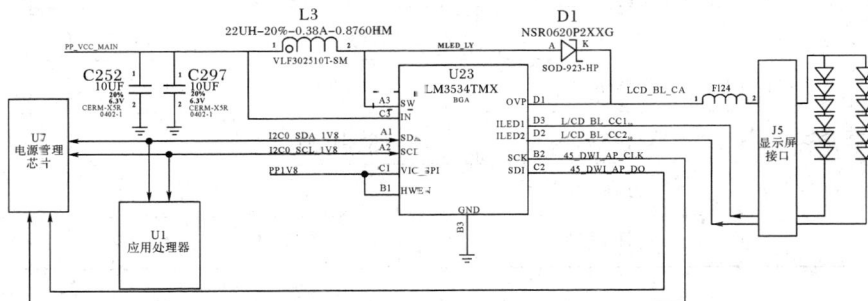

图 10-10 背光供电电路原理图

3. 显示电路

显示屏信号由 CPU 通过 MIPI 信号接口输出，经过接口 J5 送至显示屏，显示屏的背光供电送到接口 J5 的 17、19、21 脚，显示屏供电送至接口 J5 的 1、3、5 脚。显示电路如图 10-11 所示。

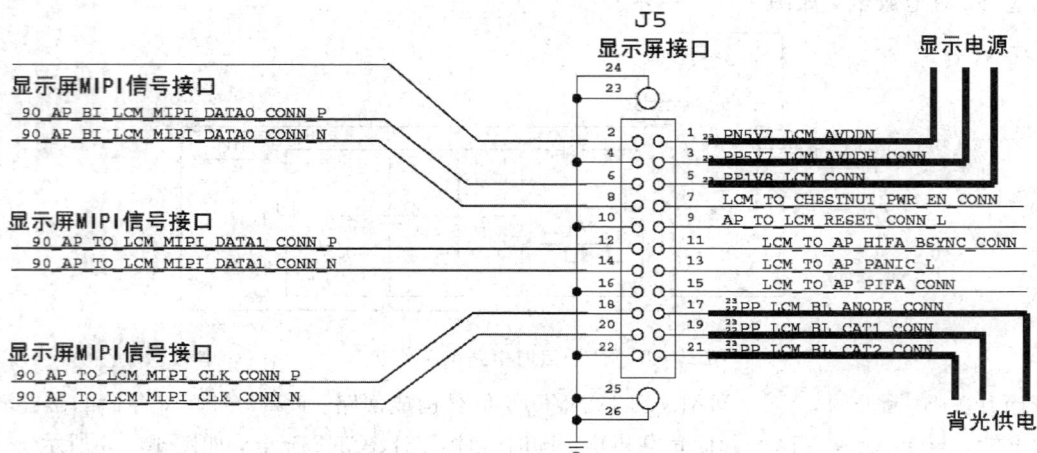

图 10-11　显示电路

在显示屏电路中使用了 MIPI 接口，MIPI 即移动产业处理器接口（Mobile Industry Processor Interface，MIPI）联盟，它是 MIPI 联盟发起的为移动应用处理器制定的开放标准。

◆ 任务准备

实施本任务教学所使用的实训设备及工具材料可参考表 10-1。

表 10-1　实训设备及工具材料

序号	分类	名称	型号规格	数量	单位	备注
1	工具	数据线	iPhone 专用	1	条	
2		手机	iPhone 5S 手机	1	台	
3	设备器材	手机	iPhone 5S 主板	1	块	
4		计算机	无	1	台	
5		热风枪	850	1	台	
6		焊台	936	1	台	
7	维修设备	数字示波器	DS1102E	1	台	
8		万用表	VC890C	1	台	
9		稳压电源	龙威 PS-305DM	1	台	

任务实施

在大屏幕手机中，由于屏幕尺寸过大、制造材料特殊等原因，手机出现显示故障的几率非常大。显示电路的故障主要表现为：显示屏破裂、不显示、显示白屏、显示花屏等问题。

在 iPhone 5S 手机中，显示电路、触摸电路相互关联，且增加了一个专门的电源管理芯片 U3，分别给显示电路和触摸电路供电。

在实际维修中，供电部分引起的问题占的比率相对较大，这是因为显示屏及显示背光电路均采用了升压电路，电压从 5.7 V 到十几伏特不等，若工作环境恶劣，功率余量就会变小，容易出现问题。

一、显示电路故障的维修思路

通过以上电路原理分析不难看出，iPhone 手机显示电路的基本工作原理是差不多的，既然工作原理一样，那么在电路故障维修思路上也会有很多相同之处。下面具体介绍显示电路故障的维修思路。

1. 白屏故障

在 iPhone 手机中，白屏故障是一种很常见的显示故障，引起白屏的原因很多，下面进行具体分析。

（1）分析引起手机白屏的原因，比如是正常使用出现的，还是手机摔过、进水以后出现的，对于不同的问题要进行针对性的分析。

（2）如果手机是在正常使用时出现白屏，则可能是由显示屏本身或者显示数据传输问题造成的。如果手机是在摔过后出现白屏，则可能是由显示屏损坏或者显示屏接口虚焊造成的。

（3）对手机的显示接口进行检查，检查显示屏接口周围是否有异常情况，如元件破损、少件、元器件脱焊等问题。检查或者代换显示屏进行测试。

（4）根据确定的故障检查相应的电路，引起白屏故障的原因主要有两个：显示屏本身问题；显示数据传输部分。另外显示供电不正常也可能导致白屏故障出现。

2. 黑屏故障

黑屏故障是指手机开机以后显示屏无法点亮，这种情况被客户误以为是不开机问题。这种情况下只要连接 PC，用 iTunes 软件能看到手机信息就说明手机是可以开机的。

iPhone 手机黑屏故障维修重点是检查背光电路，由于背光电路长时间工作在高电压、大电流的状态下，所以经常会出现故障，背光电路工作不正常是常见故障。

背光电路的重点检查元件包括升压电感、升压二极管、升压芯片等，一般使用万用表测量，或者使用代换法进行判断。

3. 花屏故障

花屏也是显示电路的一种常见故障，主要表现为显示屏显示异常，有横条、竖条等，这种故障比较容易识别。产生这种故障的原因主要是摔过、进水、显示屏老化等问题，根据用户的使用及描述情况进行具体的判断。

数据传输通路的电感开路在 iPhone 手机上是常见故障，在维修时要重点关注。

二、显示电路故障维修

在 iPhone 5S 手机中，显示电路主要由显示屏供电电路、显示背光供电电路、显示数据传输电路、控制及复位电路组成。

1. 显示电路维修思路

与显示有关的元器件非常多，而且之间有相互的关联，任何一个地方不正常都会引起无显示故障。在测量显示电路相关电压的时候一定要装上显示屏，否则不会有背光、显示供电输出的。与显示电路相关元件如图 10 - 12 所示。

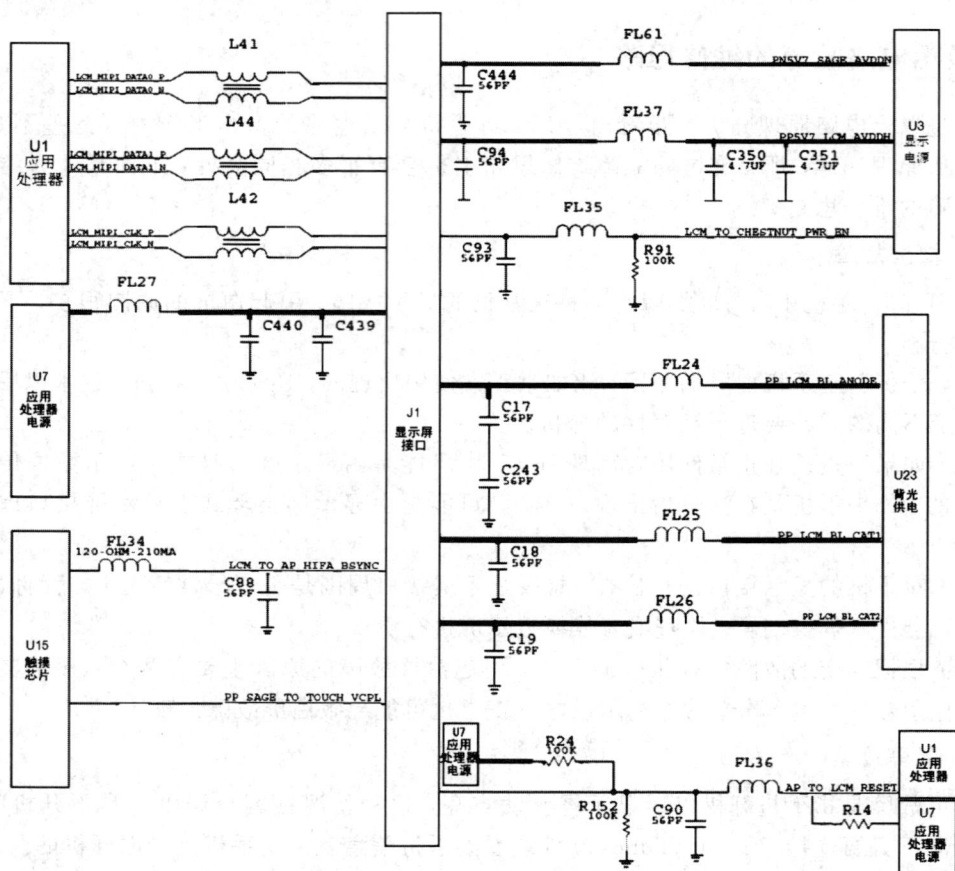

图 10 - 12　显示电路相关元件

2. 背光电路故障维修

使用万用表测量 C252 上是否有 3.7 V 供电电压，如果没有，则检测供电电路。测量 C131 是否有 10 V 以上的电压，如果没有，则依次检测 U23、D1、L3 等元件，代换或更换对应元件。

需要注意的是，在测量背光电路时，必须装上显示屏测量，否则可能会没有输出电压，这是与其他手机不同的地方。背光电路故障点如图 10 - 13 所示。

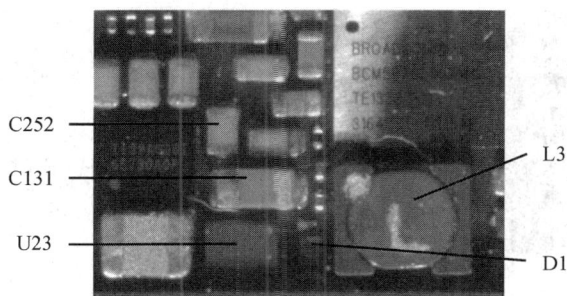

图 10－13　背光电路故障点

进水不开机的手机，U23 损坏得很多，多数是 U23 底部进水后造成漏电或短路问题，在维修背光电路的时候一定要注意。

3. 显示电源电路故障维修

测量电容 C47 上是否有 3.7 V 供电电玉，如果没有则检测主供电电路。测量显示屏供电 5.7 V（C69 上）电压是否正常，测量触摸供电－5.7 V（C330）、5.7 V（C52）、5.1 V（C441）是否正常。如果不正常则检查 C329、C54、U3、L19 等是否正常，还应检查 U3 的外围控制信号。显示电源电路故障点如图 10－14 所示。

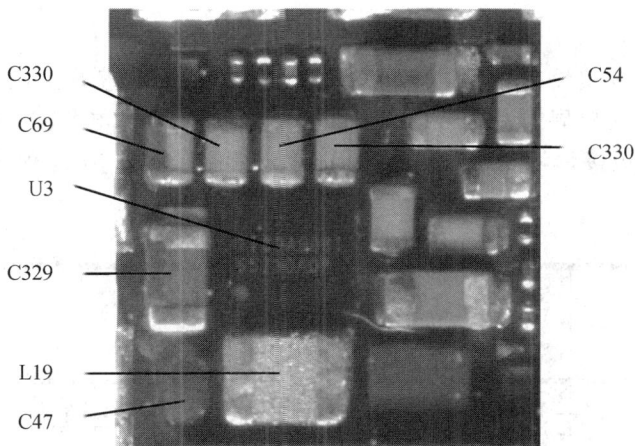

图 10－14　显示电源电路故障点

进水的手机，U3 损坏得很多，多数造戌了不开机问题，清理 U3 焊盘或者更换 U3 芯片就可以解决问题。

4. 显示电路故障维修

iPhone 5S 的显示部分采用了 MIPI 接口，看起来相对比较简单，应用处理器输出的 MIPI 信号经过 L41、L42、L44，再经过显示接口 J5 送到显示屏。

显示电路的故障表现为：显示黑屏，但是从显示屏背面还能够看到背光，这种情况一般为显示电路问题，主要检查 L41、L42、L44 三个元件，应急维修可以将其短接。显示电路故障点如图 10－15 所示。

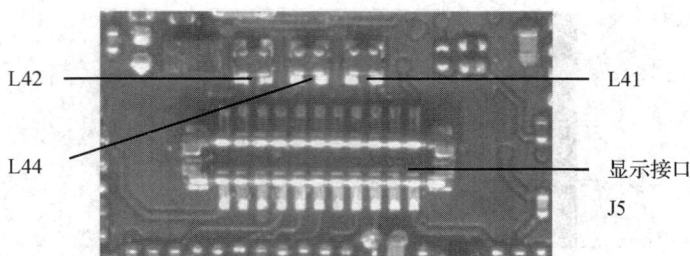

图 10-15　显示电路故障点

三、显示电路维修案例

1. iPhone 5S 不显示故障维修

（1）故障现象。

一客户送修一部 iPhone 5S 手机，客户描述手机在夜晚的时候能看到屏幕发光，但是没有图像显示，手机没有摔过，没有进水。

（2）故障分析。

根据客户反映的情况，重点检查显示通路和各路供电是否到位，数据信号通路的共模电感是否正常等。

（3）故障维修。

观察手机外观确实没有发现碰摔和变形情况，打开手机查看主板，并无进水痕迹，仔细观察测量显示屏接口周围，发现 PP5V7_LCM_AVDDH 供电滤波电感 FL37 脱落。将滤波电感 FL37 焊盘短接后，装屏开机，显示正常。滤波电感 FL37 原理图如图 10-16 所示。

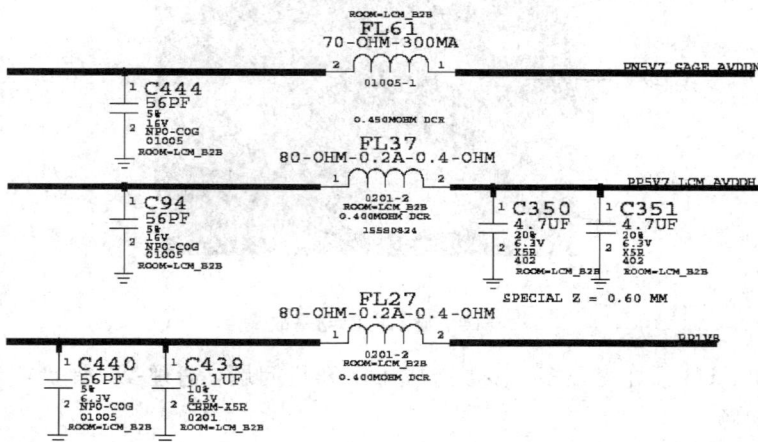

图 10-16　滤波电感 FL37 原理图

滤波电感 FL37 元件位置图如图 10-17 所示。

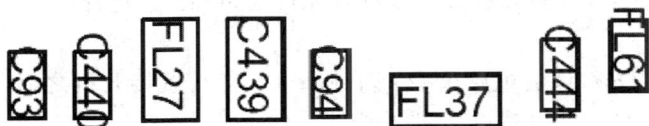

图 10-17　滤波电感 FL37 元件位置图

2. iPhone 5S 蓝屏、红屏故障维修

（1）故障现象。

一同行送来一部 iPhone 5S 手机，手机开机未进系统便出现红屏、蓝屏现象，无法进入系统。

（2）故障分析。

根据同行反映的问题，分析可能的原因是：显示屏固定盖板螺丝柱下断线；应用处理器码片 U6 存在问题；USB 控制芯片 U2 存在问题，当然使用稳压电源开机也会出现这种状态。

（3）故障维修。

为了判断问题所在，首先刷机，看是否能够通过刷机解决，结果手机无法连接电脑，分析认为 USB 控制芯片 U2 问题较多，更换 USB 控制芯片 U2 后，问题解决。USB 控制芯片 U2 元件位置图如图 10-18 所示。

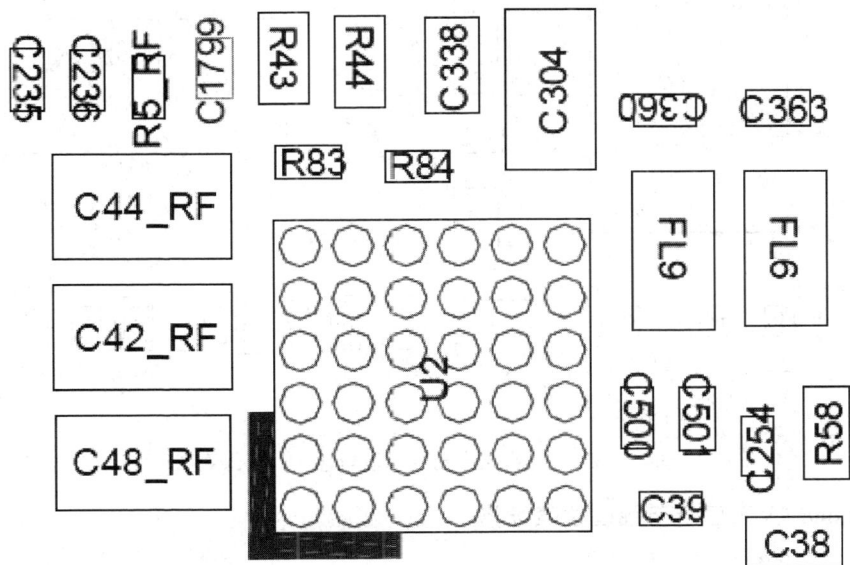

图 10-18　USB 控制芯片 U2 元件位置图

3. iPhone 5S 无背景灯故障维修

（1）故障现象。

一客户送来一部手机，送来时只显示，无背光灯，怎么调节背光灯也不亮，送来进行维修。

271

（2）故障分析。

根据客户反映的问题，重点检查显示屏背光灯电路和升压电路。

（3）故障维修。

打开机器发现背光灯滤波电感 FL24 腐蚀断开，将其短接开机之后，显示及背光灯完全正常。显示屏背光灯滤波电感原理图如图 10-19 所示。

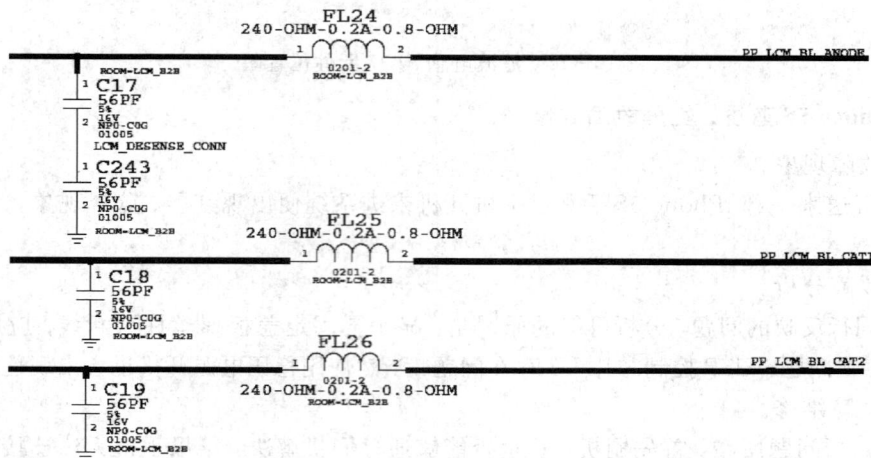

图 10-19　显示屏背光灯滤波电感原理图

显示屏背光灯滤波电感 FL24 位置图如图 10-20 所示。

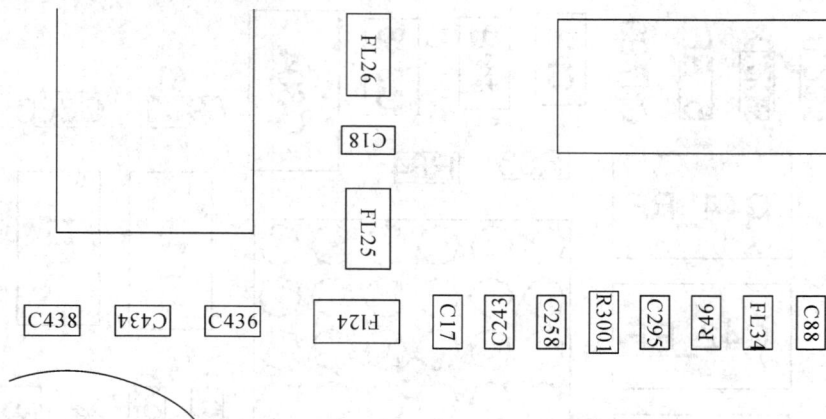

图 10-20　显示屏背光灯滤波电感 FL24 位置图

4. iPhone 5S 无显示无触摸故障维修

（1）故障现象。

一维修同行送修一部 iPhone 5S 手机，描述故障为无显示，而且触摸功能也无法使用，点击屏幕任何地方都没有反应。不确定故障部位，也未动手维修。

（2）故障分析。

根据维修同行描述的情况，可能与显示及触摸相关电路有关系，应该重点检查显示及触摸电路的供电部分。

（3）故障维修。

检查显示供电芯片 U3，使用万用表测量 PN5V7_SAGE_AVDDN 输出电压不正常，更换显示供电芯片 U3 后，再测量电压正常，开机显示及触摸功能正常。显示供电芯片 U3 原理图如 10 - 21 所示。

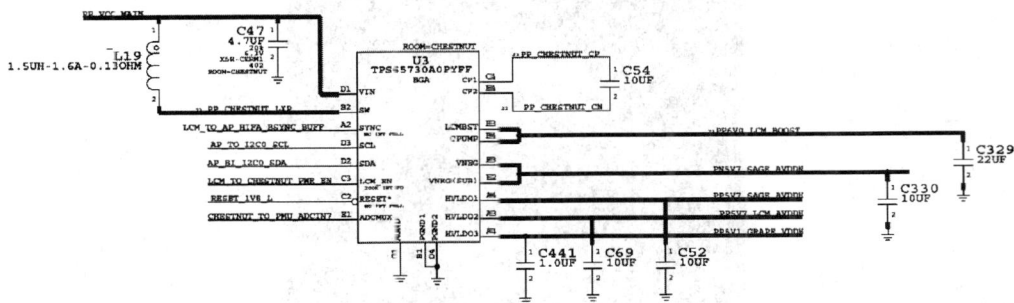

图 10 - 21　显示供电芯片 U3 原理图

显示供电芯片 U3 位置图如图 10 - 22 所示。

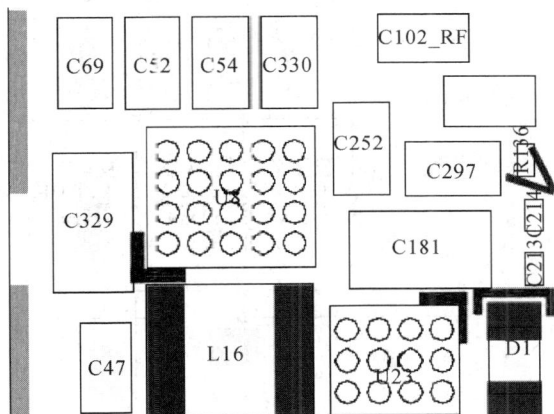

图 10 - 22　显示供电芯片 U3 位置图

5．iPhone 5S 开机红屏故障维修

（1）故障现象。

用户购买一部 iPhone 5S 手机，轻微进水后，就出现开机红屏，然后自动重启问题。开机红屏故障如图 10 - 23 所示。

（2）故障分析。

iPhone 5S 手机出现红屏问题，分析认为应该与应用处理器外围电路有关，可能是由软件运行不正常或者 I^2C 总线问题造成的，还存在轻微进水现象，所以应先重点检查进水部位。

（3）故障维修。

根据用户反映的进水情况，首先观察主板进水情况，发现 R39 周围进水严重，测量其组织无穷大，更换以后，手机开机正常。R39 为主摄像头 I^2C 总线上拉电阻，如图 10 - 24 所示。

图 10 - 23　开机红屏故障

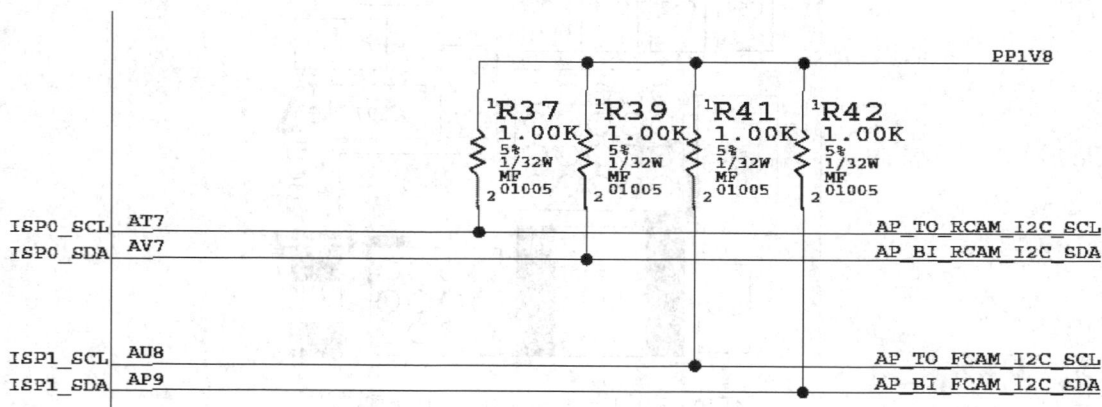

图 10 - 24　主摄像头 I^2C 总线上拉电阻

USB 接口控制器 U2 损坏也会出现紫屏、红屏现象，然后重启，白苹果变暗，最后一直显示白苹果。维修的时候一定要注意。

操作提示

在维修智能手机显示故障，如无法判定具体故障点时，要灵活运用代换法进行协助判定。

检查评议

对任务的完成情况进行检查，并将结果填入任务测评表 10 - 2 中。

表 10 - 2　任 务 测 评 表

序号	主要内容	考核要求	评分标准	配分	扣分	得分
1	电路维修方法应用	1. 能够掌握维修方法的应用技巧 2. 掌握维修方法的判断思路	1. 描述维修方法的应用技巧及测试点，每处错误扣 5 分 2. 描述维修方法的判断思路，每处错误扣 5 分	40		
2	电路维修思路	1. 判断故障大概部位 2. 掌握常见故障的维修	1. 判断故障部位错误，每次扣 5 分 2. 故障维修思路、解决方法错误，每次扣 5 分	40		
3	安全注意事项	1. 严格执行操作规程 2. 保持实习场地整洁，秩序井然	1. 发生安全事故扣总分 20 分 2. 违反文明生产要求视情况扣总分 5～20 分	20		
工时	60 min	合　计				
开始时间			结束时间		成　绩	

问题及防治

问题：显示电源电路维修难度大。

原因：采用了升压电路，给初学者分析电路造成一定的困难。

预防指施：详细了解电路工作原理，结合电路原理分析去维修故障，找出易损元件，同时结合各种维修方法综合运用。

知识拓展

1. TFT 显示屏

TFT 显示屏属于有源矩阵液晶显示器，在技术上采用了主动式矩阵的方式来驱动。该方法是利用薄膜技术做成的电晶体电极和扫描的方法"主动"控制任意一个显示点的开与关，光源照射时先通过下偏光板向上透出，借助液晶分子传导光线，通过遮光和透光来达到显示的目的。它可以"主动地"对屏幕上的各个独立的像素进行控制，这样可以大大提高反应时间。

一般 TFT 的反应时间比较快，约为 80 ms，而且可视角度大，一般可达到 130°左右。由于性能均衡、产量高、造价低廉等特点，TFT 显示屏被广泛应用在手机产品上，是目前市场上最常见的屏幕。大部分中低端智能手机采用 TFT 显示屏。

2. OLED 显示屏

OLED(Organic Light Emitting Display)即有机发光显示器，因为具备轻薄、省电等特性，被称誉为"梦幻显示器"。OLED 显示技术与传统的 LCD 显示方式不同，无需背光灯，采用非常薄的有机材料涂层和玻璃基板制成，当有电流通过时，这些有机材料就会发光，而且 OLED 显示屏幕可以做得更轻更薄，可视角度更大，并且能够显著地节省耗电量。OLED 结构如图 10 - 25 所示。

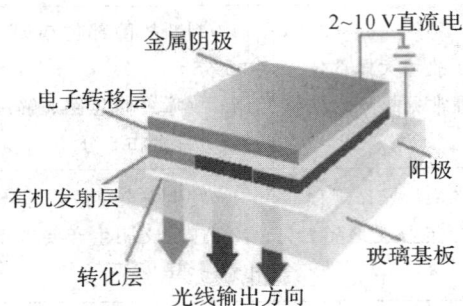

图 10 - 25　OLED 结构

其实目前市场上 OLED 屏幕手机已经不是很多了，但在 TFT 屏幕主打的时代，这类屏幕还是比较先进的。Super AMOLED 也是由 OLED 屏幕衍变而来的，但是由于 AMOLED 和 Super AMOLED 的普及，OLED 屏幕正在逐渐地淡出手机市场。

3. NOVA 显示屏

在目前全球手机屏幕中，NOVA 显示屏是最为明亮清晰的，且方便阅读，色彩显示更加生动鲜明。NVOA 高清显示屏可以有效地避免用户在强光下使用手机时遇到的强光反射及图像不清晰的问题。即使在光线强烈的室外使用手机，手机屏幕也可呈现出最清晰的显示效果，让用户拥有如同置身于室内自然光般柔和轻松的阅读效果。

另外，NOVA 显示屏更具有令人惊叹的节能效果，在提供了更优质的画面基础上，保证了用户的持续用机时间，真正意义上为消费者带来方便和高效，使用者即使将屏幕设置到最大亮度，也能满足日常所需。

4. AMOLED 显示屏

AMOLED 的全称是 Active Matrix/Organic Light Emitting Diode，在显示效能方面，AMOLED 反应速度较快，对比度更高，视角也较广，这些是 AMOLED 优于 TFT LCD 的方面。另外 AMOLED 具有自发光的特色，无需使用背光板，因此比 TFT 更轻薄，而且更省电。还有一个更重要的特点，AMOLED 可以比 TFT LCD 省下近 3～4 成的背光模块成本，但与其他显示屏相比，在同样分辨率的情况下，颗粒感稍强些。

其实 AMOLED 是由 OLED 衍生出来的一种，目前在手机的应用上也以三星居多，不过诺基亚 N8 为了让其 1200 万像素摄像头拍出来的照片能够清晰地呈现在手机上，也装备了 3.5 英寸的 AMOLED 屏幕。

5. Super AMOLED 显示屏

相比传统 AMOLED 显示屏而言，Super AMOLED 摒弃了之前触控感应层＋显示层的架构设计，操控更为灵敏。

Super AMOLED 在原有 AMOLED 屏幕具备响应速度快、自发光、显示效果优异以及更低电能消耗优点的同时，取消玻璃覆盖层，还带来了更佳的阳光下显示效果，此外 Super AMOLED 还搭载了 mDNIe（移动数字自然图像引擎）技术，能从任意角度观看并做出快速的反应。简单地说，就是 AMOLED 的升级版。

6. Super AMOLED Plus 显示屏

Super AMOLED Plus（简称 SAP）中文名称：魔丽屏，采用的是改进的 Super AMOLED 材质。

在三星的双核机型上，总是会看见 Super AMOLED Plus 这一名词，其实 Super AMOLED Plus 是 Super AMOLED 的一个提升，其最大的改进是：如果按像素计算的话，那么该新显示屏的像素数将会增加 50%，在对比度和室外可读性上均比过去的 Super AMOLED 屏幕有所提升。

由于该技术为三星所有，所以三星方面会优先供应自家，目前也只有三星 i9100、i997 和 i919 配备了 Super AMOLED Plus 屏幕。而且这种屏幕过于高端，这几款手机的售价也都不菲。

7. IPS 显示屏

苹果 iPhone 4 的成功也造就了 IPS 屏幕的知名度，这一技术是目前世界上较先进的液晶面板技术。苹果 iPhone 4 将 IPS 和 Retina 融合在了一起，即将一个像素点分拆为 4 个像素进行显示，像素密度提高了 4 倍，达到 326ppi，而 300ppi 是人们能看到的分辨率，326ppi 就是可以在看显示屏的时候有种看纸制品的感觉。它也因此得名"视网膜显示屏"。

IPS 硬屏之所以具有清晰超稳的动态显示效果，取决于其创新性的水平转换分子排列，改变了 VA 软屏垂直的分子排列，因而具有更加坚固稳定的液晶结构，并非表面意义上的硬屏就是在液晶面板上加上一层硬的保护膜，以避免液晶屏幕受外界硬物的戳伤。

8. SLCD 显示屏

SLCD 的全称是 Splice Liquid Crystal Display，即拼接专用液晶屏。SLCD 是 LCD 的一个高档衍生品种。

SLCD 是一个完整的拼接显示单元，既能单独作为显示器使用，又可以拼接成超大屏幕使用。根据不同需求，SLCD 可以实现单屏分割显示、单屏单独显示、任意组合显示、全屏拼接显示、竖屏显示、图像边框可选补偿或遮盖，全高清信号实时处理。

9. ASV 显示屏

ASV 的全称是 Advanced Super - V，其技术源于夏普公司。和其他几种显示屏不同之处在于 ASV 技术并不是一种面板技术类型，而是一种用于提高图像质量的技术，主要是通过缩小液晶面板上颗粒之间的间距，增大液晶颗粒上的光圈，并通过整体调整液晶颗粒的排布来降低液晶电视的反射，增加亮度、可视角和对比度。

通过夏普 ASV 技术可以增加屏幕的亮度、可视角和对比度，夏普 ASV 屏幕其实是采用夏普 ASV 技术的 CPA 面板，不过受制于夏普的专利和垄断，ASV 屏幕几乎全部用于夏普手机，不过目前有很多国内手机厂商都在使用这一屏幕。

10. Retina HD 显示屏

所谓 Retina 是一种显示技术，它可以将更多的像素点压缩至一块屏幕里，从而达到更高的分辨率并提高屏幕显示的细腻程度。

Retina 显示屏更像是苹果的专有名词，它是苹果的营销术语而非准确的技术名词，但我们还是有必要从技术上了解这个定义。它指代在计算设备上出现的有着足够高像素密度，以至于人的肉眼无法分辨出单个像素的显示屏，又或者是大体上的像素化效果。

Retina HD 显示屏目前仅针对 iPhone 6 和 iPhone 6 Plus。Retina HD 显示屏有着更高的对比度、双色域像素和更好的偏振镜。

任务 2　触摸电路原理与维修

学习目标

为了更好地学习和掌握智能手机触摸电路故障的维修方法，能够分析和维修触摸电路常见的故障，需要达成以下目标。

知识目标：

1. 了解触摸电路的基本原理。
2. 掌握触摸电路常见故障维修方法的应用。

能力目标：

1. 掌握触摸电路故障的维修方法。
2. 能够熟练解决触摸电路常见的故障。

素质目标：

1. 让学生体验到团队合作的精神，从而培养学生的团队合作能力。
2. 使学生体验到收获劳动成果的快乐，从而培养学生热爱工作的精神。

工作任务

在智能手机中，显示及触摸电路出现问题的概率较多，因手机随身携带，容易因磕碰造成触摸屏破裂等。在本任务中，以 iPhone 5S 手机的触摸电路来进行讲解。

本次工作任务具体要求如下：

（1）掌握智能手机触摸电路的工作原理。

（2）掌握触摸电路故障基本的维修方法。

（3）根据电路工作原理，简单分析电路故障并能够给出解决方案，能够维修常见故障。

相关理论

在智能手机中使用的触摸屏基本上都是电容式触摸屏，且支持多点触摸。智能手机的显示电路主要由触摸屏、供电电路、控制电路、触摸接口电路等组成。

一、触摸屏基础知识

1．电容式触摸屏的工作原理

目前大部分手机的触摸屏都是电容式触摸屏，下面简单介绍电容式触摸屏的工作原理。

电容式触摸屏在触摸屏 4 边均镀上狭长的电极，在导电体内形成一个低电压交流电场。在触摸屏幕时，由于人体电场，手指与导体层间会形成一个耦合电容，4 边电极发出的电流会流向触点，而电流强弱与手指到电极的距离成正比，位于触摸屏幕后的控制器便会计算电流的比例及强弱，准确算出触摸点的位置。电容触摸屏的双玻璃不但能保护导体及感应器，更能有效地防止外在环境因素对触摸屏造成的影响，就算屏幕沾有污物、尘埃或油渍，电容式触摸屏依然能准确算出触摸位置。电容式触摸屏原理如图 10 - 26 所示。

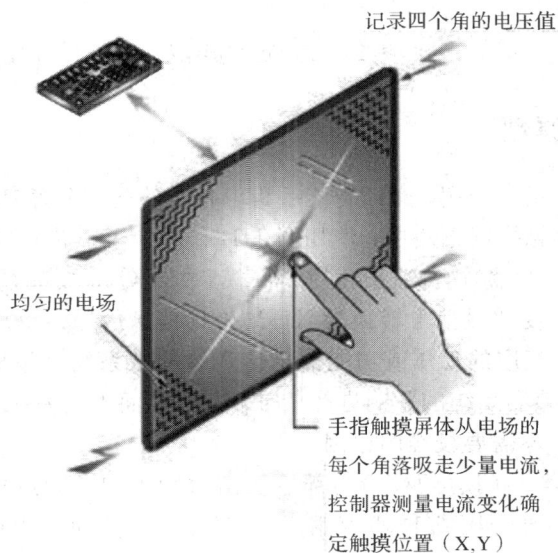

记录四个角的电压值

均匀的电场

手指触摸屏体从电场的
每个角落吸走少量电流，
控制器测量电流变化确
定触摸位置（X,Y）

图 10 - 26　电容式触摸屏原理

电容屏要实现多点触控，靠的就是增加互电容的电极，简单地说，就是将屏幕分块，在每一个区域里设置一组互电容模块使其独立工作，所以电容屏就可以独立检测到各区域的触控情况，进行处理后，简单地实现多点触控。

2．电容式触摸屏的结构

电容式触摸屏的构造主要是在玻璃屏幕上镀一层透明的薄膜体层，再在导体层外加上一块保护玻璃，双玻璃设计能彻底保护导体层及感应器。

电容式触摸屏可以简单地看成是由四层复合屏构成的屏体：最外层是玻璃保护层，接着是导电层，第三层是不导电的玻璃屏，最为的第四层也是导电层。最内导电层是屏蔽层，起到屏蔽内部电气信号的作用，中间的导电层是整个触控屏的关键部分，4 个角或 4 条边上有直接的引线，负责触控点位置的检测。

触摸屏系统包括前面板、传感器薄膜、显示单元、控制器板和集成支持，如图 10 - 27所示。

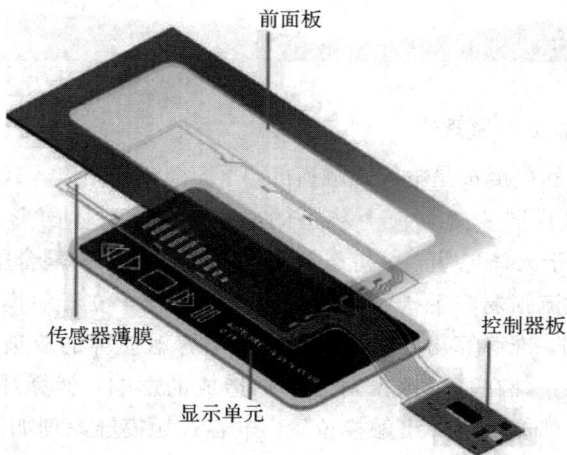

图 10 - 27   触摸屏结构

二、触摸电路工作原理

下面以 iPhone 5S 手机为例，介绍智能手机触摸电路的工作原理。

在 iPhone 5S 手机触摸屏电路中，使用了 U12、U15 两个芯片完成了触摸信号的转换和处理。U12（主感应控制器）内部主要由 ADC（模/数转换）、校准系统、ARM 组成。ADC 主要负责将模拟的电容变化量信号转换为 X - Y 坐标信息传送给 ARM，ARM 对这些坐标信息进行解析，转变为相应的动作或功能信息传送给校准系统，并及时将周围环境（温度、湿度等）的变化对电容感测系统的影响进行校准和补偿，而不用系统另行的校准动作，这也就是电容式触摸屏为何不需要校准的原因。

U15（从感应控制器、触摸屏驱动）内部主要由激励源和控制逻辑单元组成。激励源通过外加的 5.7 V 电压内部升压成 13.5 V 和－12 V 电压，从而产生启动信号，并发送给驱动线，控制逻辑单元通过算法使驱动线逐行进行扫描，从而确定触碰点的确切位置。iPhone 5S 触摸电路框图如图 10 - 28 所示。

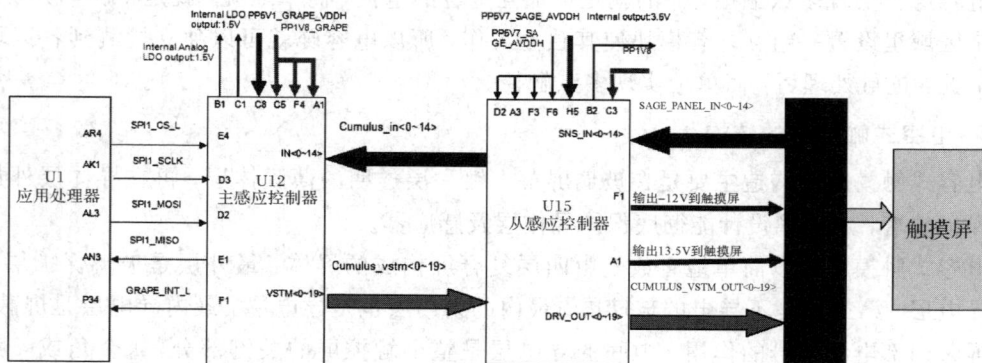

图 10 - 28   iPhone 5S 触摸电路框图

1. 触摸电路供电

在 iPhone 5S 手机中，单独增加了一个显示电源 U3 为显示、触摸电路供电，U3 的工作原理在显示电路中已经介绍过了，不再赘述。

显示电源 U3 输出 PP5V1_GRAPE_VDDH、PN5V7_SAGE_AVDDN、PP5V7_SAGE _AVDDH 电压至 U12 和 U15。电源管理芯片 U7 输出 PP1V8_GRAPE、PP1V8 电压至 U12 和 U15。触摸电路供电如图 10-29 所示。

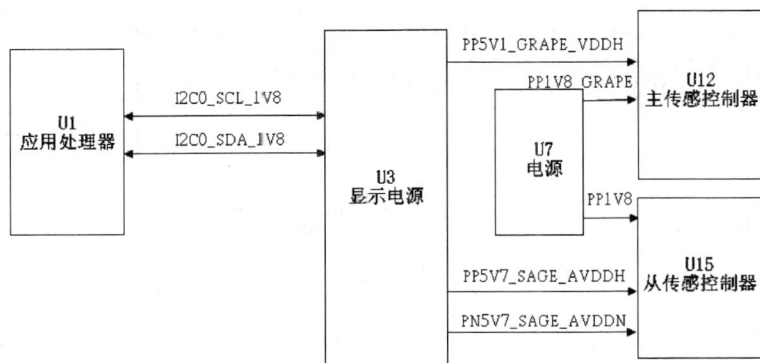

图 10-29　触摸电路供电

2. 触摸电路工作原理

供电电压 PP5V1_GRAPE_VDDH 送到主传感控制器 U12 的 C8 脚；PP1V8_GRAPE 送到主传感控制器 U12 的 A1、F4、C5 脚；应用处理器输出 32 kHz 时钟信号 AP_TO_ TOUCH_SCLK32K_RESET_L 到主传感控制器 U12 的 D1 脚；应用处理器输出 SPI 总线 信号 AP_TO_TOUCH_SPI1_CS_L、AP_TO_TOUCH_SPI1_SCLK、AP_TO_TOUCH_ SPI1_MOSI、TOUCH_TO_AP_SPI1_MISO 分别送到主传感控制器 U12 的 E4、D3、D2、 E1 脚；主传感控制器 U12 的内部 ADC 电路开始工作并输出 1.5 V 电压，B1、C1 脚外接 1.5 V 电压滤波电容。

具备以上工作条件后，主传感控制器 U12 输出升压启动使能信号 CUMULUS_TO_ SAGE_BOOST_EN 送到从传感控制器 U15 的 B2 脚，U15 内部的升压电路开始工作，输出 −12 V 和 13.5 V 工作电压至触摸屏。

主传感控制器 U12 与传感控制器 U15 开始通信（CUMULUS_VSTM_OUT < 0∼ 19 >），经 J4 输入触摸传输信号 Cumulus_in < 0∼14 > 送到传感控制器 U15，然后 U15 再 送给主传感控制器 U12 加工处理。

在触摸电路中，注意触摸芯片 U12、U15 的工作条件，还有各个信号启动的先后顺序， 也就是平时所说的时序，这是非常关键的。

3. BSYNC 电路

显示模块输出显示多路同步动态控制信号 LCM_TO_AP_HIFA_BSYNC，分别送至应 用处理器 U1 的 AP12 脚、从传感控制器 U15 的 K15 脚、缓冲器 U5 的 1 脚。

显示多路同步动态控制信号 LCM_TO_AP_HIFA_BSYNC 经过缓冲器 U5 后输出 LCM_TO_AP_HIFA_BSYNC_BUFF 信号，分别送到主传感控制器 U12 的 G1 脚和显示电源 U3 的 A2 脚。

显示多路同步动态控制信号的作用是控制显示屏背光 LED 同步发光，避免出现显示、灯光不同步的问题。同时还同步控制触摸电路，灯亮显示的时候触摸能同步工作，灯灭不显示的时候锁定触摸屏。显示多路同步动态控制信号电路如图 10 - 30 所示。

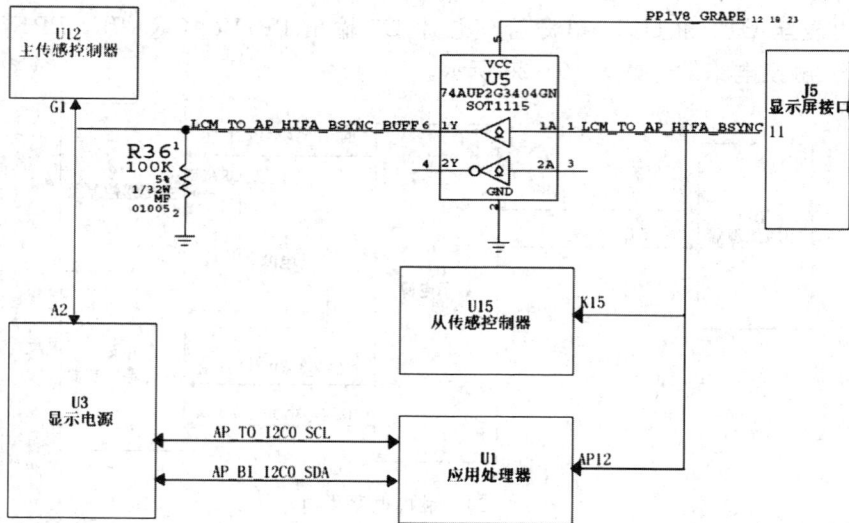

图 10 - 30　显示多路同步动态控制信号电路

任务准备

实施本任务教学所使用的实训设备及工具材料可参考表 10 - 3。

表 10 - 3　实训设备及工具材料

序号	分类	名称	型号规格	数量	单位	备注
1	工具	数据线	iPhone 专用	1	条	
2		手机	iPhone 5S 手机	1	台	
3	设备器材	手机	iPhone 5S 主板	1	块	
4		计算机	无	1	台	
5		热风枪	850	1	台	
6		焊台	936	1	台	
7	维修设备	数字示波器	DS1102E	1	台	
8		万用表	VC890C	1	台	
9		稳压电源	龙威 PS - 305DM	1	台	

任务实施

一、触摸电路故障维修思路

在 iPhcne 手机中，所有的操作几乎都离不开触摸屏，可见触摸屏在手机中的重要性，离开触摸屏，手机就没办法进行控制了。在触摸屏电路中，主要表现的故障为：触摸全部失灵，局部触摸失灵。

1. 触摸全部失灵

对于触摸全部失灵的问题，首先要检查显示屏组件，看是否有破裂、磕碰的问题出现，如果有则要先检查或更换显示屏组件。

如果更换显示屏组件以后故障仍然没有排除，则要重点检查供电部位。在 iPhone 手机中，有一部分的电压是由触摸控制芯片产生的，对于这种问题，除排除电源供电问题外，还要重点检查触摸控制芯片的工作条件。

时钟、复位信号也是触摸全部失灵重点检查的部位。

2. 触摸局部失灵

触摸局部失灵的故障说明触摸电路基本工作条件已经局部，但是没有完全工作。所以，对于触摸局部失灵的问题，在排除显示屏组件问题之后，要重点检查触摸接口，看触摸接口是否有虚焊问题，使用数字式万用表测量触摸接口的对地阻值，并与正常手机的阻值进行对比，查找异常点。

触摸局部失灵的故障，一般与主板断线有关，尤其是摔过的手机，可能存在多个断线点，这就更要重点进行检查。

二、触摸电路故障维修

在 iPhcne 5S 手机中，触摸电路的维修与其他电路略有区别，在触摸电路中，使用了 U12、U15 两个芯片，其中 U15 为触摸接口芯片，U12 为触摸处理芯片。

1. 触摸电路供电测量

触摸面板的供电有两个：PP_SAGE_TO_TOUCH_VCPL（−12 V，测试点为电容 C315）、PP_SAGE_TO_TOUCH_VCPH（13.5 V，测试点为电容 C365）。这两个电压必须是在 U15 正常工作后才存在，如图 10−31 所示。

C315

C365

图 10−31 触摸面板供电测试点

触摸接口芯片 U15 的供电有两个：PN5V7_SAGE_AVDDN（－5.7 V，测试点为电容 C149）、PP5V7_SAGE_AVDDH（5.7 V，测试点为电容 C156），如图 10－32 所示。这两个电压由一个专门的显示电源芯片 U3 提供。这两路电压都可以使用万用表进行测量。

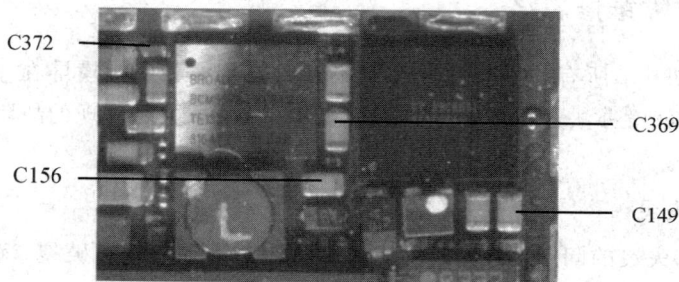

图 10－32　触摸接口芯片 U15 供电测试点

触摸处理芯片 U12 的供电也有两个：PP5V1_GRAPE_VDDH（5.1 V，测试点为电容 C369）、PP1V8_GRAPE（1.8 V，测试点为电容 C372），如图 10－32 所示，这两路电压都可以使用万用表进行测量。

2. 触摸电路测试点

触摸电路除了测量相应的工作电压、对地阻值外，千万不要忘记芯片外围的测试点，即使还不太熟悉有些测试点的用途和意义，但是可以去测量、去对比，利用万用表、示波器、频率计等最简单、最有效的测量工具去分析和判断。可以将故障机的测试点与正常机器的测试点进行对比来判断问题是来自外部还是内部。

触摸接口芯片 U15 外围有两个测试点：PP11 和 PP18，可以测量这两个点，将正常机器和故障的机器对比。通过分析不难发现 PP11（LCM_TO_AP_HIFA_BSYNC）与显示电路有关，PP18（CUMULUS_TO_SAGE_BOOST_EN）与显示电源电路有关。

触摸信号处理芯片 U12 外围也有两个和芯片工作有关的测试点：PP7 和 PP8，这两个测试点是应用处理器 U1 和 U12 通信的 SPI 接口，测量 PP7 和 PP8 的信号可以判断 U1 和 U12 通信是否正常。另外 U12 芯片还有一个关键测试点，就是复位信号测试点 XW51。在苹果手机中，还有不少类似 XW51 的测试点，这些测试点其实就是一个节点。

3. 触摸失灵故障维修

对于触摸失灵故障，首先要代换触摸面板，这是最简单也是最直接的办法。手机维修的第一原则是先易后难，往往简单的办法更能解决问题。现在大部分手机都是使用电容式触摸屏，一般的问题是某一行或者某一列失灵。

判断触摸失灵是 U12 还是 U15 的问题，对于初学者来说比较难，但其实是非常简单的，如果是某一行或者某一列失灵，一般为 U15、触摸接口 J5、触摸面板的问题。如果是触摸屏全部失灵则要重点检查 U12。

4. 花屏故障维修

iPhone 5S 手机出现花屏故障的很多，一般会在手机摔过以后出现，有些花屏故障是和显示屏有关系，有些是主板故障，下面详细介绍花屏故障的维修思路和方法。

在电路上，花屏故障和显示屏电路、触摸屏电路都有关系，如何进行判断呢？如果出现花屏，触摸功能可以使用，一般为显示电路故障；如果出现花屏，触摸功能不能使用，则先要检查触摸屏电路。iPhone 5S 手机花屏故障如图 10-33 所示。

图 10-33　iPhone 5S 手机花屏故障

对于 iPhone 5S 花屏故障，首先要代换显示屏测试，如果不是显示屏问题，显示电路则检测显示电源 U3、背光供电 U23 输出的各路工作电压。触摸电路则检测 U12、U15 的工作电压、信号测试点是否正常。

三、触摸电路维修案例

1. iPhone 5S 无触摸故障维修（1）

（1）故障现象。

一客户送来一部 iPhone 5S 手机，手机送来时已经摔变形了，手机能开机，但是触摸失灵，点击屏幕无任何反应。

（2）故障分析。

摔过的机器首先要检测触摸芯片是否有问题，如果不是再检测触摸电压。摔过的机器，尤其是摔的严重的机器可能还会存在断线的问题。

（3）故障维修。

拆开手机，主板的屏蔽罩都已经变形，拿下屏蔽罩，有小元件 U5 跟着掉落，其为触摸缓冲放大器，补上 U5 后触摸正常，故障排除，元件位置图如图 10-34 所示。

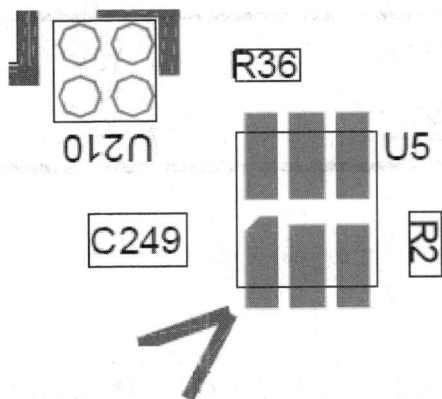

图 10-34　元件位置图

缓冲放大器 U5 为接近传感器和显示屏缓冲放大器，如果该元件出现问题，则会影响距离传感器和触摸电路，缓冲器 U5 原理图如图 10 - 35 所示。

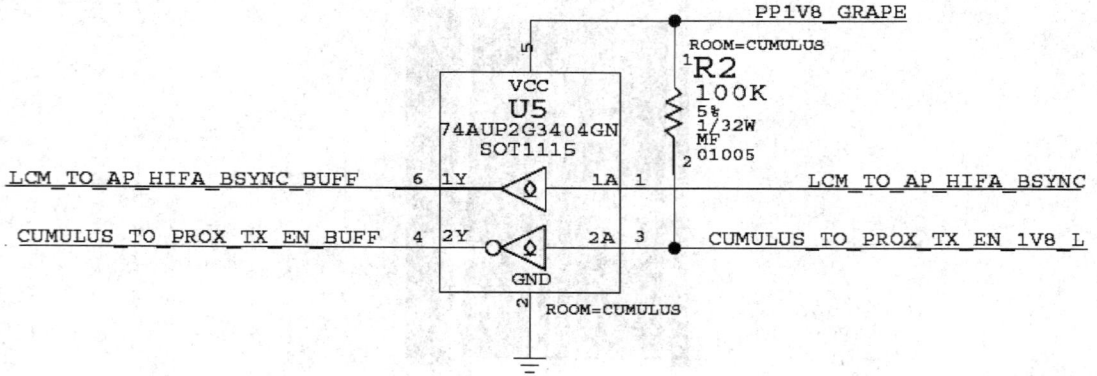

图 10 - 35　缓冲器 U5 原理图

2. iPhone 5S 无触摸故障维修(2)

(1) 故障现象。

一同行送来一部 iPhone 5S 手机，同行描述手机摔过，当时开不了机，充电后又开机了，但是开机之后触摸无法使用，屏幕更换后仍然如此。

(2) 故障分析。

根据同行反映的情况，重点检查触摸芯片是否摔裂，并检测触摸通路和供电电压等参数。

(3) 故障维修。

拆机发现主板变形并不严重，检查触摸芯片也并无裂痕，测量电压发现触摸接口芯片 U15 供电不正常，所有供电只有瞬间便消失了，装屏开机发现触摸接口芯片 U15 发烫严重。

万用表测量触摸芯片与触摸接口周围，发现电容 C381 短路，将其挑掉，装屏开机，触摸正常。

C381 是 PP_SAGE_TO_TOUCH_VCPL 供电旁路电容，其原理图如图 10 - 36 所示。

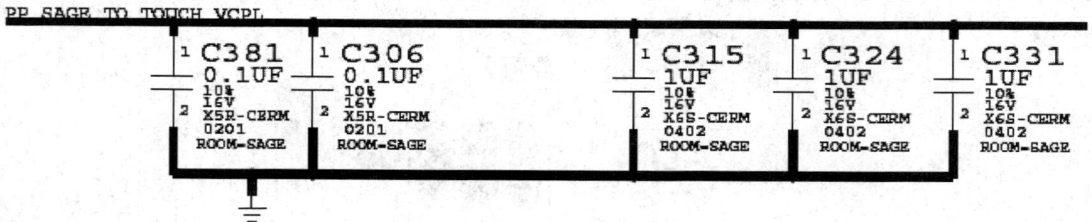

图 10 - 36　C381 电容原理图

操作提示

在维修智能手机触摸电路故障时，若无法判定具体故障点，则要灵活运用代换法进行协助判定。

检查评议

对任务的完成情况进行检查，并将结果填入任务测评表 10-4 中。

表 10-4　任务测评表

序号	主要内容	考核要求	评分标准	配分	扣分	得分
1	电路维修方法应用	1. 能够掌握维修方法的应用技巧 2. 掌握维修方法的判断思路	1. 描述维修方法的应用技巧及测试点，每处错误扣 5 分 2. 描述维修方法的判断思路，每处错误扣 5 分	40		
2	电路维修思路	1. 判断故障大概部位 2. 掌握常见故障的维修	1. 判断故障部位错误，每次扣 5 分 2. 故障维修思路、解决方法错误，每次扣 5 分	40		
3	安全注意事项	1. 严格执行操作规程 2. 保持实习场地整洁，秩序井然	1. 发生安全事故扣总分 20 分 2. 违反文明生产要求视情况扣总分 5～20 分	20		
工时	60 min	合　计				
开始时间		结束时间		成　绩		

问题及防治

学生在学习显示及触摸电路故障维修时，时常会遇到如下问题：

问题：显示及触摸电路供电非常复杂，维修时无从下手。

原因：显示及触摸电路的供电有一定的相互关联性，只有搞清楚供电产生的条件才能维修，不能盲目维修。

预防措施：为避免以上问题的出现，学生应该加强电路基础原理的学习，在此基础上要反复进行实践，加强"单元三步"法的学习，加强显示及触摸电路原理的深入学习，为维修打下良好的基础。

知识拓展

3D Touch 是 iPhone 6S/6S Plus 中引入的全新三维触控技术，它的前身是 Force Touch，目前被应用在全新 Macbook 以及 Apple Watch 中。两者本质上并没有太大的区别，但 3D Touch 可以说是 Force Touch 的升级版，如图 10-37 所示。

图 10 - 37　Force Touch 触控板

Apple Watch 中的 Force Touch 仅能识别轻触和重压，Macbook 中的 Force Touch 则可以识别压力级别，3D Touch 则融合了这两个特性，形成了一套完整压力感知系统，如图 10 - 38 所示。

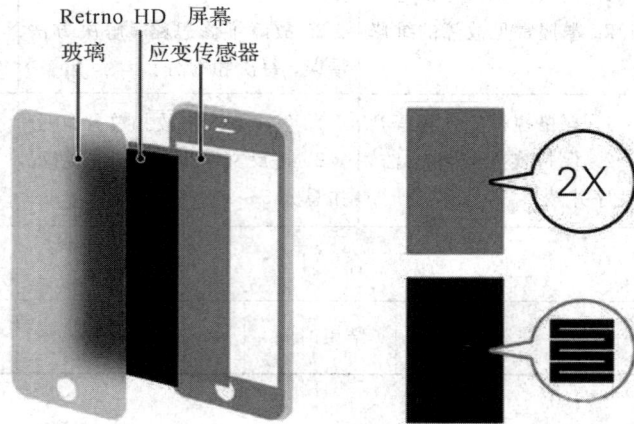

图 10 - 38　3D Touch

　　3D Touch 拥有更强大的压力感知能力，它通过 Strain Gauges 应变传感器、电容传感器和 Retina HD 屏幕互相配合，一方面测量屏幕形变，另一方面补偿温度形变，再通过"蛇形"结构感知按压屏幕的方向，从而顺利监测到具体的屏幕形变量，反馈相应的手势动作。

项目十一　Wi-Fi、蓝牙、NFC、GPS 电路原理与维修

任务 1　Wi-Fi、蓝牙电路原理与维修

学习目标

知识目标：

1. 了解 Wi-Fi、蓝牙电路的基本原理。
2. 掌握 Wi-Fi、蓝牙电路常见故障维修方法的应用。

能力目标：

1. 掌握 Wi-Fi、蓝牙电路故障的维修方法。
2. 能够熟练解决 Wi-Fi、蓝牙电路常见故障。

素质目标：

1. 让学生体验到团队合作的精神，从而培养学生的团队合作能力。
2. 使学生体验到收获劳动成果的快乐，从而培养学生热爱工作的精神。

工作任务

在智能手机中，Wi-Fi、蓝牙电路问题相对较多，主要原因是 Wi-Fi、蓝牙模块长时间工作容易引起损坏。在本任务中，以 iPhone 手机的 Wi-Fi、蓝牙电路为例进行介绍。

本次工作任务具体要求如下：

(1) 掌握智能手机 Wi-Fi、蓝牙电路的工作原理。

(2) 掌握 Wi-Fi、蓝牙电路故障的基本维修方法。

(3) 根据电路工作原理，简单分析电路故障并能够给出解决方案，能够维修常见故障。

相关理论

一、Wi-Fi、蓝牙的基础知识

1. 蓝牙的基础知识

1) 什么是蓝牙

蓝牙(Bluetooth)是一种无线技术标准，可实现固定设备、移动设备和楼宇个人域网之

间的短距离数据交换(使用 2.4~2.485 GHz 的 ISM 波段的 UHF 无线电波)。蓝牙技术最初是由电信巨头爱立信公司于 1994 年创制的,当时是作为 RS232 数据线的替代方案。蓝牙可连接多个设备,克服了数据同步的难题。

如今蓝牙由蓝牙技术联盟(Bluetooth Special Interest Group,简称 SIG)管理。蓝牙技术联盟在全球拥有超过 25 000 家成员公司,它们分布在电信、计算机、网络、和消费电子等多重领域。

2) 蓝牙的传输与应用

蓝牙的波段为 2400~2483.5 MHz(包括防护频带),这是全球范围内无需取得执照(但并非无管制的)的工业、科学和医疗使用(ISM)波段的 2.4 GHz 短距离无线电频段。

蓝牙使用跳频技术,将传输的数据分割成数据包,通过 79 个指定的蓝牙频道分别传输数据包。每个频道的频宽为 1 MHz。蓝牙 4.0 使用 2 MHz 间距,可容纳 40 个频道。第一个频道始于 2402 MHz,每 1 MHz 一个频道,至 2480 MHz。有了适配跳频(Adaptive Frequency-Hopping,简称 AFH)功能,通常每秒跳 1600 次。

最初,高斯频移键控(Gaussian Frequency-Shift Keying,简称 GFSK)调制是唯一可用的调制方案。然而蓝牙 2.0+EDR 使得 $\pi/4$-DQPSK 和 8DPSK 调制在兼容设备中的使用变为可能。运行 GFSK 的设备可以以基础速率(Basic Rate,简称 BR)运行,瞬时速率可达 1 Mbit/s。增强数据率(Enhanced Data Rate,简称 EDR)一词用于描述 $\pi/4$-DPSK 和 8DPSK 方案,分别可达 2 Mb/s 和 3 Mb/s。在蓝牙无线电技术中,两种模式(BR 和 EDR)的结合统称为 BR/EDR 射频。

蓝牙是基于数据包、有着主从架构的协议。一个主设备至多可和同一微网中的七个从设备通讯。所有设备共享主设备的时钟。分组交换基于主设备定义的、以 312.5 μs 为间隔运行的基础时钟。两个时钟周期构成一个 625 μs 的槽,两个时间隙就构成了一个 1250 μs 的缝隙对。在单槽封包的简单情况下,主设备在双数槽发送信息,单数槽接受信息,而从设备则正好相反。封包容量可长达 1、3、5 个时间隙,但无论是哪种情况,主设备都会从双数槽开始传输,从设备从单数槽开始传输。

2. Wi-Fi 基础知识

1) Wi-Fi 基础

Wi-Fi 是一种可以将个人电脑、手持设备(如 Pad、手机)等终端以无线方式互相连接的技术,事实上它是一个高频无线电信号。无线保真是一个无线网络通信技术的品牌,由 Wi-Fi联盟所持有,其目的是改善基于 IEEE 802.11 标准的无线网络产品之间的互通性。有人把使用 IEEE 802.11 系列协议的局域网称为无线保真,甚至把无线保真等同于无线网际网络(Wi-Fi 是 WLAN 的重要组成部分)。

2) 技术原理

无线网络在无线局域网的范畴是指无线相容性认证,实质上是一种商业认证,同时也是一种无线联网技术,以前是通过网线连接电脑,而无线保真则是通过无线电波来联网,常见的就是无线路由器。在无线路由器电波覆盖的有效范围内都可以采用无线保真连接方式进行联网，如果无线路由器连接了一条 ADSL 线路或者别的上网线路，则又被称为热点。

二、Wi-Fi、蓝牙电路工作原理

iPhone 5S 手机 Wi-Fi、蓝牙电路使用 U8_RF 模块完成了 Wi-Fi 2.4G/5G、蓝牙信号的处理。U8_RF 模块集成度较高，外围元件少。Wi-Fi、蓝牙电路框图如图 11-1 所示。

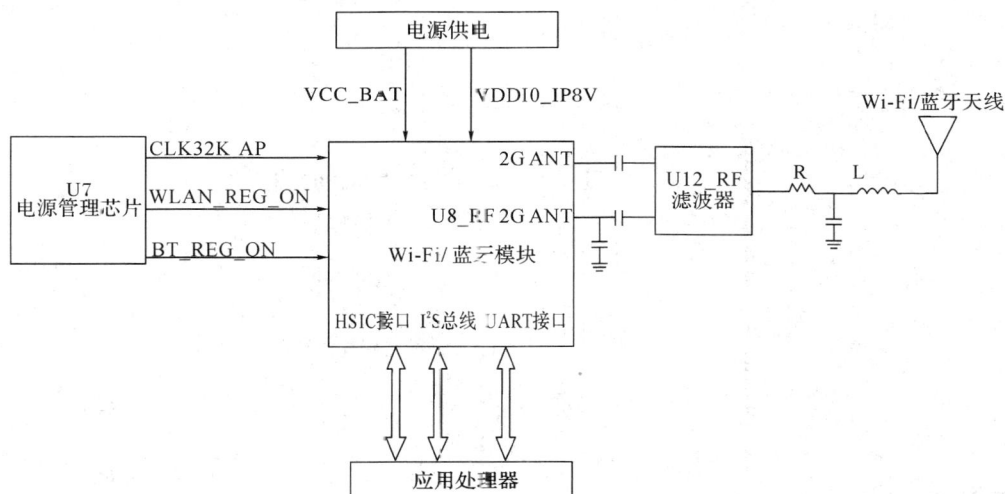

图 11-1　Wi-Fi、蓝牙电路框图

供电电压 PP_VCC_MAIN_WLAN 送到 U8_RF 的 27、28、46、47 脚，供电电压 PP_WLAN_VDDIO_1V8 送到 U8_RF 的 16 脚。其中 2.4G Wi-Fi 信号经过 C106 送到 U8_RF 的 43 脚，5G Wi-Fi 信号经过 C107 送到 U8_RF 的 54 脚。蓝牙不使用单独的天线，而是和 2.4G 天线共用。

Wi-Fi 信号与应用处理器通过 WLAN_COEX_RXD、SDIO_DATA_1、SDIO_DATA_2、WLAN_COEX_TXD 信号进行数据交换。应用处理器通过 BT_UART_RXD、BT_UART_TXD、BT_UART_RTS_L、BT_UART_CTS_L 信号对 U8_RF 中的蓝牙模块进行控制，蓝牙声音信号通过 BT_PCM_CLK、BT_PCM_SYNC、BT_PCM_OUT、BT_PCM_IN 与应用处理器进行传输。

应用处理器通过 HSIC 接口对 U8_RF 进行控制，电源管理芯片 U7 通过 WLAN_REG_ON、BT_REG_ON 对 U8_RF 进行控制。32K 时钟信号送到 U8_RF 的 36 脚。Wi-Fi、蓝牙电路如图 11-2 所示。

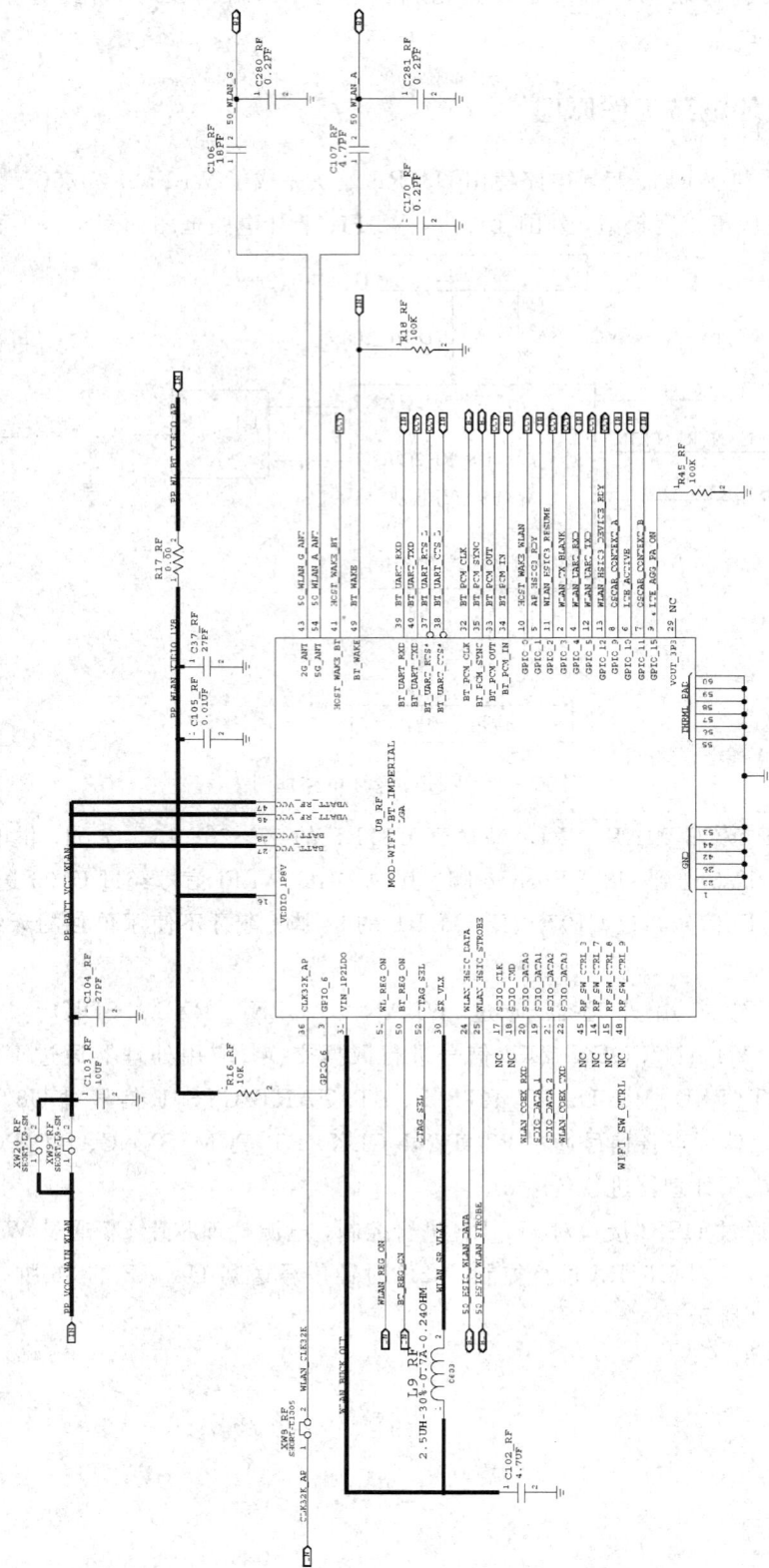

图11-2 Wi-Fi、蓝牙电路

任务准备

实施本任务教学所使用的实训设备及二具材料可参考表 11-1。

表 11-1 实训设备及工具材料

序号	分类	名称	型号规格	数量	单位	备注
1	工具	数据线	iPhone 专用	1	条	
2	设备器材	手机	iPhone 5S 手机	1	台	
3		手机	iPhone 5S 主板	1	块	
4		计算机	无	1	台	
5	维修设备	热风枪	850	1	台	
6		焊台	936	1	台	
7		数字示波器	DS1102E	1	台	
8		万用表	VC890C	1	台	
9		稳压电源	龙威 PS-305DM	1	台	

任务实施

在智能手机中，Wi-Fi、蓝牙电路故障相对较多，下面进行具体分析。

一、Wi-Fi、蓝牙电路维修思路

对于 Wi-Fi、蓝牙、NFC、GPS 电路故障的维修，首先要确认故障范围，这在实际维修中非常重要。Wi-Fi、蓝牙故障一般会在菜单中显示灰色，无法打开。

1. 供电电压的测量

使用万用表测量电路的供电电压是否三常。供电是否正常是保证设备正常工作的关键，如果电压不正常，则要检查供电通路元器件。

2. 时钟信号的测量

在 Wi-Fi、蓝牙电路中，32K 信号是 W-Fi、蓝牙的启动和主时钟信号，如果该时钟信号工作不正常，Wi-Fi、蓝牙则无法正常工作。

3. 天线部分的测量

Wi-Fi、蓝牙电路均有天线，如果天线不正常，则会引起信号不正常，严重时会无法工作。

二、Wi-Fi、蓝牙电路维修案例

1. iPhone 5S Wi-Fi 信号弱故障维修

（1）故障现象。

一客户送修一部 iPhone 5S 手机，反映手机 Wi-Fi 信号弱，之前使用一直正常，摔过一次后就出现上述的问题。

（2）故障分析。

根据客户反映的情况，出现 Wi-Fi 信号弱的问题，一般是由 Wi-Fi 模块的滤波器电路出现问题造成的。

（3）故障维修。

根据分析情况，一般认为该故障是由手机被摔造成的，这可能与滤波器有关系，一般在维修中，可以将滤波器短路，直接从 R13 的一端飞线到 L48_RF 的一端。飞线后，故障排除。飞线原理图如图 11-3 所示。

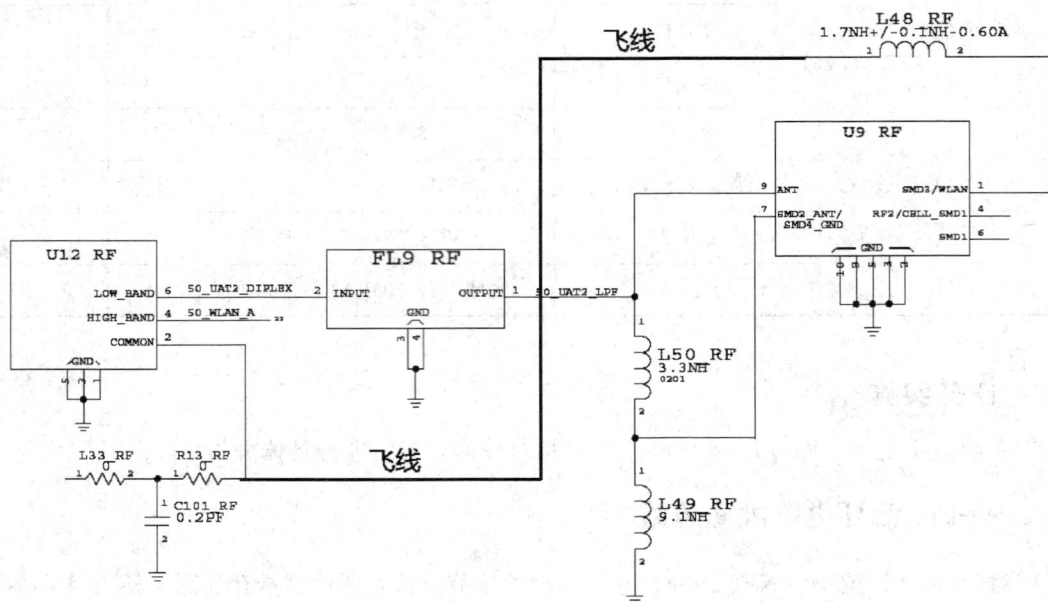

图 11-3　飞线原理图

飞线元件实物图如图 11-4 所示。

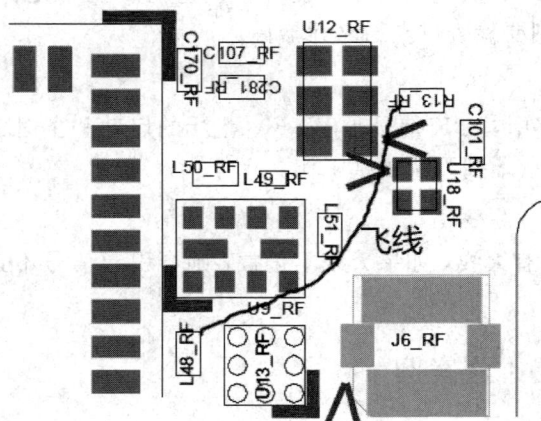

图 11-4　飞线元件实物图

对于 iPhone 5S Wi-Fi 信号弱的问题，可以参考本故障的维修方法，它们具有一定的通用性。

2. iPhone 5S 无 Wi-Fi 故障维修

（1）故障现象。

一客户送修一部 iPhone 5S 手机，该手机从桌子上掉下后，Wi-Fi 打不开，菜单选项是灰色的，其他功能正常。

（2）故障分析。

根据客户反映的情况，摔落造成 Wi-Fi 无法工作的原因主要有：Wi-Fi 芯片脱焊或者损坏；Wi-Fi 工作条件未能满足。

（3）故障维修。

在显微镜下观察 Wi-Fi 模块周围黑胶裂开，判断 Wi-Fi 芯片 U8_RF 脱焊，重新更换后，还是灰色的，发现背面电阻 R17_RF 脱焊，更换后，Wi-Fi 正常工作，信号满格。电阻 R17_RF 原理图如图 11-5 所示。

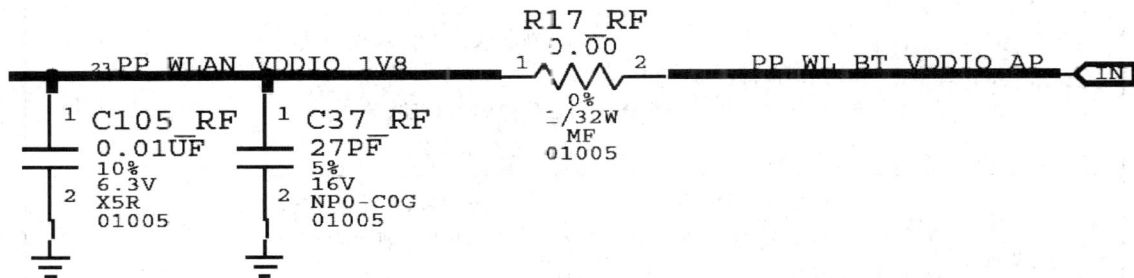

图 11-5　电阻 R17_RF 原理图

Wi-Fi 模块元件位置图如图 11-6 所示。

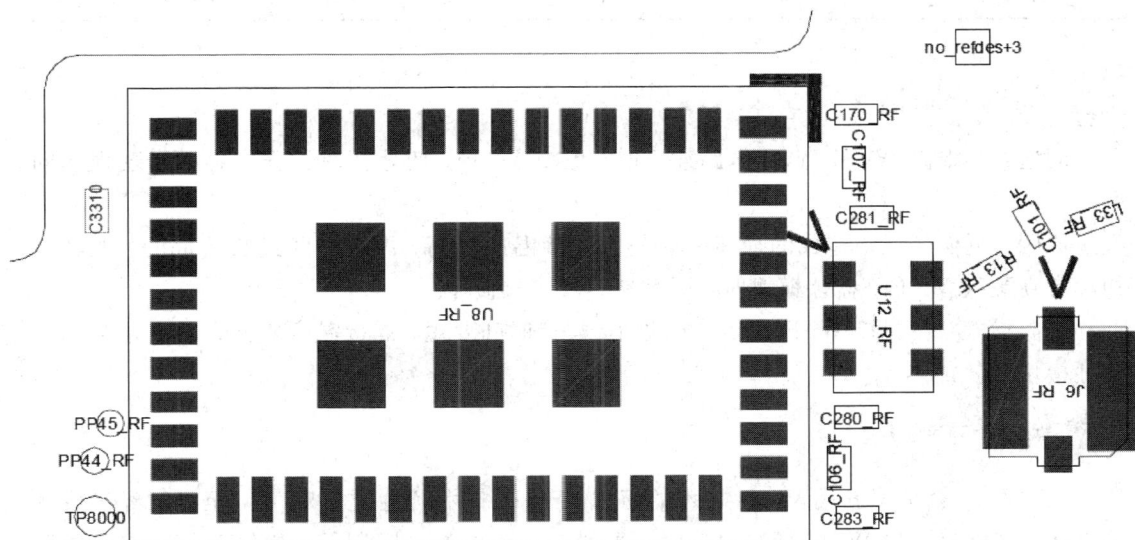

图 11-6　Wi-Fi 模块元件位置图

操作提示

在智能手机中，Wi-Fi、蓝牙电路一般采用一个模块，如果两个功能同时失效，则检测其公共电路部分；如果无法判定具体故障点时，要灵活运用代换法进行协助判定。

检查评议

对任务的完成情况进行检查，并将结果填入任务测评表 11 - 2 中。

表 11 - 2　任务测评表

序号	主要内容	考核要求	评分标准	配分	扣分	得分
1	电路维修方法应用	1. 掌握维修方法的应用技巧 2. 掌握维修方法的判断思路	1. 描述维修方法的应用技巧及测试点，每处错误扣 5 分 2. 描述维修方法的判断思路，每处错误扣 5 分	40		
2	电路维修思路	1. 判断故障大概部位 2. 掌握常见故障的维修	1. 判断故障部位错误，每次扣 5 分 2. 故障维修思路、解决方法错误，每次扣 5 分	40		
3	安全注意事项	1. 严格执行操作规程 2. 保持实习场地整洁，秩序井然	1. 发生安全事故扣总分 20 分 2. 违反文明生产要求视情况扣总分 5～20 分	20		
工时	60 min		合　计			
开始时间		结束时间		成　绩		

问题及防治

问题：在维修 Wi-Fi、蓝牙电路故障时，更换 Wi-Fi、蓝牙模块过程中容易出现损坏问题。

原因：更换过程中造成的损坏一般是由焊接温度过高、焊接时间过长造成的，尤其是初学者在更换 Wi-Fi、蓝牙模块时，更容易对其造成损坏。

预防措施：在焊接 Wi-Fi、蓝牙模块时，焊接时间要短，焊接温度要低，不要对 Wi-Fi、蓝牙模块反复加热。

知识拓展

5G Wi-Fi 就是第五代 Wi-Fi 技术的简称。Wi-Fi 技术诞生于 1997 年，至今已经发展到第五代。当年第一代 Wi-Fi 标准出现时，受到工艺和成本的限制，芯片的工作频率只能固定在 2.4 GHz，最高传输速率只有 2 Mb/s。

随后出现的 802.11a、802.11b、802.11g、802.11n 四个 Wi-Fi 版本的标准，速度越来

越快，现在普遍使用的是 802.11n 的标准。比如 2004 年推出的 802.11n 比之前的 802.11g 快 10 倍，比更早的 802.11b 快 50 倍，覆盖的范围也更广。Wi-Fi 芯片的传输速率越来越高，但直到 802.11n 初始还是运行在 2.4 GHz 的频段上，因此速度仍然满足不了人们的需求。

尽管较早之前便有手机的 Wi-Fi 芯片支持双频(2.4 GHz 和 5 GHz)运行，但其采用的协议仍然是 802.11n 标准，没有采用最新的 802.11ac 标准，并非真正意义上的 5G Wi-Fi，可以简单看作是运行 5 GHz 频段上采用 802.11n 的 Wi-Fi，在性能方面有所降低。如果拿高速公路来比喻 5 GHz 的 Wi-Fi 频段，那么 802.11n 标准会是奔驰汽车，而 802.11ac 标准会更上一层楼，可以理解为跑车。

真正的 5G Wi-Fi 是 802.11ac，采用了工作在频率 5 GHz 的芯片，能同时覆盖 5 GHz 和 2.4 GHz 两大频段。除了更快，它还能改善无线信号覆盖范围小的问题，虽然 5 GHz 比 2.4 GHz 的衰减更强，难穿过障碍物，但由于覆盖范围更大，考虑到信号会产生折射，新标准反而会更容易使各个角落都能收到信号。

任务 2　NFC、GPS 电路原理与维修

学习目标

为了更好地学习和掌握智能手机 NFC、GPS 电路故障的维修方法，能够分析和维修 NFC、GPS 电路常见故障，需要达成以下目标。

知识目标：

1. 了解 NFC、GPS 电路的基本原理。

2. 掌握 NFC、GPS 电路常见故障维修方法的应用。

能力目标：

1. 掌握触摸 NFC、GPS 故障的维修方法。

2. 熟练解决 NFC、GPS 电路常见故障。

素质目标：

1. 让学生体验到团队合作的精神，从而培养学生的团队合作能力。

2. 使学生体验到收获劳动成果的快乐，从而培养学生热爱工作的精神。

工作任务

在智能手机中，NFC、GPS 电路故障主要会引起 GPS 导航无法使用，NFC 功能失效。在本任务中，以 iPhone 6plus 手机的 NFC、GPS 电路进行讲解。

本次工作任务具体要求如下：

(1) 掌握智能手机 NFC、GPS 电路的工作原理。

(2) 掌握 NFC、GPS 电路故障的基本维修方法。

(3) 根据电路工作原理，简单分析电路故障并能够给出解决方案，能够维修常见故障。

相关理论

一、NFC

近场通信(Near Field Communication，NFC)，又称近距离无线通信，是一种短距离的高频无线通信技术，允许电子设备之间进行非接触式点对点数据传输，在十厘米(3.9 英吋)内交换数据。这个技术由非接触式射频识别(RFID)演变而来，由飞利浦半导体(现恩智浦半导体)、诺基亚和索尼共同研制开发，其基础是 RFID 及互连技术。

目前，近场通信已成为 ISO/IEC IS 18092 国际标准、EMCA - 340 标准与 ETSI TS 102 190 标准。

1. NFC 工作模式

NFC 采用主动和被动两种读取模式。

1) 卡模式(Card Emulation)

卡模式其实相当于一张采用 RFID 技术的 IC 卡，它可以替代现在大量的 IC 卡(包括信用卡)、公交卡、门禁卡、车票、门票等。此种方式有一个极大的优点：卡片通过非接触读卡器的 RF 域来供电，即便是寄主设备(如手机)没电也可以工作。

2) 点对点模式(P2P Mode)

点对点模式和红外线差不多，可用于数据交换，只是传输距离较短，传输创建速度较快，传输速度也快，功耗低(蓝牙也类似)。将两个具备 NFC 功能的设备连接，可实现数据点对点传输，如下载音乐、交换图片或者同步设备地址簿，因此通过 NFC，多个设备之间都可以交换资料或服务，例如：数位相机、PDA、计算机和手机之间等。

3) 读卡器模式(Reader/Writer Mode)

读卡器模式作为非接触读卡器使用，如从海报或者展览信息电子标签上读取相关信息。

2. NFC 特点

和传统的近距通信相比，近场通信(NFC)具有天然的安全性，以及连接建立的快速性，对比如表 11 - 3 所示。

表 11 - 3　近距通话与近场通信的对比

	NFC	蓝牙	红外
网络类型	点对点	单点对多点	点对点
使用距离	≤0.1 m	≤10 m	≤1 m
速度	106, 212, 424 kb/s 规划速率可达 868 kbps 721 kb/s 115kb/s	2.1 Mb/s	1.0 Mb/s
建立时间	<0.1 s	6 s	0.5 s

	NFC	蓝牙	红外
安全性	具备，硬件实现	具备，软件实现	不具备，使用 IRFM 时除外
通信模式	主动-主动/被动	主动-主动	主动-主动
成本	低	中	低

二、GPS

1. 什么是 GPS

GPS 是 Global Positioning System(全球定位系统)的简称。GPS 起始于 1958 年美国军方的一个项目，1964 年投入使用。

2. GPS 工作原理

GPS 导航系统的基本原理是测量已知位置的卫星到用户接收机之间的距离，然后综合多颗卫星的数据就可知接收机的具体位置。要达到这一目的，卫星的位置可以根据星载时钟所记录的时间在卫星星历中查出。而用户到卫星的距离则通过记录卫星信号传播到用户所经历的时间，再将其乘以光速得到(由于大气层电离层的干扰，这一距离并不是用户与卫星之间的真实距离，而是伪距(PR)，当 GPS 卫星正常工作时，会不断地用 1 和 0 二进制码元组成的伪随机码(简称伪码)发射导航电文)。

GPS 系统使用的伪码共有两种，分别是民用的 C/A 码和军用的 P(Y)码。C/A 码的频率是 1.023 MHz，重复周期 1 ms，码间距 1 μs，相当于 300 m。P 码频率 10.23 MHz，重复周期 266.4 天，码间距 0.1 ms，相当于 30 m。Y 码是在 P 码的基础上形成的，保密性能更佳。

导航电文包括卫星星历、工作状况、时钟改正、电离层时延修正、大气折射修正等信息。它是从卫星信号中解调制出来，以 50 b/s 调制在载频上进行发射。导航电文每个主帧中包含 5 个子帧，每帧长 6 s。前三帧各 10 个字码，每 30 秒重复一次，每小时更新一次。后两帧共 15000 b。导航电文中的内容主要有遥测码，转换码，第 1、2、3 数据块，其中最重要的为星历数据。

当用户接收到导航电文时，提取出卫星时间并将其与自己的时钟做对比便可得知卫星与用户的距离，再利用导航电文中的卫星星历数据推算出卫星发射电文时所处的位置，用户便可得知在 WGS-84 大地坐标系中的位置、速度等信息。

三、NFC 电路原理分析

1. NFC 电路工作原理

NFC 模块可以在主动或被动模式下交换数据。在被动模式下，启动 NFC 通信设备(也称为 NFC 发起设备，主模块)，为整个通信过程提供射频场(RF-field)，其中传输速度是可选的，并将数据发送到另一台模块。另一台模块称为 NFC 目标模块(从模块)，不产生射频场，而使用负载调制(Load Modulation)技术即可以相同的速度将数据传回发起设备。此通信机制与非接触式智能卡兼容，因此，NFC 发起模块在主动模式下可以用相同的连接和初始化过程检测非接触式智能卡或 NFC 目标模块，并与之建立联系。

当 NFC 模块工作在主动模式下时，和在 RFID 读取器操作中一样，此芯片完全由MCU 控制。MCU 激活此芯片并将模式选择写入 ISO 控制寄存器中。MCU 使用 RF 冲突避免命令，所以它不用承担任何实时任务。每台 NFC 模块向另一台 NFC 模块发送数据时，都必须产生自己的射频场。

如图 11－7 所示，发起模块和目标模块都要产生自己的射频场，以便进行通信，这是对等网络通信的标准模式，可以获得非常快速的连接设置。

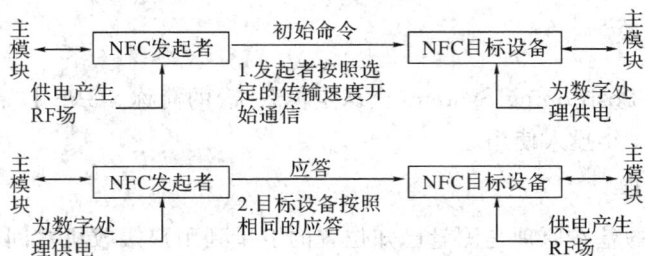

图 11－7　NFC 主动通信模式

当 NFC 模块工作在被动模式下时，此模块通常处于断电或者待机模式，这可以大幅度降低功耗，并延长电池寿命。在一个应用会话过程中，NFC 模块可以在发起模块和目标模块之间进行切换。利用这项功能，电池电量较低的设备可以要求以被动模式充当目标设备，而不是发起设备，NFC 被动通信模式如图 11－8 所示。

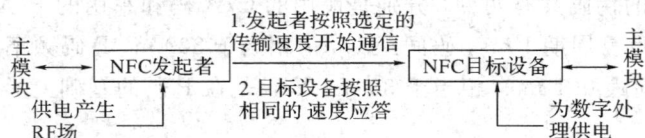

图 11－8　NFC 被动通信模式

2. iPhone 6 Plus 手机 NFC 电路

iPhone 6 Plus 手机 NFC 电路框图如图 11－9 所示。

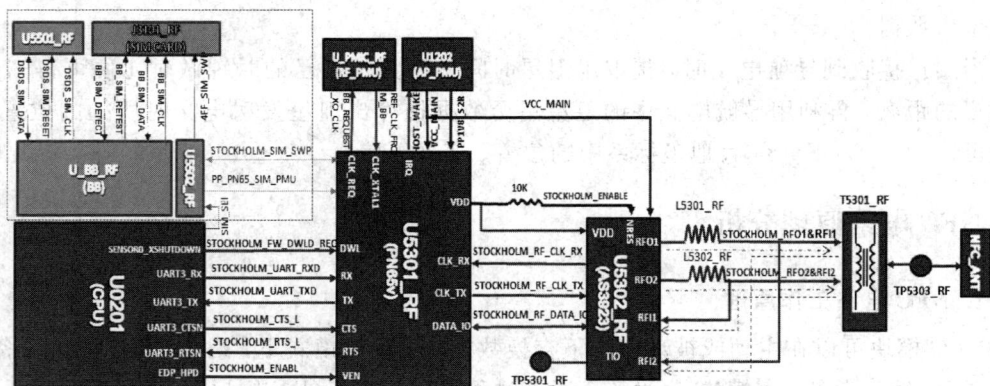

图 11－9　iPhone 6 Plus 手机 NFC 电路框图

U5301_RF 为 NFC 电路处理器，应用处理器通过 STOCKHOLM_HOST_WAKE、STOCKHOLM_UART_RXD、STOCKHOLM_UART_TXD、STOCKHOLM_CTS_L、STOCKHOLM_RTS_L、STOCKHOLM_ENABLE 等信号控制 U5301_RF 的工作。

U5301_RF 有两路供电，分别是 PP_VCC_MAIN 和 PP_STOCKHOLM_1V8_S2R。U5301_RF 的时钟信号 BB_REQUEST_XO_CLK 来自基带处理器。

U5301_RF 芯片支持 SIM 卡的单线协议（Single Wire Protocol，SWP），SWP（单线协议）是在一根单线上实现全双工通信的。

U5301_RF 芯片的 SIM 卡接口有三个，分别是 STOCKHOLM_SIM_SWP、PP_PN65_VCC_SIM 和 PP_PN65_SIM_PMU。U5301_RF 芯片原理图如图 11-10 所示。

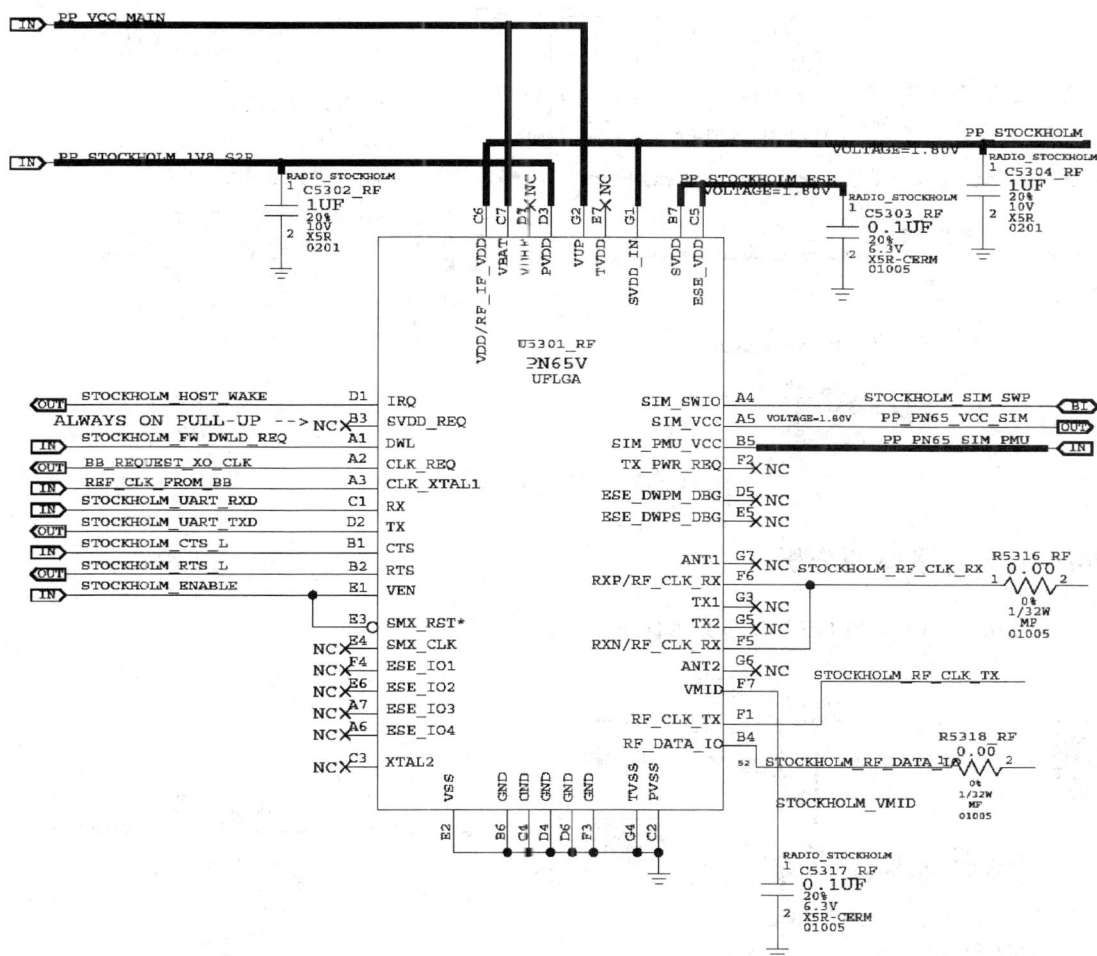

图 11-10 U5301_RF 芯片原理图

U5302_RF 是射频处理模块，U5302_RF 通过 STOCKHOLM_RF_CLK_RX、STOCK-HOLM_RF_CLK_TX、STOCKHOLM_RF_DATA_IO 信号与 U5301_RF 芯片交换数据。U5302_RF 的供电有两路，分别是 PP_VCC_MAIN 和 PP_STOCKHOLM_VDD，其中 PP_STOCKHOLM_VDD 的供电由 U5301_RF 芯片提供。U5302_RF 的 C1、D1、C3、C4 脚外

接的是天线匹配网络。U5302_RF 芯片原理图如图 11-11 所示。

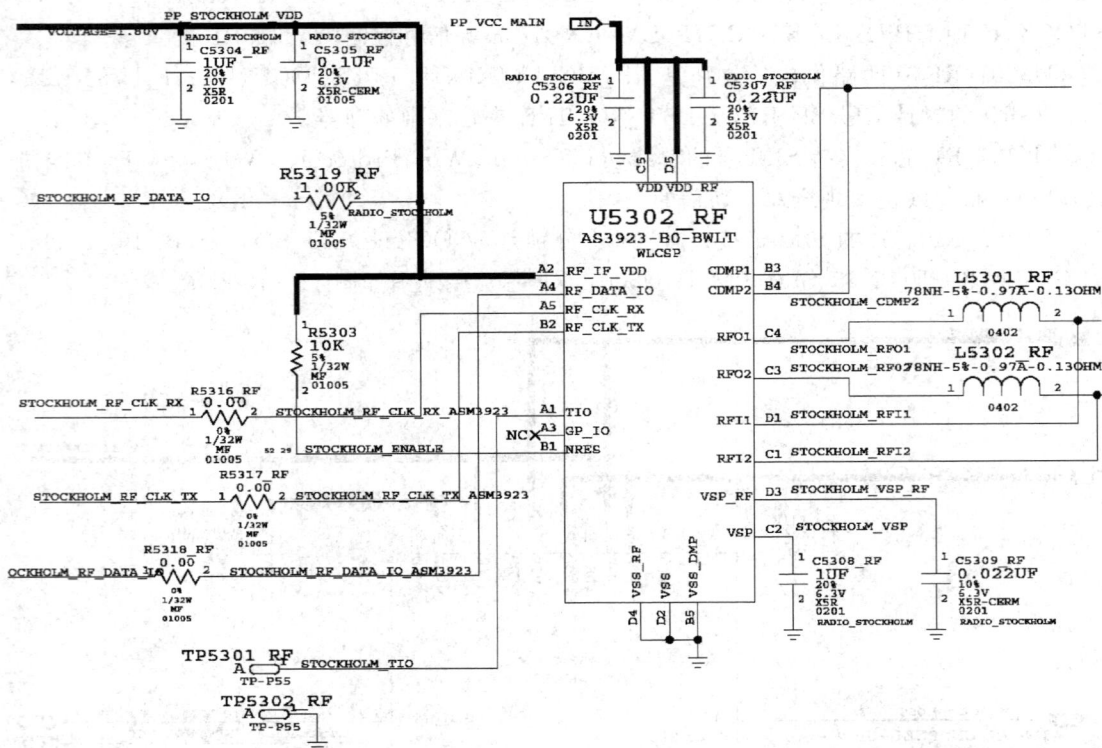

图 11-11　U5302_RF 芯片原理图

四、GPS 电路原理分析

iPhone 6 Plus 的 GPS 电路原理图如图 11-12 所示。

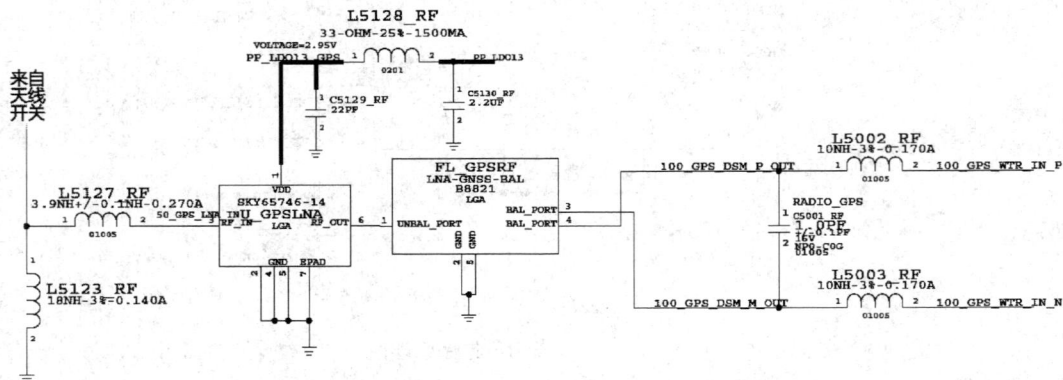

图 11-12　iPhone 6 Plus GPS 电路原理图

来自天线开关的 GPS 接收信号经过低噪声放大器电路 U_GPSLNA 放大后，送至 LNA_GNSS_BAL 电路，经过平衡后输出 100_GPS_WTR_IN_P、100_GPS_WTR_IN_N

信号，再送至射频处理器电路进行解调。在射频处理器电路中解调出位置和坐标信号。

任务准备

实施本任务教学所使用的实训设备及工具材料可参考表 11－4。

表 11－4　实训设备及工具材料

序号	分类	名称	型号规格	数量	单位	备注
1	工具	数据线	iPhone 专用	1	条	
2	设备器材	手机	iPhone 6plus 手机	1	台	
3		手机	iPhone 6plus 主板	1	块	
4		计算机	无	1	台	
5	维修设备	热风枪	850	1	台	
6		焊台	936	1	台	
7		数字示波器	DS1102E	1	台	
8		万用表	VC890C	1	台	
9		稳压电源	龙威 PS－305DM	1	台	

任务实施

一、NFC、GPS 电路维修思路

对于 NFC、GPS 电路故障的维修，首先要确认故障范围，这在实际维修中非常重要，首先要检查该功能是否能够正常使用。

1. 供电电压的测量

使用万用表测量电路的供电电压是否正常。供电是否正常是保证设备正常工作的关键，如果电压不正常，则要检查供电通路元器件。

2. 时钟信号的测量

在 NFC 电路中，时钟信号由基带的 19.2 MHz 提供，如果 NFC 电路的时钟信号不正常，则要检查从基带到 NFC 电路之间的通路是否正常。

3. 天线部分的测量

NFC、GPS 电路均有天线，如果天线部分不正常，则会引起信号不正常，严重时则会无法工作。

二、NFC、GPS 电路维修案例

iPhone 4 GPS 失效故障维修

（1）故障现象。

一客户送来一部 iPhone 4 手机，手机其他功能都正常，只有 GPS 功能无法使用，因业务需要，客户要经常使用 GPS 功能。

（2）故障分析。

既然是 GPS 功能失效，那么应该是 GPS 模块电路出问题了，排除进水、摔过等因素后，重点检查 GPS 电路。

（3）故障维修。

分别测量 GPS 模块 U14_RF 上的工作电压，发现均正常，补焊 GPS 模块后，故障仍然无法排除，GPS 模块原理图如图 11 - 13 所示。

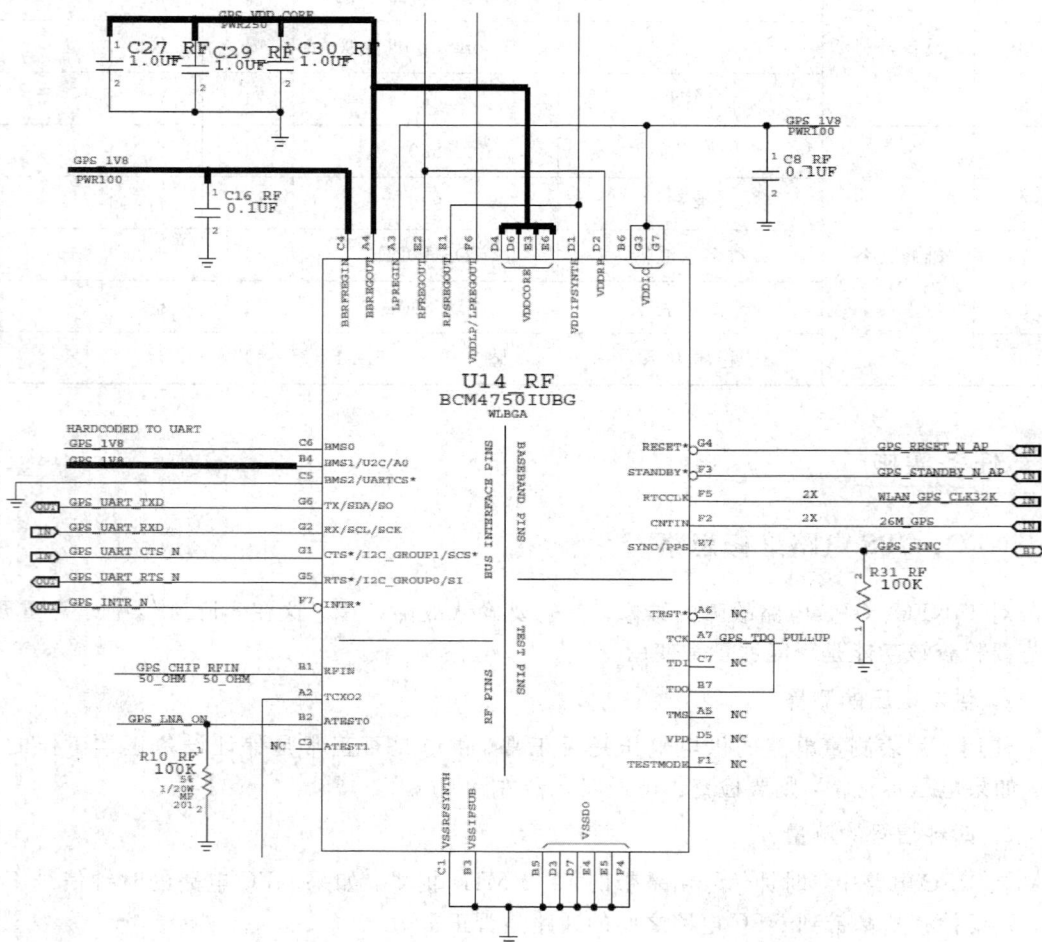

图 11 - 13　GPS 模块原理图

对照元件分布图，发现 GPS 模块下面的电阻少了一个，位号为 R12_RF，补上电阻后，开机测试 GPS 功能，完全正常。

R12_RF 位置图如图 11 - 14 所示。

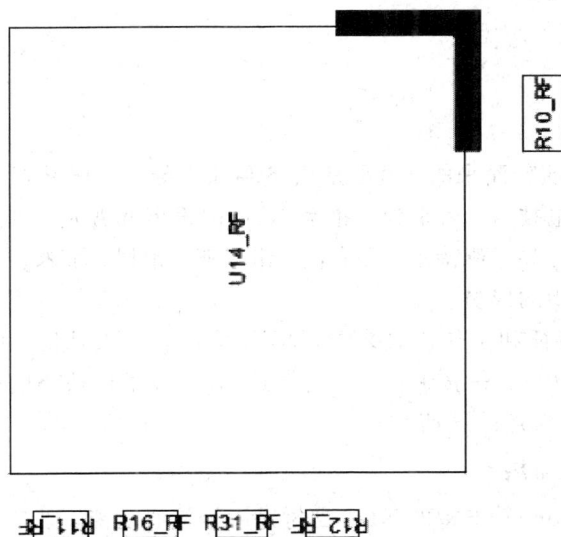

图 11-14　R12_RF 位置图

操作提示

在维修智能手机 NFC、GPS 电路故障时，若无法判定具体故障点时，要灵活运用代换法进行协助判定。

检查评议

对任务的完成情况进行检查，并将结果填入任务测评表 11-5 中。

表 11-5　任务测评表

序号	主要内容	考核要求	评分标准	配分	扣分	得分
1	电路维修方法应用	1. 掌握维修方法的应压技巧 2. 掌握维修方法的判断思路	1. 描述维修方法的应用技巧及测试点，每处错误扣 5 分 2. 描述维修方法的判断思路，每处错误扣 5 分	40		
2	电路维修思路	1. 判断故障大概部位 2. 掌握常见故障的维修	1. 判断故障部位错误，每次扣 5 分 2. 故障维修思路、解决方法错误，每次扣 5 分	40		
3	安全注意事项	1. 严格执行操作规程 2. 保持实习场地整洁，秩序井然	1. 发生安全事故扣总分 20 分 2. 违反文明生产要求视情况扣总分 5～20 分	20		
工时	60 min		合　计			
开始时间			结束时间		成　绩	

知识拓展

1. NFC 概述

NFC 是由 RFID 演变而来的，最早是由飞利浦半导体、诺基亚和索尼共同研发的，是一种短距高频的无线电技术。后来为了推动 NFC 的发展和普及，创建了非营利性的标准组织——NFC Forum，三星、英特尔、飞利浦、诺基亚、索尼、小米、中国移动、华为、中兴、魅族等都属于这个组织的成员。

从 NFC 的技术特征和工作模式来看，NFC 手机有三大功能：可以当成 POS 机来用，也就是读取模式；可以当成一张卡来刷，也就是 NFC 技术最核心的移动支付功能；可以像蓝牙、Wi-Fi 一样做点对点的通信。

2. NFC 支付将成为热点

很显然，目前 iPhone 6 支持的 NFC 支付是一个核心功能，诺基亚和三星等厂商都在很早之前就积极推出具有 NFC 支付功能的手机。但是 NFC 支付不仅仅只依靠手机端，最重要的还要与制造商、运营商、金融平台等多方面的支持和利益牵扯。目前，国内三大运营商已经开始了 NFC 近场支付，虽然各家的动作大小不同。三星与银联签署合作协议，并推出 NFC 手机支付服务，各大银行也纷纷开始更换 IC 银行卡等，这些都预示着未来移动支付将会有爆发式的增长。